建设部、人事部、国家文物局联合资助项目

王瑞珠 编著

世界建筑史

美洲古代卷

·中册·

中国建筑工业出版社

第二部分 玛雅及其邻近地区

玛雅文化遗址
国界
墨西哥州界
干道
珊瑚礁
沼泽地
N
0
50
100km
Isla Cerritos
Contoy
Progreso
Xcambo
Dzilam Gonzales
El Meco
Isla Mujeres
El Rey
Cancun
Isla Cancun
Komchen
Motul
Tizimin
Culuba
27 m
Dzibilchaltun
Punta Boxcohuo
Merida
Ake
Izamal
Ek Balam
Chochola
Acanceh
Kantunil
Balankanche Caves
Punta Nimun
Valladolid
Xcaret
Maxcanu
Ikil
Chichen Itza
Chichimila
Mayapan
Yaxuna
Oxkintoc
Ticul
Mani
Coba
Cozumel
Isla de Cozumel
Uxmal
Mulchic
Yucatan
Tancah
Jaina
Xcalumkin
Kabah
Loltun
Punta Celarain
Punta Nitun
Hecelchakan
Labna
Tulum
Sayil
Muyil
Xlapak
Puuc
Campeche
Okop
Senor
Santa Rosa Xtampak
Quintana
Roo
Felipe Carrillo Puerto
Punta Pajaros
Punta Morro
Seyba Playa
Chenes
Chunhuhub
Edzna
Dzibilnocac
Tabasqueno
129 m
Champoton
Hochob
Villa de Guadalupe
CAMPECHE BAY
Reforma Agraria
Campeche
212 m
MEXICO
Punta Xicalango
Laguna de Terminos
Francisco Escarcega
Nadzcaan
Ciudad del Carmen
Balamku
Becan
Morocoy
Chicanna
Xpujil
Dzibanche
Chetumal
Banco Chinchorro
Frontera
Punta Herradura
Paraiso
Comalcalco
Grijalva
Usumacinta
Hormiguero
Rio Bec
Kohunlich
Santa Rita
Hondo
Cerros
Noh Mul
Corozal District
CARIBBEAN
Tabasco
Villahermosa
365 m
Calakmul
Los Alacranes
Cuello
Orange Walk
Ambergris Caye
Benito Juarez
Villa El Triunfo
Uxul
New River Lagoon
San Pedro
La Milpa
Balancan
Macuspana
El Mirador
Naachtun
Rio Azul
Lamanai
Altun Ha
Caye Caulker
Caye Chapel
Long Caye
Emiliano Zapata
Teapa
Tortuguero
San Pedro
Nakbe
Orange Walk District
Belize City
Turneffe Islands
Northern Caye
Pomona
Xultun
Lighthouse
Palenque
Tenosique de Pino Suarez
Uaxactun
Belize District
Northern Lagoon
Blackbird Caye
Rio Chancala
Nakum
Belmopan
Agua Azul cascades
El Peru
El Zotz
Tikal
Naranjo
Belize
Southern Lagoon
2450 m
2470 m
Piedras Negras
Yaxha
BELIZE
Half Moon Caye
Yajalon
El Cayo
Motul de San Jose
Lago Peten Itza
Xunantunich
REEF
1550 m
La Pasadita
Meseta Central de Chiapas
Ocosingo
Naha
La Mar
Yaxchilan
La Florida
Topoxte
Mountain Pine Ridge
Stann Creek District
Dangriga (Stann Creek)
Tonina
Ucanal
Vaca
Cayo Distr.
Tobacco Caye
Glovers Reef
Chiapa de Corzo
Zinacantan
La Lacanja
Flores
Mopan
Victoria Peak 1120 m
Tuxtla Gutierrez
2783 m
San Cristobal de Las Casas
La Libertad
Peten
Caracol
GULF OF HONDURAS
La Selva Lacandona
Bonampak
Plateau
Maya Mountains
BARRIER
Itzan
Ixkun
Venustiano Carranza
Dos Pilas
Seibal
Ixtutz
Sacul
Toledo District
Islas de la Bahia
2224 m
Altar de Sacrificios
Aguateca
Poptun
Lubaantun
Ranguana Caye
Isla de Roatan
Chiapas
Villa Flores
Machaquila
Nim Li Punit
The Snake Cayes
Tom Owen's Caye
Chinkultic
Naj Tunich
Comitan de Dominguez
Xutilha
Pusilja
Sapodilla Caye
Presa de la Angostura
719 m
Cancuen
Cabo de Tres Puntas
Puerto Cortes
Punta Sal
Isla de Utila
San Mateo Ixtatan
Punta Izopo
Angel Albino Corzo
Alta Verapaz
Ulua
Tela
La Ceiba
Huehuetenango
Puerto Barrios
GUATEMALA
Sierra de Santa Cruz
El Estor
Lago de Izabal
Izabal
Choloma
San Pedro Sula
Aguan
Sierra Madre
3518 m
3834 m
Quiche
Sierra de los Cuchumatanes
Coban
2532 m
El Progreso
Olanchito
Zaculeu
Quirigua
Quimistan
Travesia
Escuintla
Volcan de Tacanaa 4092 m
Huehuetenango
Polochic
Santa Rita
Macuelizo
Baja Verapaz
Sierra de las Minas
Huixtla
Salama
Los Higos
San Antonio de Cortes
Yoro
4220 m
Utatlan
Zacualpa
Zacapa
Florida
Izapa
Rio Amarillo
Motagua
Mixco Viejo
Lago de Yojoa
HONDURAS
Tapachula
Quezaltenango
Iximche
CIUDAD DE GUATEMALA
Chiquimula
Copan
Santa Rosa de Copan
Puerto Madero
Santiago Atitlan
Antigua Guatemala
Sierra del Gallinero
Juticalpa
Abaj Takalik
Kaminaljuyu
2849 m
El Baul
Lago de Amatitlan
Siguatepeque
Bilbao
Amatitlan
Comayagua
Sta. Lucia Cotzumalguapa
La Esperanza
Champerico
Metapan
La Democracia
Escuintla
Cuilapa
Jutiapa
Tegucigalpa
Santa Ana
Chalatenango
Marcala
Danli
Chalchuapa
Cihuatan
Tazumal
V. de Santa Ana 2386 m
Santa Ana
Yuscaran
El Paraiso
Puerto Quetzal
Ceren
San Andres
Mejicanos
Sonsonate
Ilopango 1950 m
San Salvador
Ocotal
Santa Tecla
Nacaome
Acajutla
San Vicente
San Miguel
Somoto
Zacatecoluca
San Lorenzo
Choluteca
PACIFIC OCEAN
EL SALVADOR
Usulutan
La Union
NICARAGUA
Punta San Juan
Punta San Jose
El Triunfo
Esteli

第六章　玛雅（古典时期，一）

第一节 概论

作为美洲古代印第安文明的杰出代表，玛雅文明（Maya Civilization）系以印第安玛雅人而得名。实际上，玛雅这个称谓只是近500年来的产物。10世纪以后，尤卡坦半岛上有三个强大的城邦，其中之一叫玛雅潘，12~14世纪是其鼎盛时代。在这之后不久到来的西班牙人便以这座城邦的名字称呼整个地区，从此才有了玛雅地区和玛雅文明的说法。

一、地域与环境

玛雅文明区地处中美洲，西临太平洋，东濒大西洋的墨西哥湾和加勒比海，北部是突出的尤卡坦半岛，在西北和东南方向分别通过墨西哥和中美诸国的两条狭窄的陆地与北美洲和南美洲相连。所占地域大致相当今墨西哥南部及尤卡坦半岛上的几个州，半岛东南方向上的伯利兹（原英属洪都拉斯），背靠太平洋的危地马拉，以及通向南美洲路径上的洪都拉斯和萨尔瓦多西部地区（图6-1、6-2）。其发展地域西起墨西哥塔瓦斯科州的格里哈尔瓦河，东至洪都拉斯的乌卢阿河及萨尔瓦多的伦帕河。地区总面积32万平方公里，大致相当今德国，或英国加上爱尔兰的面积。但这只是目前初步的估计。20世纪90年代初，在尼加拉瓜中北部地区丛林覆盖的山区，又发现了六座排列成“L”形的金字塔，其中最大的底面长53米，宽32米，高4.5米。发现这组建筑的圣拉斐尔地区位于马拉瓜东北250公里，距以往认定的玛雅文化的东部边界——洪都拉斯的科潘遗址400多公里。如果这组金字塔确属玛雅文化，其文化区的边界将向东大大扩展，并将尼加拉瓜也包括在内。

不过，在这里要特别指出的是，中美洲各文化往往呈犬牙交错的态势，并不像现在那样，有严格的疆域分划；文献资料与考古证据也不是处处都能吻合。即使在西班牙人统治时期，信息材料也不是很完全，要找到西班牙人到来之前的资料，更是困难重重。

从地形上看，这片地域，可分为地理特征完全不同的三大块：由南向北，依次为高地、低地和平原，或分别称南部、中部和北部地区（图6-3）。这种自然环境的变化不仅影响到居民的生活方式和习俗，同样影响到他们的艺术和建筑。

沿太平洋岸线延伸的南部高地为气候寒冷、覆盖着松林的高山和高原地带。墨西哥恰帕斯州和危地马拉地势最高的地区就在这里，有大量的山麓和河谷地带（河水流向加勒比海和墨西哥湾），以及像危地马拉的阿蒂特兰这样一些湖泊。主要遗址有卡米纳尔胡尤、内瓦赫（图6-4、6-5）、萨库莱乌和米斯科-别霍（图6-6~6-8）。

中部低地是指以危地马拉东北部以佩滕伊察等湖泊为中心的内陆盆地，包括一些周边谷地和南面的大

左页：

图6-1主要玛雅遗址分布图（取自Nikolai Grube:《Maya，Divine Kings of the Rain Forest》）

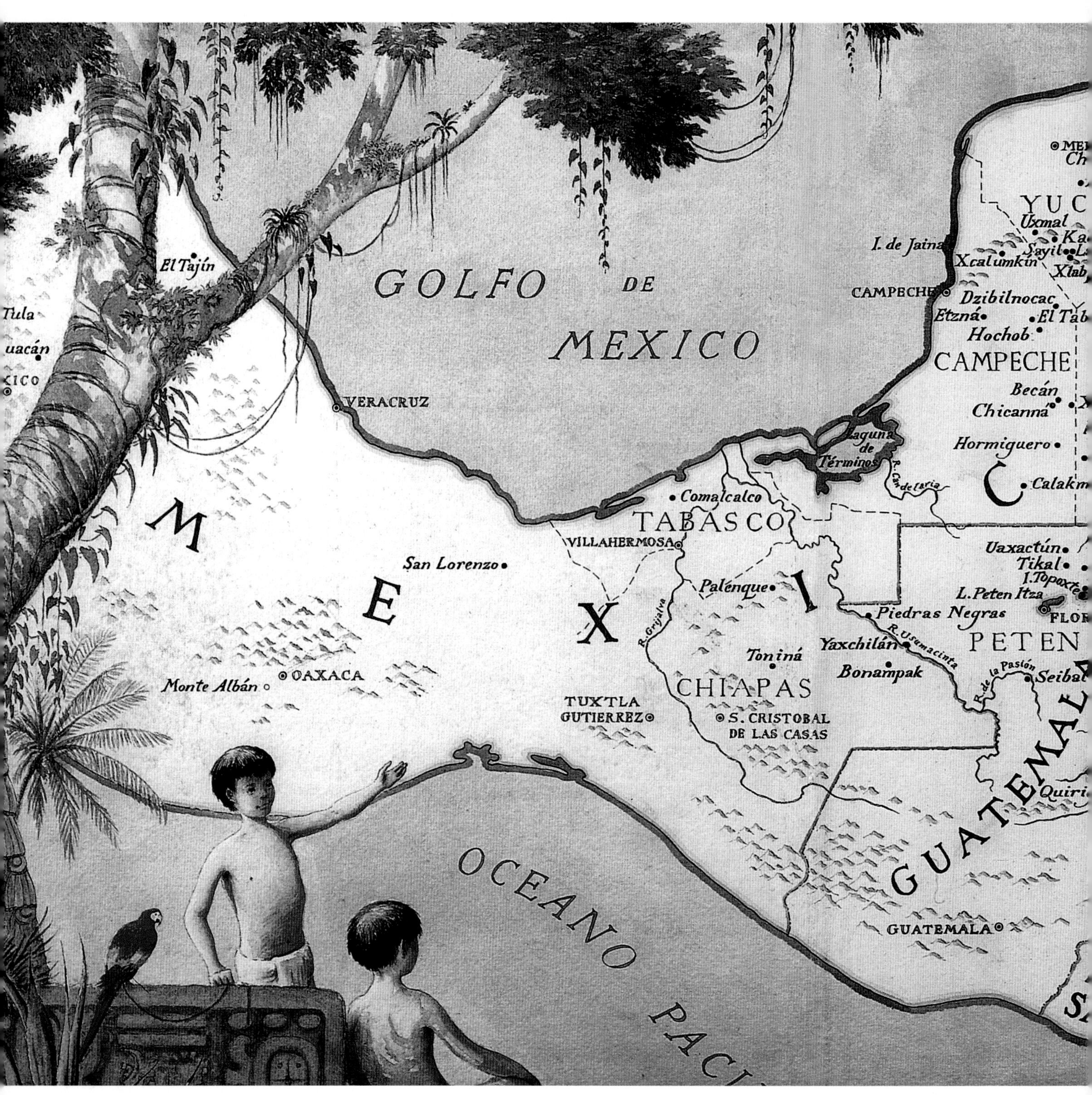

片草地。是个有诸多大河（如乌苏马辛塔河、格里哈尔瓦河、帕西翁河和拉坎哈河）、热带丛林和稀树草原相互交替的地区。这片中央低地除危地马拉的佩滕地区外，还包括坎佩切地区、金塔纳罗奥州南部、伯利兹、恰帕斯和塔瓦斯科州的乌苏马辛塔河及格里哈尔瓦河流域，以及洪都拉斯的一部分。这里是玛雅古典时期文明的中心，具有建造巨石建筑的各项基本条件（石灰石是最常用的建筑材料，同时也有花岗石），最早的玛雅石建筑城市瓦哈克通，就是在这里发现的。最后的伊察城堡直到1697年才被西班牙人征服。主要遗址有帕伦克、博南帕克、亚斯奇兰、阿尔通、瓦哈克通、蒂卡尔、基里瓜和科潘。

由低地再向北逐渐过渡到由半干旱平原构成的北部地区，包括墨西哥尤卡坦半岛平原、坎佩切和金塔纳罗奥两州的北部；除了普克地区的低矮山丘外，均为平坦干旱的地域，地面上只有一些湖泊和勉强有点

水的小溪，大部分河流都在地下，可通过自然洞穴或井（chenes、cenotes）进去。这里是玛雅后古典时期的文明中心（其表现始于公元5世纪左右，到10~14世纪为繁荣期）。地区遗址中，主要有乌斯马尔、卡瓦、拉夫纳（以上普克地区）、科瓦、齐维尔查尔通、奇琴伊察、玛雅潘和图卢姆。

玛雅文明所在的这片地域按生态类型同样可划分为三个主要区位，即以危地马拉的佩滕地区为中心的湖边城镇区，以乌苏马辛塔河和莫塔瓜河流谷地为中心的河谷城镇区和由尤卡坦半岛中部和北部构成的平原城镇区。

这三种以城镇定位的类型，实际上主要是指宗教或礼仪中心，而不是居民聚集区。在住宅和礼仪中心之间的这种区分是古典时期整个拉丁美洲的典型特征。像科潘（见图6-528）这样一些地方，早期的居民点均被庞大的礼仪平台群取代。它表明，在广大的农村地带，宗教上层集团已取得了统治地位，世俗文化亦屈从于祭司的宗教文化。统治集团成员相对单一，而所辖农村居民的来源则相当混杂，每个主要地区均有各自不同的表现。

在佩滕地区，古代城镇主要位于（或靠近）与湖相连的丛林岸边。如今，这里是一片沼泽地，大部分已无人居住。在古代，其居民密度约为每平方英

本页及左页：

（上）图6-2玛雅地区全图（取自Nigel Hughes：《Maya Monuments》，2000年）

（下）图6-3玛雅地区剖面想象图（自南向北，示地质构造及植被状况，取自Nikolai Grube：《Maya，Divine Kings of the Rain Forest》）

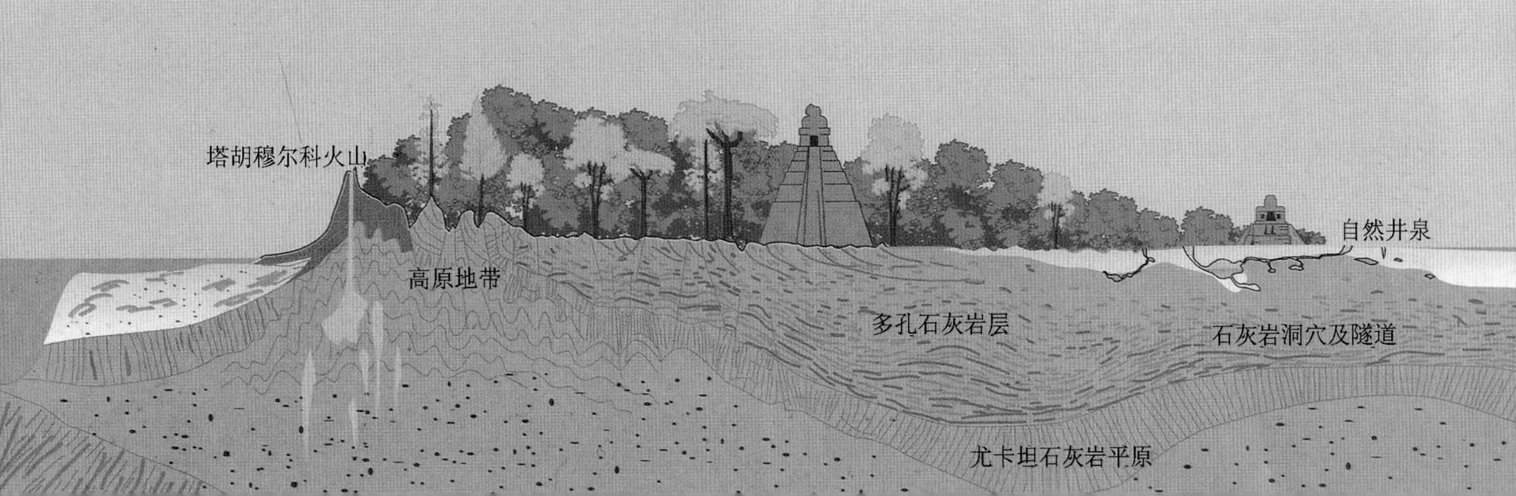

本页及右页：

（左上）图6-4内瓦赫地区 圆柱形容器（彩陶，展开图，表现双手持矛的武士及战争场景，高19厘米，宽58厘米，古典后期，公元600~800年）

（左下）图6-5内瓦赫 彩陶香炉（后古典晚期，1200~1500年，高24.8厘米，直径23厘米，现存危地马拉城国家考古和民族志博物馆）

（中下）图6-6米斯科-别霍 双神殿（后古典时期）。外景（在同一平台上建造双神殿是后古典时期初创于墨西哥中部地区的一种新类型，最典型的例证即墨西哥城的主神殿）

（右上）图6-7米斯科-别霍 球场院（后古典时期）。蛇头雕饰细部（位于侧墙中部）

（右下）图6-8米斯科-别霍 陶罐（彩陶，后古典晚期，1300~1500年，高27.5厘米，危地马拉城国家考古和民族志博物馆藏品）

里270人，略少于当今纽约州的密度。从地理环境上看，佩滕区是由危地马拉山系外围群山分隔开的低谷地区。这些彼此平行的山脉中朝南一面均为陡峭的悬崖。流下的水在山间累积形成今日的沼泽（有的曾经是湖，但由于古典时期的农民或建筑工匠对森林植被的破坏日渐淤塞）。如今，像蒂卡尔这样一些遗址主要因为缺乏饮用水成为不适宜居住的地区。在古代，一些大型礼仪中心都靠近内陆水体并和它们相连。这些水体的岸边也因此成为许多古典时期玛雅城镇遗址的所在地。在这里要说明的是，按生态环境和按地形划分的佩滕地区在范围上不尽相同，例如，按后一分法，尤卡坦半岛东北的科瓦被列入北部地区，而按生态环境分类，科瓦周围湖边的系列神殿和院落残迹均属佩滕地区的玛雅遗存。

乌苏马辛塔和莫塔瓜地区的河谷城镇现同样处于荒芜状态，不过并不是由于水量不足，而是由于不恰

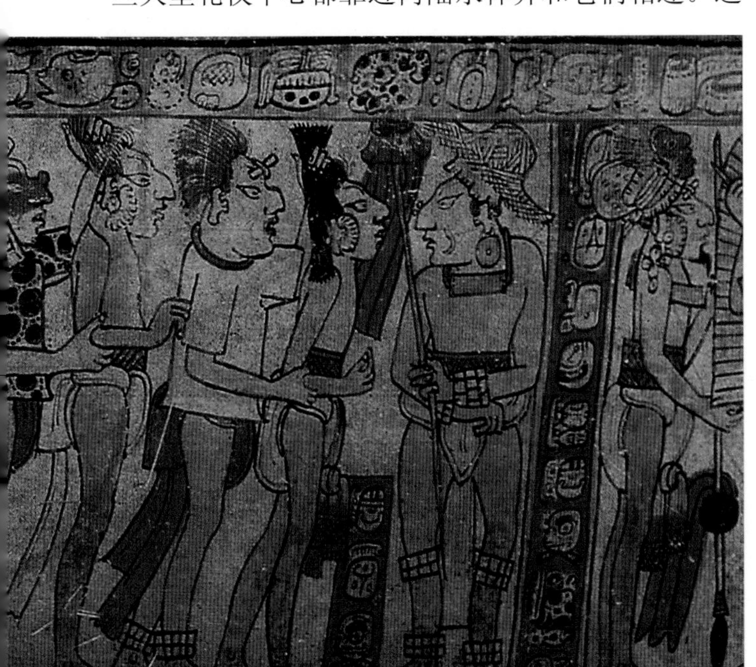

图6-10玛雅献俘图（石灰石楣梁浮雕，带彩绘痕迹，公元783年，高115.3厘米，宽88.9厘米，现存美国沃思堡金贝尔艺术博物馆）

左页：图6-9博隆琴 取水井坑（版画，作者弗雷德里克·卡瑟伍德，19世纪早期）

当的农耕方式（如烧林垦地等）。此外，社会动荡导致的人为破坏（如彼德拉斯内格拉斯浮雕头部和面部的毁坏）可能也是原因之一。

尤卡坦平原城镇所在的石灰岩平原上主要生长低矮繁密的灌木，不像佩滕地区那样有高大的乔木，也没有大的地表水体。居民主要依靠地下水，通过断层或在石灰岩表面打孔取水。尤卡坦半岛西部则通过一系列不高的山脉分成南区[称切内斯（Chenes），意“良土”、“水乡”]和西北区[称普克（Puuc），意“山区”、“丘陵地”]。切内斯区是佩滕地区向北的延伸，在风格上和它有密切的联系，尽管在地理环境上有明显差异。普克区则是半岛上最肥沃和人口最密集的地区，主要靠自然形成的地下水库取水（称chultunes）。因石灰岩地表塌陷而形成的露天水库则类似尤卡坦北部奇琴伊察的所谓“献祭井”（这类取水井称cenotes，如博隆琴的一个，巨大的木梯自侧面入口处直达地下水库，博隆琴系由玛雅语Bolon和Chén组成，意为“九井”，图6-9）。

尤卡坦东海岸为半岛的主要考古区，这里大部为森林地带，不像西部干旱地那样只长灌木。其古迹自玛雅文明古典早期一直延续到后期，两者分别以南方低地类型的古迹（科瓦、阿尔通哈）和托尔特克

左页：

（上）图6-11玛雅献俘图（圆柱形彩陶容器上的绘画，展开图，表现国王及战俘，高28.1厘米，长45厘米，私人藏品）

（下）图6-12贵族院内的战俘（陶罐上的绘画，古典后期，公元600~900年，高28.3厘米，直径13.8厘米，普林斯顿艺术博物馆藏品）

本页：

（上）图6-13玛雅社会等级的金字塔结构（各级人物可从服饰上辨认出来）

（下）图6-14玛雅君主权杖[页岩制作，图示正反两面浮雕，一面表现坐在低矮御座上的君王，一面表现作猎户打扮、手持吹箭筒的双神之一温-阿哈夫（意"首位君主"），从条带上的铭文可知其所有者是位于伯利兹南部的一位统治者；高24.4厘米，宽8.75厘米，古典后期，公元600~900年，私人藏品]

建筑为代表。小神殿的后期风格已属15世纪末。

二、简史及分期

玛雅文明的研究自18世纪末开始引起学术界注意，19世纪末发掘出一批重要遗址，开始了对这一文明的现代考古学研究。20世纪50年代后，研究进展较快，形成专门的玛雅学，是世界考古学及历史学研究的重要领域。

玛雅历史的分期主要依据铭文碑刻、手稿抄本、陶器证据和放射性碳年代测定。碑文题铭提供了古典时期600多年的详细年表。殖民时期的编年史[即17~18世纪的所谓奇拉姆·巴拉姆书（Books of Chilam Balam），以传说中的作者奇拉姆·巴拉姆（意“美洲豹祭司”）为名]包含按20年周期编排的托尔特克时期的玛雅历史。陶器可提供时间排序，但比较粗略，且演进过程中有很大的重叠部分。放射性碳年代测定目前尚无法完全明确玛雅历法和公元纪年之间的关系。有的碳-14测定和树木年轮断代相比可能有7个世纪的误差。在蒂卡尔，同一事件按不同方式校正后的年代前后可相差约260年。

玛雅文明据信最早形成于公元前2500年左右，约公元前400年建立早期的城邦国家，公元3~9世纪为繁盛期，自15世纪开始衰落，最后为西班牙殖民者摧毁，此后长期湮没在热带丛林中。其文明经历了几个不同的历史阶段，每个阶段的地理分布具有明

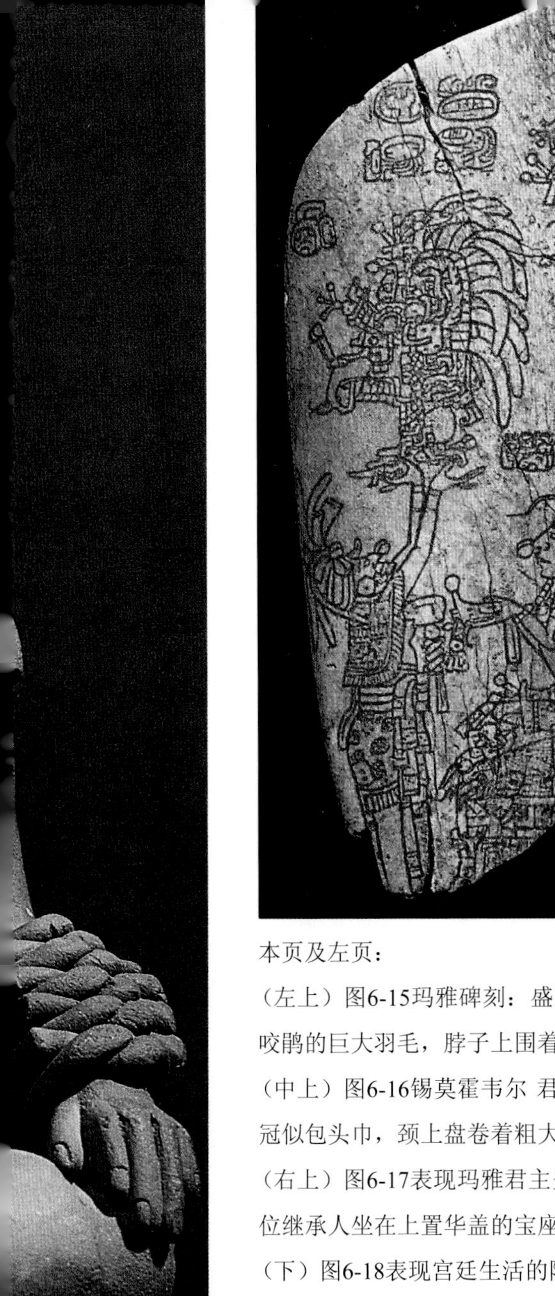

显的差异。大致是由南向北迁移。在研究的初始阶段，人们参照旧大陆编年法（主要按埃及模式），将玛雅的历史分为南方的“老帝国”（Old Empire）和北方的“新帝国”（New Empire）两个时期，其间通过西部的“过渡期”（Transition Period）分开。按这种分法，公元前1000年（或上溯至3000年前）到公元3世纪，为玛雅文明的形成期，又称前古典时期（Preclassic Period）；公元3~9世纪末，为玛雅文明的古典时期（Classic Period，又称老帝国时期，Old Empire），主要集中在中部低地，属鼎盛期，但在达到巅峰状态后很快衰落；公元10世纪至16世纪初，为后古典时期（Postclassic Period，又称新帝国时期，New Empire），主要集中在尤卡坦北部平原，因西班牙人入侵而告中断。16世纪以后为殖民统治时期。

大约从1930年开始，由于华盛顿卡内基基金会资助的研究，人们的许多观念已有所转变，最后摈弃了这种过时的定义。开始用“古典时期”取代“老帝国”的说法，其地域亦扩大到整个半岛地区，如科

本页及左页：

（左上）图6-15玛雅碑刻：盛装的君主（古典时期，君主右手持权杖，左手握礼棍，取神像造型的头饰上插着凤尾绿咬鹃的巨大羽毛，脖子上围着由四排硕大的玉石珠组成的项链；瓦哈卡Rufino Tamayo Museum藏品）

（中上）图6-16锡莫霍韦尔 君主塑像（空心陶土，高约50厘米，古典时期，墨西哥城国家人类学博物馆藏品；塑像顶冠似包头巾，颈上盘卷着粗大的围脖，手腕上也有类似的装饰）

（右上）图6-17表现玛雅君主登位的骨雕（古典后期，公元600~900年，高6.2厘米，达拉斯Dallas艺术博物馆藏品；王位继承人坐在上置华盖的宝座上，年长的美洲豹神正准备给他戴王冠）

（下）图6-18表现宫廷生活的陶器彩绘（展开图，古典后期，公元600~900年，私人藏品；坐在宝座上的是莫图尔-德圣何塞的国王，一个仆人为他把持着背靠的垫子，长长的手指甲表明他不从事任何体力活动并得到精心的照料，在他面前的是宫廷侏儒和驼背人，一个侏儒站在宝座上向他展示一面黑曜石镜子）

本页：

（上）图6-19表现宫廷场景的彩绘陶器（圆柱形陶罐，古典后期，公元8世纪）

（下）图6-20表现宫廷场景的彩绘陶器（圆柱形陶罐，展开图，古典后期，约8世纪，高20.2厘米，直径16.5厘米，华盛顿敦巴顿橡树园博物馆藏品）。画面表现马安统治者的宫殿（马安位于危地马拉低地，但准确位置尚未鉴明），君主坐在宝座上，周围是仆从、官员和贵族，人物左面或上方的文字是他们的名字和称号，红色的墙面上饰有豹头等装饰，上部象形文字条带注明容器所有者

右页：

（上）图6-21表现宫廷宴请的彩绘陶器（圆柱形陶罐，展开图，古典后期，公元600~900年，高18.2厘米，直径13厘米，私人藏品）

（左下）图6-22表现宫廷场景的陶罐（古典后期，公元600~900年，高22.5厘米，直径17厘米，私人藏品；容器好似一个古典时期的微缩宫殿，盖子即屋顶，画面表现君主和廷臣的会见）

（右下）图6-23表现宫廷生活的陶罐（古典后期，公元600~900年，高30厘米，直径14厘米，私人藏品；画面可能是表现放置在建筑台阶上的贡品或礼品，统治者正坐在最上层台阶上听取下属的汇报，上部绘出了覆盖棕榈叶的屋顶下缘）

瓦、齐维尔查尔通或奇琴伊察南部；以“托尔特克玛雅”（Toltec Maya）取代“新帝国”，且历史和地理范围都大为缩小；同时，根据有关年代的铭文和陶器遗存，将老的“过渡期”所包含的时代和地域纳入古典时期玛雅的范畴中。后者遂成为玛雅传统的同义词。

（上）图6-24表现赠礼场景的陶罐（展开图，古典后期，公元700~720年，高21.3厘米，直径11.5厘米，私人藏品；表现来自卡拉克穆尔的信史及其随员向蒂卡尔的贵族赠送礼品的场景）

（下）图6-25穆尔奇克 表现人祭仪式的壁画（线条图，古典后期，公元770~925年，一位统治者持刀坐在高台上，俘虏被用石头砸死或吊死，左侧持短斧的两个形象代表雨神查克，取自Nikolai Grube:《Maya，Divine Kings of the Rain Forest》）

为了更加明确、简化并和美洲其他古代文化的分期相衔接，现学界普遍采用的分类法仍是分为三个主要时段，即前古典时期（或曰形成期）[Préclassique（Formative）]、古典时期（Classique）和后古典时期（Post-Classique）。但在具体的年代界定上，学者间说法不一。按保罗·根德罗普和多丽丝·海登的分法，前古典时期（或称形成期）为公元前1500~公元300年，古典时期为公元300~900年，后古典时期公元900~1500年。而据美国考古学家N.哈蒙德的划分，这三个时期相应为公元前2500~公元250年左右，约公元250~900年，约公元900~1520年。现比较公认的说法是前古典时期约为公元前1500~公元317年，古典时期公元317~889年，后古典时期为公元889~1697年（即最后一批玛雅部族被西班牙人征服之时）。

在前古典时期（即文化形成期），形式多少有些单一的原始玛雅文化已开始扩展到组成它的三个地区。玛雅地区最早的部族在语言和文化上和前古典早期墨西哥海湾的居民同源。象形文字书写，以点、划标示的记数方法，历法的计算方式，以及埃尔包尔等遗址的巨大头像，都表明是来自奥尔梅克的传统。原始玛雅部族自公元前1500年起，开始脱离奥尔梅克人，从墨西哥海湾出发，越过特万特佩克地峡，到达太平洋沿岸，并沿着岸线直到危地马拉，最后又偏向北面，进入高原地带。从那里进入埃尔佩滕低地（此时在盆地及其周围山谷已出现定居的农业生活；建立了由土台、祭坛等组成的早期祭祀中心，同时出现

（左）图6-26表现贵族妇女的石碑（所谓“约莫普石碑”，铭文表明，打扮成月亮女神的这位妇女是一个来自约莫普的贵族成员，该地可能位于托尔图格罗和托尼纳之间；石碑高178厘米，宽82厘米，厚8.5厘米，石灰岩制作，安特卫普私人藏品）

（右）图6-27海纳岛 陶土雕像（表现上层社会的妇女，戴着配有羽毛的头冠，像高约24厘米，7~9世纪，墨西哥城国家人类学博物馆藏品）

本页及右页：

（中左及中）图6-28海纳岛 陶土雕像（公元600~800年，墨西哥城国家人类学博物馆藏品）：中左、坐像，表现上层社会的妇女，高16厘米，穿着披风，佩带硕大的首饰；中、贵妇像，高21厘米，着节日的盛装

（左）图6-29海纳岛 陶土雕像（坐像，从服饰上看显然是表现一位首领和显贵，像高12厘米，公元600~800年，墨西哥城国家人类学博物馆藏品）

（中右及右）图6-30海纳岛 陶土雕像（公元600~800年，墨西哥城国家人类学博物馆藏品）：中右、显贵像，高7厘米，戴着奇特的头冠；右、立像，可能是表现一个重要宗教集团的成员，像高19厘米，佩戴面具和胸饰

国家的萌芽），最后到达尤卡坦半岛。近公元前800年的时候，原始玛雅人已开始在恰帕-德科尔索、伊萨帕、卡米纳尔胡尤和齐维尔查尔通各地建造礼仪中心。最早的玛雅阶段（公元前1200~前800年）被称为“祖母”，作为起始，这个名称倒也合适。

玛雅文化的黄金时代——古典时期持续了许多世纪[1]。其发源地，也是首先进入繁荣阶段的是尤卡坦半岛中部，南北两面分别与危地马拉高原和干旱的石灰岩平原接界的热带低地，接着是南区（恰帕斯和危地马拉高原），最后是尤卡坦半岛北部。在这一阶段，各地较大规模的城市和居民点数以百计，但都是独立割据的城邦小国，尚未形成统一国家。不过，各邦使用共同的象形文字和历法，城市规划、建筑风格、生产水平也大体一致。主要遗址大多分布在中部热带雨

林区；蒂卡尔、瓦哈克通、彼德拉斯内格拉斯、帕伦克、科潘、基里瓜等祭祀中心已形成规模宏大的建筑群。此时还出现了大量刻录纪年碑铭的石柱，一般每隔5年、10年或20年建一座，成为独特的记时柱。

800~900年左右，原有的许多祭祀中心突然废弃，玛雅文明急剧衰落。11世纪以后，文明中心开始逐渐移向北部的石灰岩低地平原。后古典时期的玛雅文化表现出明显的墨西哥风格。从墨西哥南下的托尔特克人征服了尤卡坦，并以奇琴伊察为都城。建筑中出现石廊柱群及以活人为祭品的"圣井"、球场院、观察天象的天文台和目前保存最完整的金字塔式神殿。此后北部的玛雅潘取代奇琴伊察成为后古典时期文化的中心。这一时期的陶器和雕刻艺术都较粗糙，世俗文化兴起，崇尚武功之风日盛。玛雅潘的统治

者与其他城邦结盟，用武力建立起自己的统治。1450年，玛雅潘被焚毁（可能由于内部叛乱），此后百年中文化趋于衰落。1523~1524年，西班牙殖民者乘虚而入，从墨西哥南下，占领尤卡坦半岛，玛雅文明被彻底破坏。

三、文明概况

按古代基切玛雅语圣书、史诗《波波尔乌》（Popol Vub，字面意思为“民书”，其中包括神话故事及后古典时期基切玛雅王国统治者的宗谱）的说

左页：

图6-31海纳岛 陶土雕像（正在织布的女人，像高16.6厘米，公元600~800年，墨西哥城国家人类学博物馆藏品）

本页：

（左）图6-32海纳岛 陶土雕像（坐在宝座上的首领，戴着羽毛头冠及其他玛雅贵族特有的标识，像高22厘米，墨西哥城国家人类学博物馆藏品）

（右）图6-33海纳岛 武士雕像（古典后期，公元600~900年，像高18厘米，宽12.7厘米，墨西哥城国家人类学博物馆藏品；战袍上覆盖鳞片，手臂上饰有羽毛，左手持盾牌，右手原有木制长矛，但没有保存下来）

法，人是从中美洲生命的载体玉米中被创造出来的。玛雅人（其神话和历史被记载在《波波尔乌》及其他文献中）被认为是“新大陆的知识阶层”（G.W.布雷纳德语）。[2]其文字体系、历法、建筑及艺术，在美洲几乎没有哪个部族能与之匹敌。自奥尔梅克文化中演化出来的这一文明，起始于公元前1000年后，在古典时期达到了顶峰，在这以后，在墨西哥中部地区的影响下，又经历了一次复兴。和所有其他中美洲文化相比，玛雅人创建的城市不仅数量更多，所覆盖的地面也更为广阔。

（左上）图6-34海纳岛 武士雕像（古典后期，公元600~900年，高20.6厘米，耶鲁大学艺术画廊藏品，长及膝盖的盔甲用羽毛及压紧的棉织物制作，可防箭和来自对手的其他打击，左手可能原持长矛，护胸上饰有玉石及铁镜）

（右上）图6-35采用海纳风格的武士雕像（彩陶，出土处不明，古典后期，公元600~800年，高26厘米，克利夫兰艺术博物馆藏品；衣服用蓝色羽毛制作，脖子上围宽大的护卫项圈，豪华的头盔同样起到保护作用，手持的矛和盾已失）

（下）图6-36玛雅人心目中的世界模型（据帕伦克铭文和德累斯顿抄本绘制，取自Nikolai Grube：《Maya，Divine Kings of the Rain Forest》）

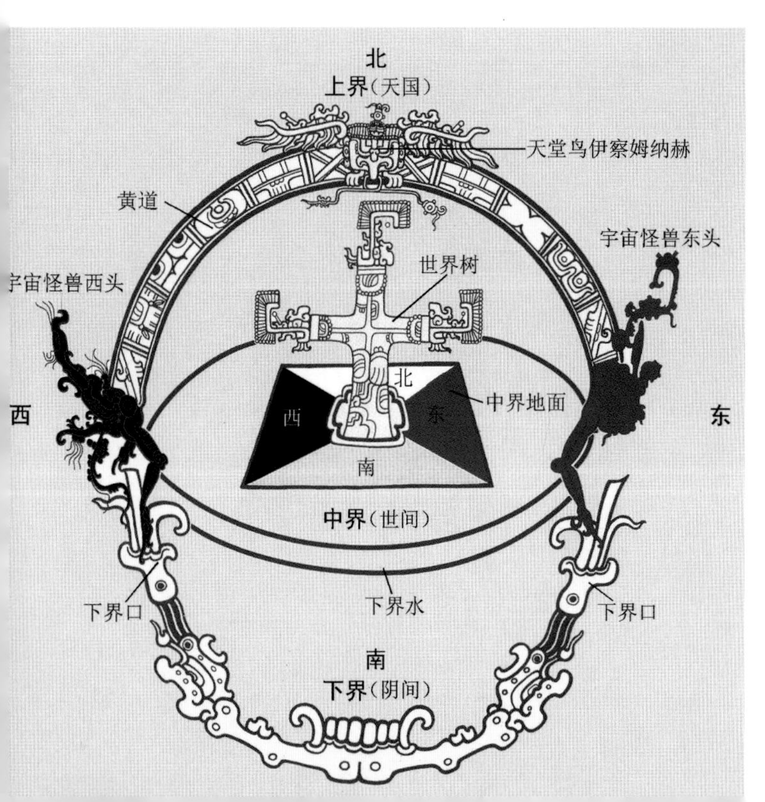

[社会组织及宗教]

在玛雅文明的早期阶段，居民点均围着祭祀中心布置，至古典时期形成城邦式国家，各城邦均有自己的王朝。和特奥蒂瓦坎一样，玛雅也是一个等级社会。社会结构犹如一座金字塔，位于下层的民众通常包括普通的农业劳动者和各业工匠，最底层的是奴隶和仆人[奴隶一般来自战俘、罪犯和负债者，可以自由买卖；在玛雅的浮雕和陶器彩画上，可看到许多献俘的场景；如图6-10~6-12所示，图6-10坐在宝座上的是亚斯奇兰国王伊察姆纳赫·巴拉姆三世（公元769~约800年在位，座位上刻有他的名号），可看到阶下被缚的三名战俘，他们的耳环已被取掉，代之以作为羞辱标志的纸卷]；位于中层的为一般官员及高级匠师；上层为部落贵族首领、祭司头目、商人及武

（上）图6-37神祇与动物（玛雅陶器画中的形象，展开图，圆柱形容器高21.2厘米，直径14.3厘米，古典后期，公元600~900年，私人藏品；画面上大量具有人类和动物形象的神祇聚集在一个可能是神殿入口的台阶上，中心线左侧两个坐在地上具有类似造型的书记神正在热烈地研讨摆在他们之间的抄本上的问题）

（下）图6-38七神罐（古典后期，公元600~900年，出处不明，高27.3厘米，直径11.5厘米，芝加哥艺术学院藏品；绘画出自著名艺术家Aj Maxam之手，表现各创世神在黑暗中聚会，听取坐在豹形宝座上的冥府统治者L神的指导，研究如何创造宇宙）

士。最高君主（halach uinic）执掌民事、宗教及军事大权，实行世袭制（图6-13）。如果在石碑的浅浮雕上看到一位手持权杖（图6-14）、胸前佩戴徽章（有时是神的头像）的人物，一般可认定是王朝或城邦的最高统治者（图6-15、6-16）。他手下的显贵和官员则分别掌管军事、征收税款和解决日常生活中的各种事物。从这时期留存下来的陶器彩画及雕刻上，可形象地看到宫廷生活的方方面面（图6-17~6-24）。

博南帕克和穆尔奇克的壁画上，有表现战争的场景（俘获和处死敌人等，图6-25）；但贝蒂·贝尔指出，在古典时期的玛雅，战争很可能是为了获取俘虏充当奴隶或作献祭的牺牲。

和中美洲的许多地区不同，但和瓦哈卡州米斯特克人居住区类似的是，玛雅地区的妇女看来享有一定程度的权力和自由（图6-26）。博南帕克壁画上表现的一位首领夫人，摆出一副威严的姿态，坎佩切岸边外海处海纳岛上的许多陶土雕像从姿势和服饰上看显

本页：

（上）图6-39七神罐（见上图）的展开图

（下）图6-40表现雨神查克造型的陶罐（古典早期）

右页：

（左上）图6-41雨神像（为尤卡坦地区普克风格建筑最常见的立面装饰题材，由精心雕制的石块组合成程式化的图案）

（右上）图6-42尤里·克诺罗佐夫（1922~1999年）像

（下）图6-43象形文字的意义（据M.Coe）。图中：1、出生，2、登基，3、人名“盾-豹”，4、人名“鸟-豹”，5、表示妇女名字及称号的前缀；城市名：A、蒂卡尔，B、纳兰霍，C、亚斯奇兰，D、彼德拉斯内格拉斯，E、帕伦克，F、塞瓦尔，G、科潘，H、基里瓜

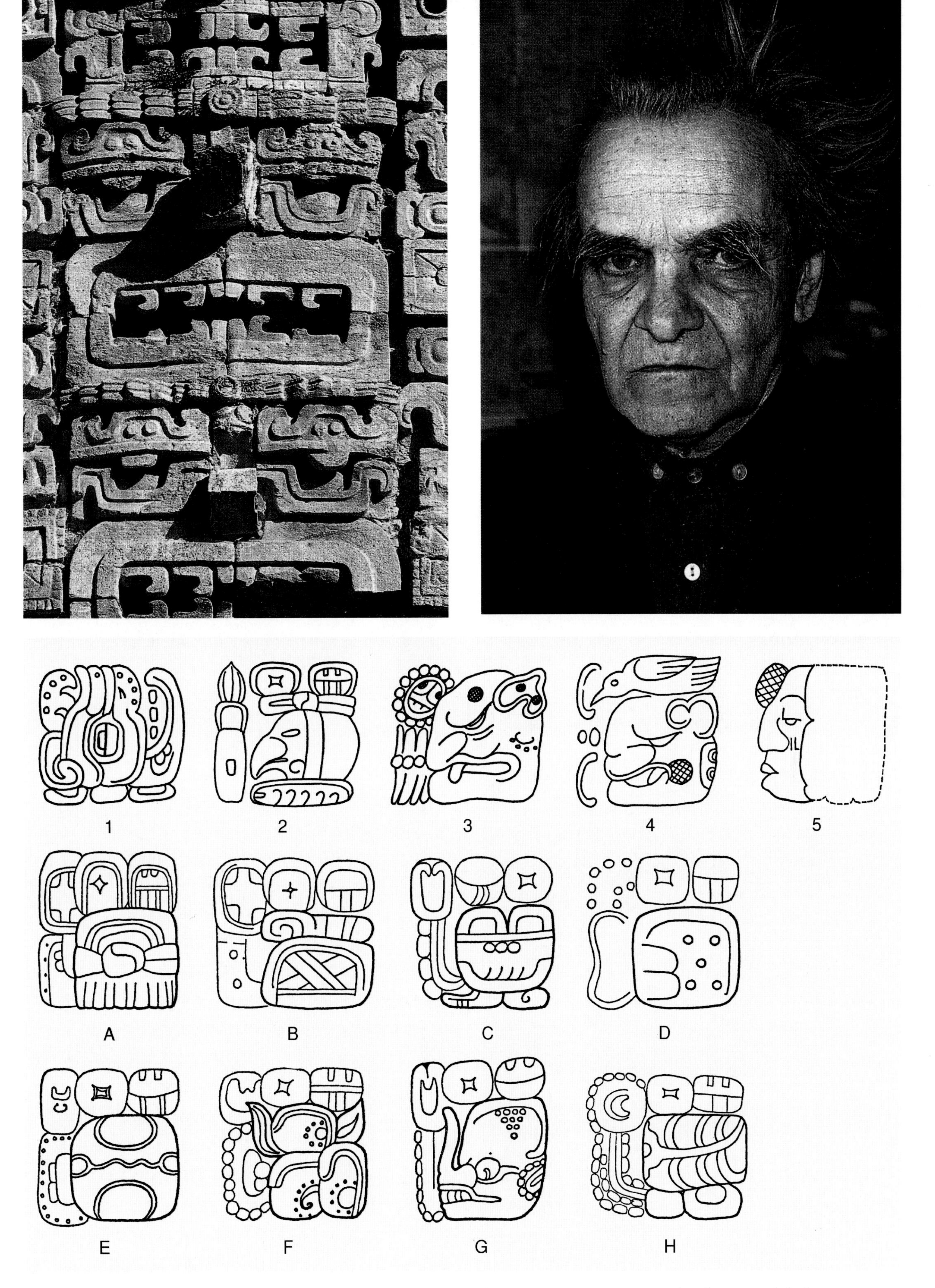
1
2
3
4
5
A
B
C
D
E
F
G
H

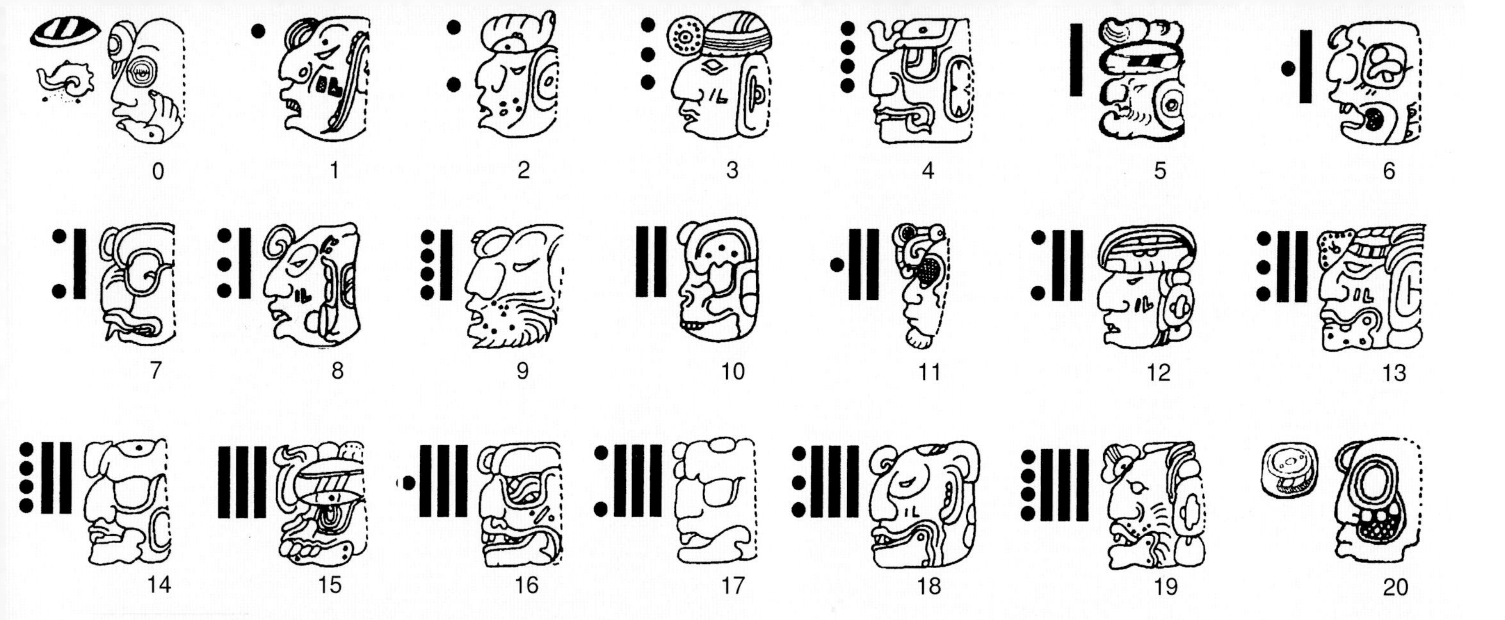

本页：

（上）图6-44玛雅数目表（图示0~20，采用点线的组合方式）

（中）图6-45授课图（陶器画，展开图，“抄本风格”，古典后期，公元600~900年，高9.7厘米，直径19.2厘米，私人藏品；图示两个老者正在给四个青年授课，从他们口中吐出的话语可知讲授的是数学及写作技巧）

（下）图6-46表现天体及天象的浮雕（基里瓜大广场南区1号碑雕刻细部，砂岩碑连底座高410厘米，古典后期，成于公元800年8月15日，君主背后的框架代表天堂，自上面悬下天体的象征和神秘的造物，展翅坐在上面的是天堂鸟）

右页：

（上）图6-47历法周期轮示意（A、B轮示圣年历，即卓尔金历，A为一旬，由13天组成，B为一年，由20旬组成；C轮示太阳历，即哈布历，一年18个月，每月20日，再加年末5个忌日）

（下）图6-48采用“长纪历”的碑刻（亚斯奇兰南卫城11号碑东侧局部，古典后期，公元752年4月29日，碑高不含底座400厘米，宽115厘米，厚27厘米；石碑以长纪历的形式记载了亚斯奇兰统治者亚克苏温·巴拉姆，即“鸟豹”四世登位的日期）

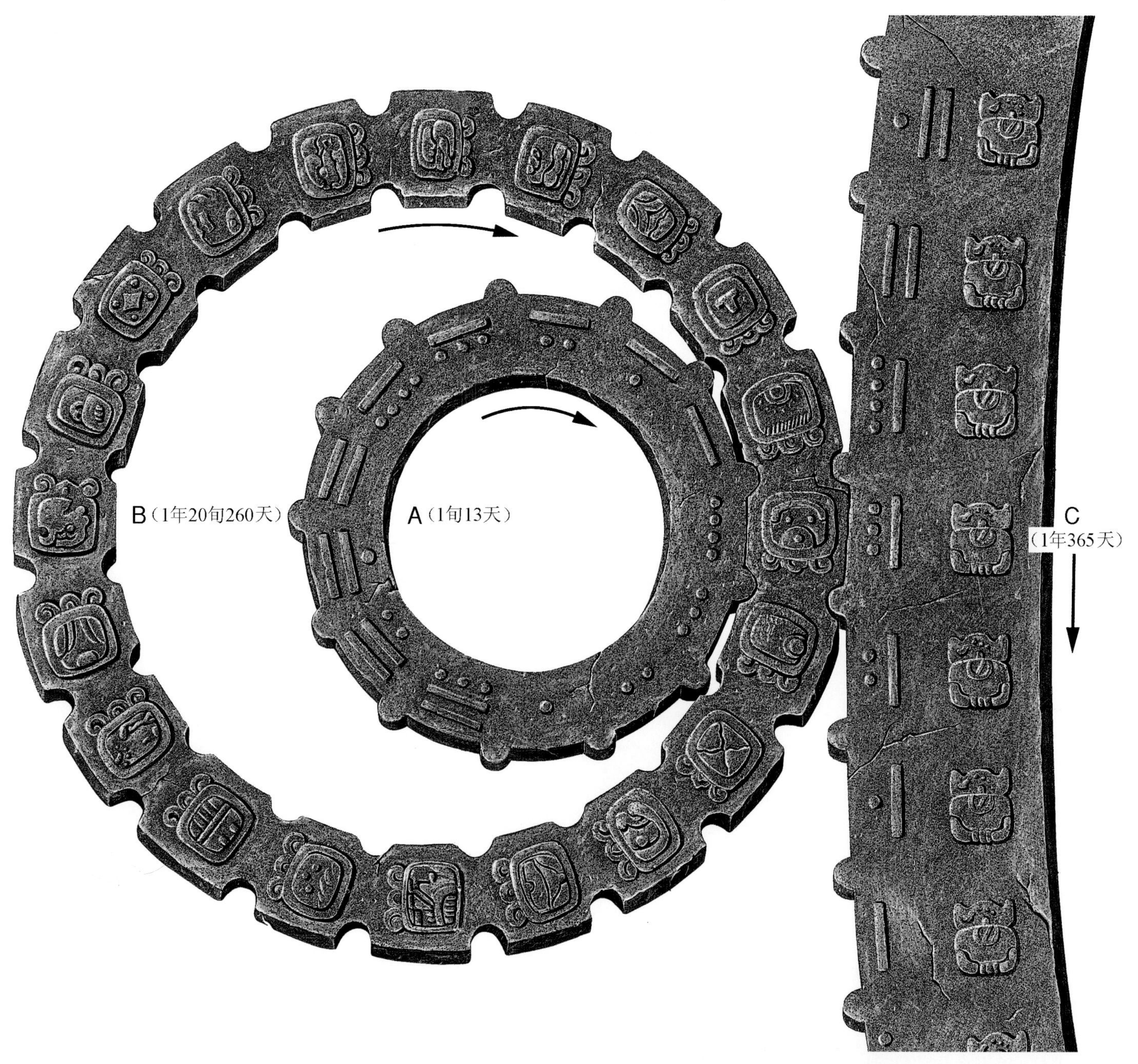

然也是上层社会的妇女（图6-27、6-28）。这些雕像构成了宝贵的人类学证据，和亚斯奇兰及其他古典遗址那些带有丰富雕刻的石碑一样，向我们展示了玛雅服饰的奢华和富丽（图6-29~6-35）。编织华美并带刺绣的纺织品堪比玉石首饰，大量采用的大咬鹃（一种羽毛鲜丽的珍稀鸟类）羽毛使它们成为历史上最富丽和奢华的服装之一，甚至连武士的衣服都用羽毛制作。

在玛雅人心目中，现实世界由东西南北四部分组成，中央为"世界树"（生命之树）；上面为上界——天国，下面为下界——冥府（图6-36）。和中美洲其他地区一样，玛雅也有着复杂的神祇体系，每

个神都有自己掌管的领域和保护的对象（图6-37~6-39）。乌纳布-库（阿兹特克人称为特洛克-纳瓦克）为不可见的最高创世神，是创世夫妇伊察姆纳和伊希切尔的孕育者。伊察姆纳同时是和太阳、金星等星球相关的苍穹神，还掌管农业、玉米和雨水，据说文字和医学也都是他创造和确立的。羽蛇神库库尔坎起源于一位部落英雄，许多属性与其北方的对应神魁札尔科亚特尔相同，作为神祇还代表金星，是生命的提供者和风的象征。玛雅人的雨神查克（图6-40、6-41）相当于墨西哥中部高原居民的特拉洛克和萨巴特克人的科西霍，掌管下雨、闪电和打雷，为此还配备了四个小帮手，每个都具有不同的颜色，位于宇宙的四角。雨神的宅邸里有四个房间，每个房间均配一个水池。其中一个装“好水”，供下雨促使植物生长；另一个装“坏水”，用来下过多的雨水导致收成腐烂；第三个充满冷水，是冰雹的来源；第四个几乎没有水，使玉米保持干燥。当雨神下令让他的小帮手自天上降雨时，每个小神便用陶罐自水池中取水，然后一手持罐一手拿木棍去敲打它。这就是雷声的来源，当陶罐被敲破后，雨水便倾注下来。直到今天，在圣诞节或生日宴会上还可看到这个神话中所描述的场景，如所谓皮纳塔庆祝（来自西班牙语：Piñata，为一种容器，其内装满玩具与糖果，于节日悬挂起来，让孩子们用棍棒打击，打破时里面的玩具与糖果会掉落下来）。

本页：

（上）图6-49伊萨帕 球场院。俯视全景

（中及下）图6-50伊萨帕 球场院。遗址近景

右页：

（上下三幅）图6-51伊萨帕 各类阶梯状台地

[文字、数学和历法]

到公元3世纪，一股汹涌的文化浪潮从佩滕地区向四外扩展，并借助共同的语汇在整个玛雅地区得到表现。通过精心设计的记数体系和象形文字，不仅可精确记录天文观测和进行计算，同样可记载日期、历史事件等内容。

玛雅的文字由带框的复杂图形符号组成，总共约820个。虽说它们也被称为“象形文字”（hieroglyphs），但在这里，这个词更多具有“晦涩难懂”的含义，因为在这批符号中，仅有1/3到1/2能大致了解其意义。近年来，除了所谓“长纪历”（“初始系列”）的日期记载外，在玛雅图像文字释读上人们也取得了巨大的进步。在这方面，特别应提到两位俄国学者的贡献：一位是尤里·克诺罗佐夫（图6-42），他于20世纪50年代采用一种全新的方式来研究玛雅文字，引发了玛雅碑文研究领域的一场革命；另一位就是前面多次提到的塔季扬娜·普罗斯库里亚科娃，1960年，通过对文字中固定时间段的研究，她意识到玛雅文字里记载的不是宗教，而是历史，在认识上有了新的突破。目前，中央地区各主要

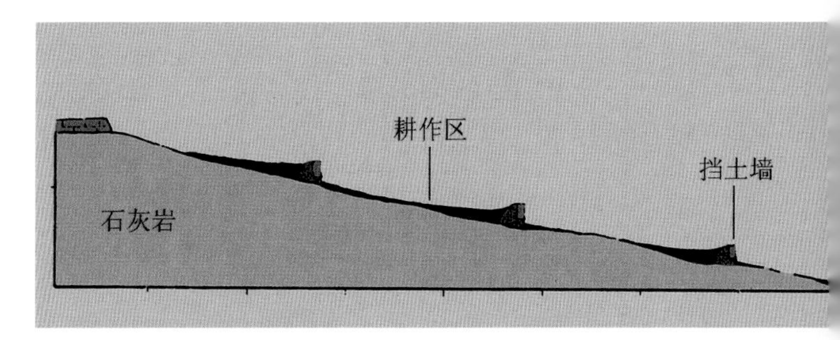

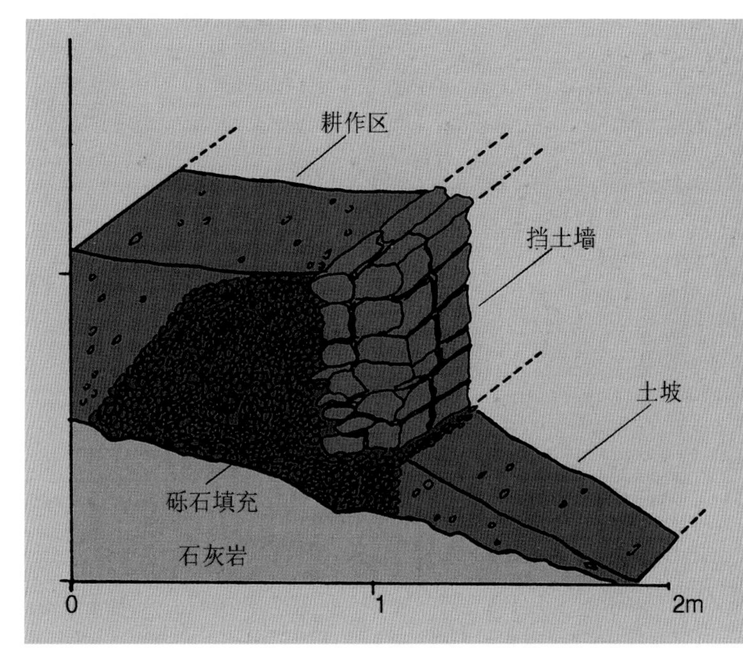

城市的图像符号已得到确认，对于其王朝及统治者的情况也有了更深入的了解（图6-43）。

数学计算、天文观测和历法是玛雅人最令人惊叹的科学成就（图6-44~6-46）。在这里，由点划及位置确立的计数体系及“0”的运用（在世界史上，后者的发明仅两次）大致相当西方亚历山大大帝创建其帝国的时候。在玛雅数学里，贝壳状的象形文字代表“0”，点（•）表示1，划（—）等于5。玛雅人取20进位制，自下而上，每上一层数值增20倍。如下面所示数值：底部为一个点，代表1，第二层一划表示5×20 = 100，再上面第三层两划代表10×20×20 = 4000，故总数为4101。

＝　=10×20×20 = 4000

—　=5×20　　= 100

•　=1　　　　= 1

————

4101

玛雅人就这样，仅用点划及其位置，可以计到百万级的数量。

和其他古代美洲部族一样，玛雅人同时运用260

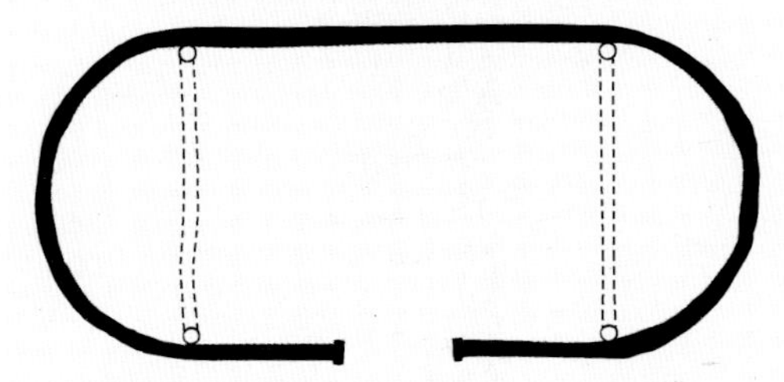

左页：

（左三幅）图6-52伊萨帕 毛石及卵石墙体近景

（右两幅）图6-53梯田构造示意及挡土墙剖析图（取自Nikolai Grube：《Maya，Divine Kings of the Rain Forest》）

本页：

（右两幅）图6-54石建筑浮雕里表现的玛雅茅舍造型（原始茅舍的形式成为以后许多石建筑檐壁雕刻的母题，从中还可看到最初的原型和转换到石结构中的变化；上图取自乌斯马尔修院组群，在通向宫殿的入口上加了双头蛇的造型）

（左）图6-55传统玛雅茅舍 平面及立面（取自Henri Stierlin：《The Maya，Palaces and Pyramids of the Rainforest》，1997年）

天的宗教历（卓尔金历，Tzolkín）和365天的太阳历（即所谓“短纪历”，Compte Court）。这种历法系统的应用好似两个齿轮组成的机械（图6-47），一个365齿，一个260齿，每齿代表一天，当咬合的两齿再次相遇时，已经过了18900天，即52年的轮回周期（回归年，相当我们世纪交替的概念）。另一种历史悠久的历法即所谓“长纪历”（Long Count，图6-48），它用于记录更长的时间，其期限为1872000天，即5125.9年，其起始日期据推算应为公元前3114年8月11日（尽管有人对这个换算结果持怀疑态度）。到古典后期（约800~950年）它被能在256年期间准确标示日期的“短纪历”取代，后者一直用到殖民初期。在留存下来的三部带图像的玛雅古抄本中，德累斯顿抄本（Codex de Dresde）内尚有相关的计算图表。

[物质文明]

中美洲的玛雅文明，南美安第斯山脉的印加文明和墨西哥中部高原地区的阿兹特克文明，都是发展程度相对较高的古代美洲文明。从三者的比较中，可以

看出玛雅文明的一些特色。

在建筑方面，玛雅人的表现最为突出。其建筑规模宏大，设计复杂，装饰精美。在这些方面，古代美洲的其他文明可说无出其右。尽管印加人的巨石建筑在石料切割的精确性方面（数吨重的巨石砌体整齐划一）略胜一筹，但是除了马丘比丘遗址等少数例外，相对玛雅建筑显得过于单薄。和印加人相比，除了在公路修建方面，玛雅建筑无论在数量还是质量上都具有领先的地位。阿兹特克人的金字塔虽说也比较壮观，如特奥蒂瓦坎的金字塔。然而，从总体上看，总觉得有些笨重、平淡，缺少装饰和品位，基本相当于玛雅后古典时期的水准，无法与其盛期作品相比。

到前古典后期，玛雅南部地区进入了建筑活动最活跃的阶段。尽管这个地区在玛雅文化蓬勃发展的古典时期逐渐被边缘化，但在这里形成和发展起来的一些要素，实际上可视为从类似奥尔梅克的样式（olmécoïdes）到以后人们所谓“纯正”玛雅风格之间的过渡。在伊萨帕（可能是这个地区最重要的遗址，一如阿尔万山之于瓦哈卡地区），尚存球场院和用毛石及卵石建造的巨大阶梯状台地和基础（图6-49~6-52），以及一些重要的独石雕刻。在尤卡坦半岛北部的齐维尔查尔通，建了第一批外覆灰泥的台阶和平台。但直到原始古典时期（约相当公元前3世纪~公元3世纪），在瓦哈克通和蒂卡尔这样一些遗址上，才出现了为玛雅建筑特有的典型要素。

古典时期的玛雅居民无论是制造实用物品还是艺术品均采用石工具（武器亦为石制和木制）。其艺术形式尽管可与采用金属器具的地中海古代文明相比，但技术上仍属古老得多的史前时代的新石器文明，黄金和铜只是在古典期之末才开始使用，且一直不知用铁。农业技术简单，耕作粗放。在山坡地带，则筑挡土墙形成类似梯田的构造（图6-53）。

玛雅地区的艺术，特别是建筑，深受墨西哥中部地区的影响。皮皮尔人（中部地区的墨西哥人，操纳瓦特文化语言）可能就是自特奥蒂瓦坎迁到危地马拉高原地带的移民（或为商人、传教者），他们同时带去了新的建筑构造理念（如斜面和裙板）及包括特拉洛克在内的某些墨西哥神祇。

在玛雅，通常每个大城市都有一个真正的祭祀中心，由宗教及行政首领主持礼仪崇拜活动和处理社区

左页：

图6-56传统玛雅茅舍 剖析图（取自Ancient Civilizations：《The Mayas》，1997年）

本页：

（上）图6-57传统玛雅茅舍（博物馆内的实物复原）

（下）图6-58玛雅茅舍 外景（图示尤卡坦地区一栋普通民居，沿用几千年来的传统做法，于抹灰篱笆墙上起木架外覆茅草或棕榈叶的屋顶，长边中央辟门）

的日常事务。但只有精英人物在其中生活；为市中心提供生活物资的民众则大都住在邻近村落的茅舍里（这种原始的住宅形式在许多石建筑的雕刻里都有所反映，并在许多地方，一直沿用到现在；石浮雕上的茅舍形象：图6-54；平面、立面及剖析图：图6-55、6-56；实物复原：图6-57；实例外景及内景：图6-58~6-60）。在这点上，和墨西哥高原的城市模式又有所不同，在那里，神殿、宫邸、各类住房、地方行政机构、学校及工匠作坊，全都是城市本身的组成部分。

在玛雅地区，古典繁荣期在近公元900年时结束，亦即比墨西哥中部高原晚了约一个世纪。在这6个世纪的繁荣期间，留下了大量反映这一文明的蔚为壮观的作品。玛雅建筑的主要特色是具有极强（甚至可说是夸张）的表现力；相对规模和尺寸而论，这一品性更多表现在精心制作的装饰上。和庄重简朴的形体相比，精练的细部处理（如花边式的脊饰、复杂的立面马赛克图案）更为引人注目。

在采用原始工具的条件下，玛雅人的建筑工程达到了古代世界的先进水平，能对坚硬的石料进行雕镂加工。建筑以布局严谨、结构宏伟著称；金字塔式神殿以砾石和土堆成，外铺石板或土坯，设有石砌梯道通往塔顶，如蒂卡尔和乌斯马尔的宏伟金字塔。

在这里，需要指出的是，玛雅金字塔（更准确说，应是金字塔式神殿）是一种独特的类型（图6-61、6-62），与埃及金字塔可说相去甚远。埃及金字塔除早期少数例外，几乎全是方基尖顶的方锥形，

左页：

（上下两幅）图6-59玛雅茅舍 外景（在尤卡坦地区，玛雅茅舍端头平面常取半圆形，整体近似椭圆，上图一例平面尺寸约为8.5×3.5米，外部多抹白灰，可防暴雨侵蚀，只是需时时更新维修）

本页：

图6-60玛雅茅舍 内景（近代实例，可看到由简易木架和编织的棕榈叶构成的屋顶）

而玛雅金字塔的每个侧面不是三角形，而是叠置的梯形。其下部为阶台，上部平台上通常还建有庙宇。除个别阶梯状金字塔外，埃及金字塔形状几乎完全一样；玛雅金字塔却有各种风格及变体形式，有的甚至有60°左右的陡峭坡度。从塔脚下向上望去，塔身高耸入云，十分威严神圣。玛雅祭司和献祭者就沿着这几十级，甚至上百级台阶，一步步登上金字塔顶。从金字塔下方望去，顶上的人如坐云端，就这样，造成了通天的感觉。在建造方式上，玛雅金字塔也有别于埃及金字塔（图6-63）。

玛雅金字塔的主要功能是让祭司登顶进行各种仪式活动，这点也与埃及金字塔不同；另一项重要的功能是供祭司们观察天象。玛雅人观星的精确度很大程度上取决于这些高耸的建筑。在没有望远镜之类现代设备的情况下，要达到准确的观察就必须站在一个相当高的位置，能越过广阔的丛林，将视线投射到遥远的地平线上。这并非考古学家仰望玛雅金字塔时的推测，事实上，在玛雅图谱中经常可以看到上述场景。例如，表现阶梯顶部的房子，里面的祭司正在用交叉的十字棍仰观天象（有时仅画眼睛来代表祭司，十字棍则表示定点）。

玛雅金字塔。就目前已知的遗址分析研究，大致分为四种类型：1、平顶金字塔，上建庙宇，从四面的任何一面看，都是阶梯状的基座加神庙。这种类型最为常见，可看作玛雅金字塔的基本形态。2、尖顶金字塔，仅见于蒂卡尔城，其顶上的美洲豹神庙很小，只能看成是塔尖。3、壁龛式金字塔，如墨西哥维拉克鲁斯地区埃尔塔欣的龛室金字塔。4、陵寝型金字塔，这是20世纪50年代才了解的类型。考古学家在帕伦克城的这一意外收获，打破了以往对玛雅金字

图6-61典型玛雅金字塔-神殿。剖析图（取自Chelsea House出版社：《The Mayas》，1997年），大多数金字塔均设九步基台（在玛雅人心目中，九是宇宙中最重要的数字）；在金字塔内部，有时还有一或两个附加建筑（神殿或陵寝）；有时则是在早期建筑上另建一个更高的立有新神殿的金字塔；顶上带脊饰的神殿主要靠居高临下的地位而不是靠本身的规模和尺寸加以突出

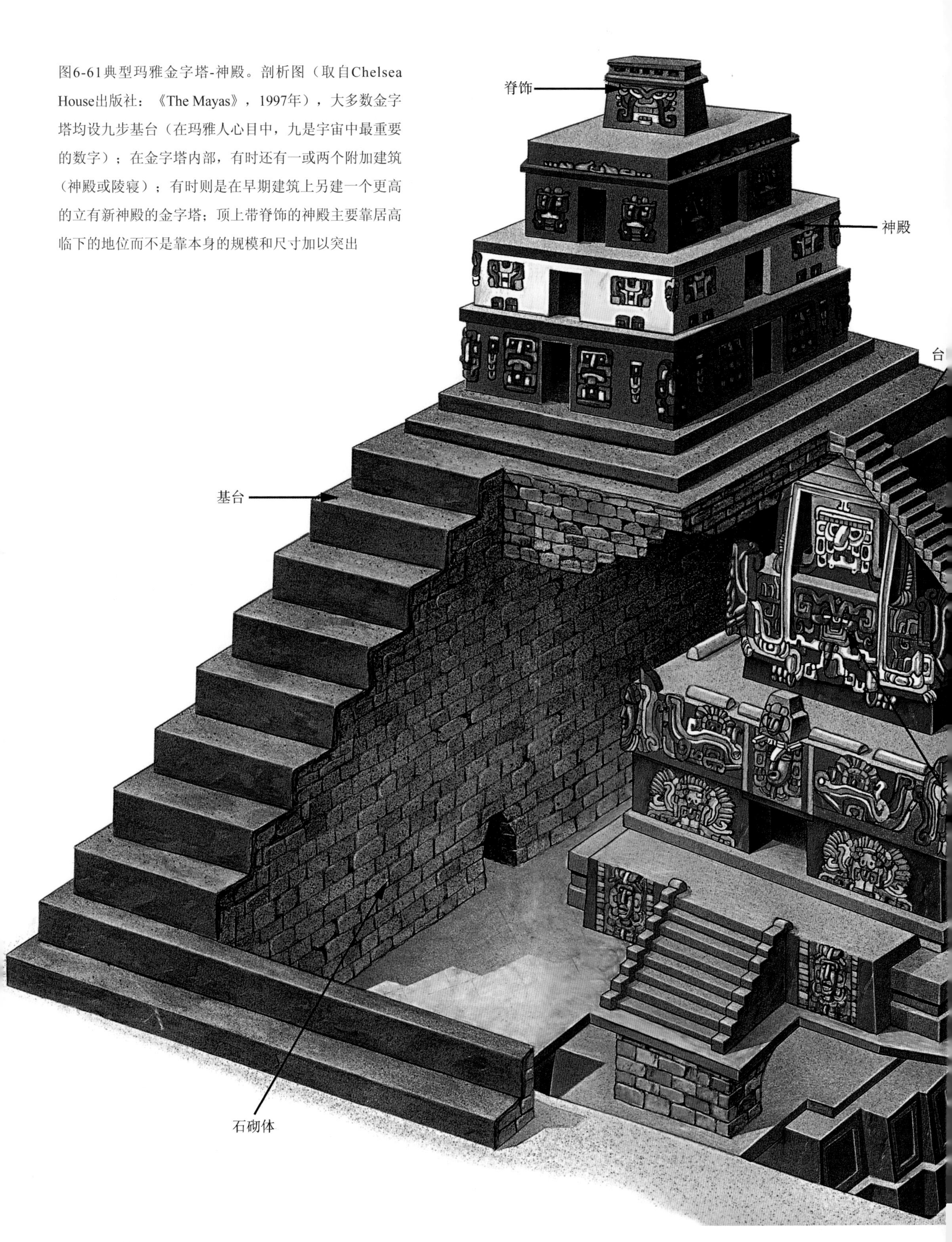

塔的固定认识。人们第一次知道古代玛雅首领帕卡尔是埋葬在一座金字塔深处的拱顶密室中。

在古典时期玛雅建筑中，结构及构造上最值得注意的是采用叠涩拱顶、带屋顶墙架的高屋顶、烧石灰灰浆或混凝土的砌筑方式；在与建筑紧密结合的雕刻艺术上则为纪念祭司、武士或玛雅历史上各时期重大事件而立的低浮雕石碑、石板或石棱柱，在700年期间为准确记载日期而留下的历法碑文等。其他的产品，如彩绘陶器和玉石雕刻，虽属采用古典风格的工艺品，但它们并不能像叠涩拱顶、石建筑、石碑和历法碑文那样，成为对玛雅古典建筑和艺术的发展具有深远影响的基本要素。

玛雅建筑的叠涩拱顶是通过一系列悬挑石块构成的结构体系，其中每一层石块均比下层向外挑出一些（图6-64~6-69）。这种结构早期主要用于墓葬建筑，源于用屋顶覆盖墓室的需求，以后才用到神殿、宫殿和其他结构中（在建造住宅时，人们最常用的还是树枝及茅草房舍，因其通风良好并便于更替）。在玛雅这类建筑中，叠涩拱顶的高度和下面的承重墙大体相等。空间围合简单地通过两道或更多的墙体相对倾斜而成（图6-70）。这种体系的稳定性自然较差，因此需要对不稳定的悬挑结构进行仔细调节，并相应采取各种平衡措施。烧石灰灰浆及土水泥、木拉杆，以及独特的石料切割形式（如后期拱顶中采用的靴形石），都起到增强稳定的作用。端墙和横向隔墙也在这方面发挥了一定的效用（图6-70之2）。采用水泥或混凝土粘结料则是玛雅地区的习用做法（主要用于宗教建筑）。自公元后的头3个世纪开始，在两或三个世纪期间，这类拱顶的使用已扩大到所有受玛雅影响的地域，然而，几乎再没有超出其边界。在非玛雅地区，从现美国东南直到南美洲南部，尚找不到叠涩拱顶的例证。因此，在玛雅建筑演进中起到如此重要作用的叠涩拱顶，通常被称为——至少是在世界的这一部分——“玛雅拱顶”（voûte maya），有时亦被称作“假拱顶”（fausse voûte）（图6-71）。

尽管在世界其他地区也有过这样或那样的叠涩拱顶，但玛雅拱顶却有它自身的特色。在和支撑墙垂线的关系上，拱顶起拱处通常有一个净挑出部分。多为直线的拱腹部分有时亦作凹面，除了瓶状的剖面外，还有向上成阶梯状缩减的，乃至形成更复杂的多瓣形剖面。跨越室内挑出部分的密集木拉杆，可能是在拱

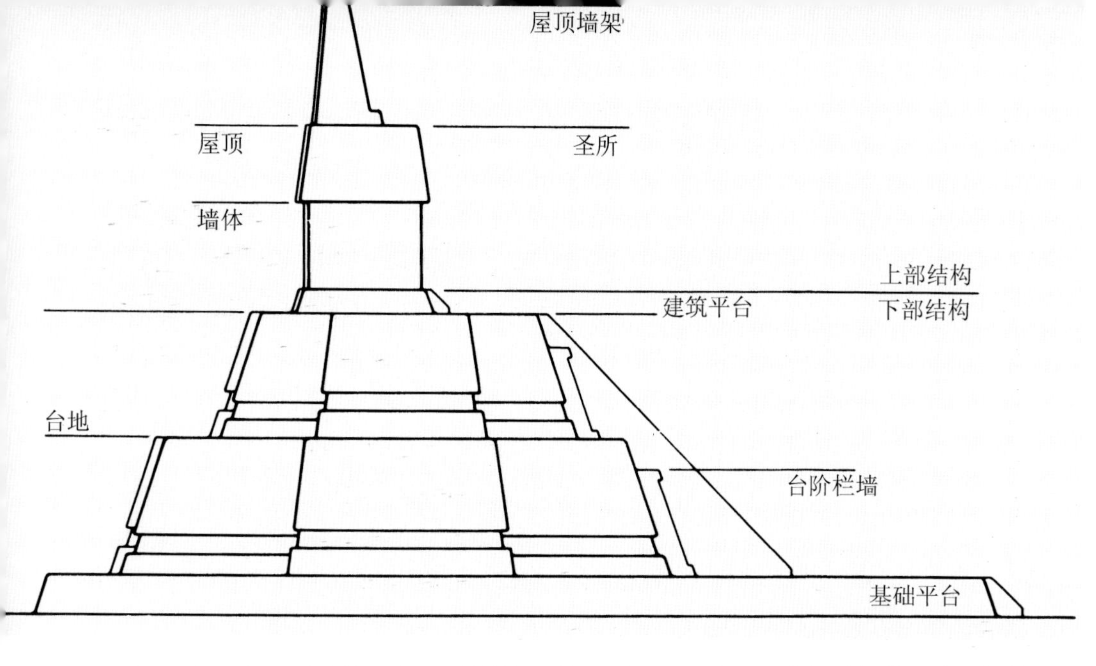

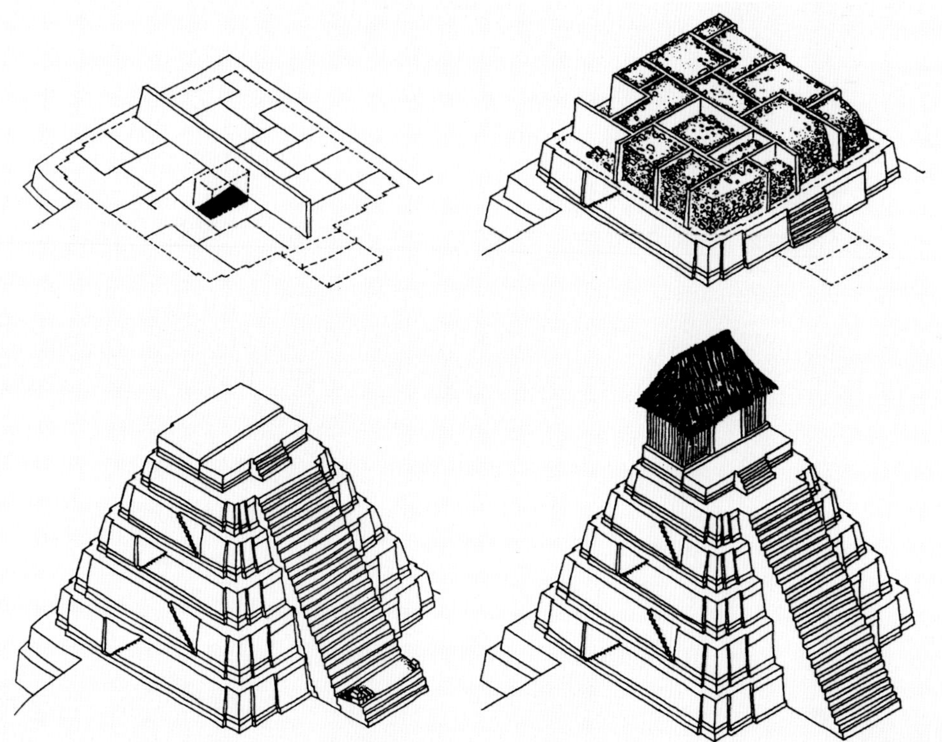

本页：

（上）图6-62典型玛雅金字塔-神殿（侧立面简图，据Banister Fletcher）

（中）图6-63典型玛雅金字塔-神殿（建造过程图，由木料和棕榈叶建造的神殿位于阶梯形金字塔基台上，基台下部有时设墓室，核心结构通过毛石墙保持稳定，外覆石板或雕刻）

（下）图6-64玛雅叠涩拱顶构造（由一系列逐层外挑的石块构成，亦称假拱顶，据Banister Fletcher）

右页：

（左上）图6-65玛雅叠涩拱顶构造（剖析图，取自Nikolai Grube：《Maya，Divine Kings of the Rain Forest》

（左下）图6-66玛雅宫邸拱顶结构（尤卡坦地区，普克风格建筑的剖面，由两道平行拱顶构成，取自Henri Stierlin：《The Maya，Palaces and Pyramids of the Rainforest》，1997年）

（右）图6-67玛雅叠涩拱顶（从科潘的这个拱顶残迹上，可直观地看到玛雅叠涩拱顶的结构和建造技术）

顶施工过程中插到墙体里，以便在等待灰浆硬化的这段较长的期间稳定挑出部分，以后则作为横杆悬挂器物乃至吊床。

在玛雅地区，和叠涩拱顶差不多同时出现的另一种重要建筑部件是中部地区华丽的高屋脊装饰（所谓“屋顶墙架”，roof-combs，crestería，图6-70之1）和北部地区的假立面（亦称“飞立面”，flying façades，图6-70之5），实际上它们也都是起平衡作用的负荷。前者通常是自神殿后墙耸起的结构，至顶部逐渐缩小，高踞神殿屋顶之上。这类高屋脊使佩滕地区的神殿具有一种独特的外廓，同时也意味着一种新的结构方式，令沉重的墙体高耸在内部空间之上。

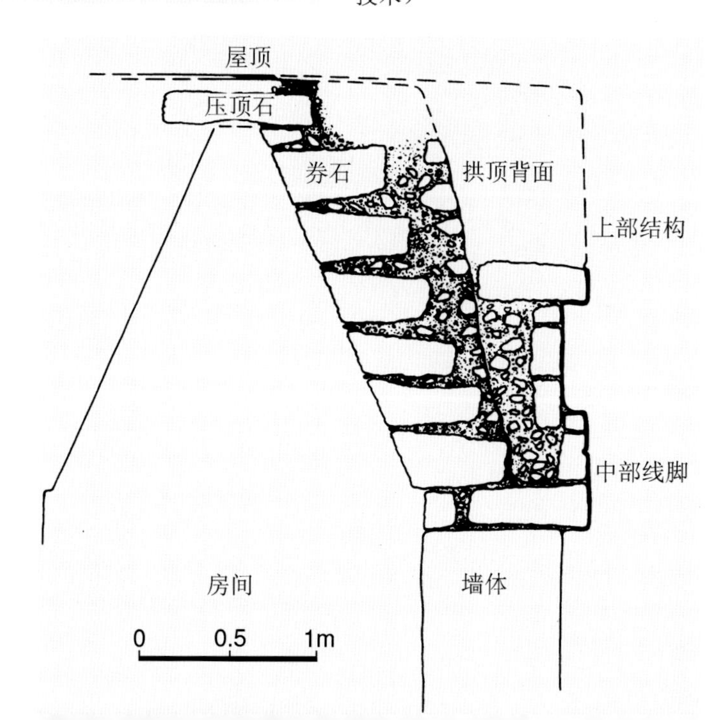

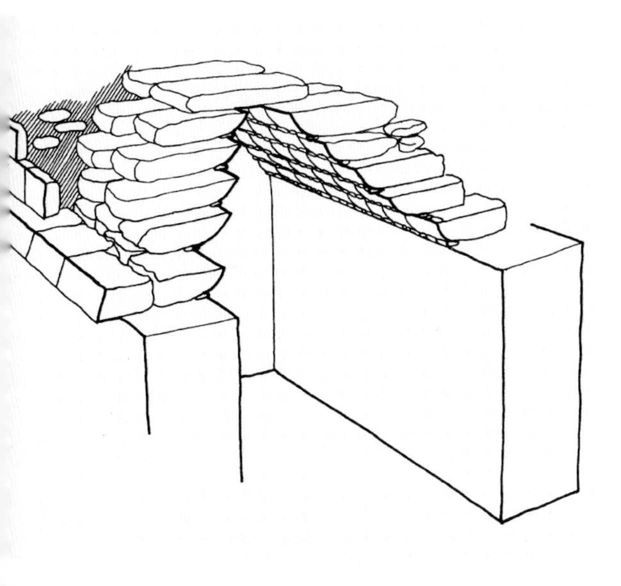

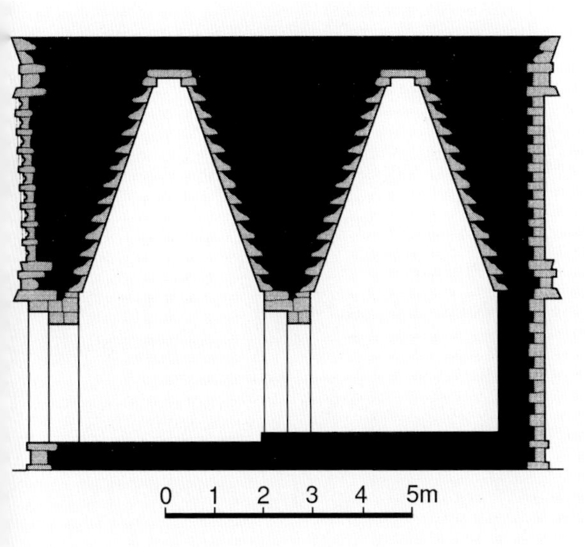

施工质量则视地区有所不同，但在古典时期，总的趋势是不断进步完善。在当时，占主导地位的有两种砌筑方式，其英文名分别为“块板”（block veneer）和“薄板”（thin veneer）。通常墙体外观都非常规则，内部则只是简单地充填石灰砂浆和碎石块。更先进的第二种砌筑方式是采用很薄的板块，不仅表面加工特别仔细，而且充当真正的“永久性模板”（coffrage perdu，即一次性使用，在内部充填后不拆除回收）。这是名副其实的石块马赛克（可以省去覆盖墙面的精细灰泥面层），特别适合于精美的装饰工程，在进入繁荣时期的尤卡坦半岛普克地区用得尤多。

一些具体做法还随着时间的推移而有所变化，如台地的剖面，除了常用的“斜面-裙板”类型外，采用简单斜面的在线脚处理上亦可看出早期和后期的区别（图6-72）。随着这些要素的创造和精练，到公元3世纪（差不多相当特奥蒂瓦坎建造其羽蛇金字塔之时），玛雅建筑最后形成了自己的基本风格。玛雅人虽说也建造由木梁支撑的平屋顶（木梁本身由墙体、柱墩或柱子支撑，图6-73），但不像中美洲同时期的其他部族（如萨巴特克人和特奥蒂瓦坎的居民）那样普遍，而他们独家使用的叠涩拱顶却不可避免地限制了内部空间形体和布局上的灵活性。我们将看到，在玛雅的某些地方，人们正在寻求新的手段以克服叠涩结构带来的这种局限。但在佩滕和大部分其他地区，和建筑外观相比，内部空间一直处于次要地位，构图重点始终放在大的露天空间。因此，我们看到了一种颇为奇特的表现：神殿变得越来越大，但内部空间却越来越小（如蒂卡尔的几个神殿）。

玛雅的雕刻、彩陶、壁画同样有很高的艺术价值，如科潘的精美雕刻、博南帕克的华丽壁画（表现

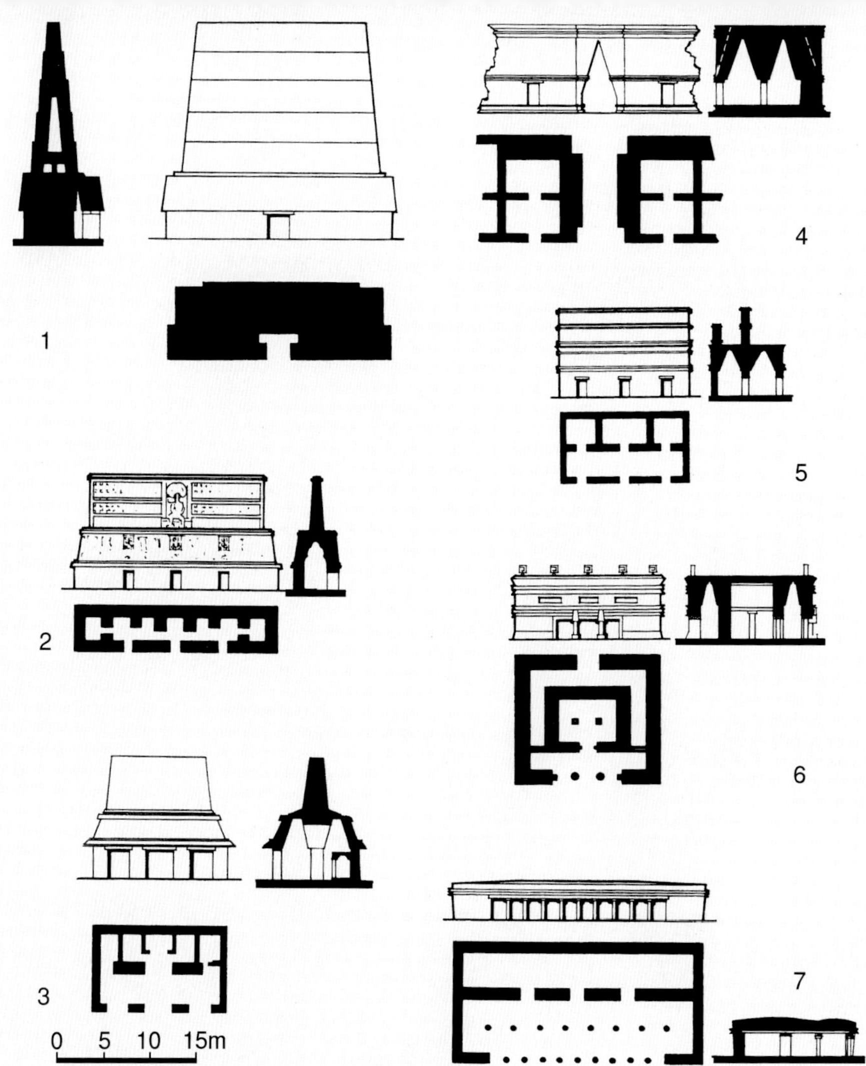

（左上）图6-68玛雅叠涩拱顶（典型内景，房间狭长如廊道，顶上盖平石板）

（左下）图6-69玛雅叠涩拱顶（尤卡坦地区，普克风格建筑，内景，一侧由低矮的柱墩支撑，拱顶上设木拉杆）

（右）图6-70玛雅拱顶技术 平面、立面及剖面（图示各个不同地区的表现，图版取自George Kubler：《The Art and Architecture of Ancient America，the Mexican，Maya and Andean Peoples》，1990年）。图中：1、蒂卡尔，神殿V，公元700年以后，上置佩滕式的屋顶墙架；2、亚斯奇兰，结构33，公元760年以后，采用室内墙垛；3、帕伦克，十字神殿，公元700年前，采用"芒萨尔式屋顶"；4、乌斯马尔，长官宫邸，约公元900年，于平行拱顶体系内设横向拱顶；5、奇琴伊察，"红宅"，10世纪，采用所谓"飞立面"；6、奇琴伊察，"城堡"，约1200年，平台建筑；7、图卢姆，城堡下部结构，抹灰梁式屋顶

贵族仪仗、战争与凯旋等，人物形象千姿百态，栩栩如生，是世界壁画艺术的宝藏之一）、帕伦克的灰泥艺术及亚斯奇兰的宗谱碑等。正如何塞·米格尔·考瓦路比亚所说，玛雅艺术"综合了埃及人的严肃和明晰，中国装饰的华丽和印度的性感及情欲"[3]。

到原始古典时期结束时，开始出现了一些具有深远影响的文化要素，特别是在所谓"初始系列"（séries initiales）[4]的文字出现后，玛雅人开始建造纪念性碑刻（主要是石碑），蒂卡尔的29号碑是已知这类古迹中最早的一个（所标日期为公元292年）。古典时期玛雅的石碑大都为独立的纪念碑，或为石板，或为棱柱体，顶部常为圆形，有时接近人体外廓。石碑通常都用精美的碑文图案记录时间及进程（如基里瓜的石碑F，见图6-676）。主题往往是站立的盛装男性，代表武士、统治者、祭司或拟人形象的神。主要人物周围还伴有小的次级形象、天空条带、

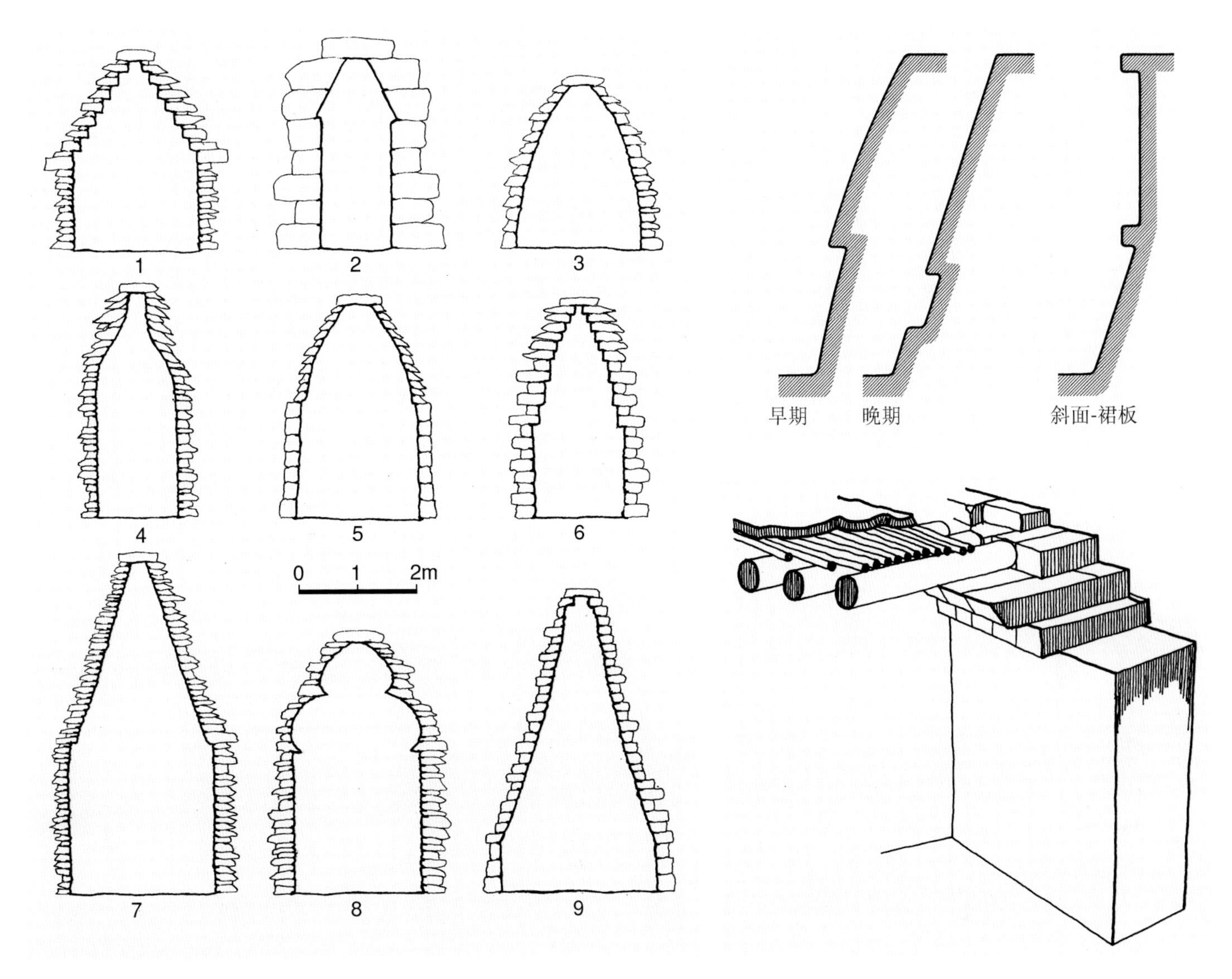

象征性怪物的面具及碑文。木碑出现时间估计更早（在许多地区可能是唯一的形式）。

玛雅建筑、雕刻和绘画的风格序列同样反映了地域的变迁。从佩滕地区前古典时期的古迹开始，各地区在不同时期依次崛起，各领风骚若干年。在古典早期行将结束之际，引领潮流的是南部河谷地带，到古典后期，其地位为普克地区取代。接下来在墨西哥统领玛雅文化的是托尔特克人，其统治在奇琴伊察持续了约300年。在经历了长期的政治混乱和文化衰退之后，在西班牙人占领之前，玛雅民族的历史终于接近了尾声。作为这一文明后期的中心，玛雅潘的考古记录向我们展示的，正是这后一阶段（14~15世纪）的情况。而在此时，南面湖边和河谷地带的城市已开始逐渐荒弃并在约700年期间沦为残墟。

[玛雅文明的消失]

在前哥伦布时期得到高度发展的玛雅文明在10世纪时突然消失，为世人留下了一个不解之谜。有关的解释很多，归纳起来，不外如下几条：

一是人口的爆炸性增长导致的资源枯竭和连年干旱，摧毁了古文明赖以生存的农业基础。这也是目前被学术界普遍认同的一种看法。由于商业和各种手工业产品（包括奢侈品）的生产，物质生活极大丰富但

（左）图6-71玛雅叠涩拱顶的各种形态（剖面，据Paul Gendrop）。图中：1、瓦哈克通，建筑E-X；2、蒂卡尔，建筑1；3、图卢姆，壁画殿；4、瓦哈克通，建筑A-5；5、拉夫纳，拱门；6、科潘，球场院；7、帕伦克，地下密室；8、帕伦克，宫殿，建筑A；9、乌斯马尔，长官宫邸

（右上）图6-72玛雅台地剖面形式（据Banister Fletcher）

（右下）图6-73玛雅平屋顶构造图（木梁及枝条上覆灰泥，这种做法在古典后期和后古典时期的玛雅低地相当流行，只是为防漏水，灰泥覆盖层需经常维修更新，特别在雨季的时候。图版取自Nikolai Grube：《Maya，Divine Kings of the Rain Forest》）

发展失控的古典中心把周围地区的大量人口吸引到繁华的城市内（事实上，这一过程如今还在许多地方重演）。为了提供必要的食物，玛雅人不断毁林开荒、发展农业（建筑上用的烧石灰也需要大量木柴）。由于森林植被的破坏，使当地气温上升、降水量下降，最终导致水源枯竭。大量农业劳动力转入城市建设，也在很大程度上促成了农业的衰退。除了这些人为因素外，美国地质学家戴维还提出了一种太阳周期说。他发现，玛雅地区的旱灾有明显的周期性，大旱灾每隔208年就发生一次。因此他认为，玛雅文明的消失同时与太阳的周期性活动增强有关。

瘟疫与内乱可能也是原因之一。有人认为，大量的土地开垦导致某些携带病毒的昆虫发生变异，由传染动物变为传染人，促成瘟疫的流行和人口的锐减。同时，不直接参与生产活动的上流社会人员的增长和他们的奢华生活（华丽的服饰可作为这方面的证明）也使社会上下阶层的矛盾加剧，导致政局不稳（约翰·埃里克·悉尼·汤普森相信，曾有一次暴乱）。[5]

另外，异族入侵的可能也不能排除，尽管在这方面证据还不是很充分。在蒂卡尔，考古学家发现许多位于岩石及损毁的拱顶房屋下的墓葬，但未发现有修复的迹象。附近神殿和宫殿的壁画也受到严重破坏，石雕人像的脸部大都被毁，石碑也被移作他用。这些都可作为外族（估计是帝国外的游牧民族）入侵的迹象。

第二节 佩滕地区

前面我们已经看到，在玛雅地区，在拥有一种介于奥尔梅克及早期玛雅遗产之间文化要素的同时，在一些地方，一种采用耐久材料的建筑已开始得到发展，如恰帕-德科尔索、南部地区的伊萨帕和卡米纳尔胡尤，尤卡坦半岛北部的齐维尔查尔通。但无论从哪方面看，危地马拉北面的佩滕地区都具有特殊的地

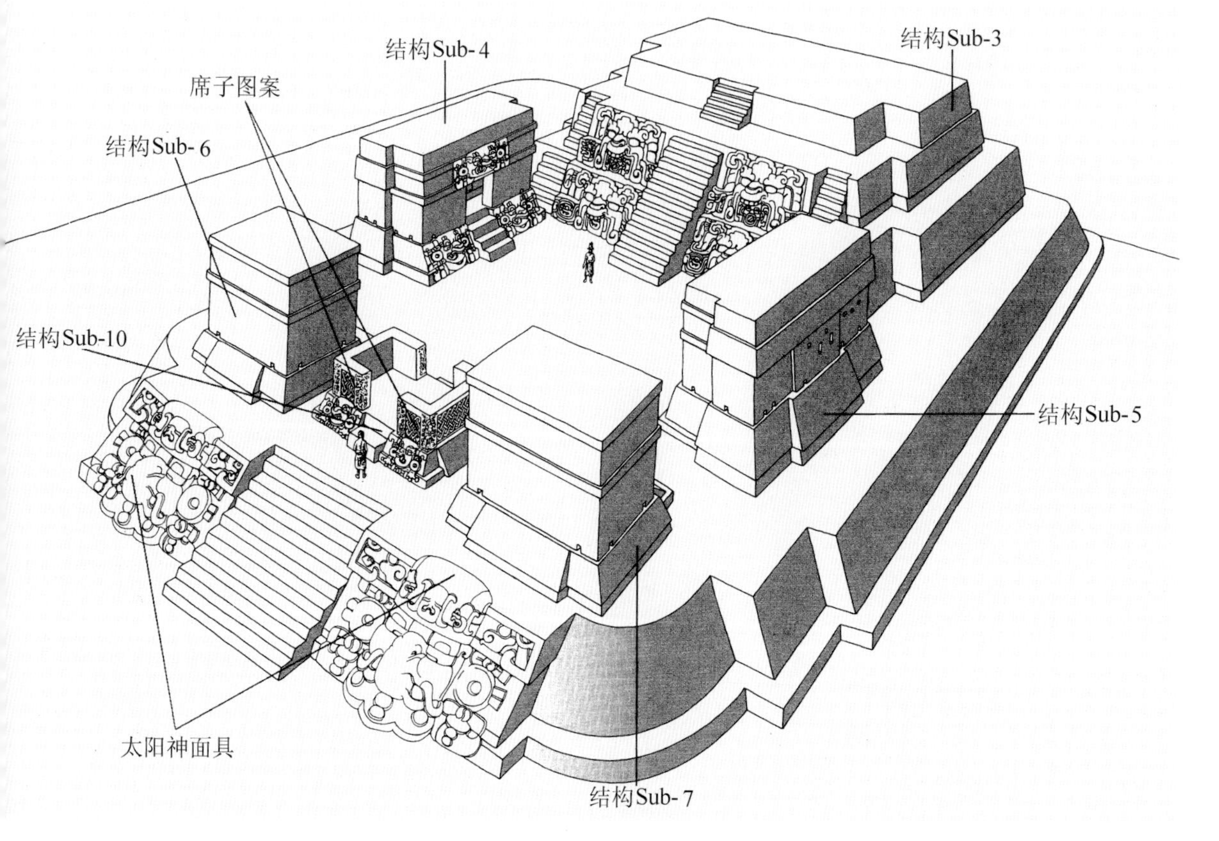

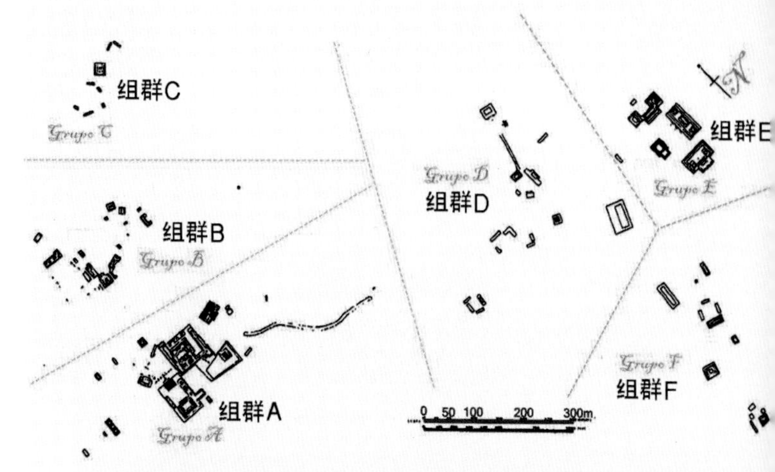

本页及左页：

（右上）图6-74瓦哈克通 遗址总平面（据A.L.Smith，1950年）

（左下）图6-75瓦哈克通 组群H。透视复原图（1985年发掘主持人Juan Antonio Valdés；在前古典后期的平台上安置了六栋建筑，其中四个配有叠涩拱券，外立面涂红色并饰有表现人物的壁画；结构Sub-3是一个高5.25米的金字塔平台，上承由简易材料建造的一栋建筑，通向顶部的大台阶两侧饰有涂成红色、黑色和白色的大型灰泥面具；小的入口建筑Sub-10饰有席纹图案和表现神化的先祖；图版取自Nikolai Grube：《Maya，Divine Kings of the Rain Forest》）

（右中）图6-76瓦哈克通 组群H。遗址现状

（中上及右下）图6-77瓦哈克通 组群A及组群B。俯视复原图（作者塔季扬娜·普罗斯库里亚科娃）

本页：

（上两幅及左中）图6-78瓦哈克通 组群A。主要广场区，残迹现状

（右中及下）图6-79瓦哈克通 组群A。结构A-XVIII，外景

右页：

（右上）图6-80瓦哈克通 组群A。砌体近景

（左上）图6-81瓦哈克通 建筑E-VII。发掘时照片

（右中）图6-82瓦哈克通 金字塔E-VII-sub（前古典末期，公元前400~公元150年，可能1世纪）。平面（据Marquina，1964年）

（右下）图6-83瓦哈克通 金字塔E-VII-sub。立面（取自George Kubler：《The Art and Architecture of Ancient America, the Mexican, Maya and Andean Peoples》，1990年）

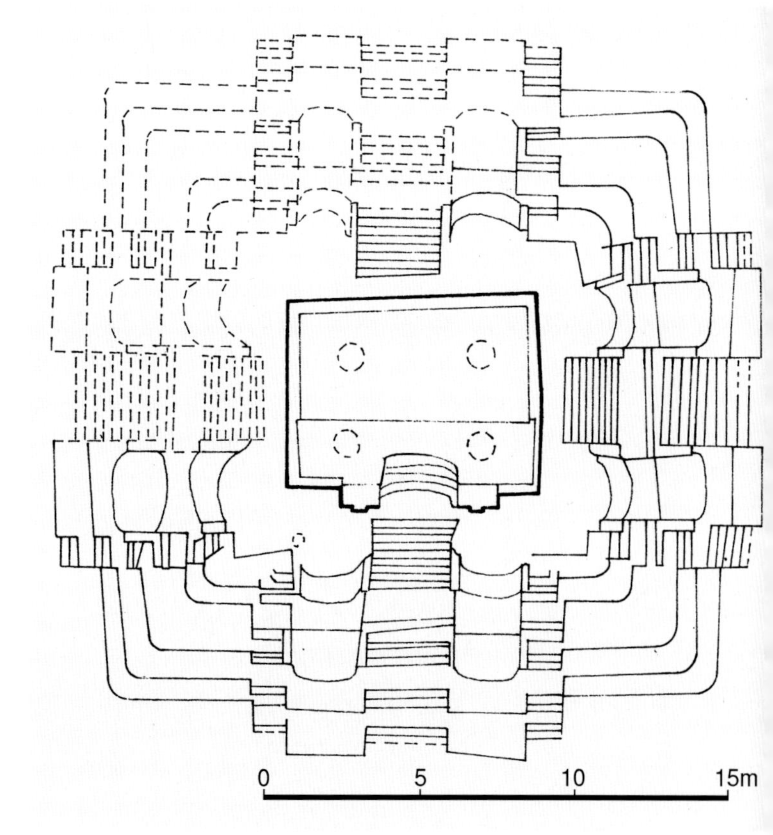

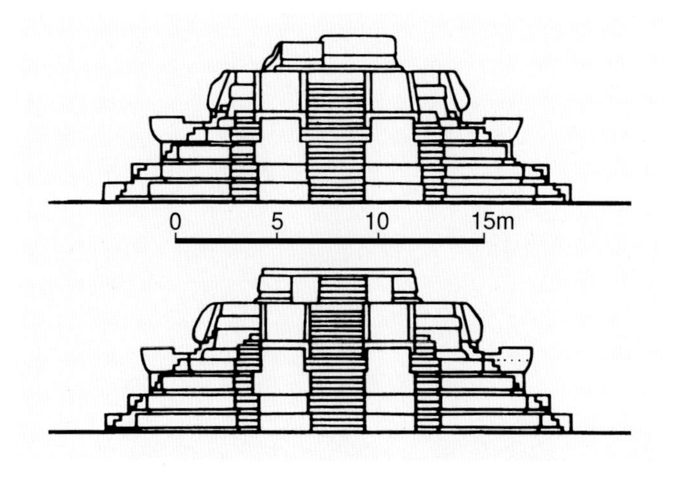

位，因为正是在这里，早在公元初年即诞生的一些要素，在以后玛雅古典时期文化的发展上起到了决定性的作用。在美洲大陆上诞生的最光辉文化之一，就在这个气候闷热如今只有少数人居住的密林深处，得到繁荣并持续了上千年的历史。

体现这一文化发展的两个主要遗址即位于弗洛雷斯湖北面，佩滕丛林中心的瓦哈克通和蒂卡尔。这两个遗址之间仅隔着15公里的林区，在这里，人类开始积极活动的痕迹可上溯到公元前600年左右，但最早的建筑遗迹看来不会早于原始古典时期，即大约在公元前3世纪到公元3世纪之间。我们尚可追溯这些建筑在整个古典时期的连续演化进程，直到9世纪末，也就是说，总共有大约12个世纪的跨度。

一、瓦哈克通

在佩滕地区，位于沼泽地上的基址各个组群之间往往通过堤道相连。在瓦哈克通，堤道自西北向西南，延伸3公里，连接六个大体按正向布置的组群[这些组群分别以字母A~F标示（图6-74）；1985年，一组危地马拉考古学家又发掘出一个组群，命名为H（图6-75、6-76）]。堤道的另一个功用是延伸广场空间。在瓦哈克通，组群A和B自南北两面隔一道深谷相望，两组建筑中心相距约250米。组群A有一个较高较大的广场，广场由两个端头朝向倾斜堤道的U形院落组成（图6-77~6-80）。

从杰出的玛雅学者塔季扬娜·普罗斯库里亚科娃制作的表现瓦哈克通局部地区的精美复原图上，可以看到这个中等规模城市最后阶段的面貌。这些丛林居民，通过非凡的努力，不仅生存下来（砍伐了大量林木以种植玉米），同时还构建了家族和集体生活所需要的空间。这些玛雅人通过耐心的工作，将丛林中最平坦的部分或是高低不平的洼地改造成大片的林中空地，在平台上建造成组的建筑，就这样，构成了真正的人工卫城。

在被命名为E-VII的建筑残墟下，美国考古学家西尔韦纳斯·格里斯沃尔德·莫利发现了一个保存完

本页：

（上下两幅）图6-84瓦哈克通 金字塔E-VII-sub。复原图（作者塔季扬娜·普罗斯库里亚科娃）

右页：

（左上）图6-85瓦哈克通 金字塔E-VII-sub。正面景色

（下）图6-86瓦哈克通 金字塔E-VII-sub。东北面景色

（右上）图6-87瓦哈克通 金字塔E-VII-sub。侧面景色

好、被称为“E-VII- sub”（E为区号，VII为建筑编号， sub表示为其“下部结构”）的金字塔，这个著名的建筑是迄今为止该地区内发现的最早古迹（发掘照片：图6-81；平面、立面及复原图：图6-82~6-84；外景：图6-85~6-87）。其三个建造阶段大约可上溯到公元前两个世纪，直到最近一直是前古典后期玛雅仅有的著名神殿。建筑基部25米见方，高7米；阶梯状下部结构取双轴线对称形制（即所谓辐射对称平面），四面轴线上均布置台阶和对称的角台。顶部平台没有装饰，上面最初立一木构建筑（4根支撑棕叶屋顶的大木柱尚有残迹可寻）。尽管它表现出某些几乎是原始的特点（四个台阶纳入到结构里，其他各跑台阶靠着基础），但已具有几个世纪期间在这片地区的宗教建筑上广为流行一些特色。台阶边上布置石头

（左上）图6-88瓦哈克通 组群E（古典早期）。平面示意图（点画线示天象观测角度，据Marquina，1964年）

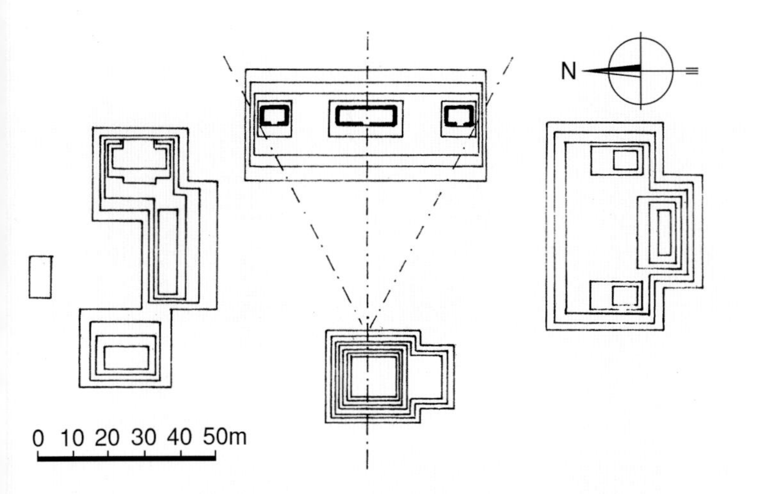

（左中）图6-89瓦哈克通 组群E。视线分析图[自西面金字塔向对面三建筑平台望去的形势，左侧（即北面）建筑处可看夏至时日出，右侧（即平台南建筑）角上可看冬至时日出，春分和秋分时节太阳自中间建筑处升起]

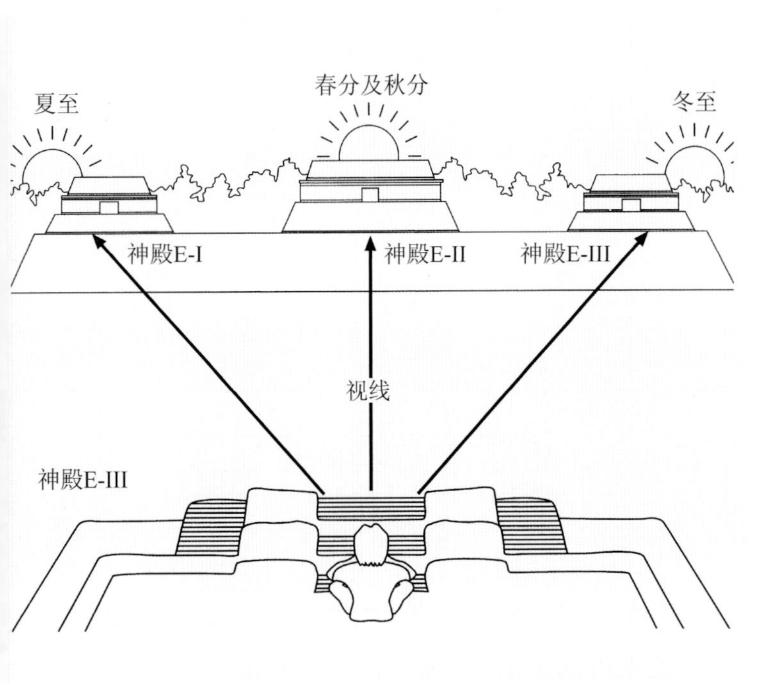

（右上）图6-90瓦哈克通 组群E。视线分析图

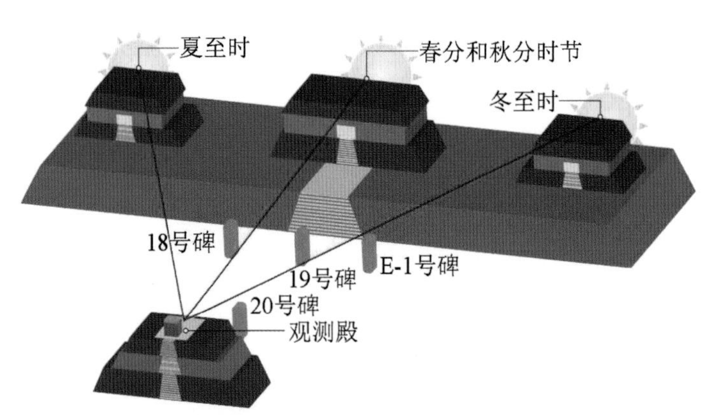

（右中及下）图6-91瓦哈克通 组群E。自面具殿上向东望去的景色

和灰泥制作的巨大头像，其中一些尚有很强的奥尔梅克特色。还可看到使某些直角和尖棱变得更为柔和并在神殿所在顶层平台上突出不同层面的倾向（厚厚的灰泥面层和台地的圆角均为前古典时期和古典早期作品的典型特征）。阶台状基部形成了复杂的形体效果，稍稍倾斜的表面上饰有凸出的线脚元素，以后演变成这种建筑特有的层叠式线脚（所谓“挡板式”，en tablier）。这个建筑在当时所产生的巨大影响不仅见于附近的蒂卡尔（如蒂卡尔北卫城的建筑5-D-sub-l-l°，见图6-138），同样见于尤卡坦半岛西北部阿坎塞这样一些较远的地方。在前古典后期，阿坎塞是这一地区的重要城市，只是古代城市的遗迹几乎全被现代城市掩埋。该地的主金字塔（面具金字塔）和“E-VII- sub”几乎完全一样（见图7-109、7-110）。

早期的这个结构以后为另一个朝东的金字塔覆盖，它和东面的三个神殿一起构成组群E，院落对面

（左）图6-92瓦哈克通 组群E。20号碑（细部，据塔季扬娜·普罗斯库里亚科娃）

（右）图6-93瓦哈克通 组群A-5（约公元200~900年）。各阶段复原图（示从古典早期至后期的八个主要阶段，据塔季扬娜·普罗斯库里亚科娃的复原图绘制的综合简图，图版取自George Kubler：《The Art and Architecture of Ancient America，the Mexican，Maya and Andean Peoples》，1990年）

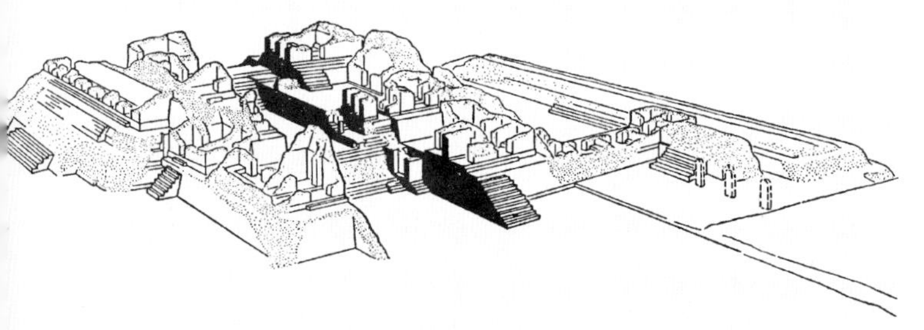

的这三个神殿立在一个南北向的狭长平台上，从北向南，分别命名为神殿E-I、E-II和E-III（平面及视线分析图：图6-88~6-90；外景：图6-91）。它们组成了一个可供玛雅人进行天文观测的建筑组群，更准确地说，是确定两至点（冬至和夏至）和两分点（春分和

秋分）的地方。它包含了一系列石碑标记，借助它们，当人们站在建筑E-VII（面具殿）脚下的给定地点时，可在与建筑垂直的轴线（穿过19和20号碑，图6-92）远方， 神殿E-II的顶上，看到春分或秋分时节（3月21日及9月23日）升起的太阳；或分别在北面和南面，神殿E-I的北角和神殿E-III的南角处，看到夏至（6月21日）和冬至（12月21 日）时的旭日。这样的布置显然是遵循天体的联系，在一个由平台和神殿环绕的小型院落空间里，通过天文视线的会聚，反映宇宙的秩序。

左页：

（全七幅）图6-94瓦哈克通组群A-5。残迹简图及第1至第6阶段复原图（作者塔季扬娜·普罗斯库里亚科娃；第1至第4阶段分别相当古典早期Ic、If、Ig、Ih期，第5和第6阶段相当古典后期IIa和IIc期）

本页：

（上下两幅）图6-95瓦哈克通 组群A-5。第7和第8阶段复原图（作者塔季扬娜·普罗斯库里亚科娃）：上、第7阶段（古典后期IId期）；下、第8阶段（古典后期IIh期，经改绘）

在瓦哈克通，组群A-5是这种金字塔式平台中被研究得最透彻的一组建筑（各阶段复原图：图6-93~6-95；平台遗迹：图6-96）。通过仔细的考古发掘，已揭示出建筑群扩建和重组的若干阶段和许多代人为使它变得更为丰富和华美而进行的不懈努力。从围着小型平台院落的几个独立神殿开始，经过七个扩建和改建阶段，用带若干房间的“宫殿”建筑取代或掩盖了早期的单间结构。

在塔季扬娜·普罗斯库里亚科娃详细绘制的复原

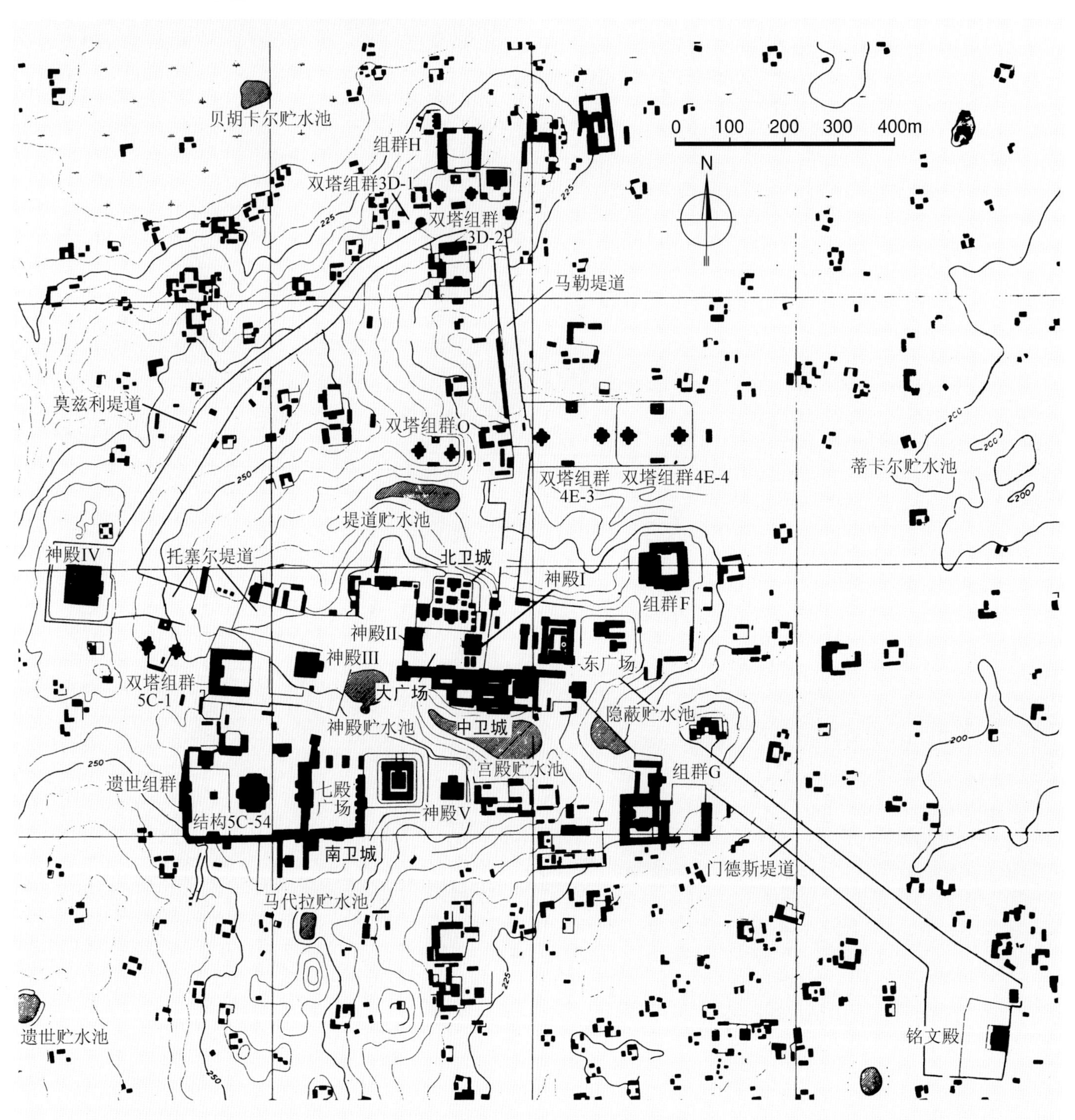

左页：

（上）图6-96瓦哈克通 组群A-5。主平台遗迹（华盛顿卡内基基金会组织的考古学家在发掘组群A时，揭示了被压在古典时期大型宫殿下的这个古典早期的椭圆形基台，上面的四个洞口标志着原先支撑轻结构屋顶的木柱位置）

（下）图6-97蒂卡尔 总平面（约公元900年形势，每个方格为500米）

本页：

（上）图6-98蒂卡尔 总平面分析（北面组群H的神殿43和双塔组群N的祭坛V以及神殿I形成一个直角三角形，取自Nikolai Grube：《Maya，Divine Kings of the Rain Forest》）

（下两幅）图6-99蒂卡尔 总平面（电脑复原图，取自Colin Renfrew等编著：《Virtual Archaeology》，1997年）。图中：1、大广场，2、北卫城，3、中卫城，4、神殿I，5、神殿II，6、神殿III，7、神殿IV，8、神殿V，9、南卫城，10、“七殿广场”，11、组群G，12、组群H，13、铭文殿

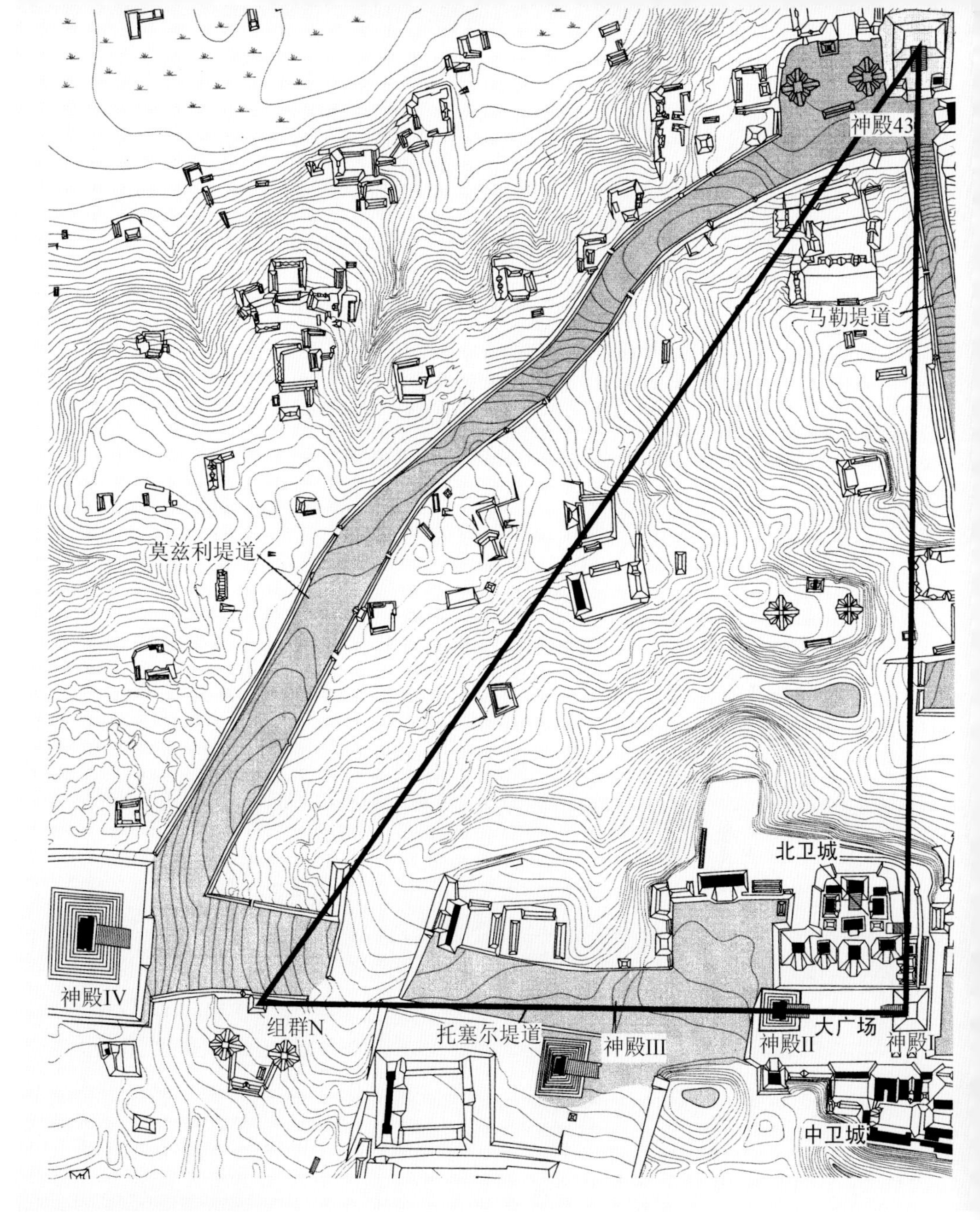

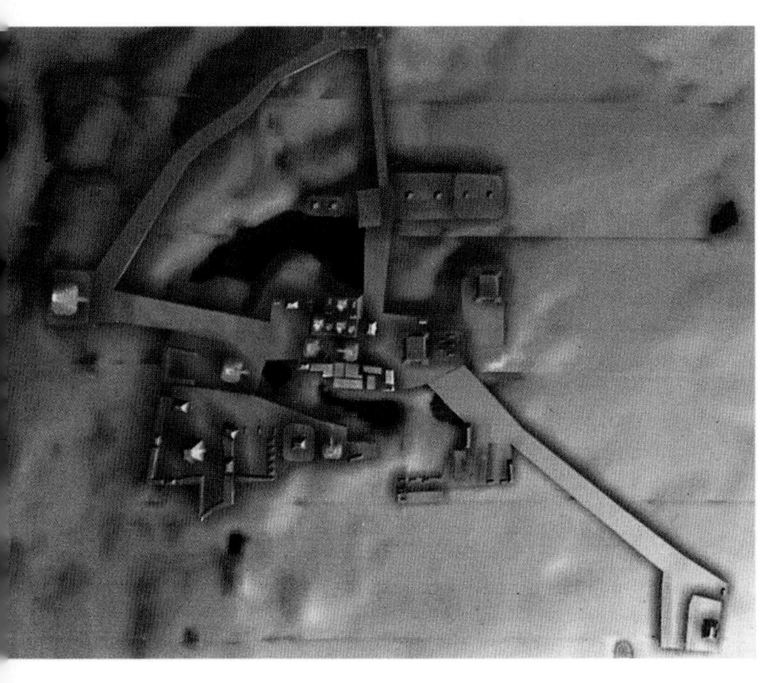

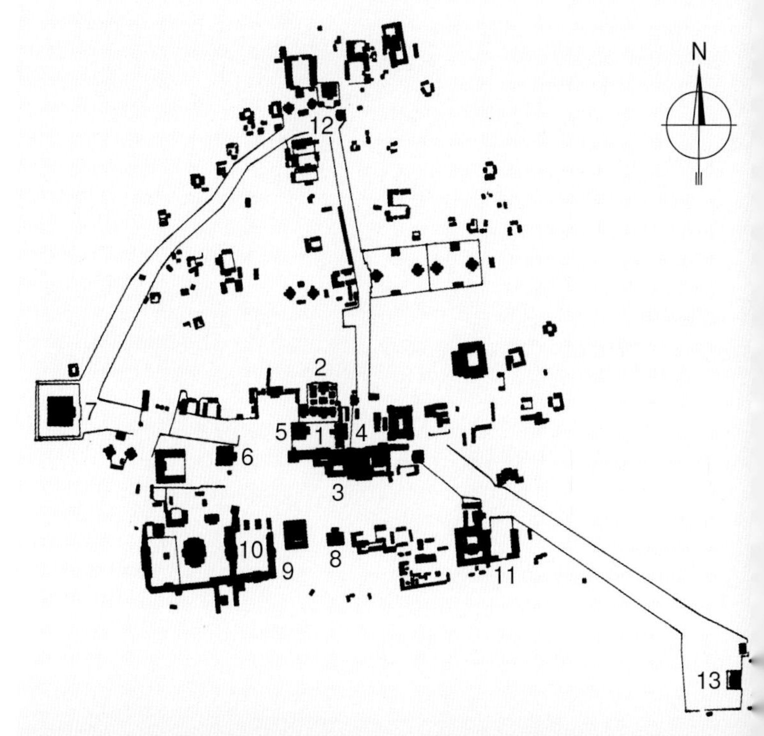

图上，可看到该组群历经的8次改建中5次的景况，大致跨越了从4世纪初到9世纪初的期间（约相当古典时期）。它最初是由三个简单、均衡的小神殿构成的组群，可能是与特奥蒂瓦坎的“三重组合”（triple ensemble）相对应的玛雅形式。组群逐渐为新的祭坛、长的宫殿式建筑、平台及台阶挤占，直到最初三个神殿中的两个被合并，第三个也差不多被一个坚实的结构形体吞没。然而，尽管经历了这些变化，建筑风格却没有多少改变，仍然保留了明显的地区特色，

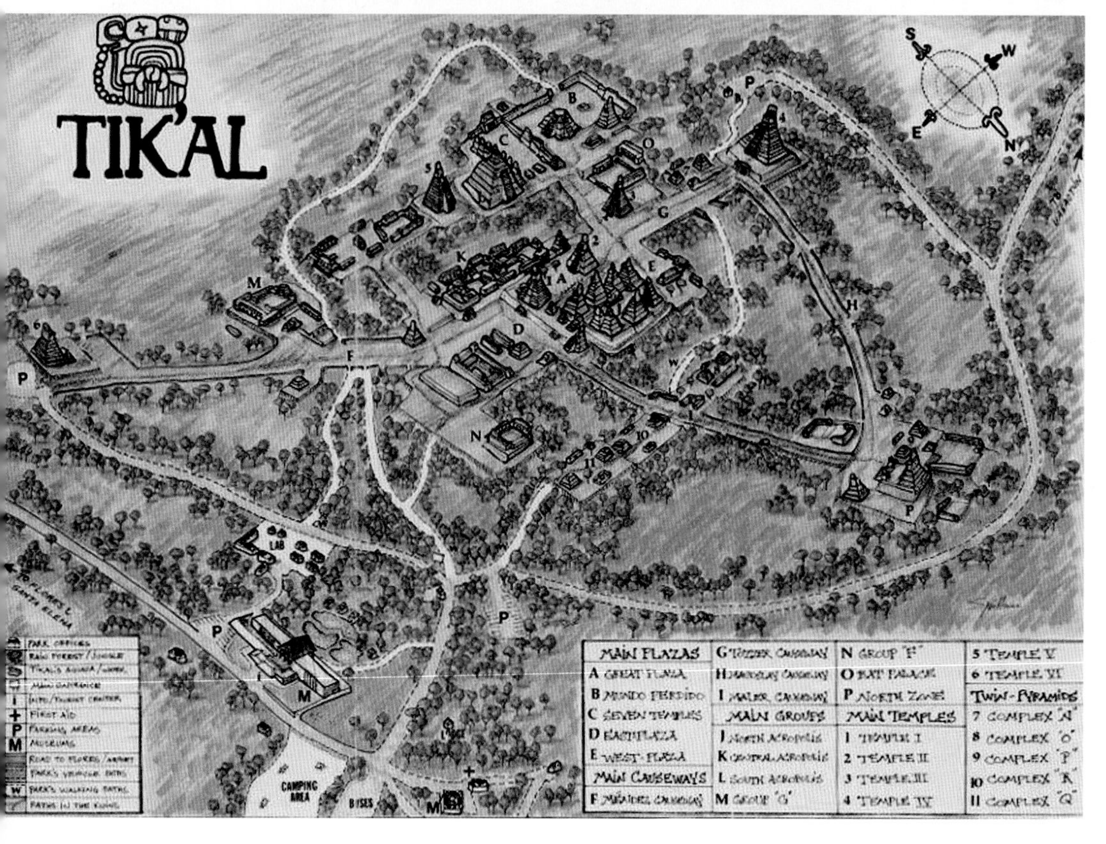

（上及中）图6-100蒂卡尔 遗址复原图（示周围没有雨林的情况，雨水被收集到蓄水池里，取自Colin Renfrew等编著：《Virtual Archaeology》，1997年）

（下）图6-101蒂卡尔 遗址俯视复原图

（上及中）图6-102蒂卡尔 遗址远景（自神殿IV上望去的景色，自左至右分别为耸立在林海上部的神殿I、II和III的顶端）

（下）图6-103蒂卡尔 遗址远景（自西面望神殿I和神殿II景色）

如神殿顶上沉重而高耸的屋脊、稍稍倾斜并通过厚实的檐口加以突出的檐壁（檐口本身构成了长长的神殿屋顶的边界），以及粗大的“挡板式”叠置线脚，后者表面凸出和凹进交替，构成该地区基部和平台共有的特色。这些实例向我们展示了一个特定的建筑群在差不多500年连续改造和扩建期间丰富

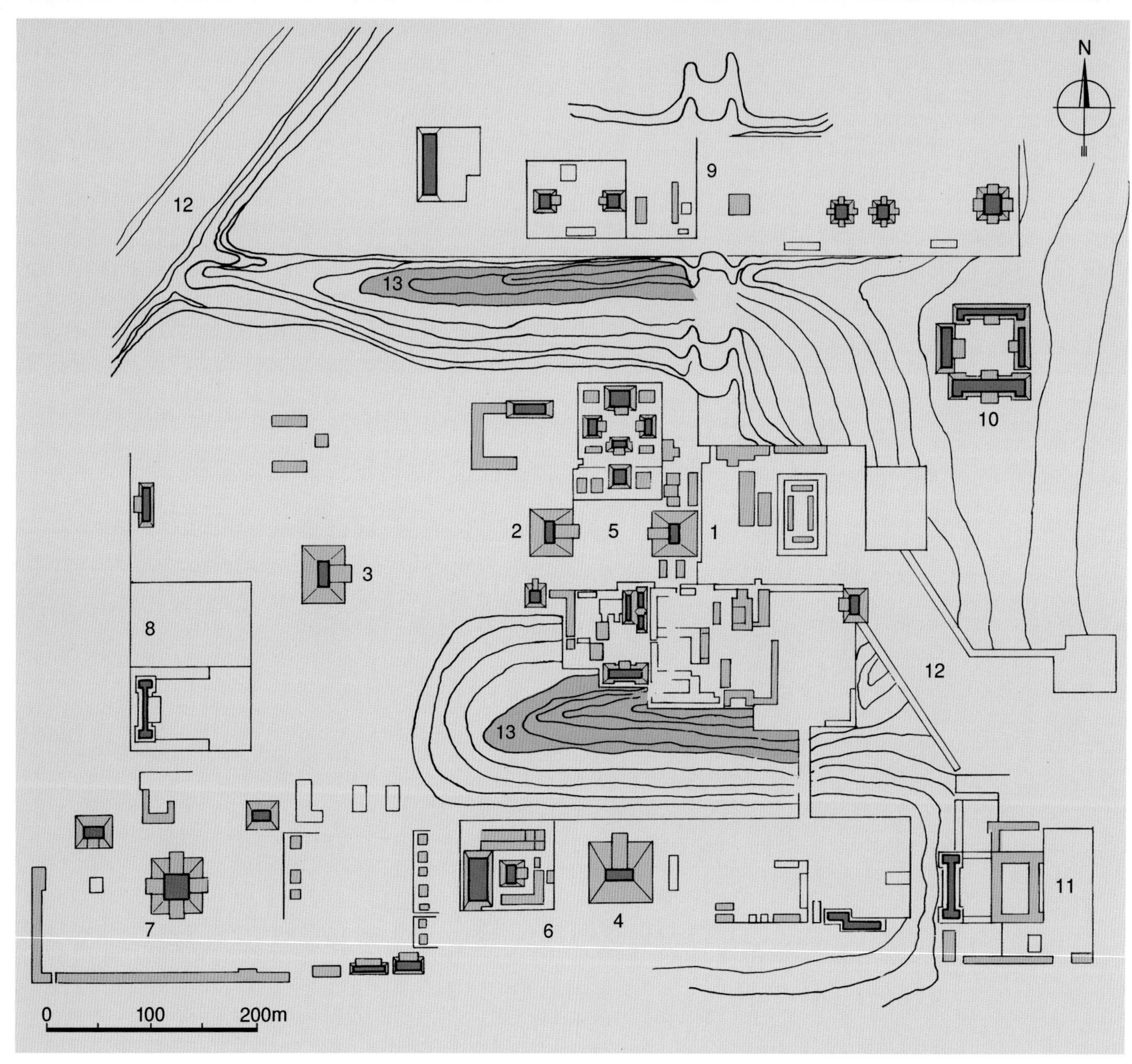

左页：

（上两幅）图6-104蒂卡尔 遗址远景（右图可看到神殿IV，左图左侧前景为“遗世”金字塔，远景为神殿IV）

（下）图6-105蒂卡尔 遗址中心区。总平面（约7世纪状态，该区面积约1平方公里，1∶6000，取自Henri Stierlin：《Comprendre l' Architecture Universelle》，第2卷，1977年），图中：1、神殿I，2、神殿II，3、神殿III，4、神殿V，5、组群A（大广场，南北两侧分别为中卫城和北卫城），6、组群B（南卫城），7、组群C（“七殿广场”），8、组群D，9、组群E，10、组群F，11、组群G，12、主要堤道，13、水池

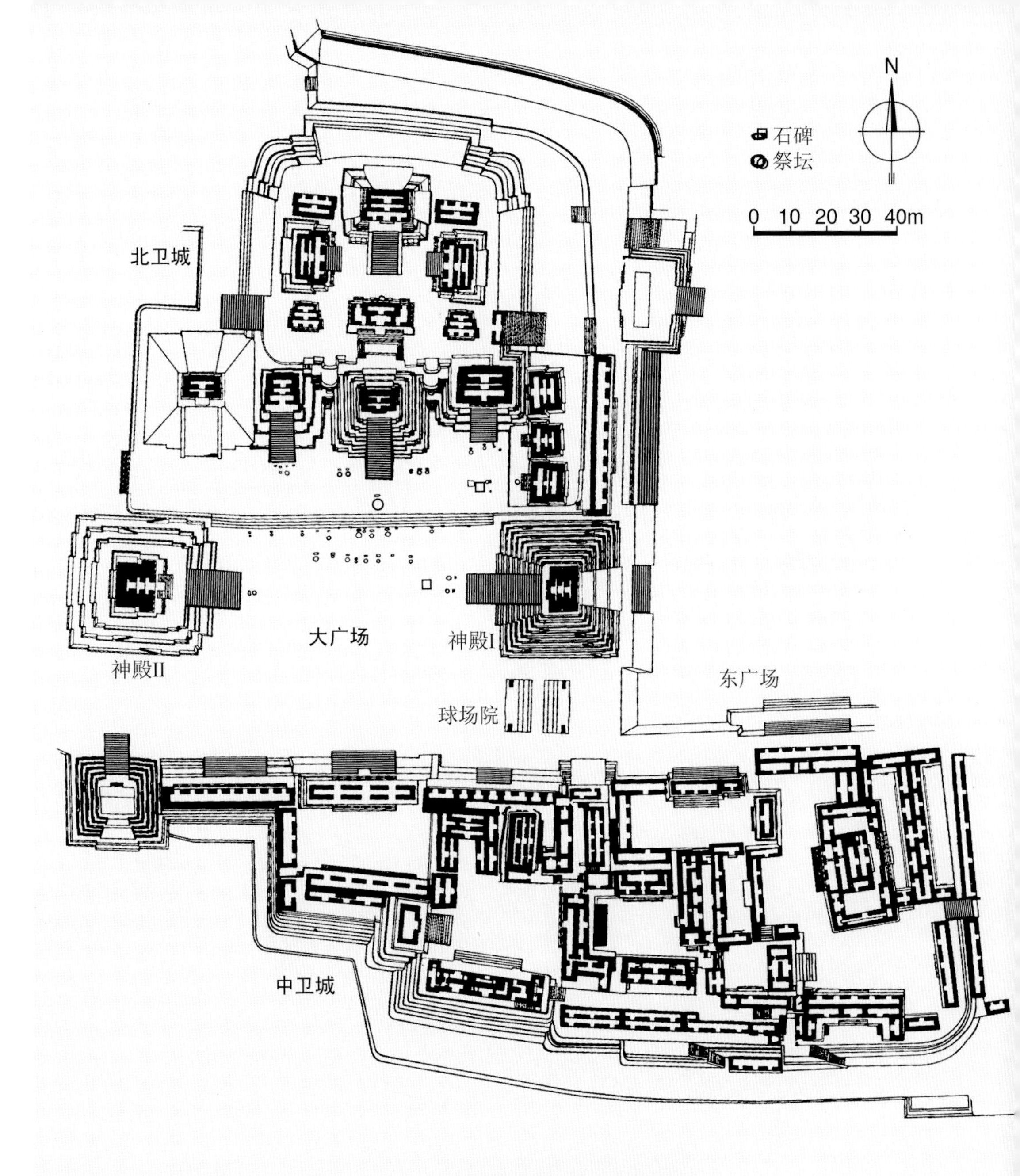

本页：

（上）图6-106蒂卡尔 祭祀中心。平面详图（北卫城建于公元800年左右，大广场完成于695~734年，中卫城主要是宫邸建筑）

（下）图6-107蒂卡尔 祭祀中心。俯视复原图（约公元800年时状况，自东南方向望去的景色）

多变的演进过程。

二、蒂卡尔

位于瓦哈克通以南12英里的蒂卡尔是古典时期玛雅中部地区最大和最重要的都会（在差不多123平方公里的地面上住着45000人），20世纪60年代在以美国考古学家和玛雅学者威廉·罗伯逊·科（1926~2009年）为首的宾夕法尼亚大学博物馆和危地马拉人类学及历史学院的倡导下进行了长期细致的考察，许多建筑进行了部分修复和重建，为人们提供了较多的历史信息。

这个玛雅的大城市中心，在其全盛时期，有5 个宏伟的金字塔-神殿组群和9个院落及广场群组（总平面：图6-97~6-99；复原图：图6-100、6-101；遗址远景：图6-102~6-104）。大量的宫殿、圣所、球场院、祭祀平台、台地、院落、蒸汽浴室及上千的其他结构，占据了这片地域的各个山顶，从中央大广场开

本页及左页：

（上）图6-108蒂卡尔 祭祀中心。俯视复原图（作者Manuel Chin Auyón，自东南方向望去的景色，前景为中卫城，背景处右为市场，左为北卫城）

（下）图6-109蒂卡尔 祭祀中心。俯视复原图（向南面望去的景色）

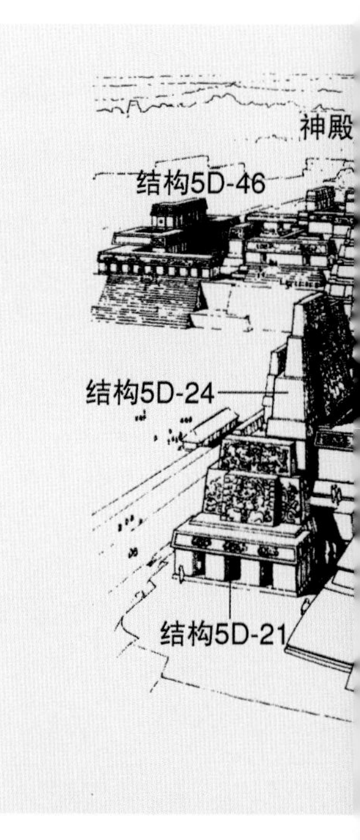

始，向各个主要方向扩展。这些盖满建筑的条形地块之间通过沟谷及贮水池（aguadas，天然的或人工的）分开，但有堤道或坡道相连。它们的朝向表明，和所有的中美洲居民一样，玛雅人总是首先关注宇宙，以及它和人类自身及其劳作的联系。

中心区在两个分别面向东西的金字塔-神殿（神殿I和神殿II）之间，布置了一个大广场，广场南北两侧分别为中卫城和北卫城的宫殿（中心区平面：图6-105、6-106；复原图及模型：图6-107~6-115；现状全景：图6-116~6-119），主要球场院位于中卫城和神殿I之间（图6-120）。自中心区向东南方向延伸的门德斯堤道通向约1.6公里外的铭文殿，堤道南北两侧分别为被命名为G和F的两个组群。自中心区向西的托塞尔堤道通往神殿IV。在这条长仅1公里的堤道南侧自东向西分别布置有神殿III、巴特宫和双塔组群（“孪生组群”）N；在这些建筑南面另有两个相互毗邻的较大组群：西面的称“遗世”（直译“失去的世界”）组群和“遗世”广场，广场中间为编号

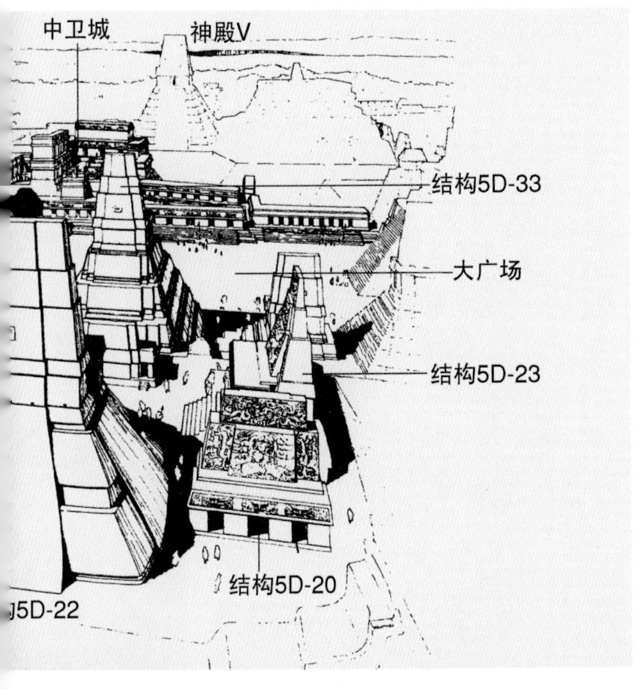

本页及左页：

（左及中上）图6-110蒂卡尔 祭祀中心。北卫城及大广场复原图（北卫城为蒂卡尔国王的埋葬地，其建设持续了若干世纪；图示公元800年左右从北面望去的景色，前景为卫城最高建筑——22号神殿，背景处穿过大广场视线可达神殿V和尚未发掘的南卫城）

（中下）图6-111蒂卡尔 祭祀中心。大广场及北卫城复原图（自南面望去的景色，前景为中卫城的宫殿，大广场东西两侧为神殿I和II，北侧为北卫城）

（右上）图6-112蒂卡尔 祭祀中心。北卫城复原图（自东南方向望去的景色）

（右下）图6-113蒂卡尔 祭祀中心。复原图（自中卫城望神殿I及北卫城）

5C-54 的“遗世”金字塔（Mundo Perdido Pyramid，Mundo Perdido为西班牙语，即“失去的世界”）（图6-121~6-126），东侧为“七殿广场”。在这两组建筑东面，中卫城之南为神殿V。自神殿IV向东北方向延伸的莫兹利堤道和自中心区向北的马勒堤道在北面约1.3公里处相交，在那里及其附近有M、P组群和双塔组群H；在马勒堤道中段，尚有另外三个双塔组群（分别被命名为O、Q和R）。下面重点介绍中心区的几组建筑。

本页及左页：

（左上）图6-114蒂卡尔 祭祀中心。复原模型（公元8世纪时的景色，现存危地马拉城国家考古及人类学博物馆；自东北方向望去的景色，前景为市场，后面自左至右分别为中卫城、大广场及北卫城）

（右下）图6-115蒂卡尔 祭祀中心。复原模型（上图模型自东面望去的景色）

（左下）图6-116蒂卡尔 祭祀中心。现状俯视全景（自西北望去的景色，自左至右分别为北卫城、大广场、中卫城及神殿V）

（右上）图6-117蒂卡尔 祭祀中心。现状俯视全景（自东南面望去的景色，前景中卫城的多层宫邸建于4~9世纪，其后为大广场及北卫城）

图6-118蒂卡尔 祭祀中心。现状俯视全景（自北面望去的景色，前景为北卫城，接下来为中央广场两边的神殿I和神殿II，背景为中卫城）

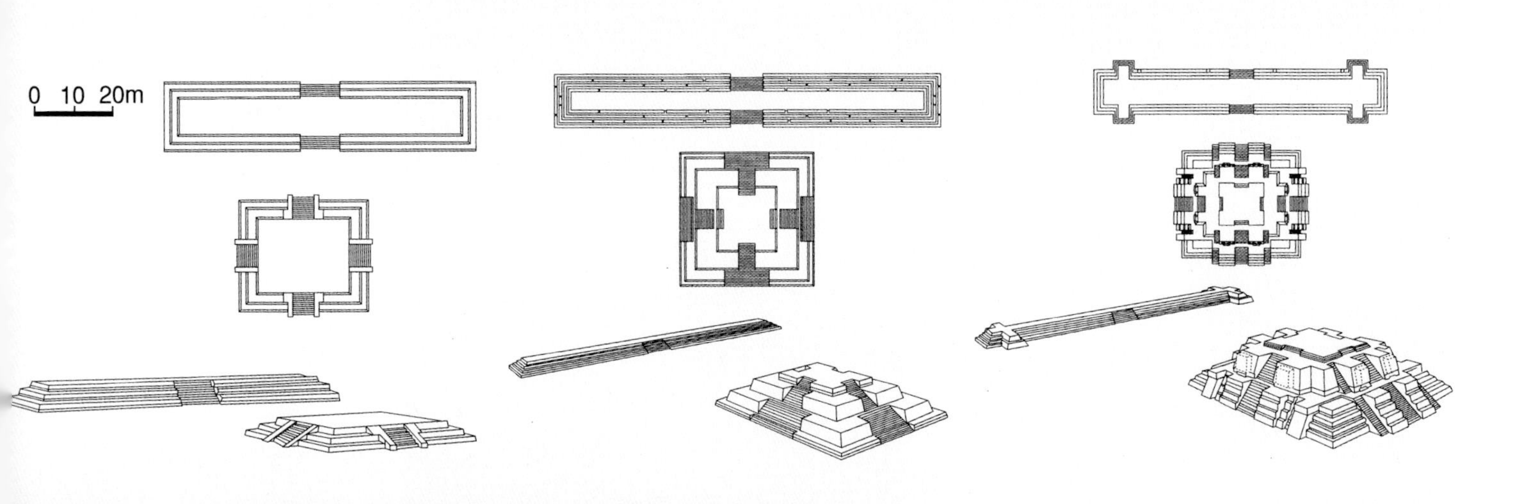
0 10 20m

本页及左页：

（左上）图6-119蒂卡尔 祭祀中心。大广场现状（全景照片，变形未处理，左为神殿I，右为神殿II）

（左中）图6-120蒂卡尔 祭祀中心。主要球场院（建筑5D-74，古典后期，公元600~900年），现状外景（和其他城市相比，蒂卡尔的三个主要球场院规模均较小，这个球场院位于中卫城和神殿I之间，从这张摄自中卫城的照片上可看到对面神殿I的基部）

（左下）图6-121蒂卡尔 “遗世”组群。“遗世”金字塔（建筑5C-54，前古典时期，公元前800~公元元年），建筑演进图（金字塔和它东面编号为5D-84的长条结构构成城市公共建筑群的最初核心，可能是用于天象观测；左面Juan Pedro Laporte的复原图属公元前800~前600年，中间的为公元前600~前350年，早期均采用对称形制，四面设台阶，右侧扩建属公元前350~公元元年；每次都在早期的基础上加以扩展，但没有改变原来的规划布局）

（右上）图6-122蒂卡尔 “遗世”组群。“遗世”金字塔，现状俯视景色

（右中及右下）图6-123蒂卡尔 “遗世”组群。“遗世”金字塔，外景（现状属古典早期，公元250~500年，塔高30余米）

[北卫城]

位于中央广场北面的这个卫城由16个地面上尚存的神殿及其他一些被埋在各类堆积层下的建筑残墟构成，其建筑活动从前古典时期一直延续到古典后期。在经历了近11个世纪的连续改造后，它和神殿I和II一起，构成了蒂卡尔的城市核心和祭祀中心（总平面及剖面：图6-127、6-128；外景：图6-129~6-136；出土面具：图6-137）。

在北卫城几米厚的残墟堆积层下，发现一个被命名为5-D-sub-l-l°的建筑，是目前所知城内最早的古迹（图6-138）。建于公元纪年前的这个建筑保留了人们在瓦哈克通的金字塔E-VII-sub看到的一些原始特色（如纳入基部的大台阶和位于它脚下的小台阶）；但在这里，第一次出现了薄的砌筑墙体（下部开小的通风口），上部可能是支撑由易腐朽的材料制作的屋顶。

可以看到圣所两个层位的明显差异（在外部通过形体配置表现出来，凸出和凹进的板面和粗大的叠置

线脚指明了两个内部空间的不同特色）。这些独特的要素在800多年期间继续得到发展；与之并行的还有在玛雅建筑中具有重要地位的其他部件，如叠涩拱顶和独特的屋脊。

神殿22（结构5D-22）为北卫城上的主要神殿，也是这个城市最重要的祭祀建筑之一，可视为古典早

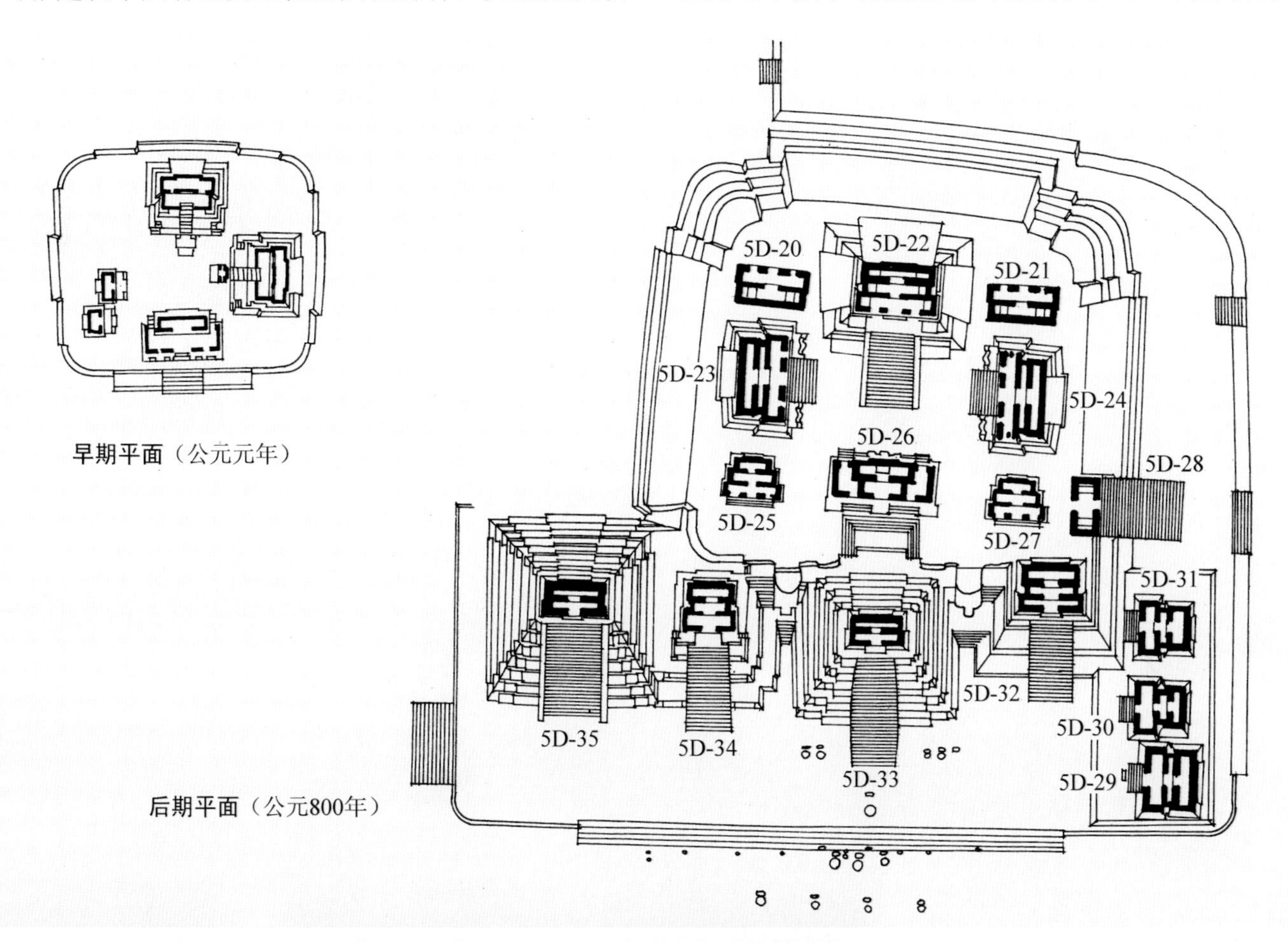

早期平面（公元元年）

后期平面（公元800年）

本页及左页：

（左上）图6-124蒂卡尔 “遗世”组群。“遗世”金字塔，近景（建筑由Juan Pedro Laporte领导的一组危地马拉建筑师于20世纪80年代进行了发掘和清理）

（左下及中下）图6-125蒂卡尔 “遗世”组群。“遗世”金字塔，斜面-裙板构造细部（显示出来自特奥蒂瓦坎的影响）

（右下）图6-126蒂卡尔 “遗世”组群。带260天圣年历日期符号的陶器（贵族墓出土，古典早期，公元3世纪，高21.5厘米，直径10厘米，危地马拉城国家考古及人类学博物馆藏品）

（右上）图6-127蒂卡尔 祭祀中心。北卫城，总平面（左右两图分别示公元元年和公元800年状况，据William Coe，1965年）

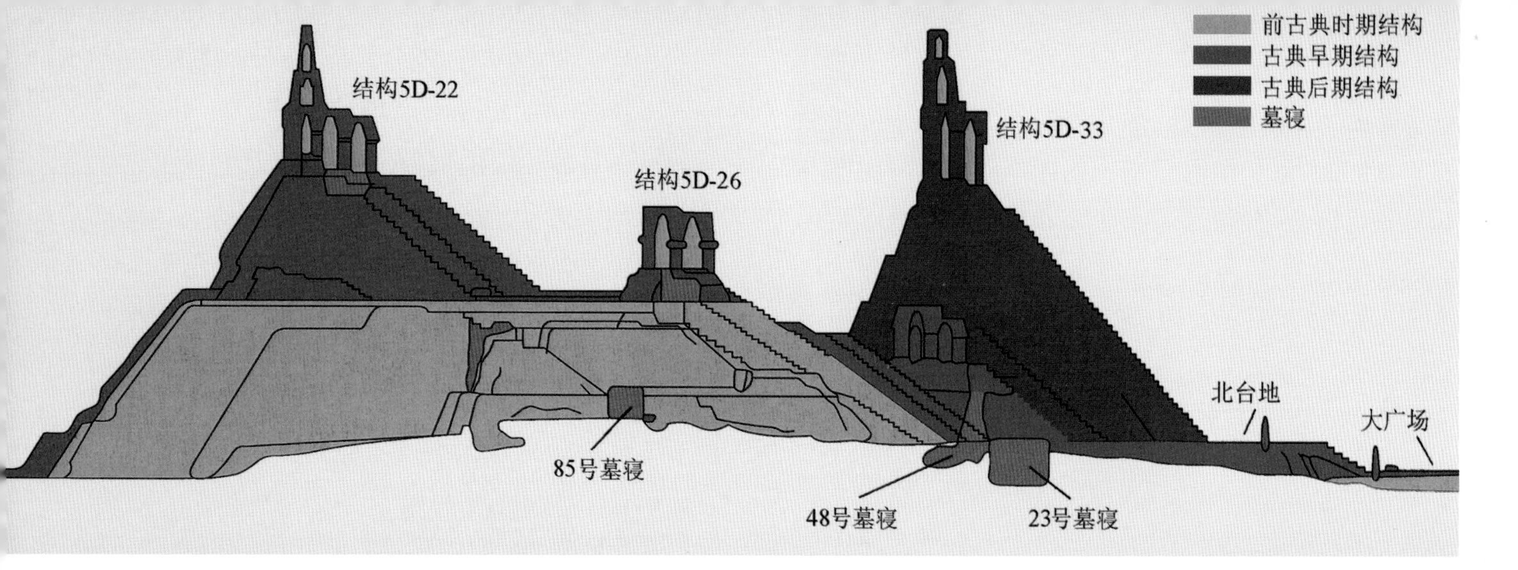
前古典时期结构
古典早期结构
古典后期结构
墓寝
结构5D-22
结构5D-26
结构5D-33
北台地
大广场
85号墓寝
48号墓寝
23号墓寝

期玛雅神殿的最后形态（图6-139、6-140）。建筑位于平台北侧中央，经历了三个主要建造阶段。最早结构属公元250年左右；第二次扩建约350年，饰有巨大的灰泥头像；5世纪期间进行了最后一次改造。建筑朝南，底部面积23×25米，高23米，台阶凸出7米。上部有三个大小不一、狭窄、粗犷的拱顶房间，通过建筑南侧的三个门与外界相通。下部结构台地上的裙板具有外凸的曲面，在侧面和背面中央，大型裙板从上面直落基部，正面台阶两侧布置神像，自上部拔起的屋脊如今已几乎全部塌落。整个外部全涂单一的红

本页及左页：

（上）图6-128蒂卡尔 祭祀中心。北卫城，南北向剖面（1956~1969年，美国宾夕法尼亚大学进行的发掘初步摸清了北卫城建造的各个阶段，位于市中心的这座卫城是许多早期国王的埋葬地，这幅剖面图展示了从前古典时期到古典后期卫城各建筑的建造史；图版取自Nikolai Grube：《Maya，Divine Kings of the Rain Forest》）

（下）图6-129蒂卡尔 祭祀中心。北卫城，自神殿II上望去的景色（右侧为位于大广场东头的神殿I）

左页：

（上）图6-130蒂卡尔 祭祀中心。北卫城，自西面望去的景色（右为大广场上的神殿I）

（下）图6-131蒂卡尔 祭祀中心。北卫城，西南侧俯视全景

本页：

（上）图6-132蒂卡尔 祭祀中心。北卫城，自神殿I上望去的景色（左侧为位于大广场西头的神殿II）

（下）图6-133蒂卡尔 祭祀中心。北卫城，东南侧俯视全景

色。神殿采用了两个“房屋”的形制，每个均有自己的基础，一个布置在另一个前面。在蒂卡尔，主要神殿在整个古典后期都沿袭了这种构图方式，如神殿I，这种形制亦成为所谓“蒂卡尔神殿”的标志。神殿经考古学家进行过仔细研究，正面宽大的台阶已于新近进行了修复；下部结构西侧仍保留了发掘时的状态，揭示出几个早期叠置神殿的部分残迹；东侧尚未发掘。

北卫城神殿23亦为蒂卡尔古典早期建筑中最优秀的实例之一。可看到叠置线脚和显露出来的层位差异。屋脊则是一个庞大的上部结构（有的砌体内部设拱顶以减轻结构重量并自神殿后部耸起）。由于中央板块内收促成了强烈的光影效果，加强了建筑的垂向印象。屋脊看来是直接自神殿基座处起建（如神殿I）；后者的垂向分划（分为前后两个不同部分）和圣所内部不同层位的显露方式，都进一步加深了人们

本页：

（上）图6-134蒂卡尔 祭祀中心。北卫城，东南侧全景（可看到卫城前大广场上的大量石碑，有关这座玛雅都城历史的信息很多都是来自这些石碑）

（下）图6-135蒂卡尔 祭祀中心。北卫城，自南面望去的景色（右侧前景为球场院及神殿I）

右页：

图6-136蒂卡尔 祭祀中心。北卫城，东南侧俯视近景（前景右侧为神殿32，左侧为神殿33，神殿26位于中景处，背景自左至右分别为神殿23、20和22）

左页：

（左上）图6-137蒂卡尔 祭祀中心。北卫城，面具（高12.3厘米，前古典后期，公元1世纪末，可能来自蒂卡尔王朝创立者Yax Eeb Xook的墓寝，现存蒂卡尔Museo Sylvanus Morley）

（左中）图6-138蒂卡尔 祭祀中心。北卫城，建筑5-D-sub-1-1°，复原图（据William R.Coe，1965年）

（左下）图6-139蒂卡尔 祭祀中心。神殿22（结构5D-22）、结构5D-95、5D-96，平面（据Banister Fletcher）

（右上）图6-140蒂卡尔 祭祀中心。北卫城，神殿22（结构5D-22），外景

（右中及右下）图6-141蒂卡尔 神殿III。复原图

本页：

（左）图6-142蒂卡尔 神殿III。顶部现状

（右）图6-143蒂卡尔 神殿V。复原图

的这一印象。这后两个要素在该建筑的初始阶段已经出现，由此推论，高屋脊的使用应始于公元初年，和墙体砌筑工程同时，但可能部分采用了易腐朽的材料。我们还可看到一些连续使用的建筑要素，例如，厚重坚实的后墙，它如脊柱般自地面拔起，不间断地穿过大型檐口直指苍天。蒂卡尔特有的这种形式的演化可能已延续了5个世纪。人们同样可追溯其他一些特有部件的发展，如屋脊侧面的梯级面板，逐渐缩减的正面上部形体等（该面通常也是装饰更为华美的一面）。

[主要金字塔-神殿]

在蒂卡尔，以罗马数字编号命名的神殿主要有五个，神殿I和II分别位于中央广场东西两侧，神殿

本页：

（上）图6-144蒂卡尔 神殿V。顶部景色（彩画，取自Nigel Hughes：《Maya Monuments》，2000年）

（下）图6-145蒂卡尔 神殿V。自顶上向南望去的景色（彩画，取自Nigel Hughes：《Maya Monuments》，2000年；右侧为大广场建筑群，左侧为神殿III）

右页：

（上）图6-146蒂卡尔 神殿V。现状外景

（下）图6-147蒂卡尔 神殿V。背面景色

III（图6-141、6-142）和IV分别位于中央广场西面约300米和1公里处，神殿V在中央广场以南，距广场约400米（图6-143~6-147）。

在中美洲，很少有神殿能像为祭拜神像而建的蒂卡尔殿堂这样，直观地呈现出它们在保存圣迹和偶像上的作用。主持仪式的祭司站在金字塔高处，以此突出他在大批信徒面前至高无上的地位；后者一般不允许进入圣所，只能在下面参加宗教典礼，站在金字塔脚下的广场、平台及为此专设的阶台上。在西班牙人到来之前，祭拜仪式基本上是在露天举行，神殿实际上只具有象征意义，并没有打算让信徒和偶像之间进行近距离的接触。

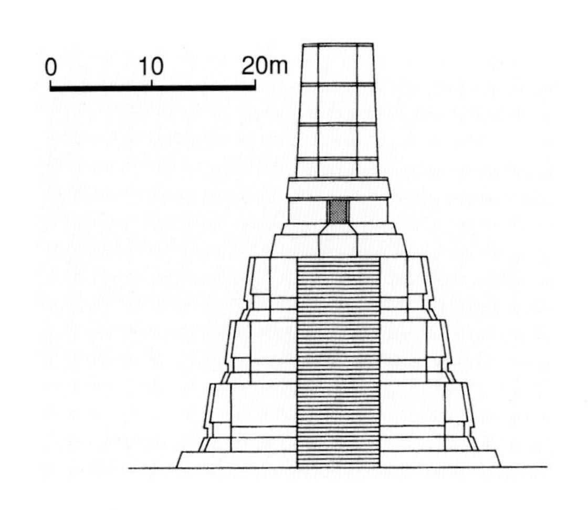

在蒂卡尔，人们的兴趣全都集中在神殿立面上。圣所屋顶上的巨大檐壁、精心制作的高屋脊立面、带精美雕刻的木楣梁（见图6-162~6-164），全都说明建筑曾有丰富的装饰，只是如今留存下来的东西甚少。在建筑被完全弃置的上千年期间，场地上再次长满了树木。蒂卡尔的一些神殿和其他玛雅城市残迹直到屋脊部分全被繁茂的林木掩没。如今，只是在就近考察蒂卡尔装饰最丰富的建筑之一—— 神殿II时（考古编号为结构5D-2；立面及复原图：图6-148、6-149；外景及细部：图6-150~6-159），人们才能对这些高屋脊最初的壮丽有一个粗略的概念。该神殿系国王哈萨夫·钱·卡维尔一世（682~734年在位）为纪念其妻子而建，成于古典后期（8世纪），但用了

本页及左页：

（左上及中上左）图6-148蒂卡尔 神殿II（结构5D-2）。立面及复原图（立面1：750，取自Henri Stierlin：《Comprendre l' Architecture Universelle》，第2卷，1977年）

（左下及中下）图6-149蒂卡尔 神殿II。复原图（作者塔季扬娜·普罗斯库里亚科娃）

（中上右）图6-150蒂卡尔 神殿II。外景（1881和1882年，考古学家阿尔弗雷德·珀西瓦尔·莫兹利对蒂卡尔的遗迹进行了第一次科学考察，清理了覆盖在建筑上的植被并确立了中心区建筑的平面；图为1882年莫兹利拍摄的照片，可看到神殿II未清理前的状态，背景左右分别为神殿III及神殿IV）

（右）图6-151蒂卡尔 神殿II。外景（彩画，取自Nigel Hughes：《Maya Monuments》，2000年；自神殿I上望去的景色，背景左右分别为神殿III及神殿IV）

本页：

（上）图6-152蒂卡尔 神殿II。地段全景（自东面望去的景色，右侧为北卫城）

（下）图6-153蒂卡尔 神殿II。东北侧俯视景色（自北卫城上望去的情景）

右页：

图6-154蒂卡尔 神殿II。东北侧全景（自北卫城台阶上望去的景色）

左页：

（上）图6-155蒂卡尔 神殿II。东北侧近景

（下）图6-156蒂卡尔 神殿II。东侧俯视全景（自神殿I上望去的景色，背景为神殿III及神殿IV）

本页：

（上）图6-157蒂卡尔 神殿II。东侧近景

（下）图6-158蒂卡尔 神殿II。西北侧景色（对面为神殿I）

（左）图6-159蒂卡尔 神殿II。木梁雕饰细部（祭司头部，塔季扬娜·普罗斯库里亚科娃复原）

（右）图6-160蒂卡尔 神殿32。墙基细部

（上两幅）图6-161蒂卡尔 神殿IV。现状外景及复原图（自支撑平台至屋顶墙架顶部高64.6米）

（下）图6-162蒂卡尔 神殿IV。2号楣梁，木雕细部（公元747年以后，高216厘米，宽186厘米，巴塞尔民俗博物馆藏品；雕刻表现战争和宗教的关系，记录君主伊金·钱·卡维尔743年的胜利）

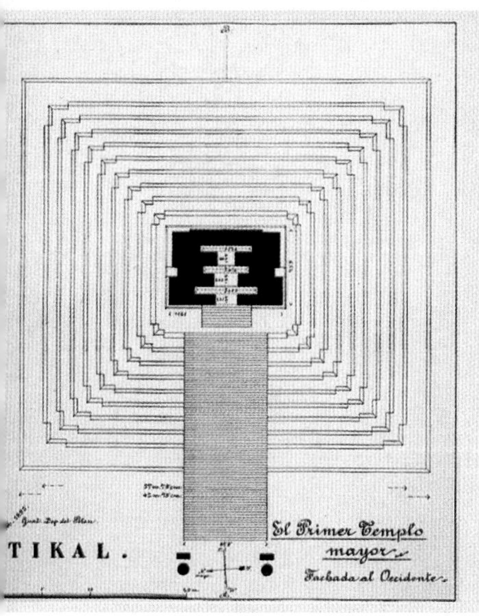
TIKAL.
El Primer Templo
mayor
Fachada al Occidente

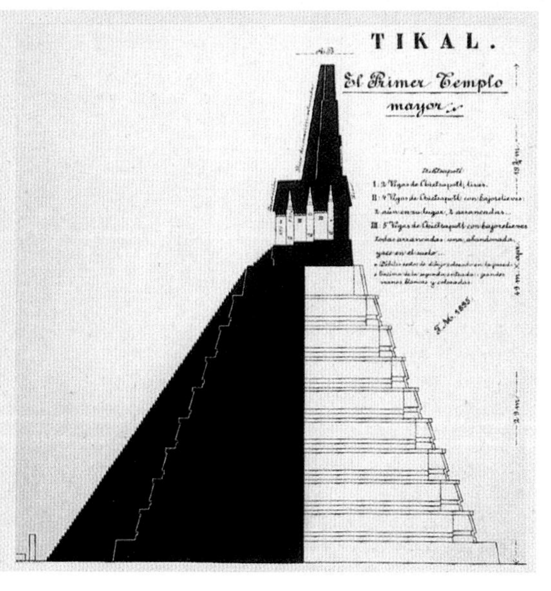
TIKAL.
El Primer Templo
mayor

立面

本页及左页：

（左上）图6-163蒂卡尔 神殿IV。3号楣梁，木雕细部（公元747年以后，高176厘米，宽205厘米，巴塞尔民俗博物馆藏品；君主伊金·钱·卡维尔上方有一个巨大的神像，铭文记载了744年的一场战争）

（右）图6-164蒂卡尔 神殿IV。3号楣梁，铭文细部

（左下）图6-165蒂卡尔 神殿I（巨豹殿，阿·卡卡奥神殿，约公元732年）。平面及剖面（图版，取自Nikolai Grube：《Maya，Divine Kings of the Rain Forest》）

（中下）图6-166蒂卡尔 神殿I。平面、立面及剖面（1∶750，取自Henri Stierlin：《Comprendre l' Architecture Universelle》，第2卷，1977年）

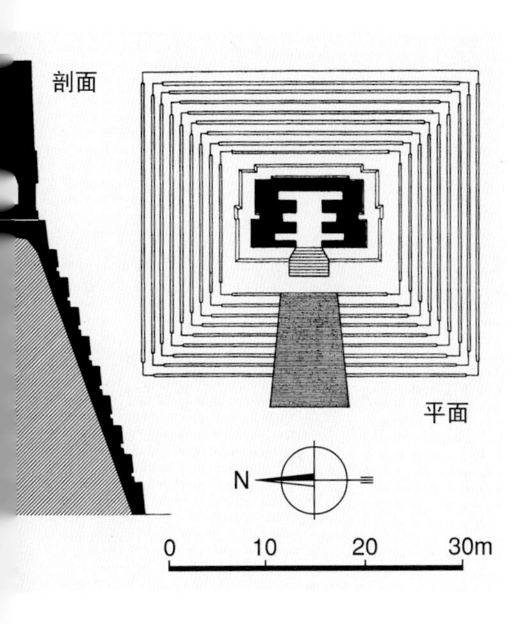

早期的风格。单一的木楣梁上有一位王室妇女的雕像。建筑现高38米，估计最初高度约42米。主要台阶宽10.4米，自金字塔基部向外凸出7.45米，建筑底面37.6×41米。内部已发现了这位皇后的墓。建筑里留存下来的一对雕镂精细的耳环造型表明，曾有过一个巨大的中央头像，其他较小的头像则装饰着屋顶上部和位于圣所入口台阶两侧。如果我们把这座建筑顶部带镂空结构的残存部分和神殿IV及其他建筑上尚存的类似部件进行比较的话，可推知神殿II现存屋脊大概只有最初高度的3/4；即便在这种残毁的状态下，其高度也差不多相当神殿本身的两倍。

由于神殿是凡人难以接近的圣迹所在地，一般信徒只能从它神秘的氛围和香雾缭绕的环境中去感知神的存在。从有关神殿的这种观念出发，便不难理解高屋脊在玛雅宗教建筑中的象征性作用。在很可能是这一部件发源地的蒂卡尔，它和结构体系及宗教礼仪活

本页：

（上）图6-167蒂卡尔 神殿I。复原图

（下）图6-168蒂卡尔 神殿I。整修前景色

右页：

图6-169蒂卡尔 神殿I。远景（自西面望去的景色，前景为神殿II）

（上下两幅）图6-170蒂卡尔 神殿I。西北侧地段全景（自北卫城上望去的景色）

右页：图6-171蒂卡尔 神殿I。西北侧全景

本页：

（上）图6-172蒂卡尔 神殿I。西北侧景色（前景为北卫城建筑）

（下）图6-173蒂卡尔 神殿I。西侧地段全景（自神殿II上望去的景色，左侧为北卫城台地）

右页：

图6-174蒂卡尔 神殿I。西立面全景

动的联系如此密切，以致很难把它视为一种简单的装饰和象征。

就形式而论，高屋脊实际上只是个巨大的花饰，纯粹为了突出和强调该地区神殿建筑特有的垂向表现。尽管这类结构极为沉重，内部空间往往因此被压缩到不近情理的地步，但不可否认，高屋脊在强调垂向构图、赋予神殿一种向上的强烈动态上的巨大作用。它和同时期特奥蒂瓦坎的建筑形成了巨大的反差，在特奥蒂瓦坎，到处采用的裙板突出了组群的水平构图，而蒂卡尔的玛雅人则表现出完全相反的愿望，寻求一切可能的办法突出神殿的垂向特征。即便

本页及左页：

（左上）图6-175蒂卡尔 神殿I。西南侧近景

（左下）图6-176蒂卡尔 神殿I。西北侧全景

（右下）图6-177蒂卡尔 神殿I。南侧地段全景（远处可看到北卫城）

是在基部层层叠置并向外凸出的所谓“挡板式”沉重线脚，通过表面凸出与凹进的精巧处理，也达到了高耸向上的效果（图6-160）。用石头或灰泥制作的巨大头像同样是蒂卡尔建筑几乎不可分割的组成部分。这种地方风格的一个最壮观的实例即高64.6米（自支

左页：

图6-178蒂卡尔 神殿I。东北侧（背立面）全景

本页：

（左）图6-179蒂卡尔 神殿I。南立面顶部景色

（右）图6-180蒂卡尔 神殿I。3号楣梁，木雕细部（约公元735年，高183厘米，宽126厘米，巴塞尔民俗博物馆藏品；铭文记述了公元695年蒂卡尔战胜卡拉克穆尔的历史，画面中哈萨夫·钱·卡维尔一世坐在一个装饰华丽覆盖着豹皮的宝座上）

撑平台至屋顶墙架最高处）的神殿IV（现状外景及复原图：图6-161；楣梁雕刻：图6-162~6-164）。朝东面向中心区的这座神殿建于蒂卡尔王朝第27任君主伊金·钱·卡维尔任上（据铭文记载建于741年），并在他死后作为其葬仪神殿，考古学家相信下面有尚未发现的他的墓。整座建筑位于一个面积144×108米的巨大支撑平台上（平台高两层，带圆角，前面台阶宽44米），据估计用了190000立方米的建筑材料。神殿基台除上部结构外，由七个带倾斜墙面的阶台组成，最下层底面88×65米，至最上层平台处缩为38.5×19.6米。顶上圣所已部分修复，可通过宽16.3

本页及左页：

（左上）图6-181蒂卡尔 神殿I。哈萨夫·钱·卡维尔一世墓寝（古典后期，公元732~734年，照片摄于1962年，考古学家奥布里·特里克正在清理刚发现的这座墓中的遗存）

（右上）图6-182蒂卡尔 中卫城。复原图（取自Nikolai Grube：《Maya，Divine Kings of the Rain Forest》；图示向南望去的景色，前景为神殿I南面的球场院，结构5D-62北侧中间有一个面对球场院中轴的大窗，可能是球赛时国王的包厢）

（下）图6-183蒂卡尔 中卫城。南侧内院，向南望去的景色（对面为马勒宫殿，即结构5D-65，远处可看到耸立在天际线上的神殿V）

米的台阶上去。其面积31.9×12.1米，高8.9米（未计屋顶墙架部分，墙架由三层构成，高12.86米）。

虽说在高度上不及神殿IV，但整体而论，最完美的无疑是位于蒂卡尔大广场东侧、备受赞赏的神殿 I（巨豹殿，因楣梁上表现一位坐在豹形宝座上的国王而得名，又据埋在神殿内的君主名号称阿·卡

本页及左页：

（左上）图6-184蒂卡尔 中卫城。东侧内院，向东北方向望去的景色（对面建筑为结构5D-46）

（左中）图6-185蒂卡尔 中卫城。廊道式房屋残迹

（右上）图6-186蒂卡尔 中卫城。塔楼及阶台现状

（左下）图6-187蒂卡尔 中卫城。北侧建筑景色

（中下左）图6-188蒂卡尔 中卫城。自南侧内院北望神殿I景色

（中下右）图6-189蒂卡尔 中卫城。建筑内景（采用高拱顶，房间于短侧布置台凳）

（右下）图6-190蒂卡尔 中卫城。结构5D-52（公元741年）。内景（由蒂卡尔第27任国王伊金·钱·卡维尔建造的这栋建筑尚存最初的木梁，墙面及台凳外抹灰泥）

（上）图6-191蒂卡尔 中卫城。结构5D-46（古典早期，4世纪中叶），现状外景（建筑自350~850年一直在使用，直到城市衰退后还有人住到950年左右）

（下）图6-192蒂卡尔 中卫城。马勒宫殿（结构5D-65，古典后期，约公元750年），现状外景

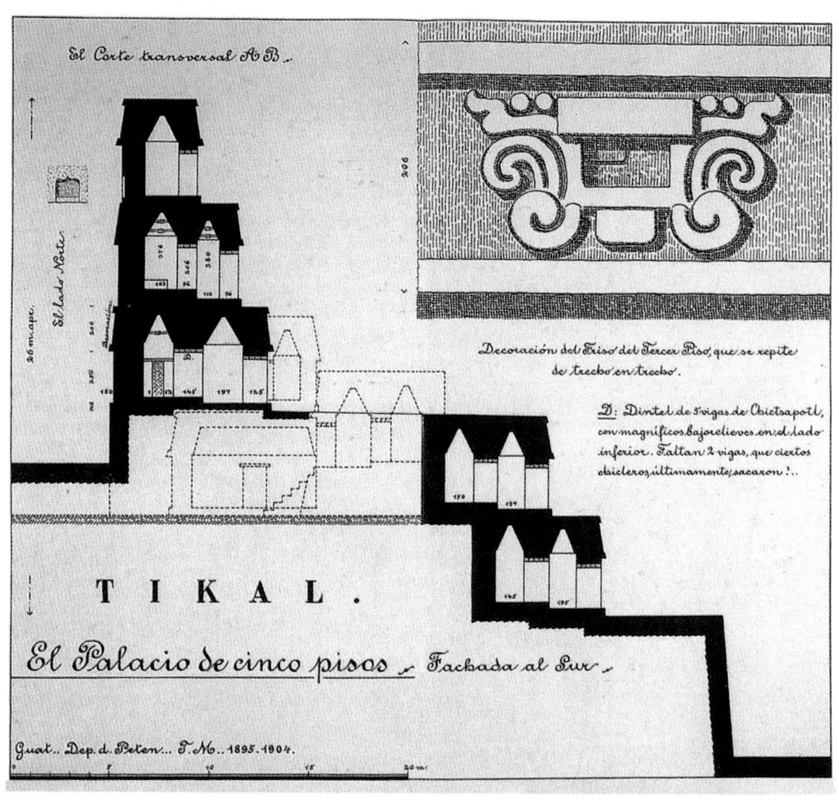

（中两幅）图6-193奥伯特·马勒（1842~1917年）像及他绘制的蒂卡尔建筑图版（“五层宫”剖面及细部）

卡奥神殿，约732年；平面、立面、剖面及复原图：图6-165~6-167；现状景色：图6-168~6-179；楣梁细部：图6-180）。这是玛雅古典后期大型神殿中最杰出的实例。建筑基底面积36×32米，自广场处起算高47米，原址上古典早期的神殿已经拆除，在相当广场标高位置为精心设计的国王哈萨夫·钱·卡维尔一世（阿·卡卡奥）的拱顶墓，然后在墓上起神殿。最初

（上）图6-199蒂卡尔 双塔组群Q。东塔近景

（左下）图6-200蒂卡尔 5号碑（位于大广场北平台上，公元744年）。立面雕刻图（公元695年战胜卡拉克穆尔标志着蒂卡尔的振兴，国王伊金·钱·卡维尔成功地扩展了国家的影响范围，744年他攻下了东面的纳兰霍并俘获其国王Yax Mayuy Chan Chaak，石碑上趴在盛装的蒂卡尔国王脚下的就是这位战败的君主；图版取自Nikolai Grube：《Maya，Divine Kings of the Rain Forest》）

（右下）图6-201蒂卡尔 9号碑。立面现状（高165厘米，公元475年，以低浮雕表现一位君主的形象，该面没有铭文）

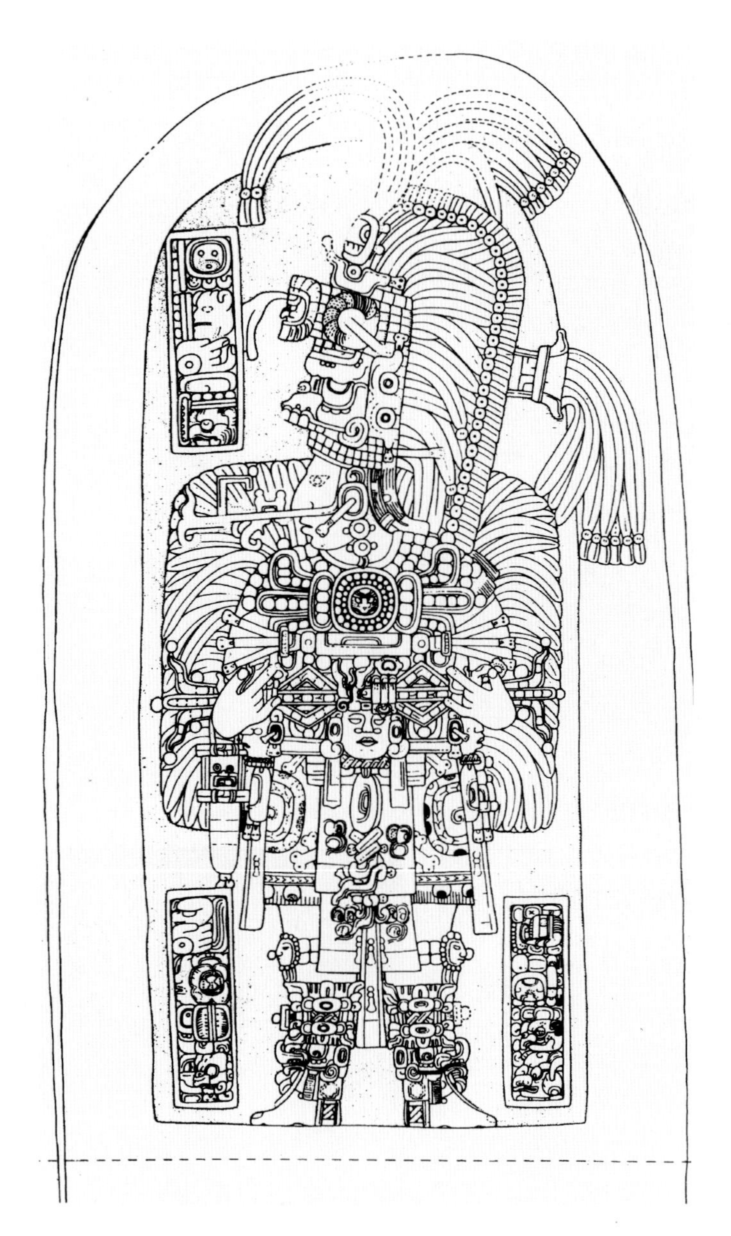

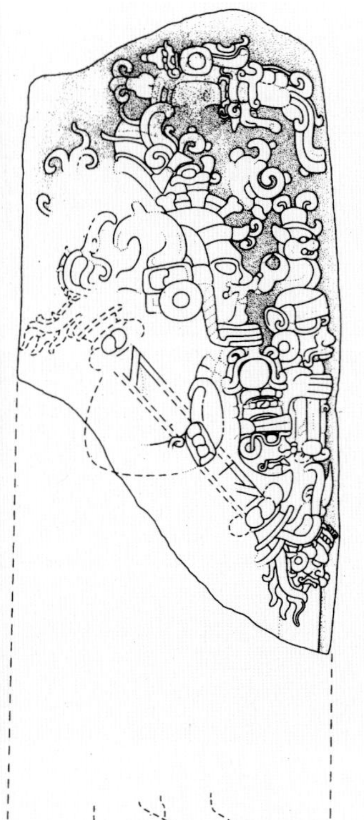

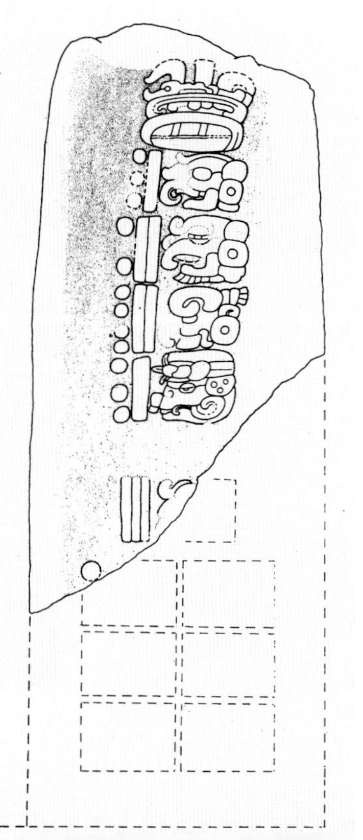

本页：

（上两幅）图6-202蒂卡尔 16号碑。立面雕刻图（为纪念一个“卡盾”周期而建，取自Mary Ellen Miller:《The Art of Mesoamerica, from Olmec to Aztec》，2001年）

（下）图6-203蒂卡尔 29号碑。立面雕刻图（William R.Coe绘；为玛雅最早的“长纪历”记事碑，所记日期8.12.14.8.15相当公元292年某天，画面上这位早期国王佩戴着一副神的面具）

右页：

图6-204蒂卡尔 结构5D-29。40号碑（碑立于468年，现存蒂卡尔碑刻博物馆；1996年发现的这块石碑为古典早期所谓巴洛克风格的作品，正面人物为蒂卡尔第17任国王K' an Chitam；两个窄的侧面表现其家族成员，左侧为父亲，右侧为母亲；图上未表现的背面刻铭文，从中可知这位国王出生于415年，458年登位）

卫城不同，中卫城最大的一些建筑大都围着不同高度的广场和院落布置，整体比大广场约高出10米（复原图：图6-182；外景：图6-183~6-188）。除了编号5-D-63的建筑具有不同寻常的屋顶花饰外，占主导地位的长廊式建筑（有时由两或三层组成）和高屋脊的缺失表明，祭祀中心的这部分有着不同的功能定位。从内部空间的宽阔尺寸（图6-189、6-190）和比正常尺度为大的一些作为窗户的洞口可知，这些建筑很可能是用作永久性或临时性的住房。

在中卫城，结构5D-46属古典早期的这类宫邸（图6-191）。古典后期最典型的实例则是马勒宫殿（约公元750年，图6-192），其考古编号为5D-65，宫殿之名来自早期探险家泰奥伯特·马勒（他于1895 和1904年两次来此就住在这里，中央门柱上刻有他的签名；图6-193）。它和南面神殿V的建造者可能都是蒂卡尔第29任君主亚克斯·阿因二世（伊金·钱·卡维尔之子和伟大的哈萨夫·钱·卡维尔一世之孙），他还建了双塔组群 Q 和 R（组群Q的22号碑上刻有他登基的日期，公元768年12月25日）。

给人印象颇为深刻的这座建筑长约35米，宽10

本页及右页：

（左上）图6-205蒂卡尔 祭坛5。现状

（左下两幅）图6-206蒂卡尔 彩绘陶器（表现觐见场景，盘腿坐在台凳上的君主正在接受廷臣的朝拜；两者分别高29.8和28.4厘米，蒂卡尔国家博物馆藏品）

（中上）图6-207蒂卡尔 随葬面具（公元527年，160号墓出土，发现时已残碎，经修复）

（右上）图6-208蒂卡尔 结构5D-73。伊金·钱·卡维尔墓，玉石马赛克容器（古典后期，公元734年以后，于木芯外贴玉石马赛克，高24.2厘米，直径10厘米，危地马拉城国家考古及人类学博物馆藏品，盖子上的君主头像采用了玉米神的装束）

（右下）图6-209蒂卡尔 雨神雕像（效法特奥蒂瓦坎的母题）

米，具有上下两个层位（最初是由朝北的九个房间组成的单层建筑，朝南的第二层为后期增建），两个稍稍突出的低矮侧翼、高基座和连续的檐壁（仅在每个门上有雕饰）。建筑尚存少量带华美浮雕的檐壁残段。下层上冠拱顶天棚的廊道保存完好（这类廊道往往配有横向木拉杆），楣梁以美果榄树木材制作，房间上部绕以精美的雕刻，角上抹圆，各处均避免出现尖棱。下层带雕饰的木拱顶梁和不带雕刻的楣梁完好无损。但上层相应的部分及拱顶已坍毁。

在这类建筑的内部空间布局上，最典型的是由三或四排相互平行的长廊组成，高两或三层，但彼此间并没有便利的联系（图6-194）。虽说可能有例外，但就目前所见，大部分这类建筑内部空间都很狭窄、

本页及左页：

（左）图6-210蒂卡尔 结构5D-33-1。31号碑（古典早期，公元445年，高245厘米，宽70厘米，厚53厘米，蒂卡尔Museo Sylvanus G.Morley藏品），正面表现国王西海·钱·卡维尔加冕的情景，他右手持王冠，腰带、左臂和王冠上均有保护神的头像，其已故父亲Yax Nuun Ayiin的头像出现在头上方

（中下）图6-211蒂卡尔 结构5D-33-1。31号碑，雕饰立面图（由于石碑于6世纪时被从原位移走埋到33号结构下面，因而得以完好地保存下来）

（中上）图6-212蒂卡尔 结构5D-33-1。31号碑，雕饰细部（国王腰带上的神像，为太阳神、火神和风神三合一的造型）

（右下）图6-213蒂卡尔 结构5D-33-1。31号碑，雕饰细部（可看到全套特奥蒂瓦坎武士的装束）

阴暗和潮湿，正如J.E.阿尔杜瓦所说，“并不适合长期居住”，“很难相信，这类‘宫殿’能是个永久的住所，很可能是供祭司和见习祭司在盛大典礼前的一段期间居住。”[6]总之，不论其功能和使用方式如何，不可否认的是，就内部空间而论，很少有哪个建筑能表现出如此独特的观念和布局方式，特别是把它们和远方特奥蒂瓦坎那种轻便和灵活的空间相比的时候（毕竟在当时，蒂卡尔和其他玛雅城市和特奥蒂瓦坎还保持着密切的文化和商业联系）。

[其他建筑]

中央广场的建造持续了上千年，这种古代的布局方式催生了古典末期（7~9世纪）在这个城市创造的一种特殊组合，即多次以较简单形式出现的

本页：

（上）图6-214蒂卡尔 结构5D-33-1。31号碑，背面铭文（记述了200多年的历史，包括王室的创立和国王西海·钱·卡维尔的先祖等）

（下）图6-215蒂卡尔 “斜面-裙板”组合。复原图（取自Henri Stierlin：《The Maya，Palaces and Pyramids of the Rainforest》，1997年）

右页：

（左上）图6-216蒂卡尔 北卫城。结构5D-34（公元700年前），复原图（取自George Kubler：《The Art and Architecture of Ancient America，the Mexican，Maya and Andean Peoples》，1990年）

（右上）图6-217蒂卡尔 北卫城。结构5D-34，遗址现状

（下）图6-218埃尔米拉多 遗址区（前古典后期）。总平面

所谓“双塔组群”（或称“孪生组群”）。组群由一个角上抹圆的人工旷场组成，上部于东西两端轴线上布置两个样式相同的阶梯金字塔状基台（图6-195、6-196）。基台轴向对称，四面均设台阶，但顶部平台上神殿已了无痕迹；很可能它们具有另外的功能，如用于献祭，或仪式舞蹈，或戏剧演出。组群Q面对着西部基台，布置了9对没有任何浮雕装饰的石碑和祭坛组合（图6-197~6-199）。在旷场南侧，一座带9

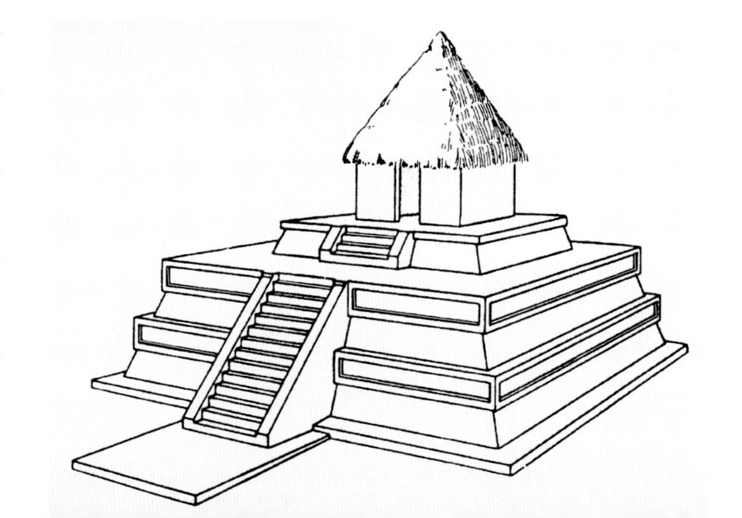

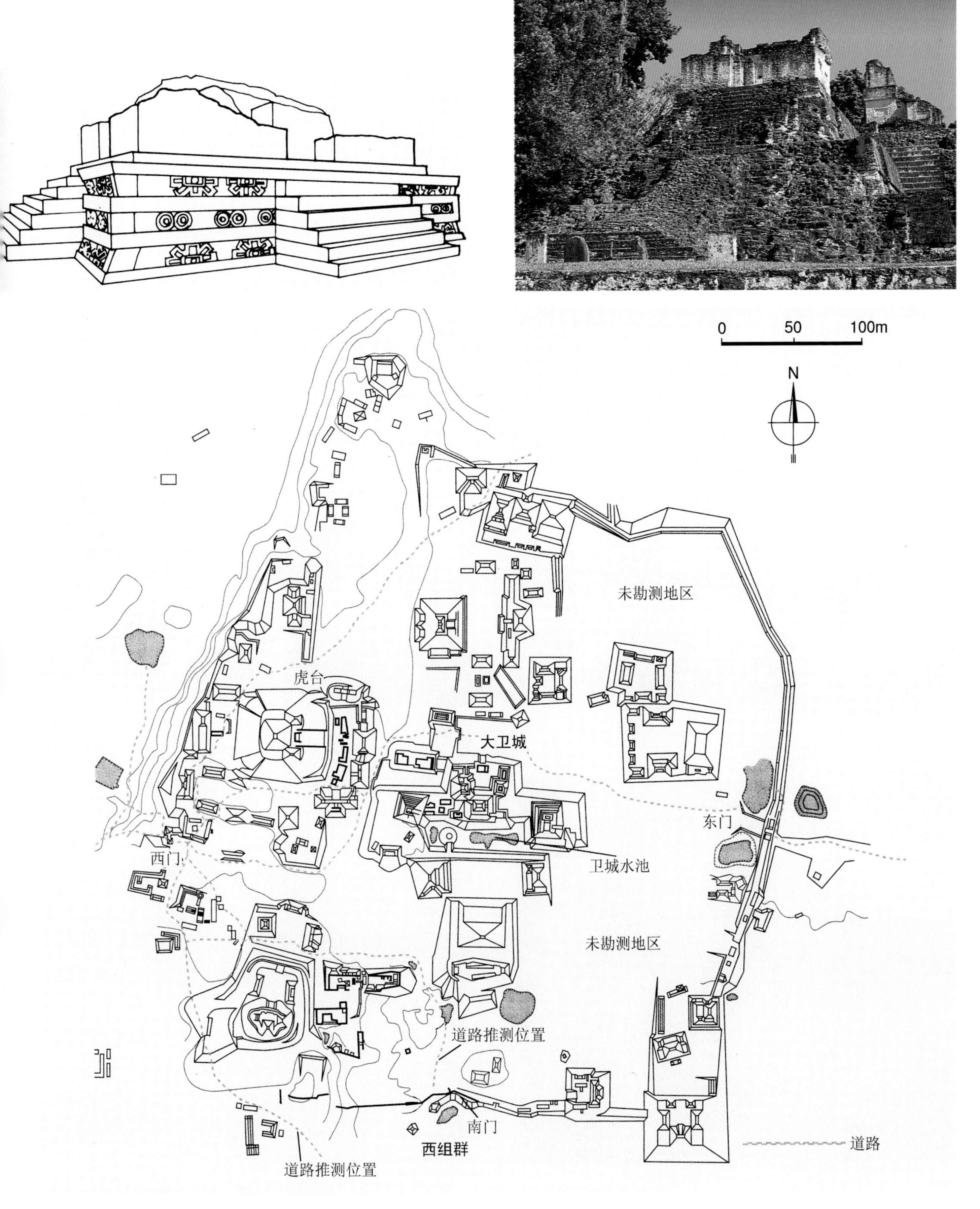

个门的长方建筑面对着北侧一块围地，后者仅开一门与外界相通（大门具有不同寻常的玛雅拱顶形式）；围墙内立着唯一的一组带浮雕的石碑和祭坛组合，浮雕内记载了该组纪念性建筑隆重揭幕的日期。

值得注意的是，这类组合似乎只是在蒂卡尔和亚斯阿得到运用。在蒂卡尔，可以找到若干实例，每次重复的间隔约为20年，好像是通过这种简单复制中心区纪念性建筑的方式为扩展后的外围地区居民

服务。威廉·罗伯逊·科认为，它们是为了纪念一个“卡盾”[katún，k’atun，为玛雅历法的时间单位，等于20盾（tun），计7200天，约19.7年]周期的结束而建。[7]

蒂卡尔和佩滕地区这些独石碑具有引人注目的独特造型。石碑正面稍大，上部呈圆角，表现服饰华美手持权杖的君主（图6-200~6-204）。祭坛则是一块厚重的鼓石（图6-205）。雕刻具有双重目的，既是纪念一个特定的日期或时期，同时也是“颂扬万能的祭司（halach uinic）”（保罗·韦斯特海姆语）。这类石碑和祭坛的组合往往和建造标志城市规划主要轴线的新建筑有一定的关联（如16号碑，见图6-202）。

在蒂卡尔，散布在中心区周围的建筑大都采用院落式布局。位于中央广场东北约600米处的组群F是由四栋建筑（结构74、77）组成的一个角上敞开的四方院。位于F组正南约500米处的组群G的结构1形成一个角上封闭的四方院，可能属后期，颇似帕伦克的“宫殿”，只是没有用窄柱墩分划的宽阔门道。

在3世纪到7世纪期间，特奥蒂瓦坎对玛雅地区的影响呈现出一种极其微妙的形式。在蒂卡尔，很多地方都可以看到模仿这个“神之城”的痕迹，包括陶器和雕刻（图6-206~6-209）。前者的形式和主题

左页：

（上）图6-219埃尔米拉多 古城区。复原图（从大卫城上看虎台景色；上承三座建筑的大型金字塔平台本是前古典时期建筑的特色，在整个玛雅地区，虎台是这类结构中最大的一个，发掘揭示了一系列属前古典后期的层位；南面位于广场左侧的34号平台同样上承三座建筑；从复原图上不仅可看到城市的规模，同样可感受到它的丰富色彩，几乎所有建筑均抹灰泥并涂成红色）

（下）图6-220埃尔米拉多 古城区。残迹现状

本页：

（上）图6-221埃尔米拉多 34号结构（前古典后期）。灰泥头像发掘时状态（位于虎台金字塔东南的这座小平台是埃尔米拉多研究得最透彻的结构之一，通向平台的台阶外覆灰泥，两边巨大的神像带有长的鼻子和大眼睛，整个头像最初均施色彩）

（下）图6-222埃尔米拉多 砌体细部

本页：

（上）图6-223埃尔米拉多 灰泥装饰细部

（下）图6-224埃尔米拉多 2号碑（前古典后期）。现状（从碑上的象形文字雕刻可知，在前古典后期的米拉多谷地，文字已得到应用，尽管内容尚未完全释读，但某些符号已表明，它说的是某个君主的生平）

右页：

图6-225亚斯阿 遗址区。总平面（据Hellmuth，1971年）

往往都是来自特奥蒂瓦坎；后者如属古典早期（445年，当时蒂卡尔和其他玛雅城市均在不同的程度上被置于墨西哥出身的君主统治下）的31号碑[表现蒂卡尔第16任国王西海·钱·卡维尔（“风暴天王”，411~456年在位），两个随从武士穿着特奥蒂瓦坎式的服装；图6-210~6-214]。蒂卡尔某些建筑的基部显然是效法特奥蒂瓦坎那种典型的“斜面-裙板”组合，尽管构造风格完全不同（图6-215）。其中两个立在广场中央（在蒂卡尔，这种布置方式相当少见）；第三个实例位于北面、中卫城脚下一个小建筑内（面对着东广场球场院，大台阶附近）。按地方做法，以大块石灰石建造的基部为特奥蒂瓦坎裙板的一个粗糙的仿制品，上部的倒角檐口显然是个倒置的斜面；尽管装饰母题同样是来自特奥蒂瓦坎风格，但产生的效果却和原型完全不同。北卫城结构5D-34也采用了这种做法（图6-216、6-217）。

N.M.赫尔穆特通过仔细研究已确证存在这种“斜面-裙板”的地方变体形式和位于广场及庭院中心的类似结构，这后一种布局方式和特奥蒂瓦坎相近，只是在这一地区的城市中出现得较少。[8]

除了这些例证外，在蒂卡尔建筑里，其他借鉴特奥蒂瓦坎范本的地方很少。事实上，蒂卡尔建筑有着

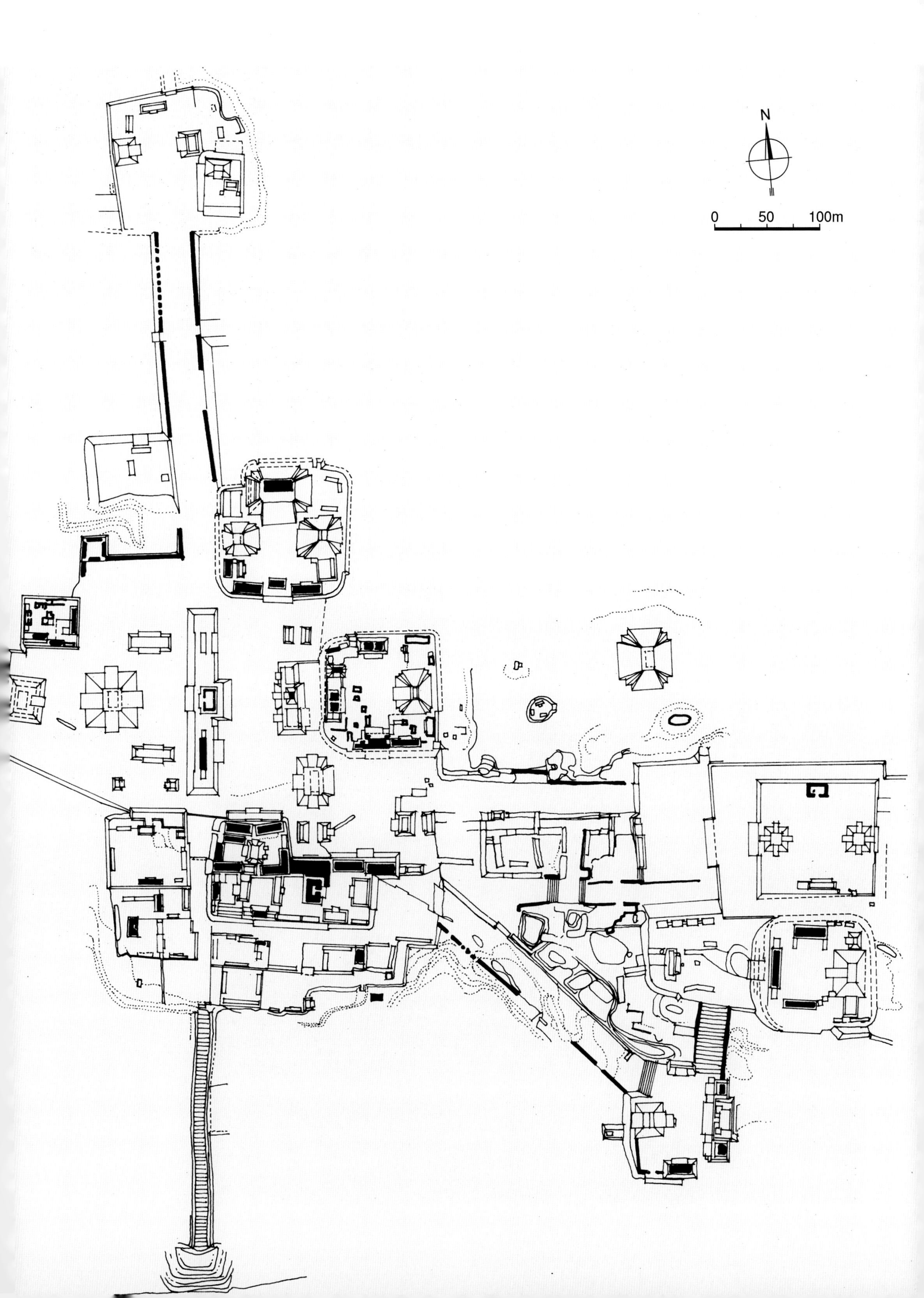
N
0
50
100m

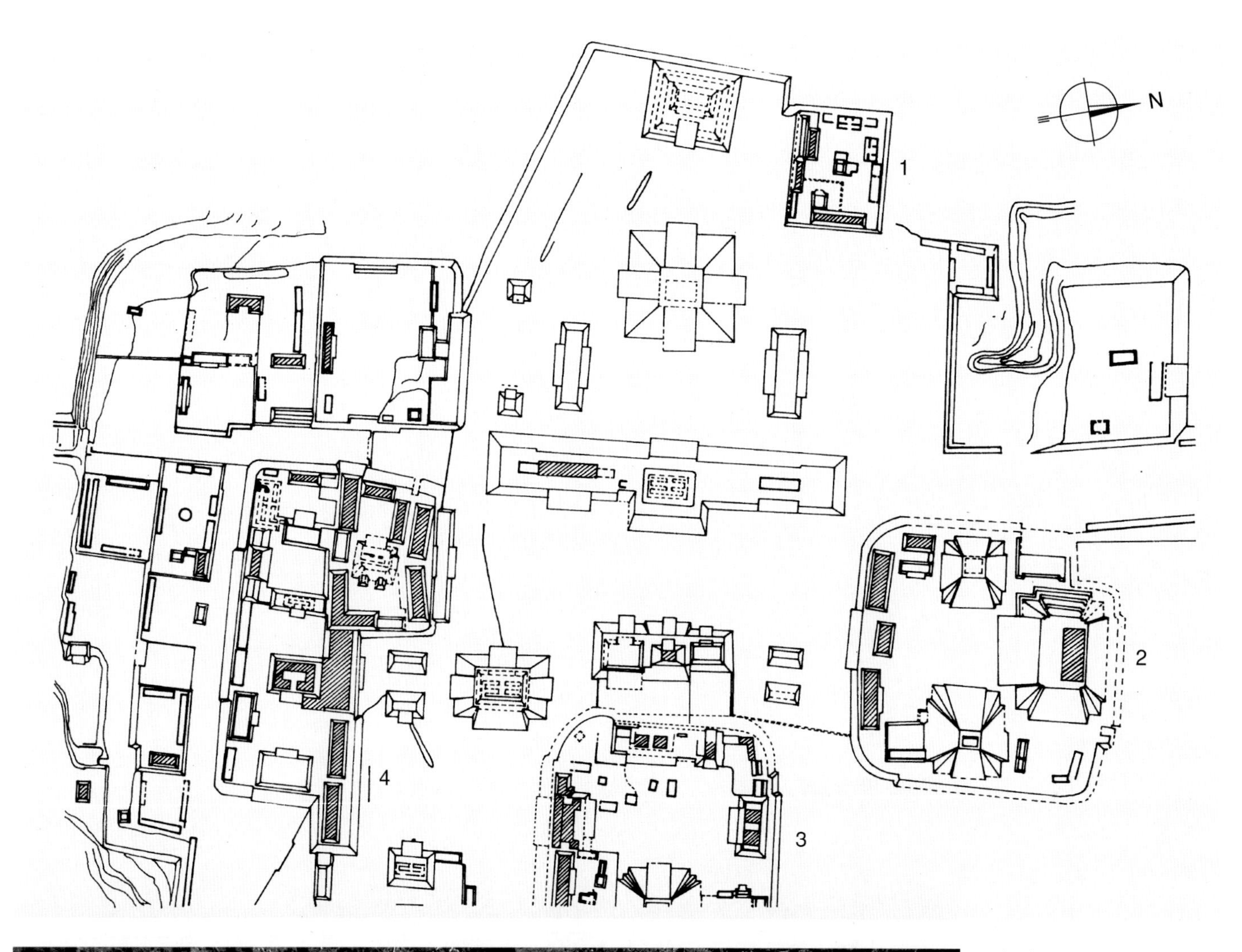

本页：

（上）图6-226亚斯阿 遗址区。西部平面详图（据Hellmuth，1971年），图中：1、西组群，2、北卫城（西北卫城、中卫城），3、东卫城（东北卫城），4、主卫城

（下）图6-227亚斯阿 北卫城。俯视全景

右页：

（上）图6-228亚斯阿 北卫城。现状（向北望去的景色，左右分别为神殿I和神殿II）

（下）图6-229亚斯阿 北卫城。神殿I，东北侧景色（从神殿II上望去的情景）

极为特殊的地方印记。看来他们是有意识地放弃了同时代人采用平顶带来的结构可能性，在建筑发展上，他们所倚赖的，主要是叠涩拱顶。

三、其他遗址

位于危地马拉北部距今墨西哥边界仅7公里的埃尔米拉多，中心区所占面积和蒂卡尔不相上下（总平面及复原图：图6-218、6-219；遗存现状：图6-220~6-224）。最大的虎台基底面积要比蒂卡尔最高的建筑（神殿IV）大六倍。建筑组群及和其他城市之间以各种堤道相连。西组群以墙和东组群及南组群相隔。

在危地马拉，亚斯阿是规模仅次于蒂卡尔和埃尔米拉多的重要遗址（总平面及详图：图6-225、

右页：

（左上）图6-233亚斯阿 北卫城。神殿III，西南侧近景

（下）图6-234亚斯阿 东卫城。神殿216，西侧全景（为该区最高金字塔）

（右上）图6-235亚斯阿 东卫城。神殿216，整修中状态

本页：

（上）图6-230亚斯阿 北卫城。神殿II，西南侧现状

（下）图6-231亚斯阿 北卫城。神殿II，东南侧近景

（中）图6-232亚斯阿 北卫城。神殿III，西北侧景色

6-226；北卫城：图6-227~6-233；东卫城及其他建筑：图6-234~6-238）。主要结构组群集中在同名湖边，由堤道相连，规划上更为自由，更接近蒂卡尔的模式（包括属同一类型的“孪生组群”）。主要卫城三个，即位于“孪生组群”南侧的东卫城、由三座金字塔结构组成的北卫城（又称东北卫城）和南卫城（亦称主卫城）；广场五个，分别以字母A~E命名。核心区北面另有马勒组群。遗址上最高的金字塔结构是位于东卫城广场A 东侧的神殿216。

佩滕地区北部位于密林地带的纳克贝，是个属前

（左上）图6-236亚斯阿 东卫城。广场景色（自神殿216上向西望去的情景）

（右中）图6-237亚斯阿 球场院。现状

（左中）图6-238亚斯阿 遗址区。带多角棱台的塔庙

（下）图6-239纳克贝 遗址区（前古典时期）。总平面（取自Nikolai Grube:《Maya，Divine Kings of the Rain Forest》）

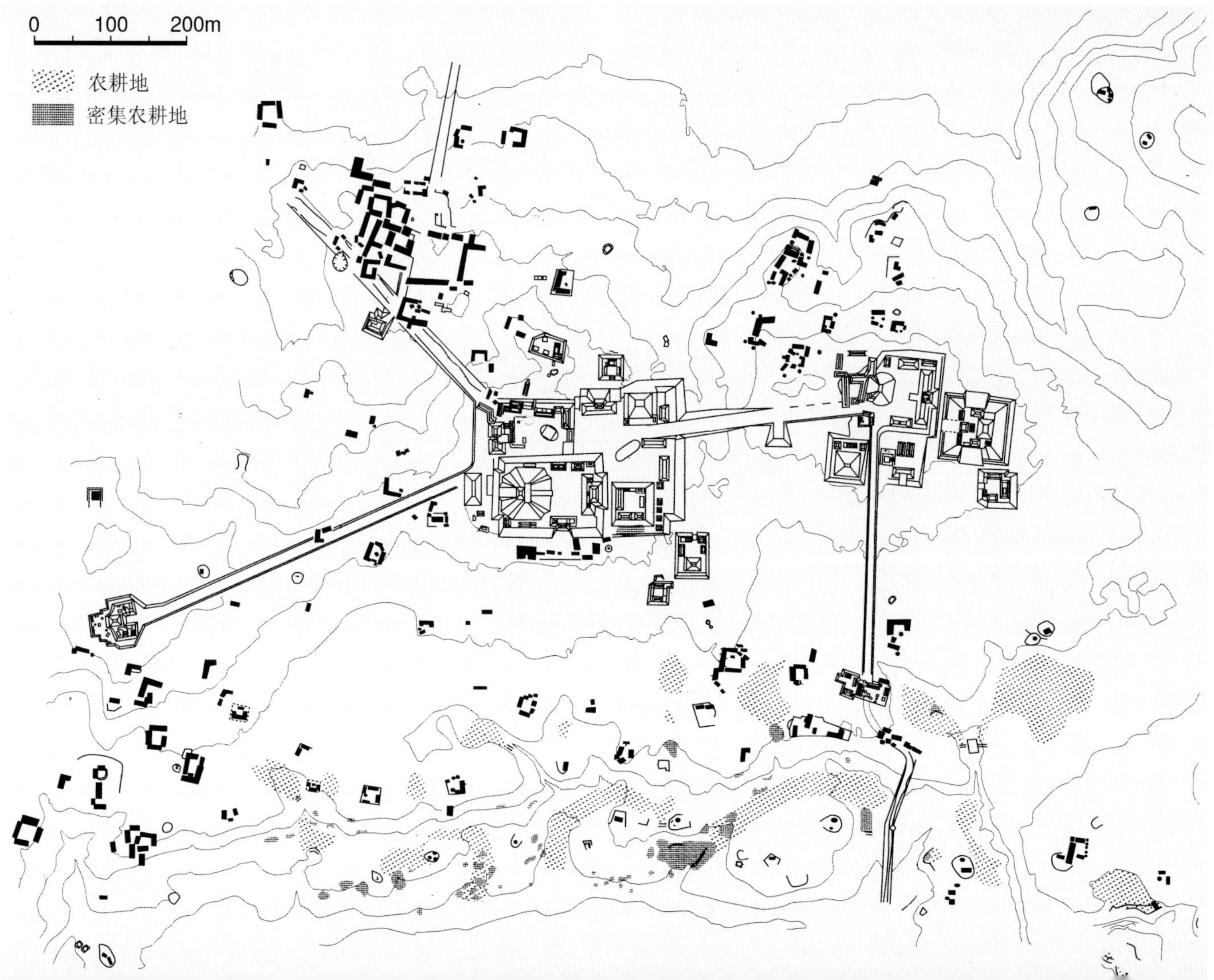

古典时期的大型遗址（图6-239~6-243）。虽然早在1930年即经航空巡查发现，但直到1962年才由苏格兰考古学家伊恩·格雷厄姆进行了实地探测。遗址中心区主要由东、西两个大型平台组成：东平台高32米，西平台45米，属玛雅最大卫城建筑之一。各组群之间同样由堤道相连，并有堤道通向北面13公里处的埃尔米拉多。

位于佩滕地区东北的纳库姆在蒂卡尔以东约25公里处。城市最繁荣的阶段属古典后期（约8~10世纪），这时期的建筑很多均经修复，主神殿的屋顶墙架是蒂卡尔以外地区保存最好的一个（复原图：图

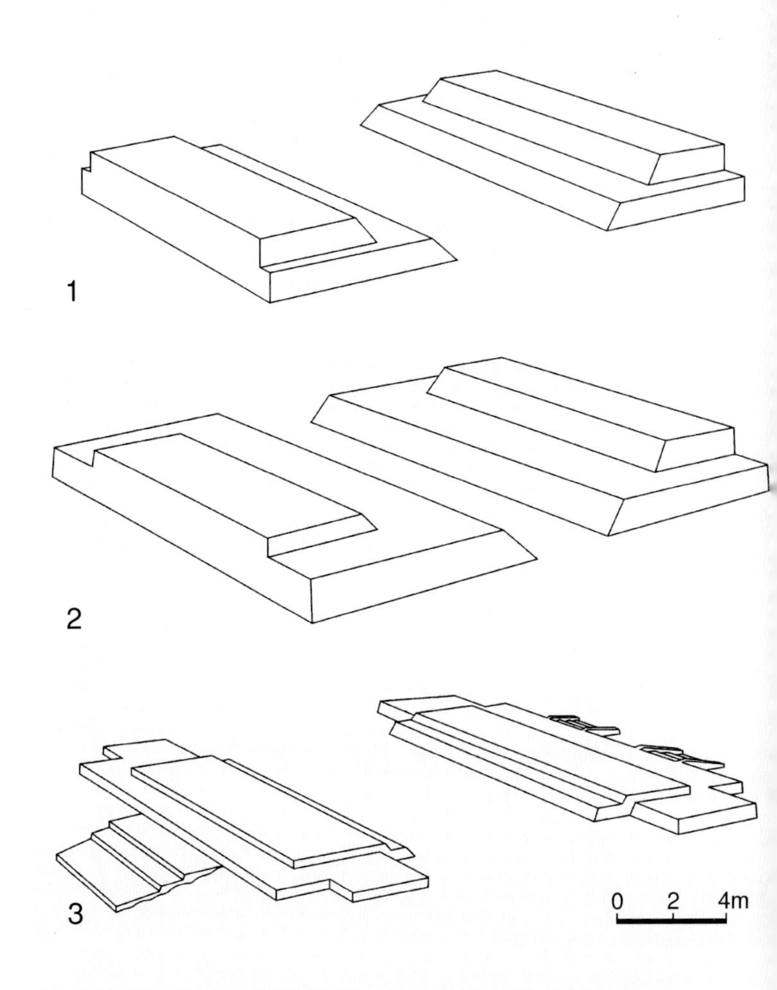

（上）图6-240纳克贝 球场院（前古典时期）。各时期演进示意（取自Nikolai Grube：《Maya，Divine Kings of the Rain Forest》，球场院位于东组群南部，20世纪90年代由危地马拉考古学家胡安·路易斯·贝拉斯克斯主持进行了发掘，证实其建造经历了三个阶段：1、约公元前500~前400年，为美洲年代确凿的最早球场院之一；2、约公元前300年，平台扩大，中间场院变得更窄；3、约公元前100年，其时纳克贝已开始衰退，老平台被拆除，低平台两边建了台阶，再次恢复了最初的基本形制）

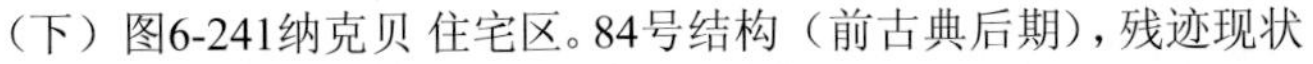

（下）图6-241纳克贝 住宅区。84号结构（前古典后期），残迹现状

6-244、6-245；遗存景观：图6-246~6-249）。

在佩滕地区，目前尚存遗迹的其他遗址还有埃尔马南蒂阿尔（图6-250）、托波斯特（图6-251、6-252）、乌卡纳尔（图6-253）、拉科罗纳（图6-254）、多斯皮拉斯（图6-255）和马查基拉（图6-256）。

四、规划及建筑特色

[规划]

一千年前，佩滕是个居民密集的地区，如今，这里又重新成为茂密的林区。有人甚至怀疑，在古代，这些散布在茂密的丛林中和群岛上的遗址是否是真正的城市。曾编制了这片森林和沼泽地的地图、以求研究古代玛雅人生存方式的W.R.布拉德曾提到在划定它们的城市化范围时遇到的困难。其外围郊区的农业人口，按60~80公亩[9] 5~6人计时，显得是如此分散，以致“乍看上去，好像散布得到处都是”[10]。

佩滕地区这些玛雅最早的古典时期遗址，因其生

本页及左页：

(左) 图6-242纳克贝 1号石碑。立面图（形成期后期，可能是玛雅留存下来的最早的双神造型，取自Mary Ellen Miller：《The Art of Mesoamerica，from Olmec to Aztec》，2001年）

(中) 图6-243纳克贝 圆柱形陶器（古典后期，约公元600~900年，高19.5厘米，直径12.8厘米，具有抄本画的风格，表现书写神，手上拿着一本展开的书）

(右上) 图6-244纳库姆 卫城（古典后期，约8~10世纪）。建筑群复原图（图上数字及大写字母即建筑的考古编号及名称）

(右下) 图6-245纳库姆 卫城及中央广场区。俯视复原图（图上阿拉伯数字为院落编号，大写字母即建筑考古名称）

态环境被人们形象地称为“岛城”（island cities）或“群岛城”（archipelago cities）；因为构成城市的许多平台和建筑组群都位于自周围沼泽地里拔起的众多土丘和山肩上，这些沼泽地在古代可能都是湖泊或水洼地。同一基址的各个组群之间通过堤道相连，如瓦哈克通和蒂卡尔的表现。在纳库姆，附属的北围地与南部主要广场之间通过宽约80英尺的道路相连（图6-257、6-258）。道路在一系列丘台之间穿过，这些不连续的狭长丘台在道路两侧形成平行的几排。但广场并非像瓦哈克通那样具有互动的特色，因为道路的视线在两端是封闭的，形成双

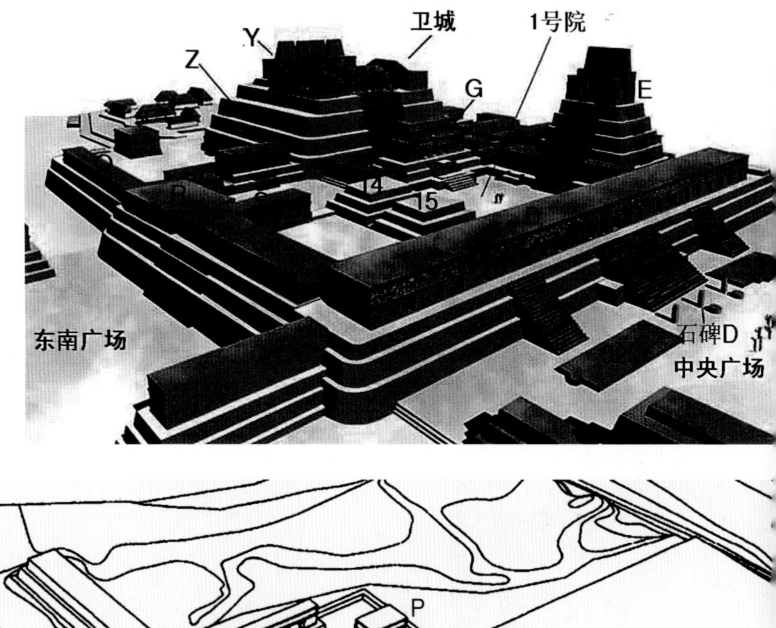

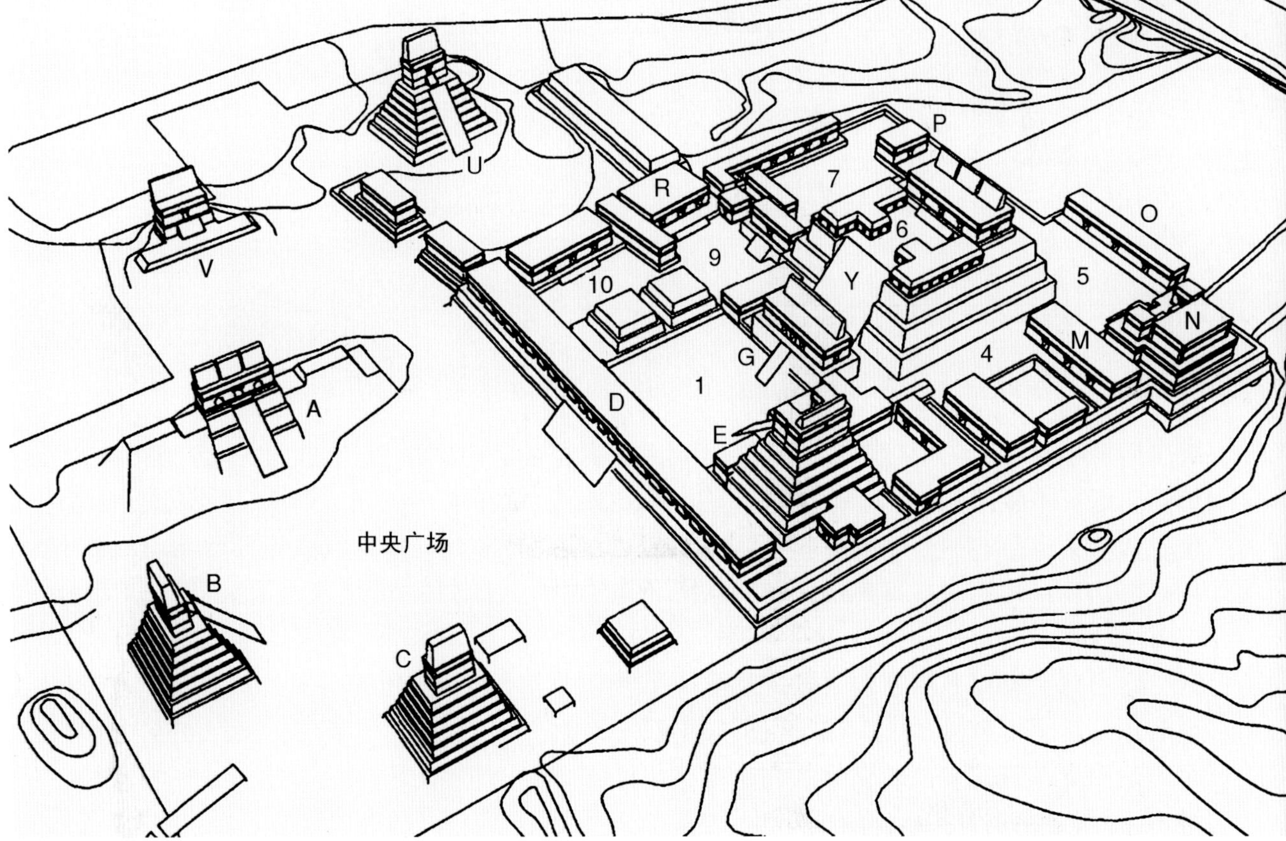

本页：

图6-246纳库姆 中央广场区。结构A（天象台），残迹外景（彩画，取自Nigel Hughes:《Maya Monuments》，2000年）

右页：

（左上）图6-247纳库姆 中央广场区。结构A（天象台），现状

（左中及左下）图6-248纳库姆 卫城。神殿E，现状外景

（右上）图6-249纳库姆 卫城。结构N，现状外景

（右下）图6-250埃尔马南蒂阿尔金字塔。残迹现状

折轴向对称的组合（即Z形）。伊斯昆可视为采用堤道的北方变体形式，一条长约730米的南北向道路将位于两座小山上的神殿连接起来（图6-259）。在它们中间，朝向道路轴线两侧的，是相连的一组小型院落。

位于尤卡坦半岛东北的科瓦，是另一个佩滕类型的遗址，已成残墟的几个建筑组群布置在一系列小湖泊附近，通过粗石板铺砌的高起道路相连（诺奥奇-穆尔金字塔：图6-260~6-263；绘画组群：图6-264~6-267；天象中心：图6-268、6-269；组群B：图6-270、6-271）。堤道在若干处将与水体相连的水湾分开，形成水库或水池，如蒂卡尔组群A和E、A和B之间的表现（见图6-97，河谷以堤道阻断）。

在蒂卡尔，连接最重要建筑群的堤道显然具有礼仪的功能（见图6-108）。当人们沿着成千的小径和林间大道（saché-oob）走向祭祀和行政中心的时候，这样的印象想必更加深刻（在中心，各类建筑——神殿、宫殿、蒸汽浴室、球场院和市场——成

组地围绕着位于巨大人工平台上的广场和旷场布置，近处还有自然洼地形成的收集雨水的水库）。正如J.E.阿尔杜瓦所说，“玛雅建筑师很可能是利用这些大道通向神殿和更为壮观的主要建筑群。在蒂卡尔，由一些已知大道形成的视廊，几乎总是通向神殿”。他进一步从外来者的角度评论道，“在5或6世纪，一个来自特奥蒂瓦坎的商人为产品交换（用墨西哥中部谷地的商品换取热带雨林的产品）来到这里造访各中心时，他似乎很难用 ‘城市’ 这个词来定义看到的

本页及右页：

（左上）图6-251托波斯特主神殿。外景（彩画，取自Nigel Hughes：《Maya Monuments》，2000年）

（左中及左下）图6-252托波斯特 主神殿。现状

（中下两幅）图6-253乌卡纳尔 4号碑（公元849年，高190厘米，危地马拉城国家考古及人类学博物馆藏品）。总观及细部（取胜的国王踩在战俘的身躯上）

（右上及右下）图6-254拉科罗纳 表现王室和属臣球赛的浮雕（上、公元726年，高26.7厘米，宽43.2厘米，芝加哥艺术学院藏品；下、古典后期，公元600~900年，高38.1厘米，宽27.6厘米，纽约美洲印第安人国家博物馆藏品）

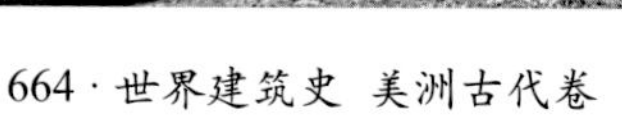

那些围绕着广场建造的神殿建筑群，以及散布在周围树林中的居民点和大片的耕地……但随着这位游客熟悉了蒂卡尔生活的方方面面，他便能意识到他正处在一个以前在丛林中从未见过的地方。他注意到不同寻常的建筑尺度……表现出艺术家超凡技艺的檐壁细部和协调的构图，众多的石碑和有大量民众参与的极其隆重的盛典”[11]。

尽管发展并不是特别有序，同时还要适应棘手的环境，蒂卡尔的核心部分仍然表现出一种大气磅礴的设计观念，建筑师并没有追求事实上很难做到的对

本页：

图6-255多斯皮拉斯 19号浮雕板（727~735年，高64厘米，危地马拉城国家考古及人类学博物馆藏品；表现宫廷的血祭场景）

右页：

（左）图6-256马查基拉 主广场。4号碑（古典后期，公元820年，高183厘米，宽82厘米，危地马拉城国家考古及人类学博物馆藏品；画面为被神化的马查基拉国王Siyaj K' in Chaak）

（右上）图6-257纳库姆 遗址区。现状总平面及中区和南区平面详图

（右下）图6-258纳库姆 遗址区。总平面（复原图，据Marquina，1964年）

称，而是努力沿着通向祭祀中心的主要道路创造一系列富于变化的景观，只是这些长长的道路如今已被丛林掩盖，很难借助地图全面辨识。N.M.赫尔穆特特别注意到这种风格介于特奥蒂瓦坎大道和典型的玛雅道路之间的新型道路（他称之为vías），认为它们具有更为严格的形态，道路之间以直角相交，边上的建筑通常要比林间大道（saché-oob）为多（后者的主要功能只是连接最重要的建筑组群，组群本身的布局并不是特别严格）。玛雅建筑师正是通过这种熟练乃至微妙的处理方式，在起伏不平的地形条件下，找到了一种使礼仪建筑群更为宏伟和壮观的方法。在佩滕地区，蒂卡尔和伊斯昆显然是有意识地将建筑沿主要轴线排列，在某些地方，对称的严格程度甚至可与特奥蒂瓦坎相比。

除了城市规划上的这些表现和建筑风格及布局上的某些地方变体形式外，佩滕地区的其他城市均类似蒂卡尔。这一地区的风格一直影响到像尤卡坦半岛东北的科瓦这样一些边远的遗址，只是佩滕地区建筑特有的角上退阶在这里被抹成圆形（图6-272）。

佩滕地区的玛雅建筑师，在设计平台和建筑组群时，大都从群体构图的高度着手，而不是立足于孤立的单体建筑，如蒂卡尔的F组群和G组群的结构1。他们喜用狭长的平台，上承一系列狭窄的房间；并和其他平台配合，围出院落空间。例如在纳库姆，就是用结构D形成主要广场的南部边界，其立面长度逾130米，宽10米，内部约44个房间通过窄门朝南北两面。像瓦哈克通的结构A5那样，将各个水平层面通过宽大的台阶联为一体，是佩滕建筑的一个重要特色，反映了来自相邻的玛雅地区的影响，同时保留了佩滕风格的保守倾向和实体效果。

独立的金字塔是玛雅建筑师采用的各类平台形式中最突出的形体。在佩滕地区，和现存最早的金字塔（瓦哈克通的E VII sub）同样的辐射对称平面在阿坎塞（见图7-109）、奥乔布，以及1000年后托尔特克时期的玛雅金字塔中再次出现[如卡斯蒂略地区的奇琴伊察（见图8-71）；尤卡坦北部的玛雅潘]。由于四个面和四个路径具有同样的地位，这种形式本身就表明需要一个同样宏伟和对称的周边环境。在美洲，

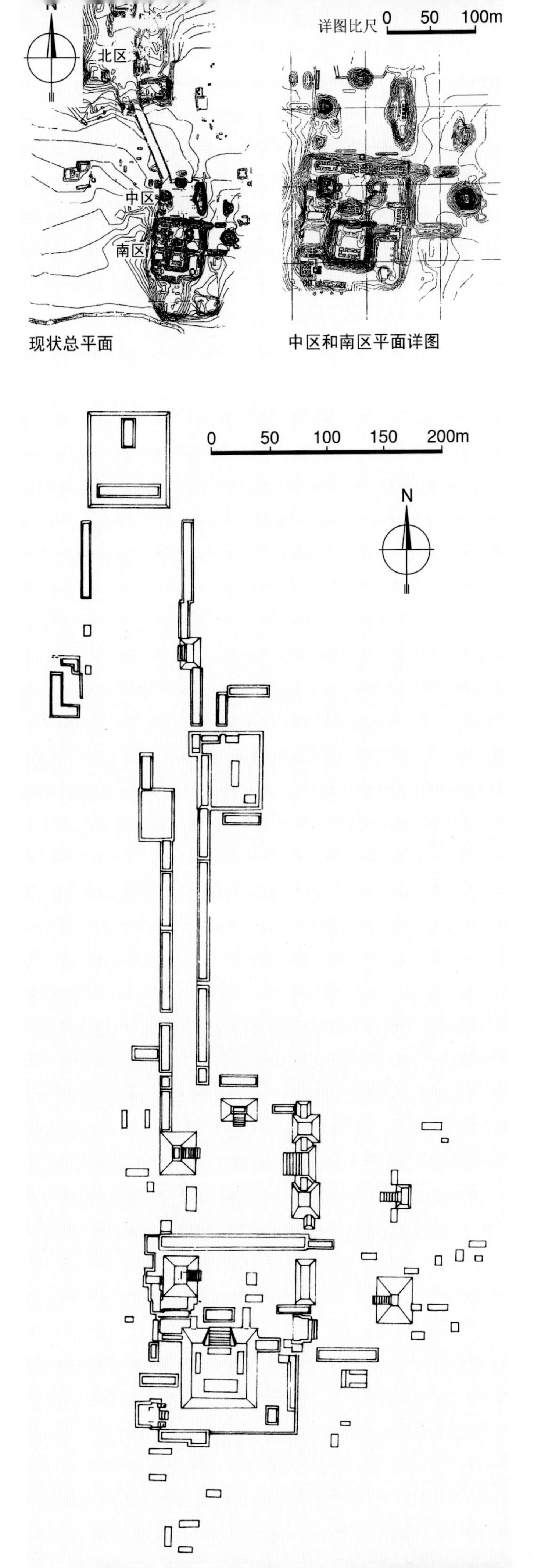

这是一种少有的形式，即使在玛雅建筑中，用得也不多。其他大型金字塔仅两面对称或取镜面对称，后者反射轴即中央大台阶。这种形式至多要求两个相应的环境设计，通常仅一个，如蒂卡尔，主要金字塔只有一个主台阶，侧面及背立面均为令人望而生畏的陡

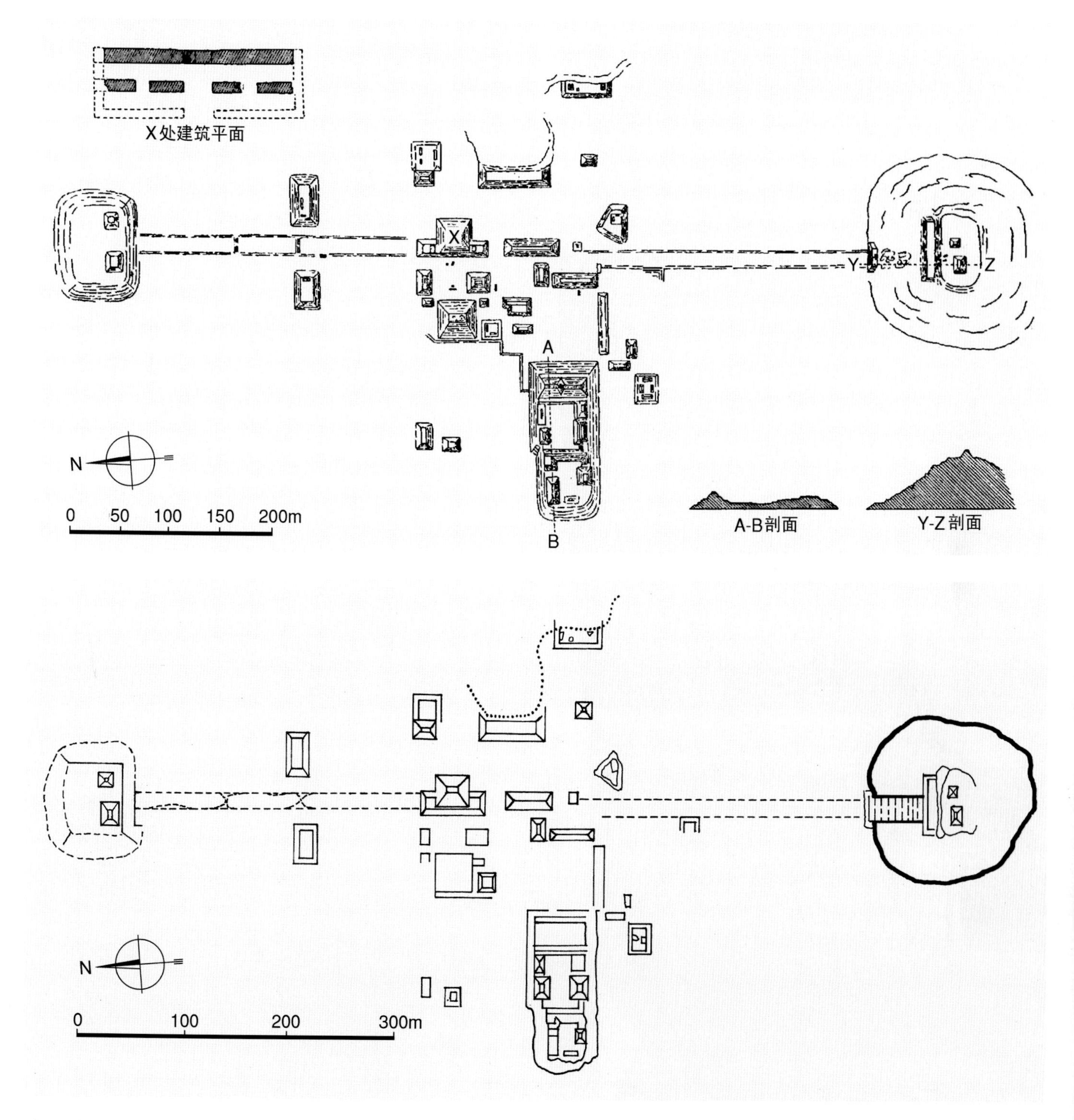

坡。在巴拉克瓦尔（结构VI），正面和背面的台阶形成两个入径。

金字塔常常围绕院落成组配置，如蒂卡尔中心区的规划和更为简单的双金字塔组群。同样的形制在弗洛雷斯湖边的亚克萨亦可见到。其他遗址，如帕伦克地区的南神殿，实际上也是重复了这种形式，只是有所变化，不易马上识别而已。

在佩滕地区，有些建筑组群可能和风水或天像有一定的关系，用来纪念太阳或星球的特定方位，如瓦哈克通组群E的表现。在伊斯昆和里奥贝克之间，已经鉴明的这类组群约有18个。只是很多可能只具有宗教意义，并不是用来进行天文观测。

[建筑]

在佩滕地区的玛雅建筑中，和外部形体相比，房间的重要性显然要小得多。设计者所关注的，主要是大型体量的组合，而不是房间的围合和分划；作为构成要素的形体大都为实心的稳定结构，在造型和雕刻

左页：

（上下两页）图6-259伊斯昆 遗址区。总平面（上图据Maudslay，1887年；下图据Marquina，1964年）

本页：

（上）图6-260科瓦 诺奥奇-穆尔金字塔（城堡，结构1）。外景（彩画，取自Nigel Hughes：《Maya Monuments》，2000年）

（下）图6-261科瓦 诺奥奇-穆尔金字塔。地段全景

图6-262科瓦 诺奥奇-穆尔金字塔。西北侧近景

上相互应和。有关建筑单元的观念和今天人们的理解也相去甚远。在院落内部，很难鉴明各个平台及建筑的功能，功能类型的鉴定更是人们遇到的最大难题。所谓“宫殿”和“神庙”之间亦没有明确的界限。对玛雅建筑师来说，其主要目标可能就是通过高度形成差异，在不同层次上标明建筑所追求的等级。同时他能敏锐地感受到这些建筑组合所形成的外部空间效果，力求创造大型、有序的开敞形体。这种带有层次变化的开敞形体是玛雅建筑史上最引人注目的造型成就。

在建筑类型上值得注意的一个表现是，在更南边河谷地带如此流行的球场院（如图6-571所示），在佩滕地区只有一个位于蒂卡尔的确凿例证。尽管球员的形象可在诸如圆形石板之类的浮雕上看到，但院落平台仅见于蒂卡尔和位于尤卡坦半岛东北的科瓦。很可能，佩滕地区和特奥蒂瓦坎一样，在这类宏伟的球场院普及之前，自身已很繁荣并拥有了明确的建筑类型；由此推测，在这些地区，球场院的出现当属古典中期。

玛雅建筑的结构发展主要和四个要素相关，即石头、灰浆、支撑和拱顶。总的发展线索是从块状砌体走向混凝土核心外包琢石板，从实体墙结构演进到细高的柱墩或柱子，从廊道般的狭长房间发展到复杂的房间组合（其墙体相互起支撑作用）。但佩滕地区的建筑看来比较保守，并没有摆脱早期传统的束缚，也没有出现以后成为乌苏马辛塔河和普克地区城市特色的混凝土结构。

在这里，建筑核心部分通常由石块砌筑外覆灰泥；早期由不规则石头砌筑，至古典中期演进为块状砌体。在蒂卡尔，沉重的墙体和墙拱已能确保结构的稳定，甚至在木楣梁自神殿结构中移走后也能存续下来。早期石灰面层要比后期用得更多，一方面可能是

右页：图6-263科瓦 诺奥奇-穆尔金字塔。大台阶近景

（上）图6-264科瓦 绘画组群（后古典时期，1100~1450年）。现状全景

（下）图6-265科瓦 绘画组群。1号建筑（右）及3号建筑（左），残迹现状

因为这种易于取得的材料越来越少，另一方面也可能是由于石料加工技术得到了改进，无须用灰泥掩盖。

柱子支撑，无论是圆形还是矩形，在佩滕地区都很少。在具有许多房间的建筑中，分隔门道的沉重柱墩实际上是墙体的组成部分。人们往往在潜意识里认为，柱墩、方柱和圆柱，代表着发展的序列。实际上，这三种类型，与其说是演进阶段的表现，不如说更主要是反映了地理和环境的特色。在最早的阶段，人们多采用木构支撑。以这种木柱为原型，不久就出现了石料或黏土的仿造品。但在佩滕和莫塔瓜地区的城址，人们主要还是关注空间的实体设计，门洞只是立面雕饰处理上的一个附属内容。

通过角上缩进（inset corners）、各类线脚、斜面、雉堞和顶面垂向突出部分（所谓“屋顶墙架”，

roof-combs）丰富立面构图，是佩滕地区建筑固有的做法，不仅出现得很早而且一直持续到以后。金字塔面的凹槽线脚（chamfered talus moulding）同样具有悠久的历史并得到普遍应用。这些水平凹槽位于组成金字塔的各斜面底部。其最早实例出现在瓦哈克通的金字塔E-VII-sub下部台地的角上（见图6-82~6-84）。在蒂卡尔（如神殿I），凹槽深深地嵌进神殿金字塔各层台地的底部。其视觉上的功效在于通过阴影突出阳光照射的各层台地的亮面。事实上，它促成了双重效果：既强调了台地间的分划，又造成了

（上）图6-266科瓦 绘画组群。1号建筑，近景（上设神殿，檐壁及楣梁内侧有丰富的彩绘）

（下）图6-267科瓦 绘画组群。柱廊及祭坛残迹（在3号建筑前有13个小祭坛，说明组群主要为宗教礼仪服务）

（上）图6-268科瓦 天象中心。现状全景

（下）图6-269科瓦 天象中心。背面近景

各层台地的漂浮印象。

金字塔平台下部的凹槽及角上平面的缩进，是湖边及河谷城镇建筑共有的特点。这些建筑在底层平面有一个“内部”矩形或方形，仅在角上可以察觉其存在。每个斜面中央，都增添了壁垛般的突出部分，在强调垂向分划的同时，起到了联结水平部件的作用。瓦哈克通的金字塔E-VII-sub是其最早的例证。由于配有三道台阶和层层面板，角上缩进部分在垂直和水平方向上都得到了强调。蒂卡尔的主要神殿金字塔则是古典时期的例证，其缩进的角上形成了醒目的垂向阴影（如图6-160所示）。科瓦的神殿金字塔和蒂卡尔的有密切联系，但角上缩进部分为圆形，类似乌苏马辛塔河谷地彼德拉斯内格拉斯金字塔的做法（见图6-512）。而在玛雅中部地区以外，这种角上缩进的做法便很少见，就现在所知，仅在阿兹特克建筑后期出现过。

折线型屋顶[aproned roof，即双重坡度屋顶，亦称“芒萨尔”（‘mansard’）屋顶，见图6-70之3]是佩滕和乌苏马辛塔河地区建筑共有的另一个特点，而像奇琴伊察“修院组群”顶层那样的北方实例则很

（上）图6-270科瓦 组群B。城堡（“教堂”），自科瓦湖上望去的景色（彩画，取自Nigel Hughes：《Maya Monuments》，2000年）

（下）图6-271科瓦 组群B。城堡（“教堂”），现状外景（侵入塔身的植被尚未清理）

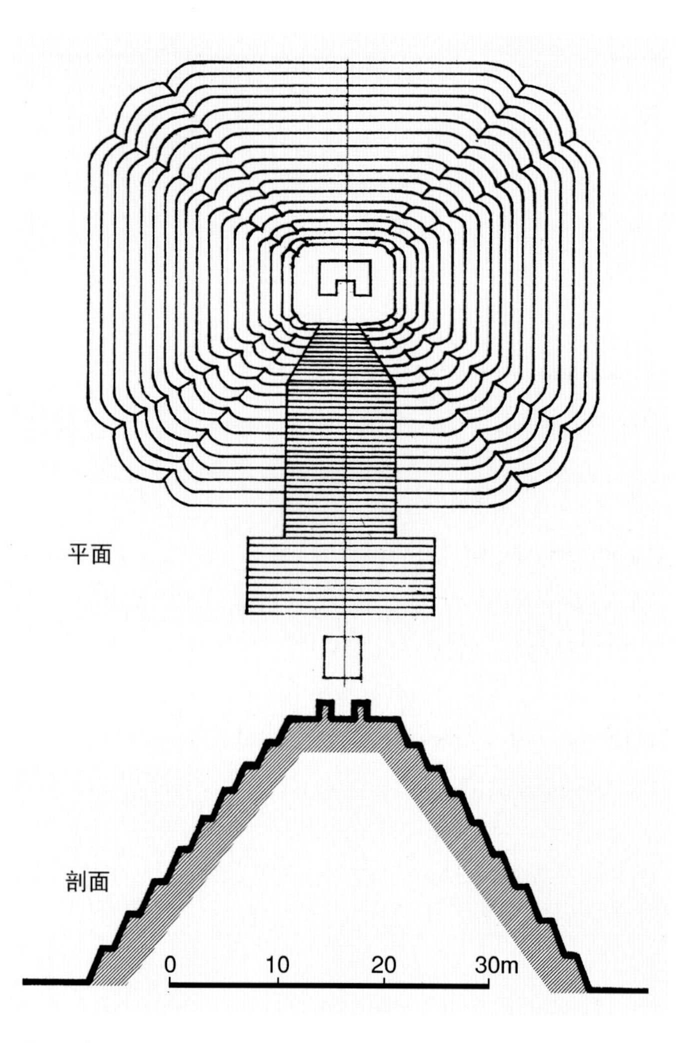

图6-272科瓦 结构1。平面及剖面（据Marquina，1964年）

少。在佩滕地区，檐板通常都挑出在承重墙外，以保护墙面免遭雨淋。倾角也从不像乌苏马辛塔河地区那样夸张。它通常都是重复金字塔下部结构的坡面，强化了建筑的沉重外貌。从结构上看，这种设计颇似原始住宅厚重外挑的茅草顶。

“屋顶墙架”（roof-comb）为玛雅建筑特有的一种形式，系通过在垂直面上扩大建筑廓线来标明某些建筑的身份或突出其地位和重要性。在佩滕地区，屋顶墙架通常都是实心墙体结构，位于后承重墙上，甚至是在神殿小拱顶的压顶石上（图6-70之1）。佩滕地区的屋顶墙架颇似御座的靠背，建筑本身是座位，金字塔则是基台，整个构图宛如一位坐在宝座上的君主（蒂卡尔各主要神殿是其最典型的代表）。在佩滕地区和河谷地带，瓦哈克通前古典时期的金字塔和古典中期最后一批古迹中，这类形象均被围在建筑中。但在尤卡坦西部和北部，雕刻有时侵入到构造部分，如古典后期普克和切内斯地区蛇形头像的立面。

在几何构图和比例做法上需要指出的是，玛雅建筑尽管在体量的配置上一般都能顾及左右两面大体均衡，但对称的表现从来不是很严格。通过仔细的测量可知，其角度也很少是精确的。直角总是有正负几度的偏差，显然没有经过严格的计算，只是一般看不出来罢了。古典时期的玛雅建筑在不同的地区和发展阶段，比例构图上有相当大的差异和变化。立面的基本部分是承重区和拱顶区。在佩滕地区，屋顶部分和承重墙高度大约是1∶1，后期建筑中屋顶所占比例要更大一些，如在河谷地带的城镇中，这一比例为5∶4。

第三节 乌苏马辛塔河和莫塔瓜河流域

尤卡坦半岛南部被两条走向相反的河流穿过。莫塔瓜河及其流域属玛雅文明的东南省份；乌苏马辛塔河及其支流向西北方向注入墨西哥湾。乌苏马辛塔河的中央区段为狭窄的急流，不利于通航；下游为平坦的塔瓦斯科低地和墨西哥海湾岸区（图6-273）。河谷地带的城镇就这样分成几个不同的地理群组：东部莫塔瓜河流域（科潘和基里瓜），乌苏马辛塔河中上游（亚斯奇兰和彼德拉斯内格拉斯）和下游地区（帕伦克和科马尔卡尔科），以及乌苏马辛塔河上游支流帕西翁河流域[阿尔塔-德萨克里菲西奥斯（意“牺牲坛”，是1895年最早发现这一遗址的泰奥伯特·马勒取的名字，因他相信那里的1号碑系用于纪念牺牲），塞瓦尔（A区遗址总平面：图6-274；建筑现状：图6-275~6-277；石碑：图6-278~6-281）]。在最

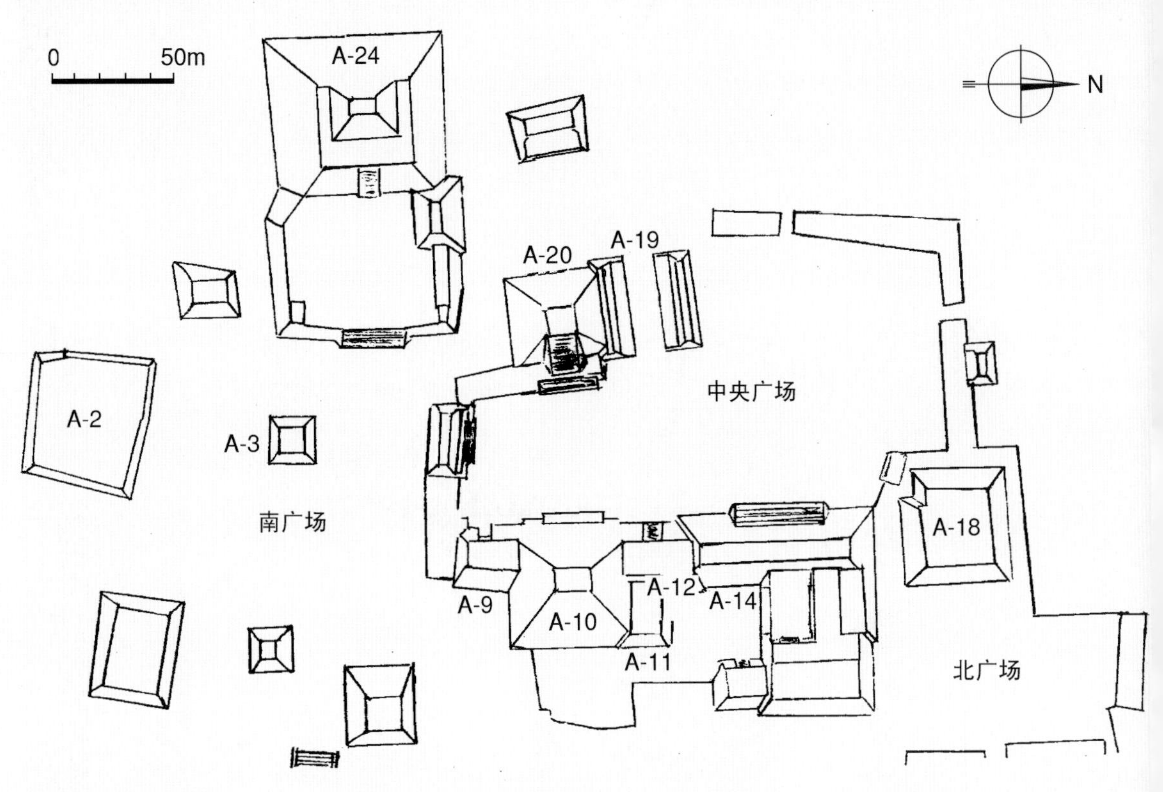

（上）图6-273乌苏马辛塔河 下游俯视景色（塔瓦斯科地区，乌苏马辛塔河为中美洲最长河流，是古代玛雅从墨西哥湾到尤卡坦半岛核心地带的主要商路，其中很长一段形成今墨西哥和危地马拉的边界线）

（下）图6-274塞瓦尔 A区。遗址总平面

ESTELA N.9
N.10 N.11 Y N.12

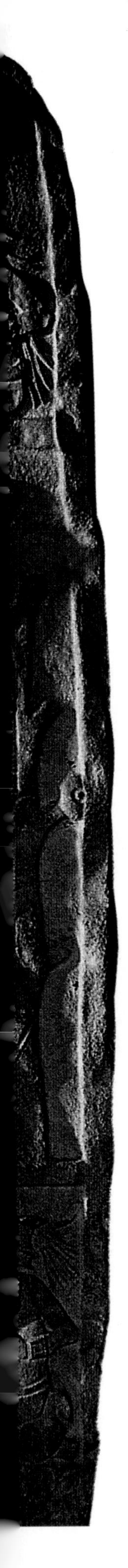

本页及左页：

（左上）图6-275塞瓦尔 结构A-1。外景（彩画，取自Nigel Hughes：《Maya Monuments》，2000年）

（左中）图6-276塞瓦尔 结构A-3。地段现状（西北侧景色）

（左下）图6-277塞瓦尔 结构A-3。西面全景（前景为9号碑，建筑各面均有石碑，编号9~12）

（中）图6-278塞瓦尔 3号碑（古典后期，公元850~900年，危地马拉城国家考古及人类学博物馆藏品）

（右上两幅）图6-279塞瓦尔 8号碑。立面（位于3号神殿前，速写画取自Nigel Hughes：《Maya Monuments》，2000年）

（右下）图6-280塞瓦尔 10号碑。外景（位于南广场结构A-3北侧，公元849年，高217厘米，宽129厘米）

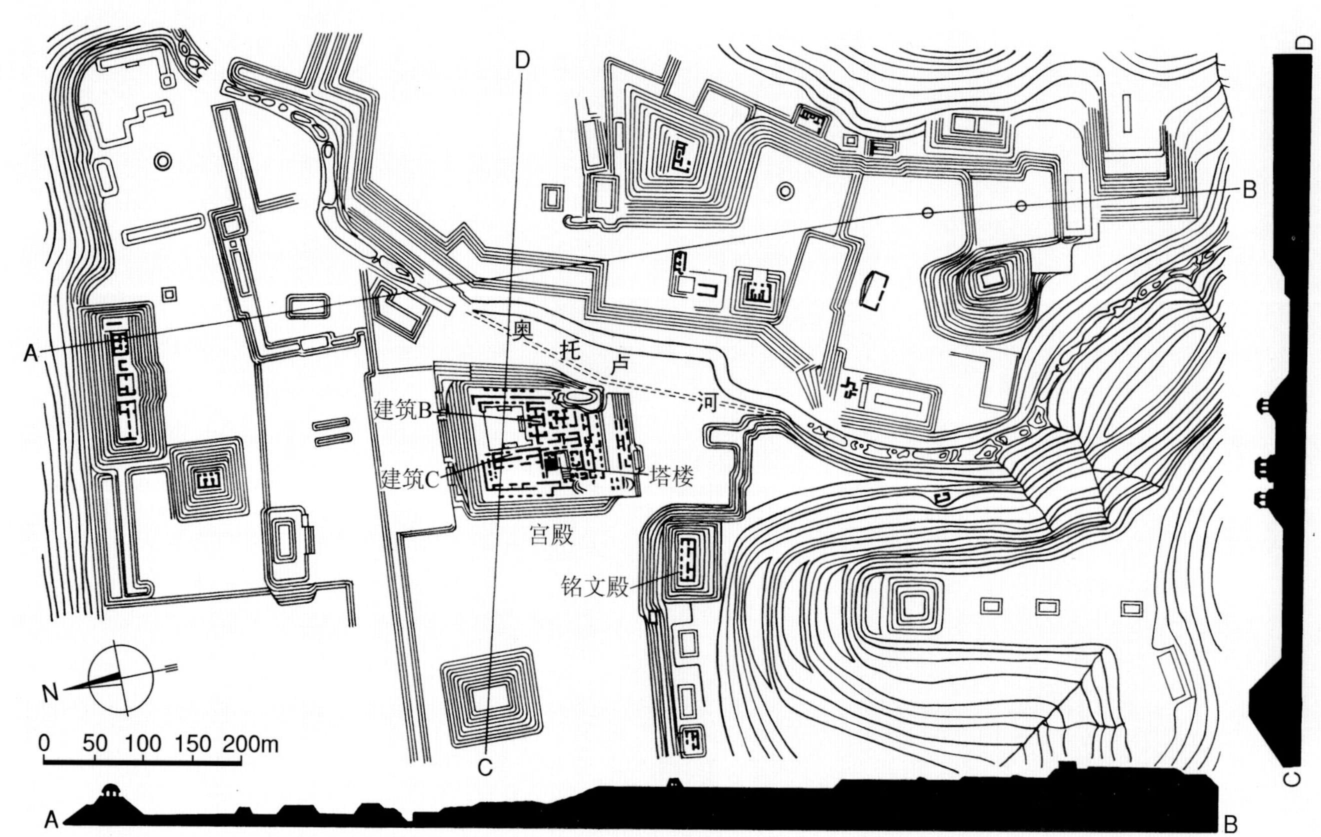
D
B
A
奥
托
卢
河
建筑B
建筑C
塔楼
宫殿
铭文殿
N
0 50 100 150 200m
C
A
B
D
C

左页：

（上两幅）图6-281塞瓦尔 10号碑。立面及拓片

（下）图6-282帕伦克遗址区。总平面及地段剖面（约公元900年时景况，取自George Kubler:《The Art and Architecture of Ancient America, the Mexican, Maya and Andean Peoples》，1990年）

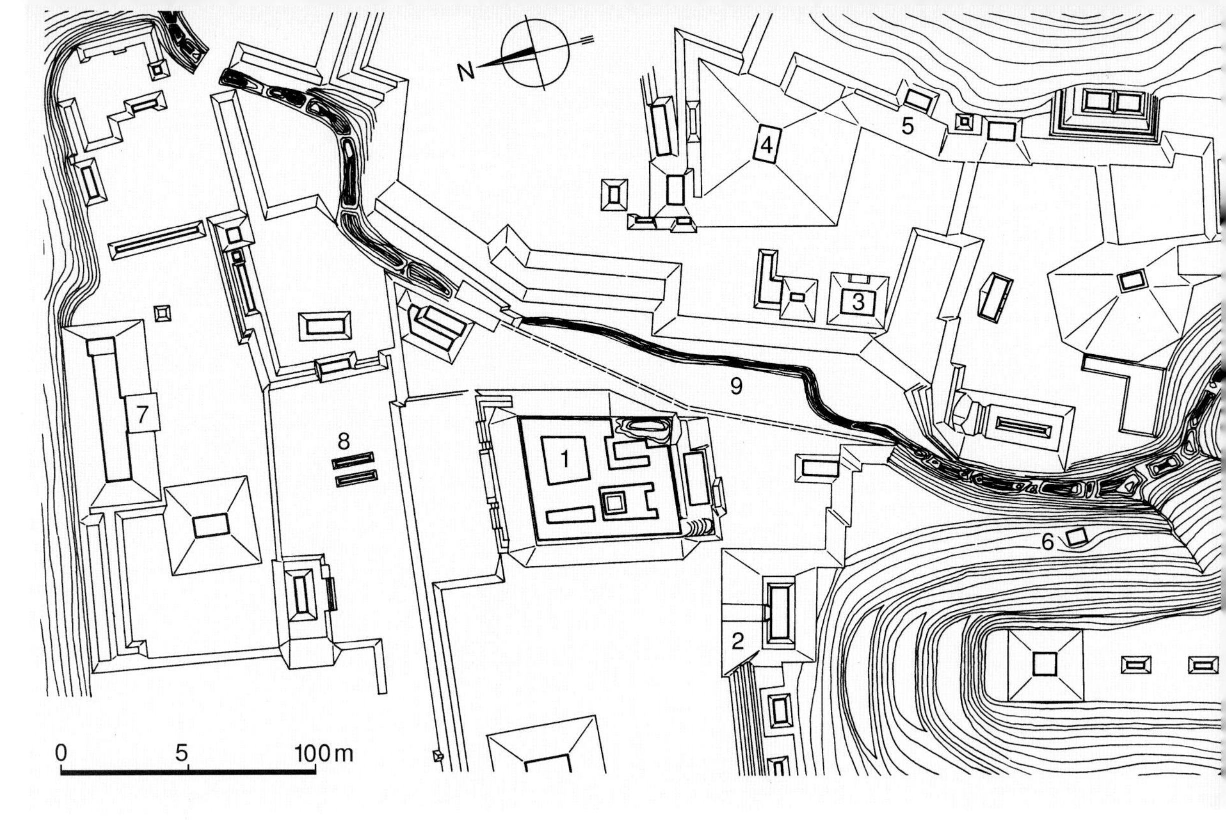

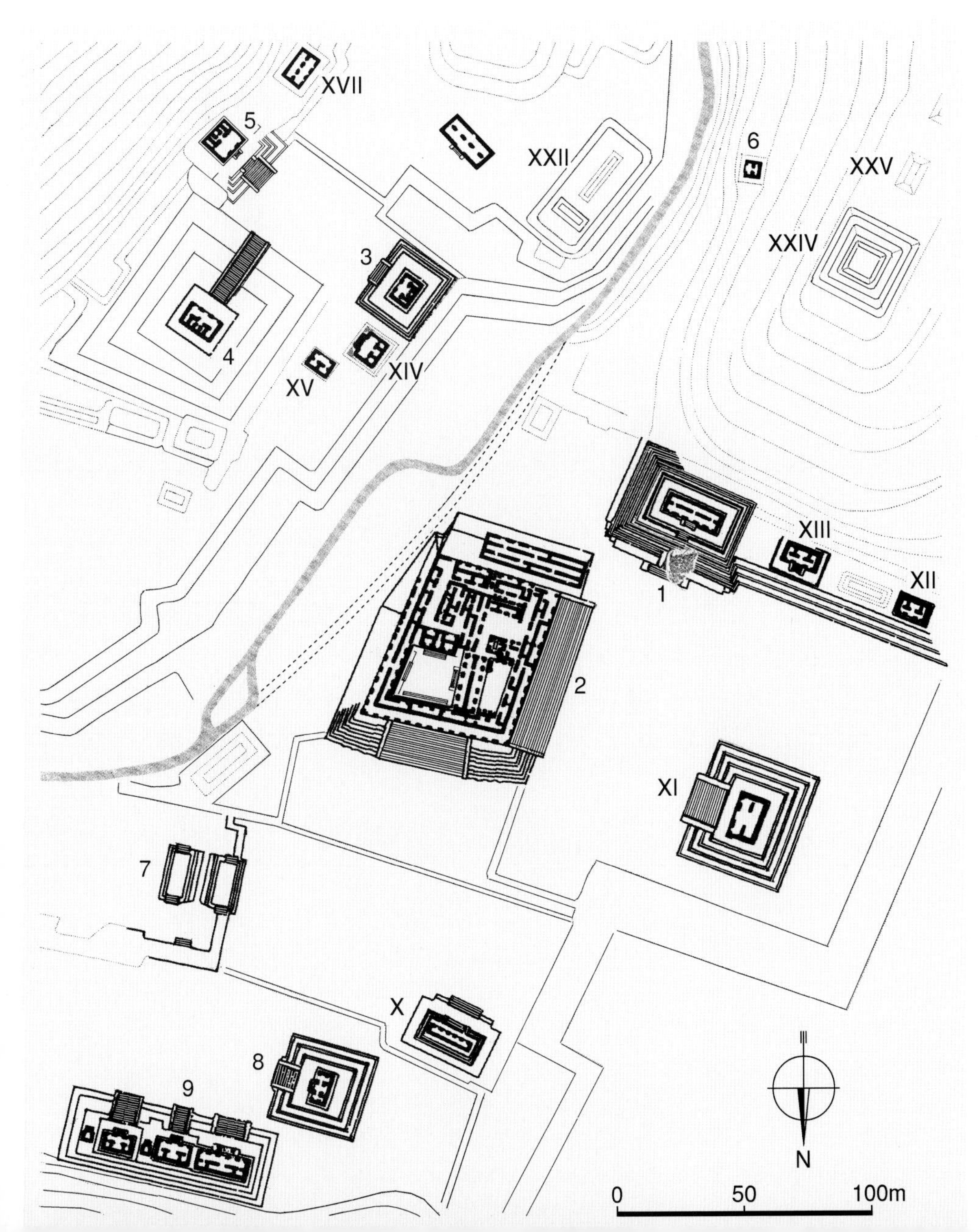

本页：

（上）图6-283帕伦克 遗址区。总平面（7~8世纪状态，1：3000，取自Henri Stierlin：《Comprendre l' Architecture Universelle》，第2卷，1977年），图中：1、宫殿，2、铭文殿（金字塔），3、太阳神殿，4、十字神殿，5、叶状十字殿，6、精美浮雕殿，7、北组群，8、球场院，9、奥托卢姆河水道

（下）图6-284帕伦克 遗址区。主要建筑平面（取自Colin Renfrew等编著：《Virtual Archaeology》，1997年，经改绘），图中：1、铭文殿（金字塔），2、宫殿，3、太阳神殿，4、十字神殿，5、叶状十字殿，6、精美浮雕殿，7、球场院，8、伯爵殿，9、北组群，其他以罗马数字编号的建筑直接见图注

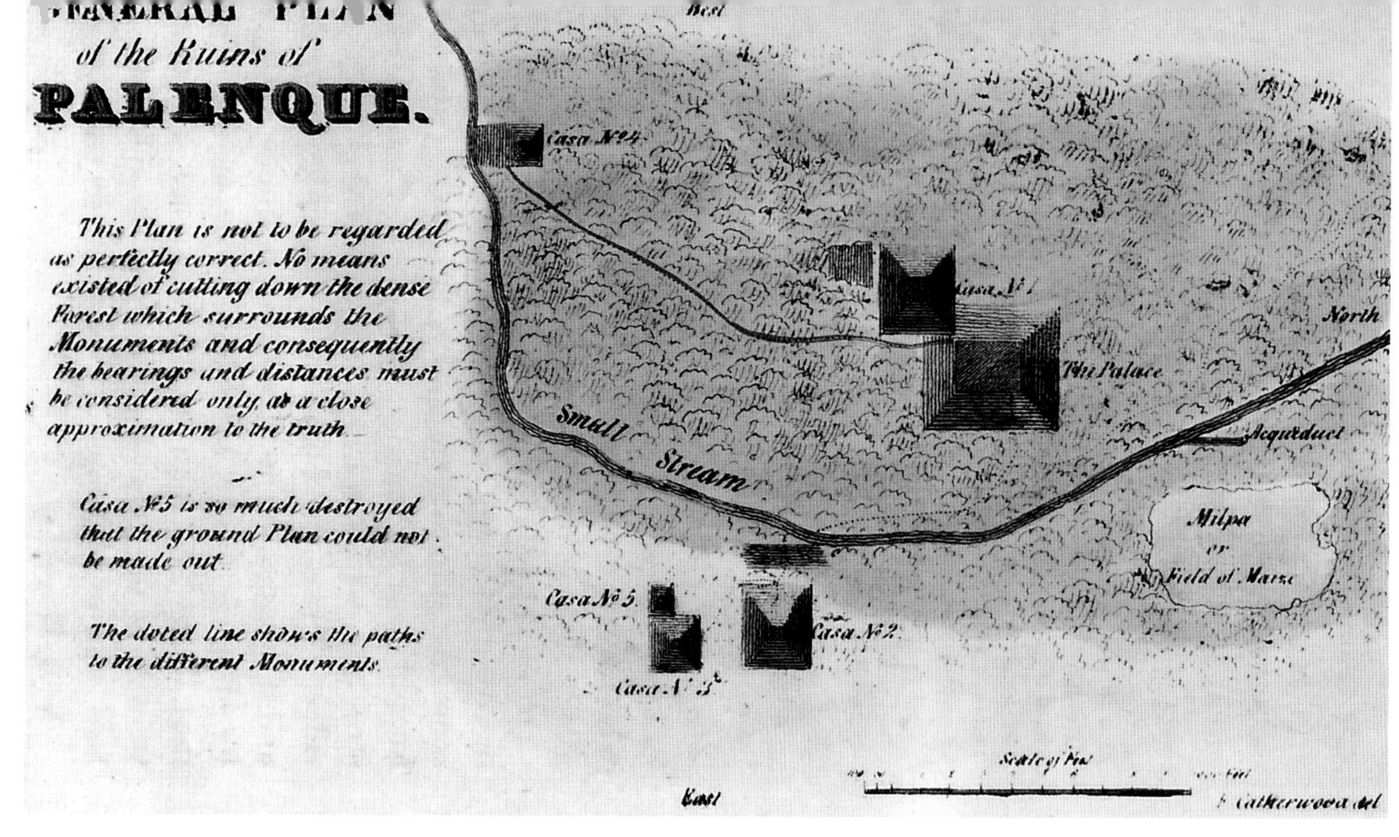

近几十年，这些城址均成为考古研究的对象。

这几组建筑标志着古典时期玛雅文明的陆地边界，同时也是它早期的扩张范围。随着玛雅神权社会组织的扩展，所谓“初始系列”铭文（Initial-Series）也在各处出现。大型叠涩拱顶建筑与这类碑文的联系已多次得到确认。最早的“初始系列”铭文始于科潘（公元465年）；在乌苏马辛塔中上游地区的亚斯奇兰和彼德拉斯内格拉斯，带日期铭文的石碑约在两代人之后（约514年）；在西部城址，如帕伦克，铭文记录的起始日期是642年左右。这一系列表现说明，佩滕地区的玛雅文化是沿着河道向西扩展。当然，由于生态环境和种族上的差异，科潘、彼德拉斯内格拉斯和帕伦克各地在接受佩滕地区影响的同时，在风格上仍有本质的差异（况且玛雅建筑和艺术的基本形式，本身也在快速发展和更迭中）。

这种环境的差异表现在各个方面。位于中美洲外围地区（该区在东南方向一直扩展到伦帕河流域）的科潘和基里瓜，可能进一步将古典时期的玛雅风格传播到洪都拉斯的许多省份，起到了佩滕地区和中美洲东部城市中介的作用。在尤卡坦半岛的另一侧，以帕伦克为主要城市的乌苏马辛塔河下游地区，对海湾低地地区起到了同样的作用。在它们之间，乌苏马辛塔河中游地区的城市，如彼德拉斯内格拉斯，是危地马拉山麓丘陵地带和高原区的城市中介点。乌苏马辛塔河上游可通航地域（帕西翁和奇霍伊河地区，拉坎通

本页及左页：

（左上）图6-285帕伦克 遗址区。总平面（弗雷德里克·卡瑟伍德绘）

（右上）图6-286帕伦克 遗址区。透视复原图（取自Eduardo Matos Moctezuma：《Trésors de l' Art au Mexique》，2000年），图中：1、铭文殿（金字塔），2、宫殿，3、14号神殿，4、太阳神殿，5、叶状十字殿，6、十字神殿，7、球场院，8、北组群，9、伯爵殿

（下）图6-287帕伦克 遗址区。全景画（作者弗雷德里克·卡瑟伍德，1844年；东望铭文殿及宫殿景色，尽管这位英国艺术家在记录建筑及浮雕时相当准确，但在这幅画上，铭文殿、宫殿和群山的高度均有所夸大）

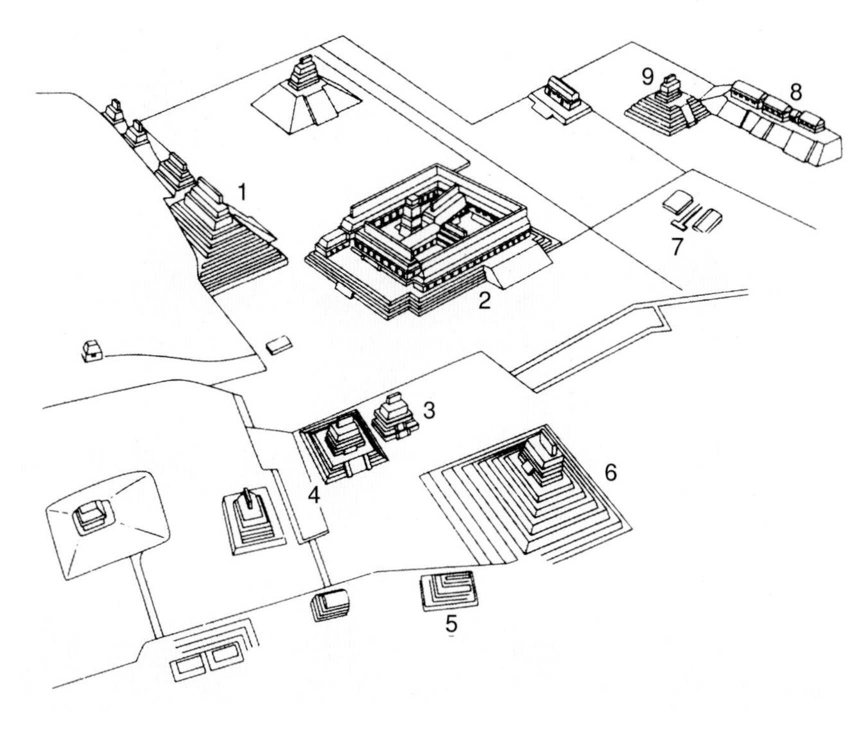

本页及右页：

（左上）图6-288帕伦克 遗址区。全景画（取自Nigel Hughes：《Maya Monuments》，2000年；西望铭文殿及宫殿景色）

（左下）图6-289帕伦克 遗址区。东南侧远景（自太阳神殿和十字神殿所在平台望去的景色，远处可看到宫殿的塔楼，近处遗迹尚未全面整修）

（右上）图6-290帕伦克 遗址区。东南侧景色（近景为太阳神殿，14和15号建筑残迹，远处可看到铭文殿和宫殿）

（右下）图6-291帕伦克 遗址区。西北侧俯视全景（前景为宫殿和铭文殿，远处可看到十字神殿、叶状十字殿和太阳神殿）

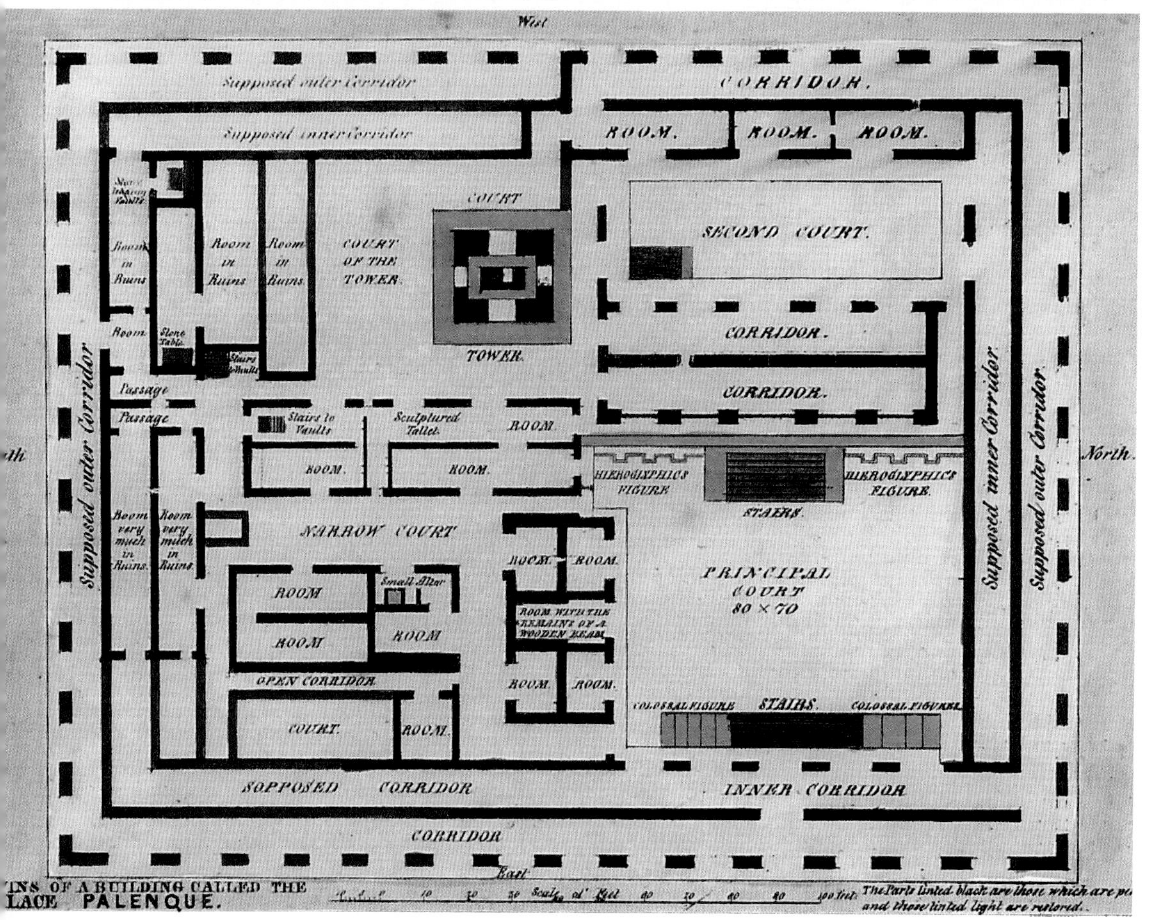

（上）图6-292帕伦克 遗址区。东北侧俯视全景（前景为宫殿，后为铭文殿）

（下）图6-293帕伦克 宫殿。平面（图版作者弗雷德里克·卡瑟伍德）

图6-294帕伦克 宫殿。平面（公元672年及以后，1∶600，取自Henri Stierlin:《Comprendre l' Architecture Universelle》，第2卷，1977年），图中：1、院落1（西院），2、院落2（东院），3、院落3，4、院落4（塔楼院），5、建筑A，6、建筑B，7、建筑C，8、建筑D，9、建筑E，10、建筑H，11、塔楼，12、浴室

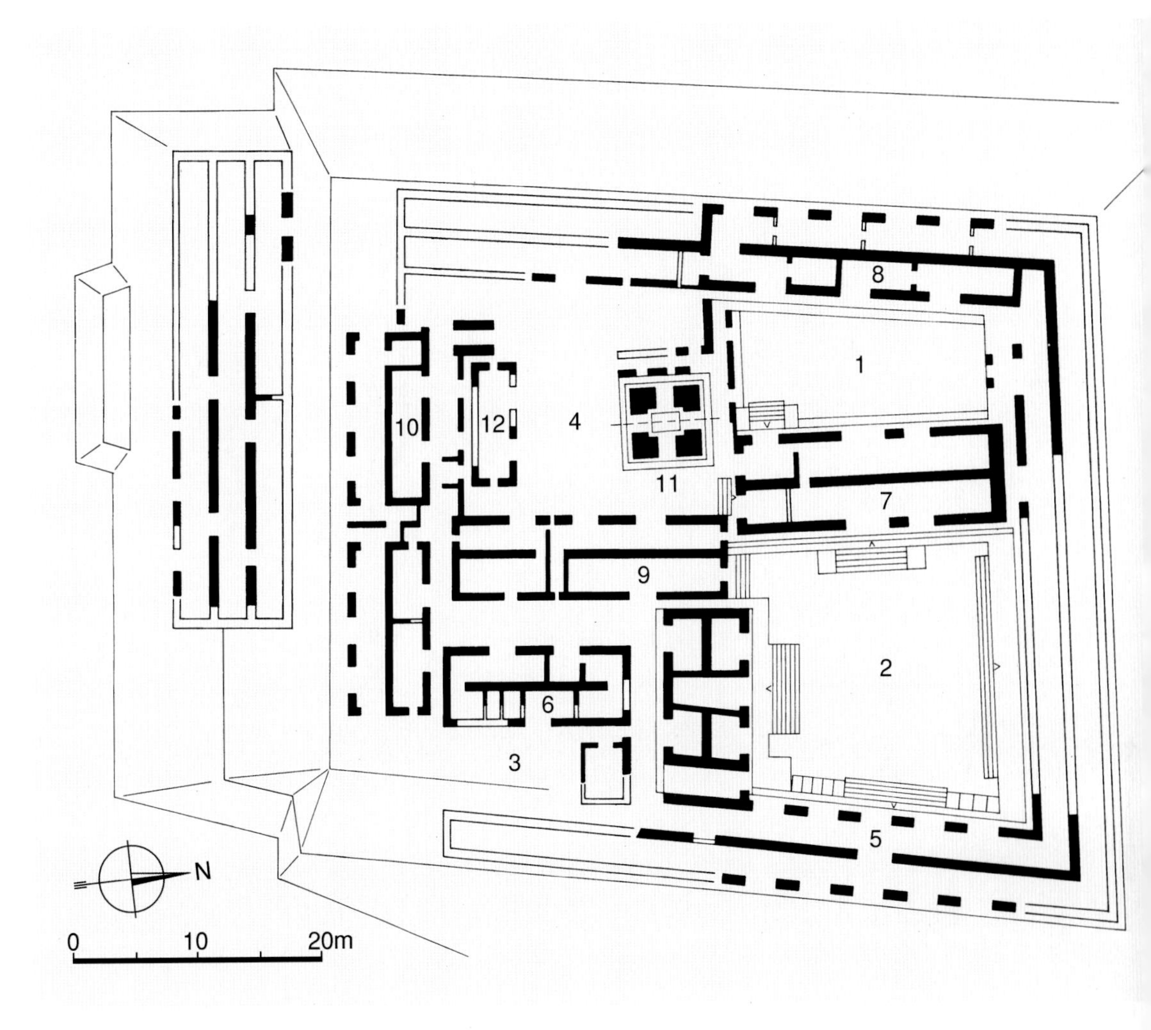

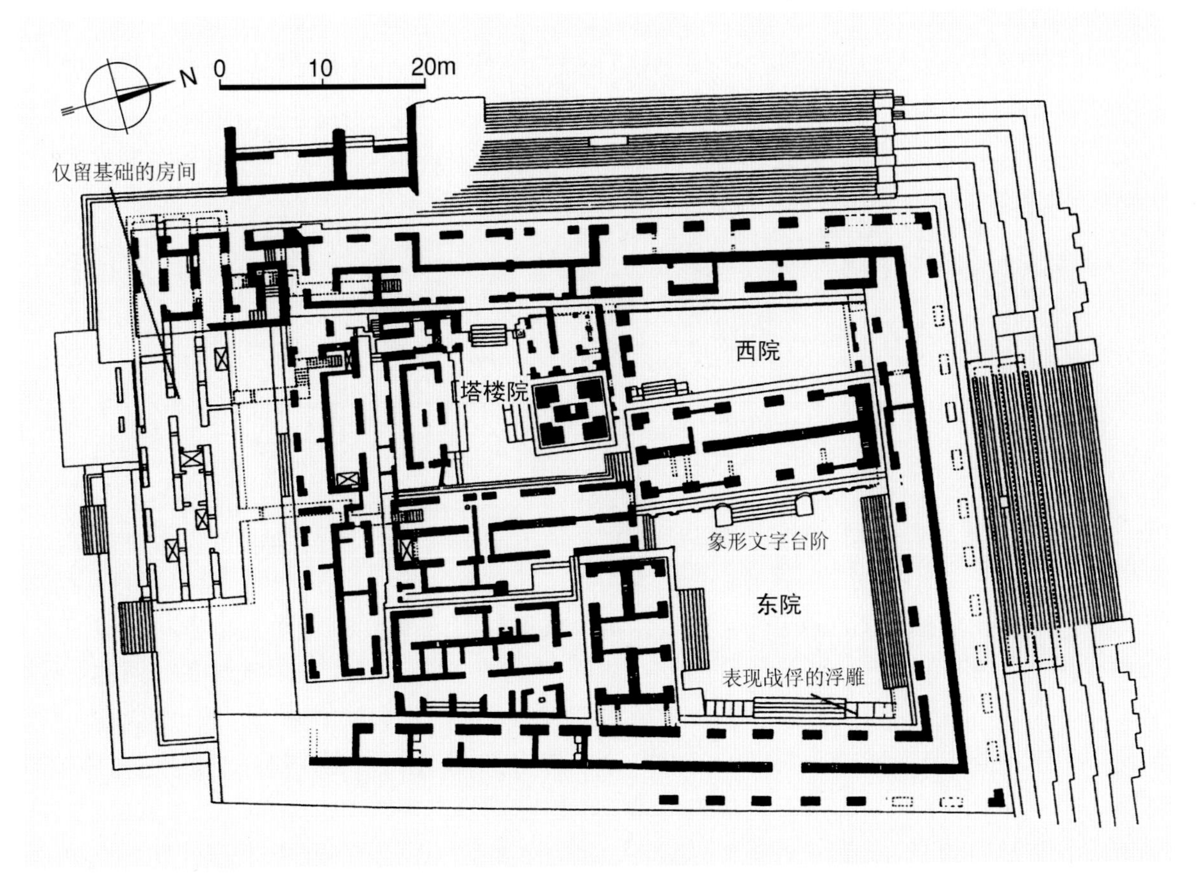

图6-295帕伦克 宫殿。平面（取自Nikolai Grube:《Maya, Divine Kings of the Rain Forest》）

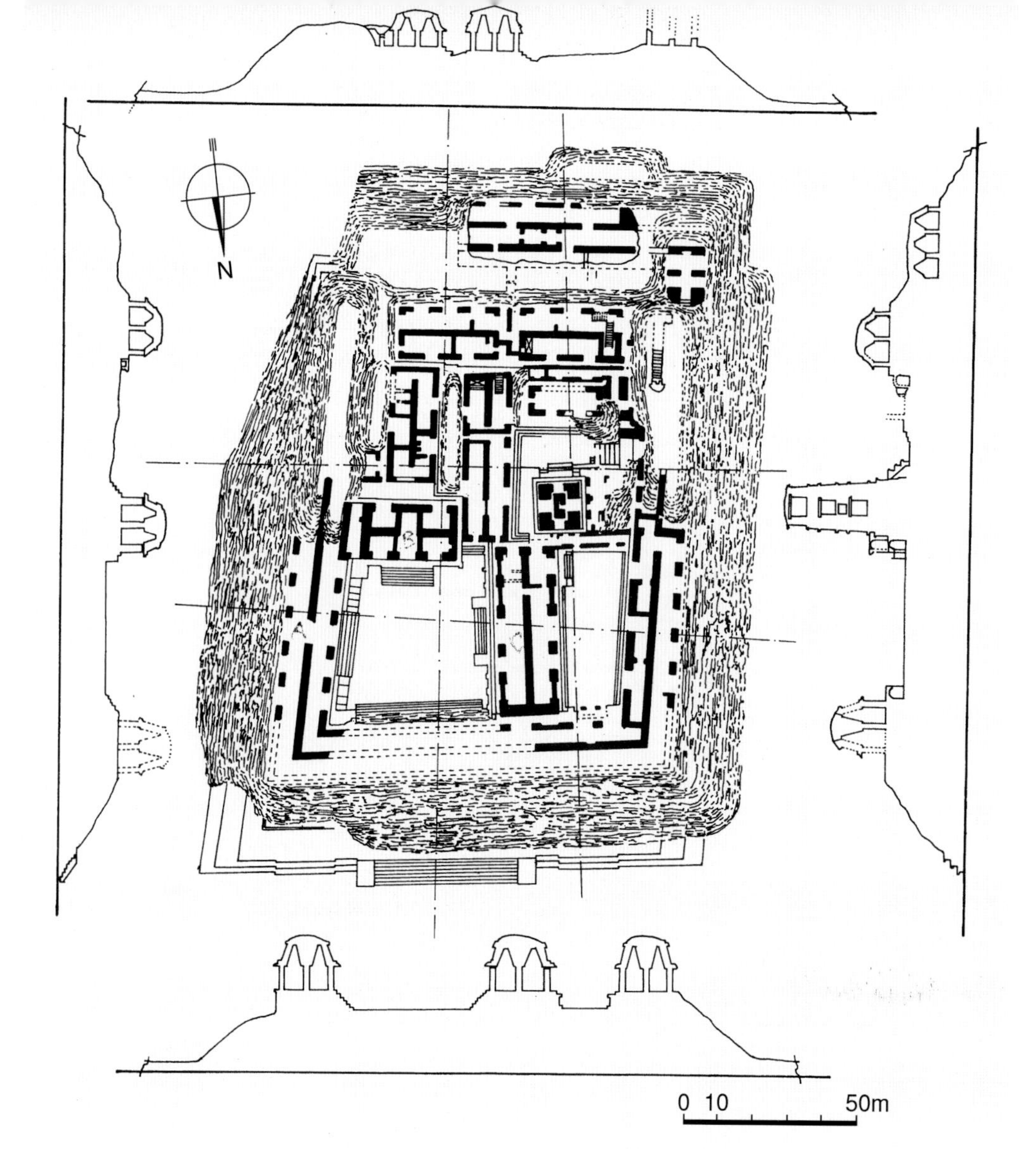

本页:

(上)图6-296帕伦克 宫殿。平面及剖面(据Maudslay,1902年)

(下)图6-297帕伦克 宫殿。剖面图(据Robertson,1985年,标示出建筑的各个阶段和通向建筑E的地下台阶)

右页:

(左上)图6-298帕伦克 宫殿。建筑H,剖面(据Maudslay,1902年,虚线示地下台阶和通道)

(中)图6-299帕伦克 宫殿。院落2,西侧(建筑C)廊道平面及立面(图版,作者弗雷德里克·卡瑟伍德)

(下)图6-300帕伦克 宫殿。院落2,东侧(建筑A)立面(图版,作者弗雷德里克·卡瑟伍德)

(右上)图6-301帕伦克 宫殿。复原模型(西北侧看去的样式)

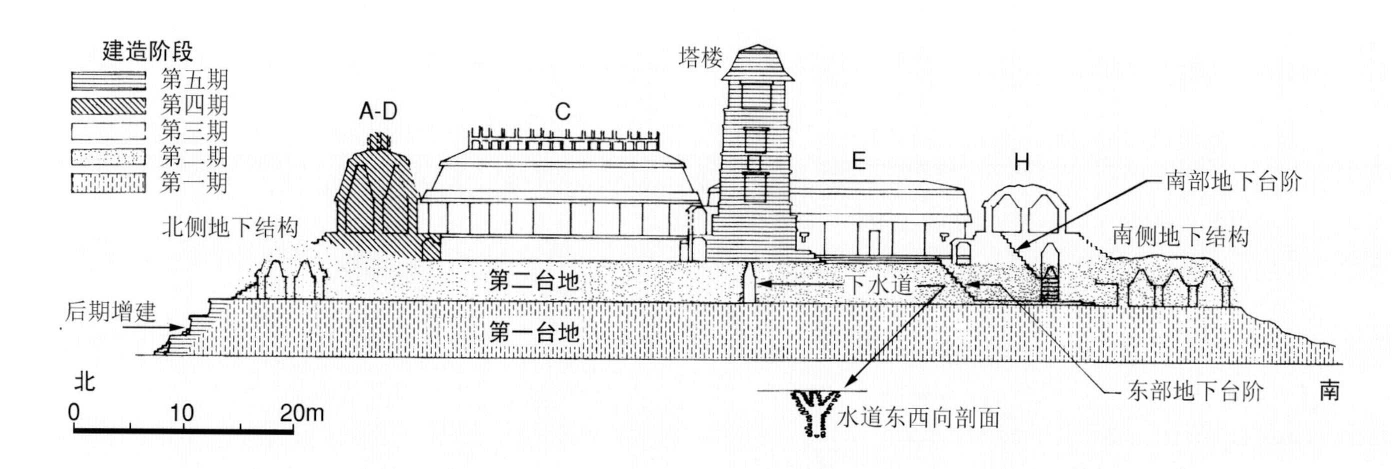

河流域)全都会聚到亚斯奇兰,这区段在古代很可能和今日一样,可进行轻便的水上运输。

一、乌苏马辛塔河下游地区

[帕伦克]

城市概况

帕伦克被许多作者视为这一地区的瑰宝,应该说,它无愧于这一评价。从许多方面看,它都可认为是一个艺术学派的影响中心,这也是人们将它作为玛雅古典"三角形"一个顶点的原因。在帕伦克,从城市本身的位置开始,一切都充满了魅力。城市位

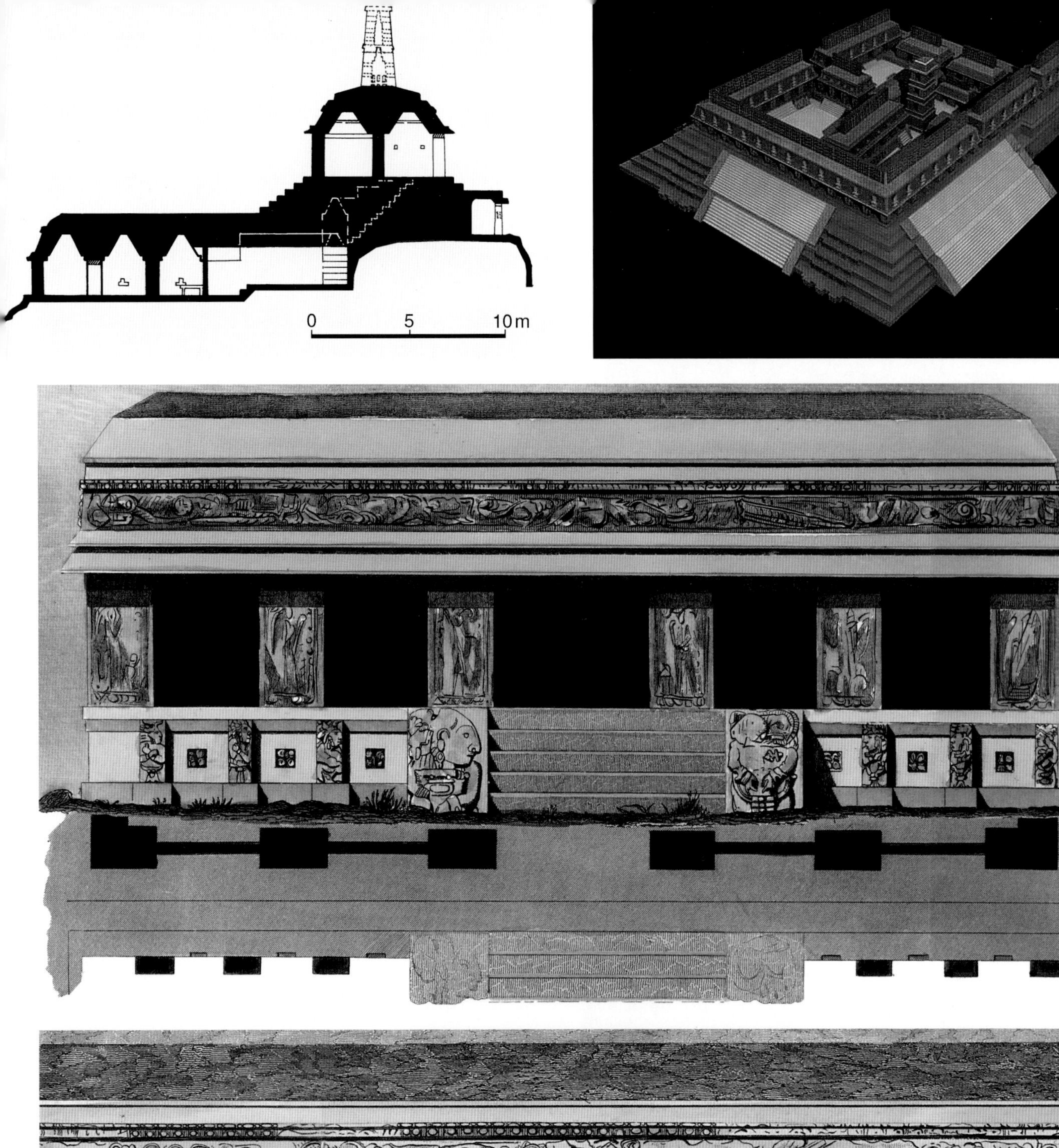
0
5
10m

（上）图6-302帕伦克 宫殿。外景（图版，作者弗雷德里克·卡瑟伍德）

（下）图6-303帕伦克 宫殿。外景（彩画，作者Luciano Castañeda）

（上）图6-304帕伦克 宫殿。院落2，朝东北角望去的景色（彩画，取自Nigel Hughes：《Maya Monuments》，2000年，右侧为建筑A）

（下）图6-305帕伦克 宫殿。院落2，建筑A（位于大院东侧），立面及台阶（图版，作者弗雷德里克·卡瑟伍德，浮雕表现系列被帕伦克统治者降服的人物，从佩戴的首饰上看显然都出身权贵，但作为降者，没有头冠和腰带）

于乌苏马辛塔河南面约30英里处，自塔瓦斯科低地拔起的石灰岩群山的边缘（总平面及透视复原图：图6-282~6-286；遗址全景：图6-287~6-292）。建筑所在的一系列人工整治的台地在恰帕斯山最近的支脉上，从那里，可以俯视北面的低地，在南面和东南面，则有覆盖着常青密林的险峻山岭作为屏障。奥托

左页：

（上）图6-306帕伦克 宫殿。东南侧地段全景（近景为14和15号建筑，远景处可看到铭文殿）

（下）图6-307帕伦克 宫殿。东南侧远景（近景为15号建筑）

本页：

（上）图6-308帕伦克 宫殿。东南侧全景（可看到南侧平台下的地下隧道，主体部分的建筑H、E和B，塔楼位于建筑E后面）

（下）图6-309帕伦克 宫殿。西南侧全景（西侧大台阶后为建筑D，塔楼南北分别为院落2和院落1）

卢姆河的清流在这群山之间蜿蜒。这条向北流去的乌苏马辛塔河的小支流通过运河引向祭祀中心，自城市主要建筑群间穿过（通过穿越古迹区的地下水道，水道拱顶采用了玛雅式的叠涩结构）。下游处跨越这条河流的是一个采用同样结构的大石桥。在形成城市北面边界的陡峭山坡上，尚存一些挡土墙的残迹，带狭

本页：

图6-310帕伦克 宫殿。西南侧落日景色

右页：

图6-311帕伦克 宫殿。西南侧俯视近景（塔楼背后右侧为建筑E，左侧为建筑C）

本页：

（上）图6-312帕伦克 宫殿。西侧全景（大台阶后为建筑D及塔楼）

（中）图6-313帕伦克 宫殿。北侧西端现状（右边远处为铭文殿）

（下）图6-314帕伦克 宫殿。院落2（东院），西侧景色（建筑C及塔楼）

右页：

（上）图6-315帕伦克 宫殿。院落2，向西南方向望去的景色（右侧为建筑C，后面为塔楼）

（下）图6-316帕伦克 宫殿。院落2，建筑C台阶及廊厅近景

窄楼梯段的洞口表明，围墙具有防卫功能。帕伦克就这样，占据了一个极其优越的地理位置，成为在它山脚下伸展的大片富饶地区的主要世俗及宗教中心，在遇到可能的攻击时还可充当战略要地。由于帕伦克有许多葬仪神殿，有人亦称其为墓地；不过，要是以此标准，亚斯奇兰和许多其他遗址，都可称为“死者之城”（cities of the dead）。其实从经济方面着眼，把它看成是如埃尔塔欣那样的内河商港可能更切合实际。由于位于高原和滨海平原的汇合处，繁荣的商业

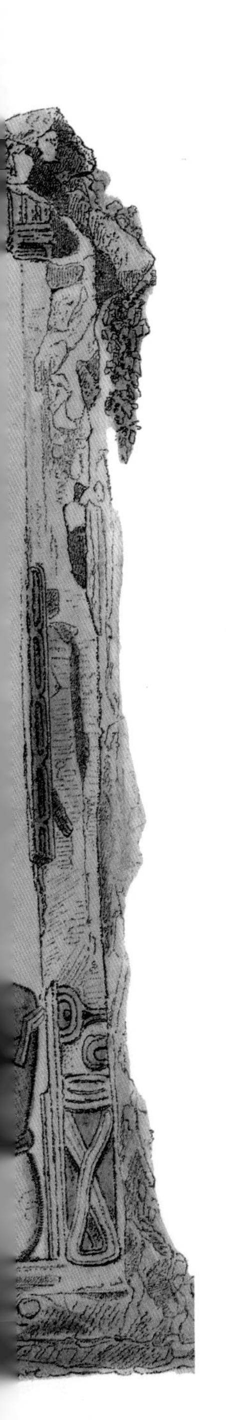

本页及左页：

（左上）图6-317帕伦克 宫殿。建筑B及建筑E现状（自东南方向望去的景色）

（左中）图6-318帕伦克 宫殿。建筑B（向北望去的景色，左侧为建筑E及塔楼）

（左下）图6-319帕伦克 宫殿。廊厅内景

（中）图6-320帕伦克 宫殿。灰泥浮雕细部（版画，作者弗雷德里克·卡瑟伍德）

（右）图6-321帕伦克 宫殿。灰泥浮雕细部（西翼，版画，作者弗雷德里克·卡瑟伍德）

使它成为古代一个富足的世界性城市。

除了这种特别有利的地理形势以及我们在其他玛雅城市中看到的那种利用地形地貌的熟练技巧外，帕伦克的建筑师还表现出一种综合利用山脊本身的突起部分、人工平台、建筑及台阶的技能，在玛雅建筑中，组群构图能达到如此均衡和和谐的尚不多见。在中心区，主要金字塔、平台和旷场布置在奥托卢姆河隧道两侧，台地由易于切割的地方石灰岩块体砌筑，坐在厚厚的泥浆层上，外层为琢石，石灰灰泥抹面。高若干层的宫殿塔楼被安置在一个不对称的位置上，俯视着周围的残墟。位于西南体量庞大的铭文殿和这个塔楼取得了均衡的效果（见图6-291、6-292）。在东南方向，一个地势更高的地方，布置了三个优美的建筑——太阳神殿、十字神殿和叶状十字殿（见6-383）。组群就这样，构成了一部空间的交响曲，随着透视角度的不断变换，建筑或呈现在天空背景下，或位于青翠的丛林中……

新近对遗址的发掘和勘察表明，城区建筑经历了

本页及左页：

（左）图6-322帕伦克 宫殿。灰泥浮雕细部（西立面柱墩，版画，作者弗雷德里克·卡瑟伍德）

（中）图6-323帕伦克 宫殿。灰泥浮雕细部（门柱，版画，作者弗雷德里克·卡瑟伍德）

（右上）图6-324帕伦克 宫殿。灰泥浮雕板块（版画，作者让·弗雷德里克·瓦尔德克，瓦尔德克是一位很有能力的艺术家，但在描绘古迹时往往加入自己的想象，在这里，服饰和头冠被赋予古典风格的韵味，有一个头冠甚至类似大象）

（右下三幅）图6-325帕伦克 宫殿。灰泥浮雕（美洲豹宝座），各图版作者及年代：1、Del Río，1787年，2、Luciano Castañeda，1805年，3、让·弗雷德里克·瓦尔德克，1832年

图6-326帕伦克 宫殿。灰泥浮雕（图6-325之遥远3细部，作者让·弗雷德里克·瓦尔德克，宝座上人物的头饰和许多图案细部纯属想象）

（上下两幅）图6-328帕伦克 宫殿。院落2，东侧廊厅基部浮雕（细部，两幅分别位于大台阶南面及北面）

本页及左页：

（左上及左中）图6-327帕伦克 宫殿。院落2，东侧廊厅基部浮雕（石灰岩，高150厘米，7世纪，图示台阶以南部分，表现臣伏的部落首领）

（中下右）图6-329帕伦克 宫殿。院落2，西侧基台小柱浮雕

（左下）图6-330帕伦克 宫殿。院落2，西侧台阶上的象形文字浮雕

（中下左）图6-331帕伦克 宫殿。地下通道灰泥细部（在帕伦克，灰泥装饰同时用于立面及室内，它们或依附于墙面的石榫头上，或在石墙上雕出粗形后再以灰泥进行细加工，这里表现的是位于入口处天神的一个头）

（中上及右两幅）图6-332帕伦克 宫殿。建筑E（“大白屋”），御座室，内景（电脑复原图，取自Colin Renfrew等编著：《Virtual Archaeology》，1997年；带雕饰的宝座后方墙面上有一个近于椭圆形的框架，内表现国王和他的母亲，立面图作者Merle Green Robertson）

本页：

（左上）图6-333帕伦克 宫殿。建筑E，御座室，墙面浮雕（图6-332细部，石雕，古典后期，约公元650~660年，高117厘米，宽95厘米，表现公元615年，坐在双豹头宝座上年仅12岁的帕卡尔正从他母亲Sak K' uk' 手里接受王冠，由于国王年龄尚小，这位母亲很可能起到摄政王的作用）

（下两幅）图6-334帕伦克 宫殿。建筑E，御座室，墙面浮雕（上图版画，右图作者塔季扬娜·普罗斯库里亚科娃；左图作者弗雷德里克·卡瑟伍德）

右页：

（左上）图6-335帕伦克 宫殿。塔楼（可能8世纪），各层平面、立面及剖面（取自Henri Stierlin：《Comprendre l' Architecture Universelle》，第2卷，1977年）

（中上）图6-336帕伦克 宫殿。塔楼，平面及剖面（取自George Kubler：《The Art and Architecture of Ancient America，the Mexican，Maya and Andean Peoples》，1990年）

（右上）图6-337帕伦克 宫殿。塔楼（版画，作者Del Río，1787年，1822年发表）

（下两幅）图6-338帕伦克 宫殿。塔楼（版画，左面一幅作者让·弗雷德里克·瓦尔德克，1832年绘，1865年发表，塔楼上的大树和建筑的浮雕显然加入了作者自己的想象；右面一幅作者Désiré Charnay，1885年，和前一幅取同样的角度，但要更为写实）

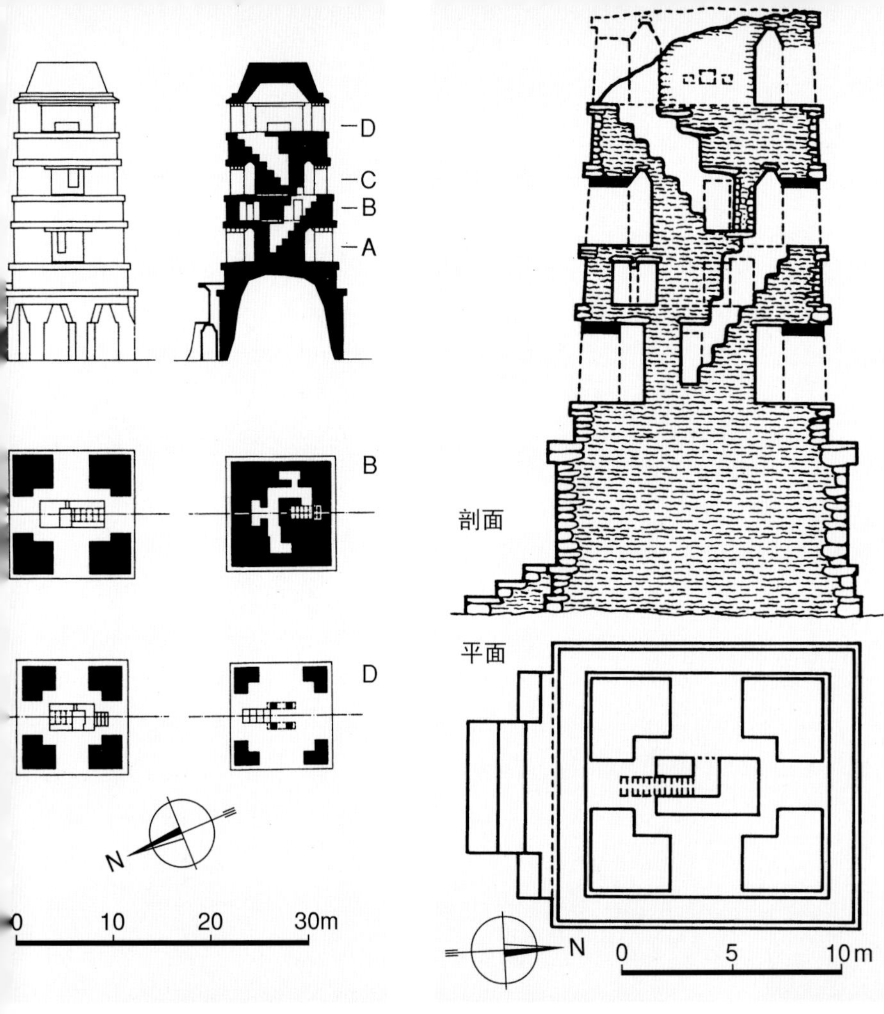
D
C
B
A
B
D
N
0
10
20
30m
剖面
平面
N
0
5
10m

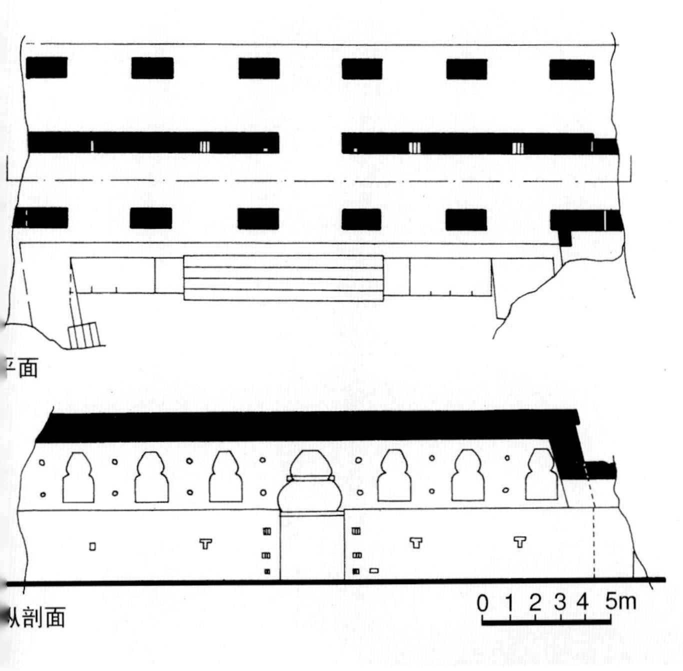

左页：

图6-339帕伦克 宫殿。塔楼，近景（作为玛雅古典建筑中的特殊案例，这座塔楼究竟是用于观测天象，还是充当了望塔防备突然袭击，实际上都没有搞清楚）

本页：

（左上）图6-340帕伦克 宫殿。建筑A，平面及纵剖面（据Maudslay，1902年）

（右上）图6-341帕伦克 宫殿。建筑A，拱顶通道

（下）图6-342帕伦克 宫殿。建筑B，内墙T形洞口及灰泥装饰细部

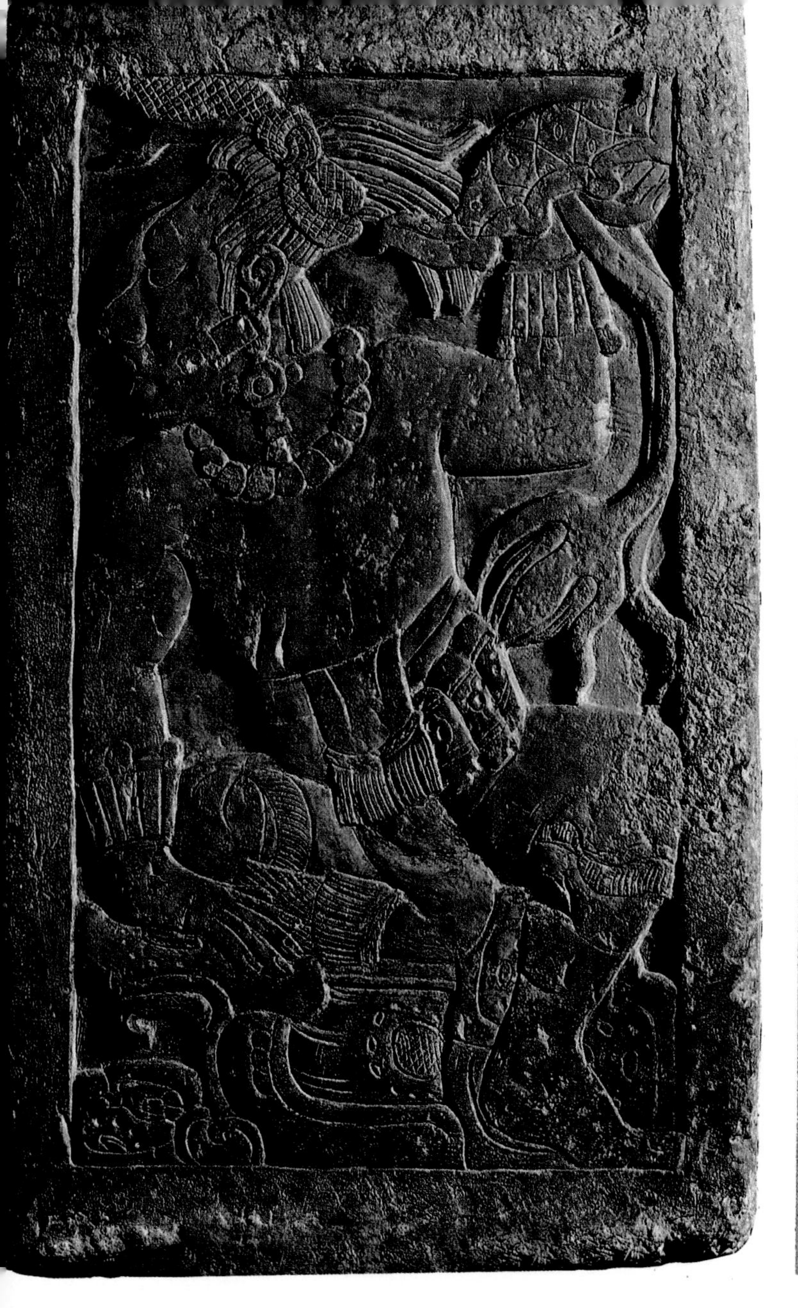

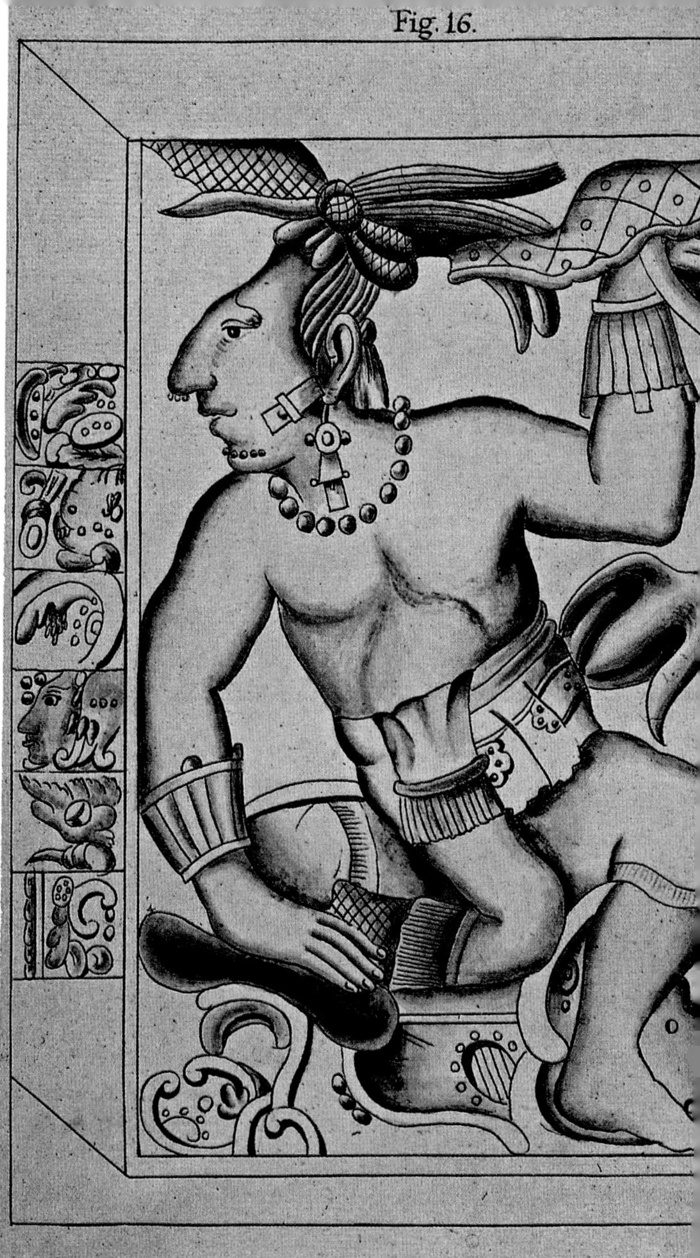

三个主要阶段。第一个属古典早期，既无铭文记录也没有重要的拱顶结构。第二阶段为古典中期，包括所有主要组群。第三个阶段已到古典后期，台地上建了防卫工事，可能属来自海湾中部地区的墨西哥入侵者占领期间。这时期建筑均经改造，可能因围困或封锁，许多门道都被堵死。

在帕伦克，配双重廊道的住宅、柱廊立面、分层的塔楼和葬仪金字塔大大扩展和丰富了玛雅建筑的内涵。虽说各类建筑的平面尚无法排出准确的年代顺序，但都具有一个共同的特色，即采用双重平行房间的布局原则，使两个外部拱顶形体能在中央成Y形顶靠在一起（该部分为两个房间共有），并在这个中央支撑上起格构式屋顶墙架。这样的结构相当稳定，人们可在立面上部采用双坡屋顶，立面门道之间的柱墩亦可向上缩减。由于系统采用平行拱顶及中央承重

本页：

（左右两幅）图6-343帕伦克 宫殿。建筑E，石碑（所谓“马德里石碑”，公元702~711年，高46.5厘米，宽29.5厘米，石灰岩，现存马德里美洲博物馆；表现苍穹神帕瓦赫吞的这块浮雕原属帕伦克第13任国王K’ an Joy Chitam的宝座，浮雕上尚存黑、红两色着色痕迹；右侧图版作者Almendáriz，1787年，现存马德里王宫图书馆）

右页：

（上）图6-344帕伦克 铭文殿（建筑1，公元700~800年，另说692年）。平面、立面及剖面（据Marquina，1964年；可看到地下密室、台阶及通风道）

（左下）图6-345帕伦克 铭文殿。平面、立面及剖面（1∶750，取自Henri Stierlin：《Comprendre l’ Architecture Universelle》，第2卷，1977年）

（右下）图6-346帕伦克 铭文殿。墓室，平面及剖面（1∶200，取自Henri Stierlin：《Comprendre l’ Architecture Universelle》，第2卷，1977年）

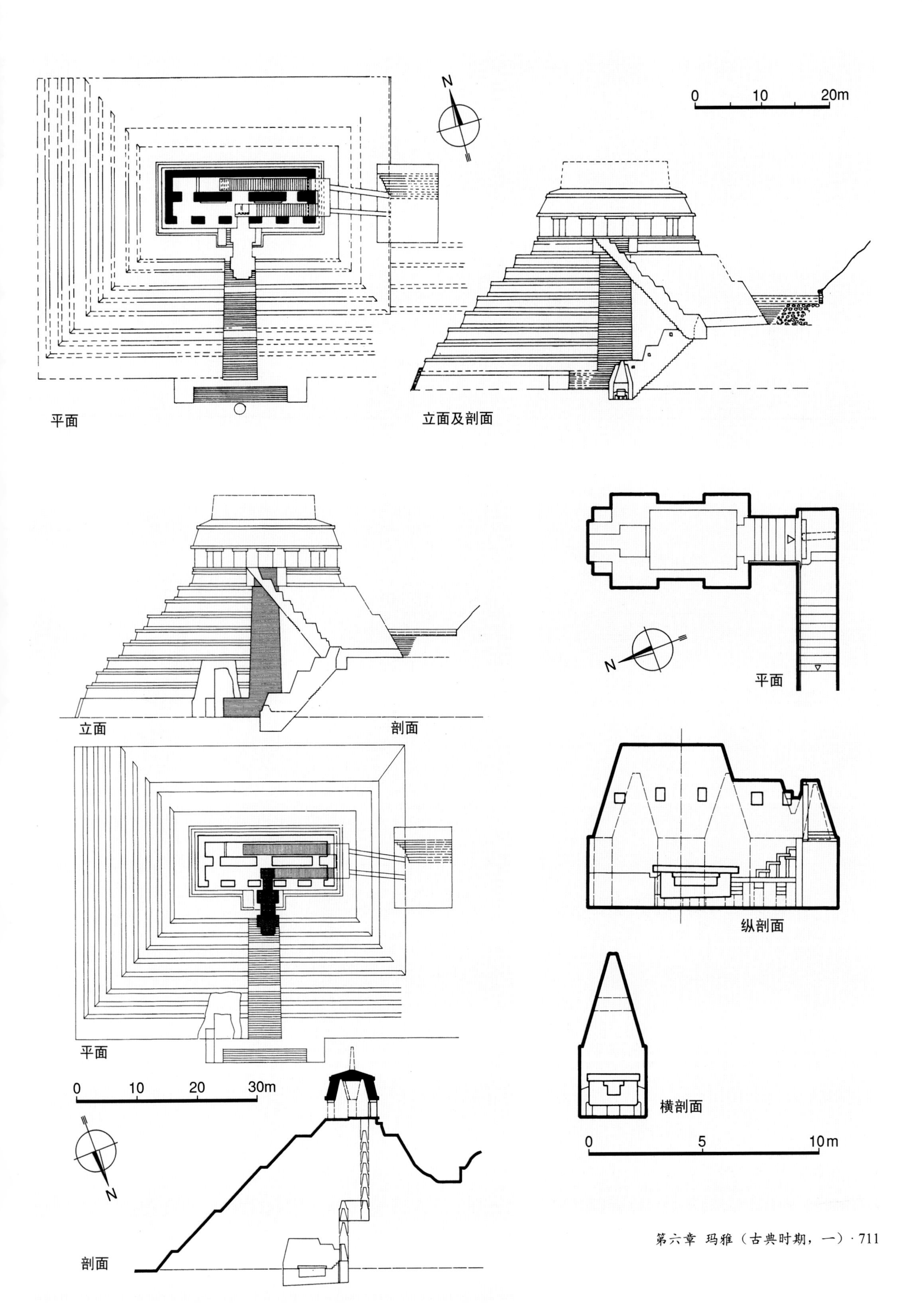

0
10
20m
N
平面
立面及剖面
立面
剖面
平面
0
10
20
30m
N
剖面
N
平面
纵剖面
横剖面
0
5
10m

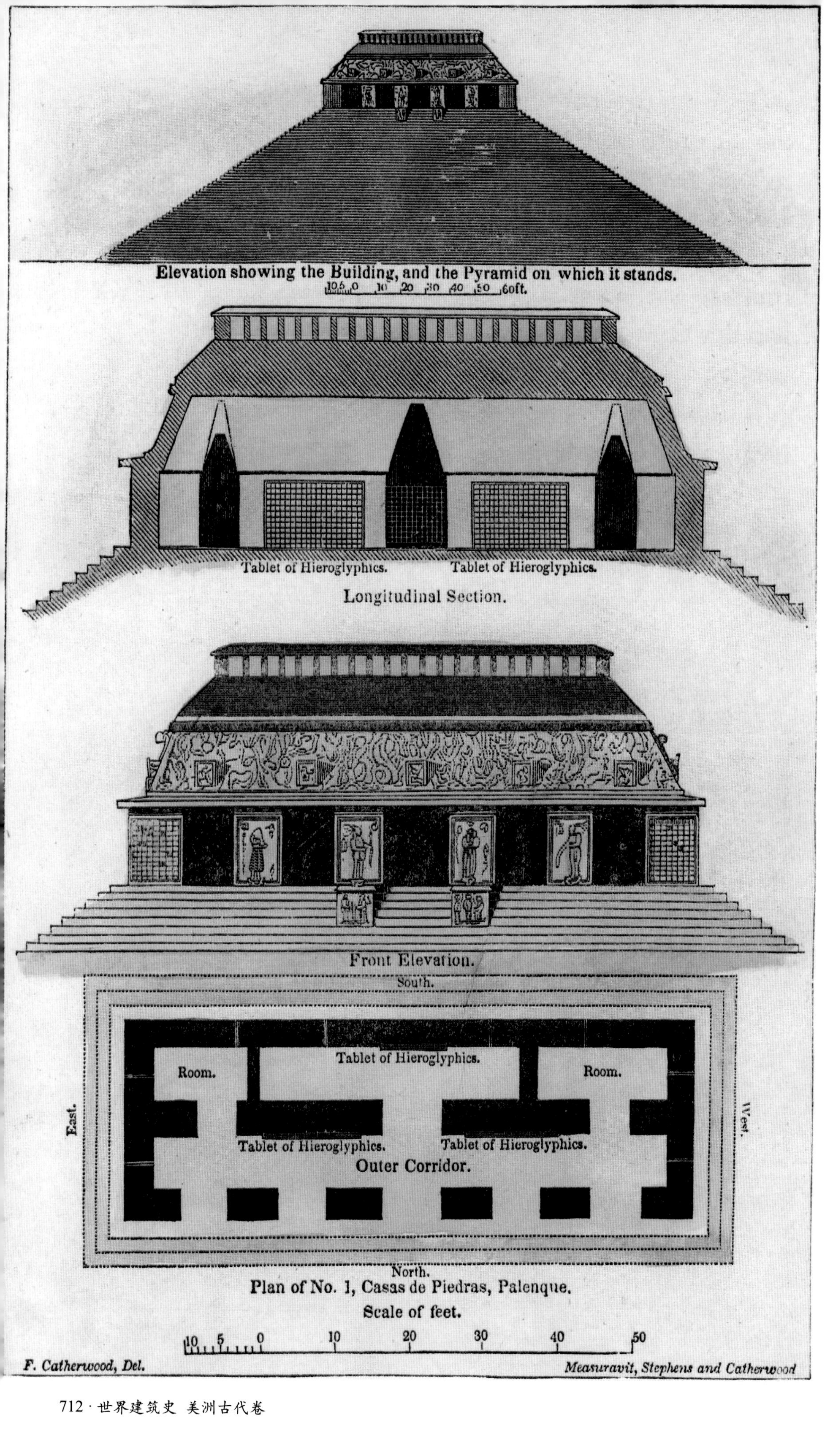

图6-347帕伦克 铭文殿。平面、立面及剖面（测绘约翰·劳埃德·斯蒂芬斯和弗雷德里克·卡瑟伍德，制图卡瑟伍德）

墙，使建筑具有了前所未有的轻快外观和内外渗透的特色，由大跨结构形成的长条房间更促成了连续的空间效果。位于金字塔顶部的小神殿，和宫殿北部的廊道一样，全都采用了这种极为稳定和经济的结构体系，和佩滕地区那种以实体为主的保守风格和沉重的外观完全异趣（图6-70之1）。在这里，主要的变化即中央支撑部分：在佩滕地区的建筑里，这部分被处

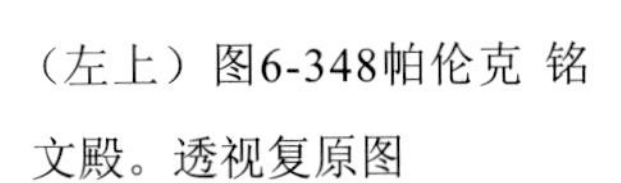

（左上）图6-348帕伦克 铭文殿。透视复原图

（右上）图6-349帕伦克 铭文殿。剖析图（取自Chelsea House出版社:《The Mayas》, 1997年）

（下）图6-350帕伦克 铭文殿。剖析图（取自George Kubler:《The Art and Architecture of Ancient America, the Mexican, Maya and Andean Peoples》, 1990年，经改绘）

理成巨大形体的静力重心，而帕伦克建筑师则把它改造成一个可在上面开门和气窗的隔墙，同时又通过屋顶墙架的重量保持稳定，起到核心的作用（图6-70之3）。建筑均用木楣梁，只是在潮湿炎热的气候下，这些梁木早就腐朽毁坏了。

人们还可在帕伦克的建筑形制中分辨出早期和后

图6-351帕伦克 铭文殿。透视复原及墓室剖析图（取自Chris Scarre编：《The Seventy Wonders of the Ancient World》，1999年）

期的变体形式。例如神殿平面系列，可从简单的双室祠堂直到精心设计的综合类型（于祠堂内设内拱顶房间，见6-349~6-352）。帕伦克宫殿是古典中期整个玛雅地区最复杂的建筑组群，在这里，同样包含了早期和后期的结构。

宫殿组群

帕伦克的这座宫殿组群位于一个人工基台上，现已证实工程属几个时代。已发现的一些地下室部分藏在基台内（见图6-298）。台面上，各种建筑形体（现仅存部分残迹）围绕着四个大体上规整的院落布置（平面、立面、剖面及复原模型：图6-293~6-301；外景图版：图6-302~6-305；现状景观：图6-306~6-319；浮雕细部：图6-320~6-331；御座室：图6-332~6-334）。矩形平台南半部的建筑分布在不同的标高上，密集排列的建筑接近廊道的形式。可从南北两面院落进入的住宅B拥有五个房间。其墙体要比帕伦克其他地方的更为厚重，好似一个被后期住宅环绕的神殿建筑。宫殿平台北半部建于721年左右，布局要开敞和宽阔得多，由几栋带平行房间的建筑隔成两个接近直角的院落，这种大胆明确的布局方式在佩滕地区或科潘从无先例。从效果上看，已属角上封闭的四方院（特别是东北角，表现尤为典型），似为现存玛雅建筑中，这种类型的最早例证。拥挤的南半部可能是仆人和宫廷卫队的居所；宽阔的北部院落和廊房估计是高层人物的宅邸。在塔楼附近，朝向小内院处，有两个位于地下溪流上的卫生间和一个蒸汽浴室，由此可想象玛雅贵族的卫生习惯。

耸立在宫殿之上平面几乎为方形的塔楼使宫殿成为玛雅最著名的建筑之一（平面、立面及剖面：图6-335、6-336；外景：图6-337~6-339）。塔楼高四层，重新采取了佩滕地区那种沉重的中央核心，以便纳入两段直跑楼梯，联系三个采用叠涩拱顶的楼层。拱顶楼层之间仍然保留了传统的阁楼，尽管内部结构并不需要它。这个无法进去的阁楼可能是为了减轻砌体的重量，同时在外观上保持承重墙和拱顶区之间的习惯比例。这种内外形式的不一是玛雅建筑的特色之一，他们最关注的是外部形式的对称和规整，为此不惜牺牲内部的便利与舒适。

从塔楼上可监控通向北面的道路，它可能同时作

1
2
3

左页：

图6-352帕伦克 铭文殿。剖析图及实景（小图1示地下墓室入口，上置拱顶的梯道曾被大量的碎石填塞；图2示地下墓室前的三角形石板，阿尔贝托·鲁斯-吕利耶花了三年时间清理了地下通道内的大量碎石后，于1952年来到这扇石板前，等待他的是震惊世界的发现；图3为墓室内景，帕卡尔的石棺几乎充满了墓室，表明不是在神殿建成后再安放石棺，而是先有石棺，再在其上起神殿）

本页：

（上下两幅）图6-353帕伦克 铭文殿。东北侧远景（自宫殿处望去的景色）

（上）图6-354帕伦克铭文殿。东北侧全景

（下）图6-355帕伦克铭文殿。东北侧近景

(上) 图6-356帕伦克 铭文殿。东侧景色

(中) 图6-357帕伦克 铭文殿。北侧(正面) 全景

(下) 图6-358帕伦克 铭文殿。西北侧地段全景(右侧前景为13号建筑)

Catherwood D

左页：

（上）图6-359帕伦克 铭文殿。西北侧景色

（下）图6-360帕伦克 铭文殿。上部圣所景色（版画，作者弗雷德里克·卡瑟伍德，19世纪状况）

本页：

（左右三幅）图6-361帕伦克 铭文殿。圣所，柱墩灰泥浮雕（类似的柱墩共4个，左侧画面为抱着孩童状K神的国王帕卡尔，在玛雅神谱里，这个神总是和王权相随；版画，作者弗雷德里克·卡瑟伍德）

为天文观测台和瞭望塔。在其中，我们同样可看到一些不同寻常的特色。至少在三个外立面上，一系列廊道系建于不同的时代。它们围绕着建筑形成一个几乎连续的“拱廊”，提供了通向各个内院的带顶入口。如我们在彼德拉斯内格拉斯的某些建筑里看到的那样，大量的洞口使外墙缩减成简单的柱墩，促成了某种轻快的感觉。

在帕伦克，首先吸引人的就是这种精致的表现。城市的这个主要建筑属7世纪初（即古典中期），也就是说，比蒂卡尔最高的神殿顶多早100年左右。很

可能，作为形成时间相对晚后的城市，帕伦克的建筑师充分利用其优势地位最大限度汲取了几个世纪前附近佩滕地区匠师们所开创的技术（尽管有的只是模仿），而在佩滕地区，正如我们所见，人们从没有完全成功地摆脱最初风格的沉重感觉。

本页及左页：

（左及右上）图6-362帕伦克 铭文殿。圣所及阶台，近景（自东北侧望去的景色）

（右下）图6-363帕伦克 铭文殿。圣所及阶台，近景（自西北侧望去的景色）

本页及左页：
（左上）图6-364帕伦克 铭文殿。圣所，外墙及檐口细部
（中下左）图6-365帕伦克 铭文殿。圣所，柱墩细部
（中上）图6-366帕伦克 铭文殿。大台阶细部（下方有一个支撑在四根短柱上的祭坛）
（中下右）图6-367帕伦克 铭文殿。圣所，前厅内景
（左下）图6-368帕卡尔（603~683年，615~683年在位）头像（灰泥制作，墨西哥城国家人类学博物馆藏品）
（右上）图6-369帕伦克 铭文殿。通向墓室的梯道（上覆叠涩拱顶）
（右下）图6-370帕伦克 铭文殿。墓室（1952年6月13日墓室打开时的情景，叠涩拱顶上承金字塔的巨大重量，独石雕制的石棺上覆重达5.5吨的浮雕石板）

（上两幅）图6-371帕伦克 铭文殿。墓室，现状

（下）图6-372帕伦克 铭文殿。墓室，石棺入殓图（取自Chelsea House出版社：《The Mayas》，1997年）

(右上) 图6-373帕伦克 铭文殿。墓室，石棺，近景

(左两幅及右下) 图6-374帕伦克 铭文殿。墓室，石棺盖（古典后期，683年，石灰岩制作，长379厘米，宽220厘米），正面图（中央为着玉米神装束的帕卡尔，从他身上长出十字形的世界树，表示死者已进入另一个世界，并象征他已变身为先祖；左上线条图取自Chris Scarre：《The Seventy Wonders of the Ancient World》，1999年；左下拓片作者Merle Green Robertson，1970年代）

本页及右页：

（左）图6-375帕伦克 铭文殿。墓室，石棺盖正面

（右两幅）图6-376表现葬礼和灵魂超度图像的陶器（三足容器，古典早期，公元300~600年，高12.9厘米，直径17.3厘米，柏林民族学博物馆藏品；下为展开图，画面左边表现葬礼，死者穿着带九个结的寿衣，上部漂浮着他的灵魂花，两边各有三个在沉痛哀悼的人物；在画面右边，死者已成为骨架，靠在阶梯状金字塔脚下，和他两边的双亲一样，身上长出一棵人形树，表明他已进入受尊敬的先祖行列）

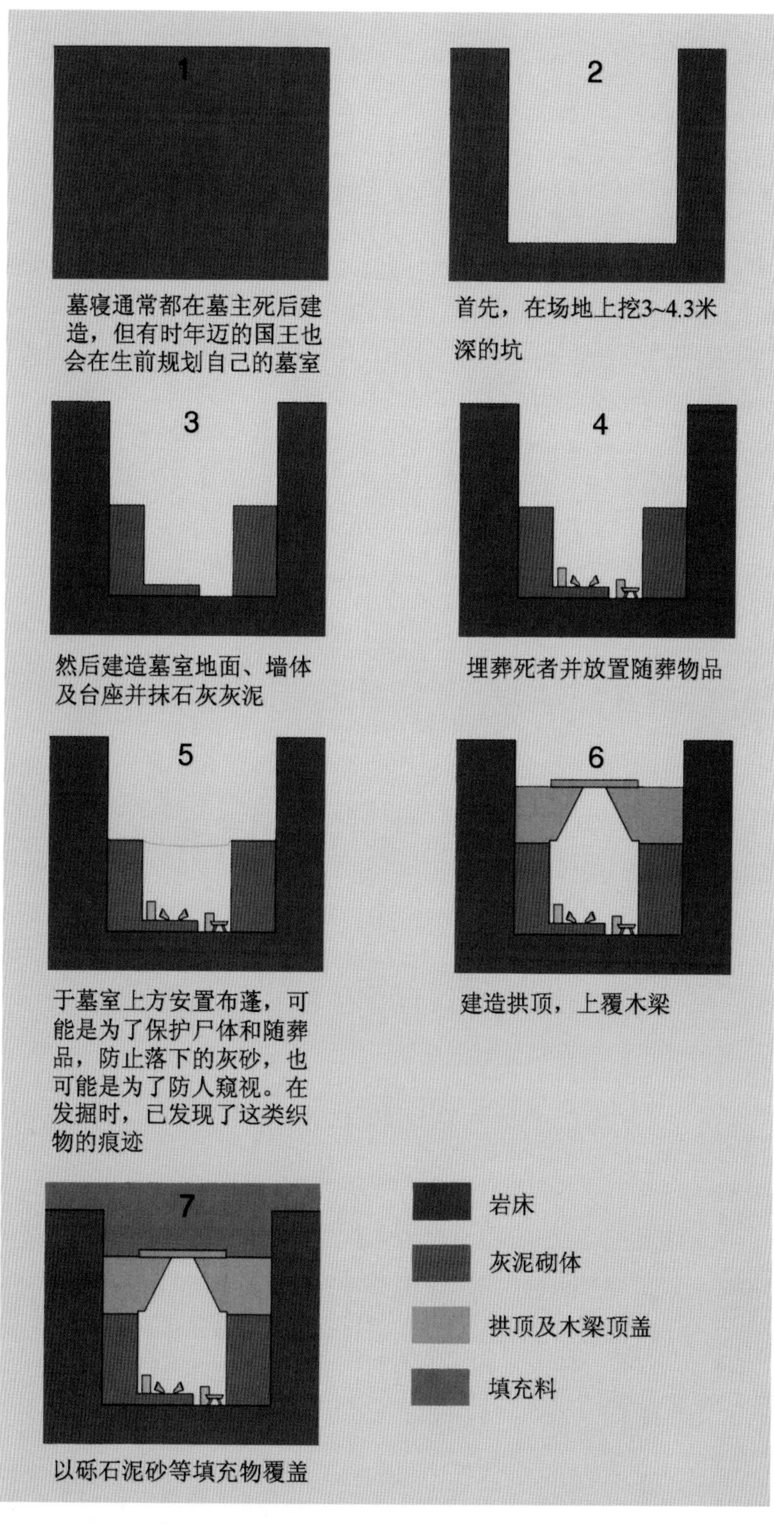

本页：

图6-377典型玛雅墓室的建造过程（图版取自Nikolai Grube:《Maya，Divine Kings of the Rain Forest》；墓室通常都在墓主死后兴建，但有时，暮年的国王也会开始策划为自己建造墓葬；一般都先在场地上挖深3~4.3米的坑，然后开始修建地面、台凳和墙体，并以石灰砂浆抹面；待死者和随葬品就位后，可能为了避免工匠窥视或防止落下的砂浆损毁尸体和随葬品，墓室开口处用棉布遮住，发掘时，已在墓葬开口处发现了这类棉布的残迹；叠涩拱顶顶部以木梁覆盖，有的一直留存下来；在这些梁上，祭司撒数千块和碎石混合的黑曜石碎片，然后在上面起建体量庞大的神殿；一般没有与外界相通的门窗或地下通道；在蒂卡尔，结构5D-73下196号墓的发掘持续了几个月，提供了相关的大量信息；1965~1967年的发掘证实，该墓是在墓主死后，由其继承人修建的）

右页：

（左上）图6-378帕伦克 铭文殿。国王面具（墓室出土，高24厘米，由200个玉石片组成，现存墨西哥城国家人类学博物馆）

（右上）图6-379帕伦克 铭文殿。玉石坐像（墓室出土，古典后期，公元683年，墨西哥城国家人类学博物馆藏品）

（左下及中下）图6-380帕伦克 铭文殿。玉石像（墓室出土，石棺内发现的头像高仅10厘米，由玉石块精密结合而成，可能是表现晚年的国王，同时发现的还有一个用玉石块雕制的小太阳神像，墨西哥城国家人类学博物馆藏品）

（右下）图6-381帕伦克 铭文殿。玉石浮雕板（墓室出土，公元675年前，表现一个着节日盛装戴羽毛头饰的人物，墨西哥城国家人类学博物馆藏品）

帕伦克建筑师最主要的创新之一是通过同时采用两种技术来减少屋顶的重量，一是在中央墙体以上的拱顶腹面上开龛室，从而减去了部分自重（见图6-340下图）；再是立面上部内斜，犹如外墙本身沿袭叠涩拱顶的形式（见图6-316）。同时外部有一道引人注目的檐口，外加精心设计的雨水排泄系统，格外轻快的屋脊立在结构的中央部分。所有这些使帕伦克建筑师不仅可减少墙体厚度，扩大内部空间，同时还可以在墙上开更多的洞口。紧跟着这些真正具有革命意义的举措而来的是比例的精练，并由此产生了一种格外优雅的风格。在帕伦克的残墟里还可看到大量精心设计的细部。内墙上有灰泥制作的纹章、头像及其他装饰。宫殿建筑A的入口拱顶呈三叶形（图6-340、6-341）。穿过这道拱门，眼前突然呈现出一个比例和谐的庭院，向西通向建筑C的立面，其后显露出塔楼的轮廓（见图6-314~6-316）。建筑

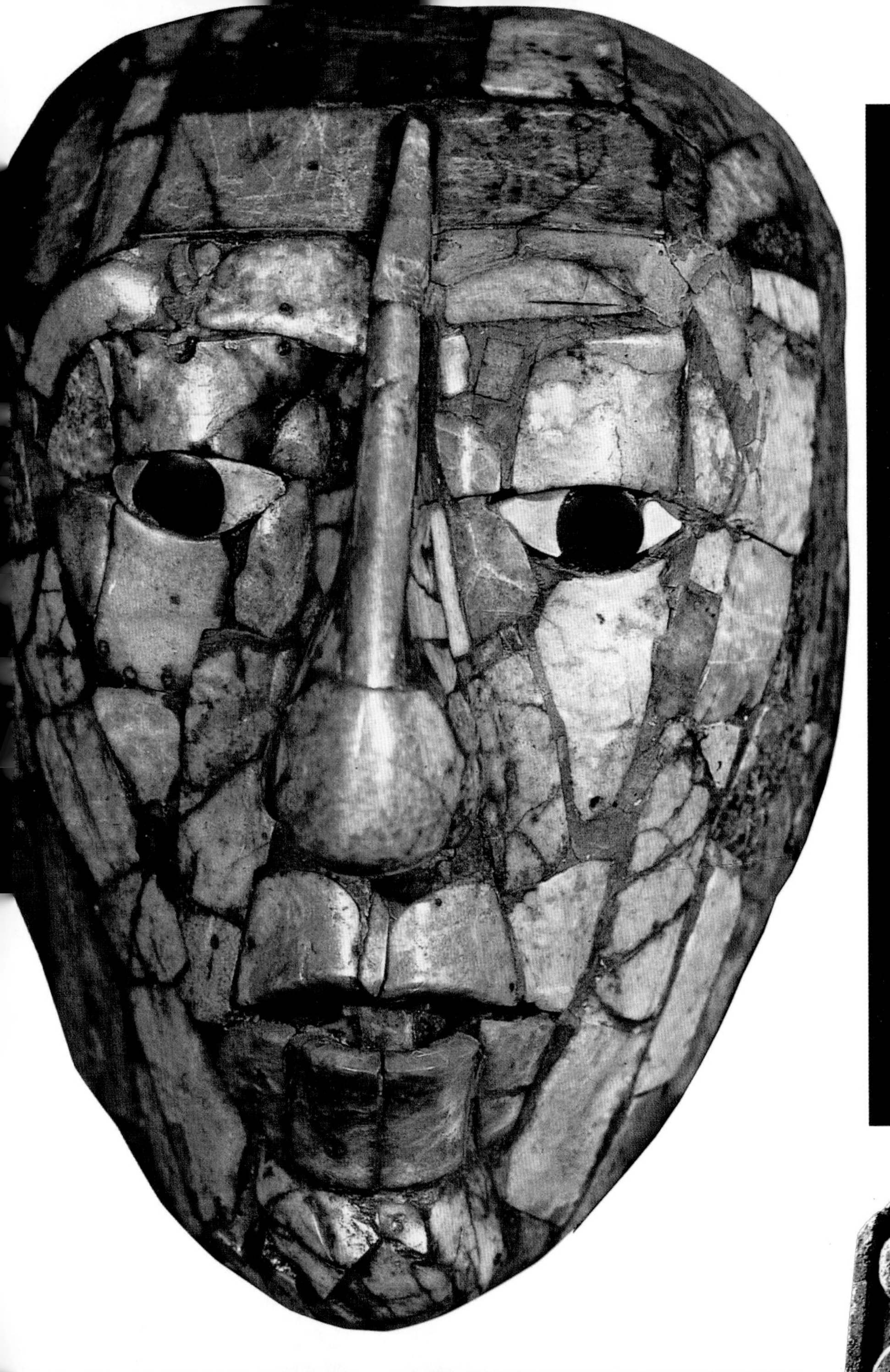

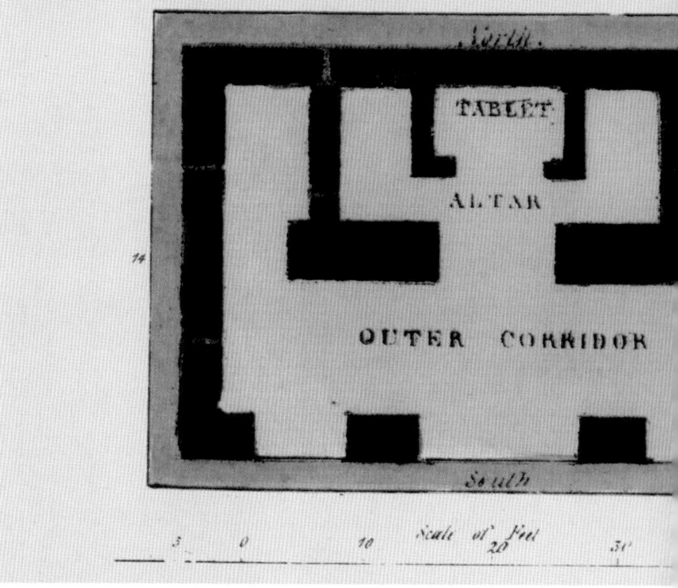

本页及右页：

（左下）图6-382帕伦克“十字组群”。复原图（自叶状十字殿上望去的景色，对面为太阳神殿和14号神殿，右侧为十字神殿）

（左上及中上）图6-383帕伦克“十字组群”。组群全景（自西北侧望去的景色，左右两图分别示整修前后的景况，左图自左至右分别为十字神殿、叶状十字殿和太阳神殿；右图还可看到清理出来的14和15号神殿，建筑均于不大的圣所上修建“芒萨尔”式屋顶，上冠屋顶墙架）

（右）图6-384帕伦克“十字组群”。出土文物：香炉（彩绘陶器，古典后期，约600~900年，高114厘米，宽60.5厘米，墨西哥城国家人类学博物馆藏品）

（中下）图6-385帕伦克“十字组群”。十字神殿（古典后期，692年），平面及立面（图版，作者弗雷德里克·卡瑟伍德）

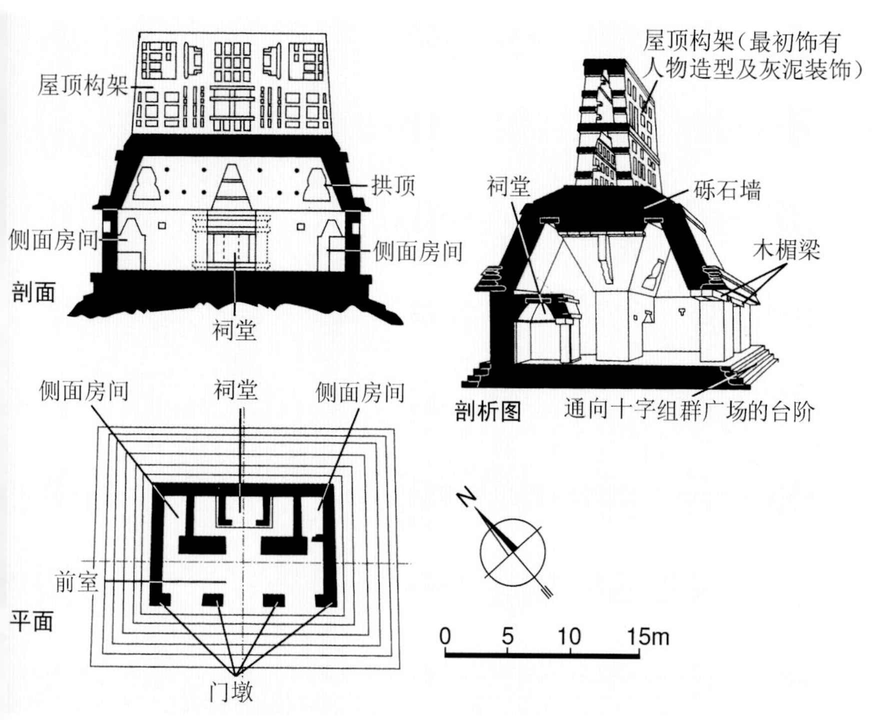

屋顶构架
拱顶
侧面房间
侧面房间
剖面
祠堂
屋顶构架(最初饰有
人物造型及灰泥装饰)
祠堂
砾石墙
木楣梁
剖析图
通向十字组群广场的台阶
侧面房间
祠堂
侧面房间
前室
平面
门墩
N
0
5
10
15m

左页：

（左上）图6-386帕伦克“十字组群”。十字神殿，平面、剖面及剖析图（取自Nikolai Grube:《Maya, Divine Kings of the Rain Forest》）

（右上）图6-387帕伦克“十字组群”。十字神殿，剖析模型

（下）图6-388帕伦克“十字组群”。十字神殿，地段全景（自东南方向望去的景色，对面可看到太阳神殿及14、15号神殿，远处为宫殿）

本页：

（上）图6-389帕伦克“十字组群”。十字神殿，东南侧立面全景

（下）图6-390帕伦克“十字组群”。十字神殿，东南侧近景（自叶状十字殿处望去的景色）

C基座部分装饰精细丰富，台阶中部有象形文字雕刻（见图6-330），两边栏墙上表现跪着的人物，基座面上四个一组的象形文字符号与凸出的垂直立柱相间布置，后者以浮雕表现人物形象（见图6-329）。建筑B的中央墙体上开有T形的小洞口，周围灰泥装饰采用了巴洛克风格的母题，尚存最初的彩色痕迹（图6-342）。建筑E内尚存石碑等雕刻（图6-343）。

铭文殿

帕伦克另一个引人注目的建筑是位于宫殿组群西南方向的铭文殿（公元700~800年，另说692年，平面、立面及剖面：图6-344~6-347；透视复原及剖析图：图6-348~6-352；外景：图6-353~6-359；圣所及台阶：图6-360~6-367），其巨大的规模和经局部修

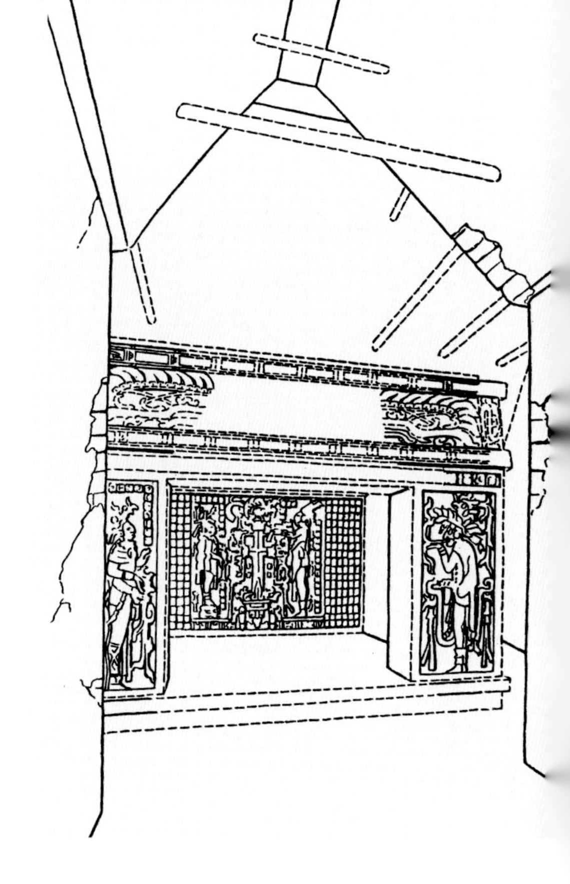

（左页左上）图6-391帕伦克“十字组群”。十字神殿，西南侧景色

（左页右上）图6-392帕伦克“十字组群”。十字神殿，圣所残迹

（左页左下）图6-393帕伦克“十字组群”。十字神殿，屋顶墙架，细部

（左页右下及本页）图6-394帕伦克“十字组群”。十字神殿，内景（复原图，作者塔季扬娜·普罗斯库里亚科娃）

复的阶梯形基台使它成为帕伦克最重要的建筑之一。建筑底面56×40米，高35米，基台部分由8个阶台组成。最初金字塔只是一个简单的矩形，台地外壳系以后增建，采用了古典后期玛雅神殿特有的镶边式线脚。在它及帕伦克其他的建筑中，由于采用了质量上好的地方石材，拱顶施工极为精美。顶上圣所辟五门，六个柱墩嵌板（编号自A至F，A和F仅有铭文）上的铭文及图像雕刻提供了日期及王朝历史的记录。

不过，真正使这座建筑成为中美洲最富魅力作品之一的还是1952年由巴黎出生的墨西哥考古学家阿尔贝托·鲁斯-吕利耶（1906~1979年）发现的君主帕卡尔大王（603~683年，615~683年在位，图6-368）的

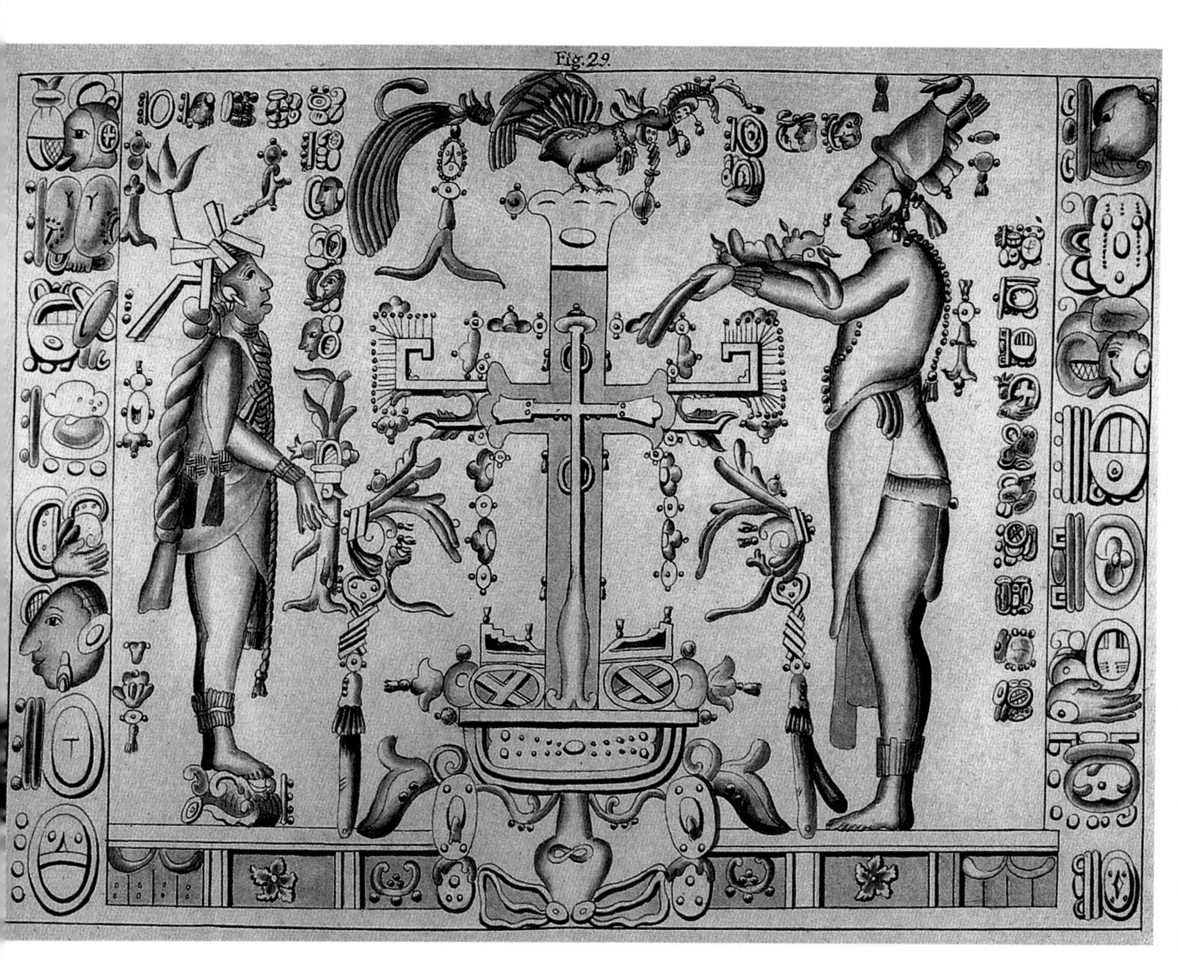

（上）图6-395帕伦克 “十字组群”。十字神殿，圣殿后墙浮雕（图版，作者让·弗雷德里克·瓦尔德克，19世纪初，和瓦尔德克的其他画作一样，细部——特别是象形文字部分——带有很大的随意性）

（下）图6-396帕伦克 “十字组群”。十字神殿，圣殿后墙浮雕（石灰岩板，高190厘米，宽325厘米，厚13.5厘米，现存墨西哥城国家人类学博物馆，殿名即来自该浮雕中央的十字图形，实际上它只是一个高度程式化的世界树，上部为形如巨鸟的创世神；线条图，取自Nikolai Grube:《Maya, Divine Kings of the Rain Forest》）

（左）图6-397帕伦克 “十字组群”。十字神殿，圣殿后墙浮雕（版画，取自Fabio Bourbon：《The Lost Cities of the Mayas，the Life，Art，and Discoveries of Frederick Catherwood》，1999年）

（右两幅）图6-398帕伦克 “十字组群”。十字神殿，浮雕：正在抽烟的神祇（L神，版画；上面一幅作者Castañeda，1805年，图像左右反置；下面一幅作者Friedrich Waldeck，1832年）

本页及左页：

（左上）图6-399帕伦克“十字组群”。叶状十字殿（672年），现状外景

（左下）图6-400帕伦克“十字组群”。叶状十字殿，内景[彩画，作者弗雷德里克·卡瑟伍德，当时他称之为3号建筑（House 3）；前景洞口类似拱券，但亦很可能是木楣梁朽坏后上部墙体自然坍落的结果]

（中上）图6-401帕伦克“十字组群”。叶状十字殿，浮雕

（中下及右两幅）图6-402帕伦克“十字组群”。叶状十字殿，浮雕细部

Front Elevation.
Tablet
Room
Room
Tablet
Tablet
OUTER·CORRIDOR
Plan of No. 3, Casas de Piedra, Palenque.
10
5
0
10
20
30
Scale of feet.

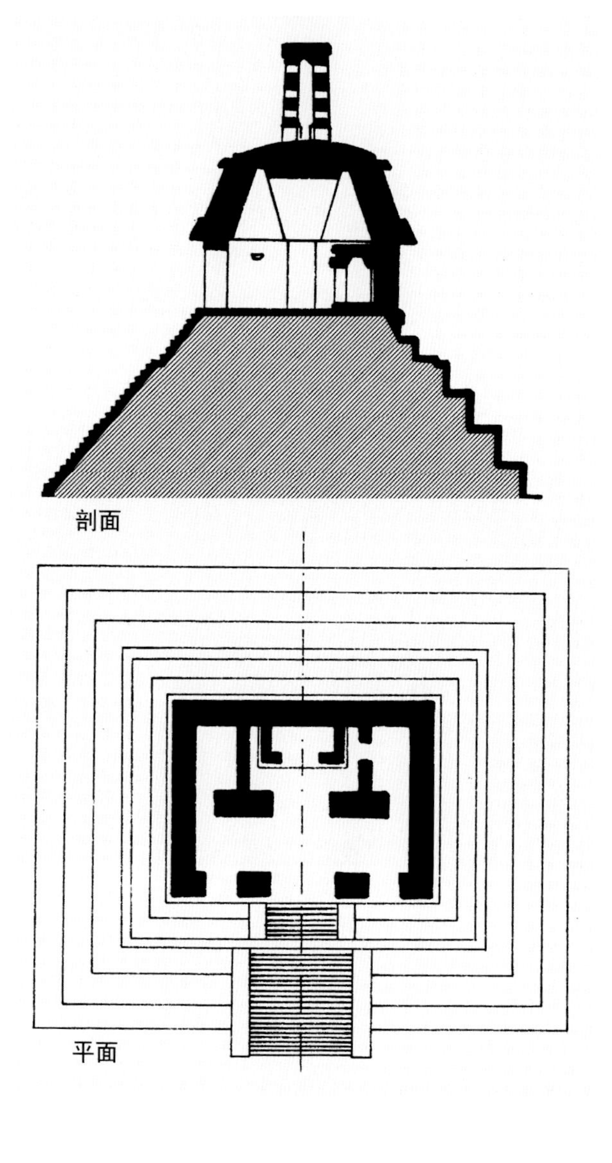

剖面
平面

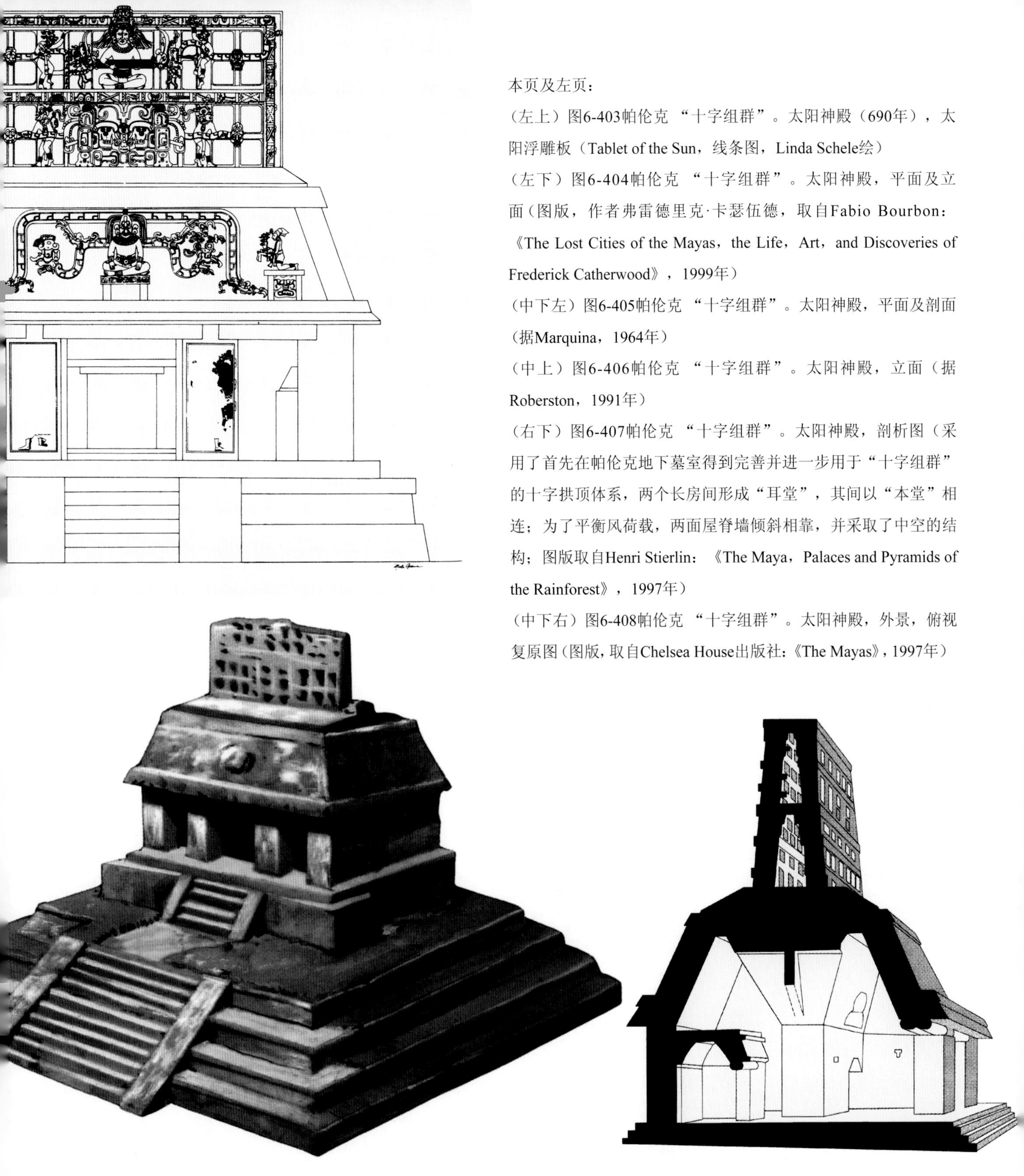

本页及左页：

（左上）图6-403帕伦克“十字组群”。太阳神殿（690年），太阳浮雕板（Tablet of the Sun，线条图，Linda Schele绘）

（左下）图6-404帕伦克“十字组群”。太阳神殿，平面及立面（图版，作者弗雷德里克·卡瑟伍德，取自Fabio Bourbon：《The Lost Cities of the Mayas，the Life，Art，and Discoveries of Frederick Catherwood》，1999年）

（中下左）图6-405帕伦克“十字组群”。太阳神殿，平面及剖面（据Marquina，1964年）

（中上）图6-406帕伦克“十字组群”。太阳神殿，立面（据Roberston，1991年）

（右下）图6-407帕伦克“十字组群”。太阳神殿，剖析图（采用了首先在帕伦克地下墓室得到完善并进一步用于“十字组群”的十字拱顶体系，两个长房间形成“耳堂”，其间以“本堂”相连；为了平衡风荷载，两面屋脊墙倾斜相靠，并采取了中空的结构；图版取自Henri Stierlin：《The Maya，Palaces and Pyramids of the Rainforest》，1997年）

（中下右）图6-408帕伦克“十字组群”。太阳神殿，外景，俯视复原图（图版，取自Chelsea House出版社：《The Mayas》，1997年）

著名陵寝（墓室：图6-369~6-371；石棺：图6-372~6-375）。建筑在他晚年开始兴建，到帕卡尔的儿子和继承人基尼奇·坎·巴拉姆二世（又名钱·巴卢姆，意“蛇豹”）时完成。直到今天，这都是一个令人惊异的例外表现，因为在中美洲，其他金字塔仅仅是神殿的基座，唯一的功用是提高神殿的位置。在铭文殿，建筑好像主要是为了掩盖这位在帕伦克历史上具有重要地位的君主的墓寝，似乎是玛雅人生死观念的另类反映（在柏林博物馆一件三足容器的浮雕上，可以多少了解到他们的这类想法，图6-376）。和一些以后安置在其他前哥伦布时期建筑基台内的墓室相反，在这里，精心设计的墓寝是打算永远藏在神殿的巨大形

本页：

（上）图6-409帕伦克 “十字组群”。太阳神殿，地段俯视外景（左侧太阳神殿，右为14号神殿残迹）

（下）图6-411帕伦克 “十字组群”。太阳神殿，立面景色（台阶部分尚未完全清理出来的景况，立面灰泥雕饰表现国王帕卡尔及其儿子和继承人巴拉姆二世，神殿的建造年代即由此推出）

右页：

图6-410帕伦克 “十字组群”。太阳神殿，俯视（自十字神殿上望去的景色，位于四层台地上，建筑本身另设基台，“芒萨尔”式的屋顶上起高屋脊墙架）

本页及右页：

（左上）图6-412帕伦克 “十字组群”。太阳神殿，正在整修时的情景

（中上）图6-413帕伦克 “十字组群”。太阳神殿，屋顶及墙架近景

（左下）图6-414帕伦克 “十字组群”。太阳神殿，内景（拱顶相互支靠，廊厅由右侧柱廊采光，左侧为通向内殿的入口）

（右上）图6-415帕伦克 “十字组群”。太阳神殿，内部圣所立面及浮雕（版画，作者弗雷德里克·卡瑟伍德，取自Fabio Bourbon：《The Lost Cities of the Mayas，the Life，Art，and Discoveries of Frederick Catherwood》，1999年）

（中下及右下）图6-416帕伦克 “十字组群”。太阳神殿，灰泥浮雕：中下、在典礼仪式上的国王巴拉姆二世；右下、地狱神L（版画，作者弗雷德里克·卡瑟伍德，取自Fabio Bourbon：《The Lost Cities of the Mayas，the Life，Art，and Discoveries of Frederick Catherwood》，1999年）

（上）图6-417帕伦克 “十字组群”。太阳神殿，圣所后墙灰泥浮雕（版画，作者弗雷德里克·卡瑟伍德，取自Fabio Bourbon:《The Lost Cities of the Mayas，the Life，Art，and Discoveries of Frederick Catherwood》，1999年）

（下）图6-418帕伦克 北部组群。俯视全景

（上）图6-419帕伦克 北部组群。西南侧外景

（中及下）图6-420帕伦克“伯爵殿”（建于帕卡尔统治初期）。东北侧全景（自北部组群望去的景色，设单一台阶至塔顶）

（上）图6-421帕伦克 “伯爵殿”。东北侧近景（建筑于新近部分进行了修复）

（下）图6-422帕伦克 “伯爵殿”。东南侧景色

（左上）图6-423帕伦克 “伯爵殿”。上部结构

（右上）图6-424帕伦克 球场院。现状外景

（下）图6-425帕伦克 美洲豹神殿（古典时期）。外景（彩画，取自Nigel Hughes：《Maya Monuments》，2000年）

体下。为防止人们进入地下室，通向它的地下通道满填砾石封闭，位于神殿后室地面处的通道入口用一块厚石板封住，仅在台阶边侧留一个小管道，象征和外界的接触。这个如楼梯井般的隧道内设两跑台阶，约65步；10层叠涩拱顶成阶梯状下降（显然，玛雅建筑师从没有打算建造带倾斜拱边石和压顶石的拱顶。他们关于稳定的观念始终和水平的拱顶砌体联系在一起）。在1954年碎石清理完毕后，人们可从楼梯一直下到中间休息平台（当初两个长通风廊道可能就是在这一个小的封闭空间里相通）。然后楼梯向反方向延伸直到建筑基础层面。秘密地下墓室就位于金字塔基底大致相当地表面的这个中心部位，与楼梯轴线相垂直。入口用一块位于顶棚高处的厚重梯形石板封住（见图6-344）。

这个大型拱顶墓室内部长7米，宽度最大处3.75米；考虑到玛雅人有限的建造手段和上部金字塔重量产生的巨大压力，工程本身就是一个了不起的技术成就。地下室和楼梯均配置了跨越上部拱顶的石拉杆，以此取代了通常采用的木构件；显然建筑师确信，在如此大的压力条件下，拉杆是必不可少的结构部件，因此没有采用容易腐朽的木料来制作（在这点上和其他玛雅墓室不同，一般墓室也没有建对外的梯道，图6-377）。使这个地下墓室具有重大考古价值的还有用一块独石凿成的子宫形式的石棺和雕刻精美的厚重石盖板（长3.8米，宽2.2米，见图6-370~6-375）。在移走这块石板后，阿尔贝托·鲁斯-吕利耶发现了一副显然是高贵人物的遗骸（配有贵重的玉器首饰，图6-378~6-381）。巨大的石棺搁置在带浮雕的六个墩座上，几乎占据了整个地面。周围墙面出壁垛般的砌体，可能是为使石棺盖板通过滚轴就位而建。地下室墙上有9个灰泥塑造的人物，看来是代表玛雅神话中掌管黑夜和地下世界的9位神祇（所谓“下界九神”，Bolontiku，其中：Bolon-九，ti-的，ku-神）；地面上放着两个灰泥制作的头像，显然是作为最后的

左页：

（左）图6-426帕伦克 宫殿。浮雕：国王登基（石灰石，721年，表现盘腿而坐的国王Kan-Xul，浮雕板现存帕伦克博物馆）

（右）图6-427帕伦克 带铭文的浮雕

本页：

（上）图6-428帕伦克 浮雕（表现国王K' inich Ahkal Mo' Naab'三世公元721年登基的场景）

（下）图6-429帕伦克 14号神殿。浮雕（表现祭献场景）

本页及右页：

（左上及中上）图6-430帕伦克 17号神殿。浮雕（表现国王巴拉姆二世与战俘，可能是纪念687年战胜帕伦克的劲敌托尼纳王国，中上为国王头像细部）

（右上）图6-431帕伦克 17号神殿。浮雕（图6-430的线条图，取自Nikolai Grube:《Maya，Divine Kings of the Rain Forest》）

（下）图6-432帕伦克 19号神殿。御座基台浮雕（石灰岩，古典后期，736年），南侧全景（高45厘米，长248厘米，厚5~6厘米）

祭品。这些头像，和低浮雕及其他残段一起，使帕伦克成为具有纯灰泥塑造作品的玛雅城市之一。

“十字组群”

位于宫殿建筑群东南方向的“十字组群”主要由四个王朝神殿组成（组群复原图及全景：图6-382、6-383；出土文物：图6-384）：北面居统领地位的十字神殿建于7世纪末，在铭文殿后不久（平面、立

面、剖面、剖析图及模型：图6-385~6-387；外景：图6-388~6-393；内景复原及圣殿浮雕：图6-394~6-398）；东面一个因其不同寻常的灰泥装饰（实为"圣树"的象征）被称为叶状十字殿（图6-399~6-402）。西面另有两座建筑，其中靠南的一个是我们下面还要详细介绍的太阳神殿。

M.科霍达斯认为"十字组群"是表现宇宙的构造，太阳在阴间的历程和新君主基尼奇·坎·巴拉姆二世的神祇。在他任上这项工程完成于692年。有一幅浮雕（图6-403）表现基尼奇·坎·巴拉姆二世登基的场面，在生命之树的另一侧为他的父亲、已故的君王帕卡尔，这一场景据信发生在玛雅的阴间（Xibalba，字面意义为"畏惧之地"）。基尼奇·坎·巴拉姆二世及其父亲帕卡尔是帕伦克最重要的君主，他们统治期间被认为是帕伦克的黄金时代，在这期间，城市成为尤卡坦半岛最重要的宗教和政治中心，建造了所有重

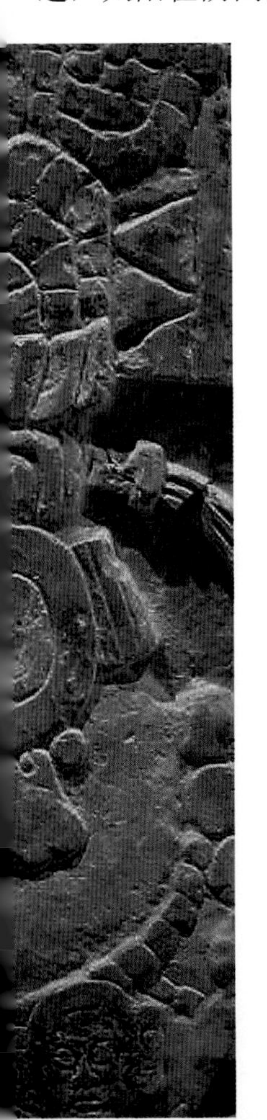

图6-433帕伦克 19号神殿。御座基台浮雕，南侧细部

要的神殿及其他建筑。基尼奇·坎·巴拉姆二世负责建造了十字组群的三个神殿（这块浮雕就是在那里发现的）。他生于635年，684年登位，时年48岁，卒于702年。

下面我们将以太阳神殿作为原型对帕伦克的主要神殿进行剖析，因正是这个建筑保持了大量最初的特色（平面、立面、剖面及复原图：图6-404~6-406；剖析及复原图：图6-407、6-408；外景：图6-409~6-413；内景及浮雕：图6-414~6-417）。这是个比例精巧的殿堂，因基台不是很高，看上去几乎是个小型建筑。但正如1844年在约翰·劳埃德·斯蒂芬斯伴同下造访过残墟的英国艺术家弗雷德里克·卡瑟伍德所说，当人们看到入口门廊的宽度时，这样的印象就会消

右页：

（上下两幅）图6-434帕伦克 19号神殿。御座基台浮雕，西侧细部

本页及右页：

（左上及中上左）图6-435帕伦克 “奴隶饰板”（约723年，画面中央新上任的统治者正在接受王冠，帕伦克博物馆藏品），全图及细部（线条图取自George Kubler:《The Art and Architecture of Ancient America，the Mexican，Maya and Andean Peoples》，1990年）

（右）图6-436帕伦克 灰泥浮雕（版画，作者弗雷德里克·卡瑟伍德）

（中上右）图6-437帕伦克 帕卡尔二世（Upakal K' inich Janab Pakal，为K' inich Ahkal Mo' Naab' III之子）塑像（帕伦克博物馆藏品）

（左下及中下）图6-438帕伦克 帕卡尔二世塑像，细部

失。现存立面基部仅有很少的灰泥装饰痕迹；但上部檐壁尚存许多模制的高浮雕残段。这些装饰当初曾延伸到高屋脊本身（在屋脊的轻构架上还留有一些灰泥残块），只是如今，人们只能想象这些丰富的雕饰（见6-410、6-413）。

和蒂卡尔那种宏伟沉重的屋脊相比，帕伦克这种类型可说轻快得令人难以置信。它由两片镂空的

薄墙相连组合而成并向上逐渐缩减（有人把它比作西班牙妇女头上华丽的压发梳）。和佩滕地区的形式相反，它并不是立在后墙上，而是安放在建筑的屋顶上，其重量由把廊道分为前后两部分的中墙直接承担（见图6-405），因此并没有妨碍内部空间的布局。在这点上，帕伦克的建筑师似乎是超越了他们蒂卡尔的先师，将玛雅建筑的基本元素带入一个更纯净的境界。只需将这两个城市的典型建筑进行比较，就可看出，在沉重的墙体和大量洞口的构图之间具有怎样的差异，其效果可说是完全相反（如图6-156、6-411所示）。

蒂卡尔建筑那种令人震惊的宏伟和壮丽，几乎总是以缩减内部空间为代价而获取；帕伦克则是创造了一种基于人性尺度的建筑，在不乏威严庄重的同时，并没有产生压倒一切的力量。内部廊道的宽度和外部朴实优雅的线条，使建筑更具人性更为庄重。蒂卡尔构图的重点全部集中在圣所正面；而外部形体取轴线对称且位于中心位置的帕伦克神殿，从各个角度望去

其他遗迹

位于遗址北面的北部组群由位于台地上的三个并列建筑组成，入口处由门洞和柱墩形成门廊（图6-418、6-419）。组群西南部的所谓“伯爵殿”系因法国探险家让·弗雷德里克·瓦尔德克而得名（这位性格古怪、时而称自己为伯爵，时而称男爵或公爵的人

（上）图6-459托尼纳卫城。台地构造细部

（下）图6-460托尼纳卫城。金字塔（位于第五台地上），外景

（上）图6-461托尼纳卫城。齿纹宫（位于第四台地上），外景

（下）图6-462托尼纳卫城。“冥府宫”（位于第二台地上，古典后期，600~900年），全景

物曾和他的玛雅情妇在这座殿里住了两年）。这是个带有很高台阶的金字塔式建筑。上部神殿入口设三个洞口，通过前后两个廊道通向中央厅堂及两个侧面房间（图6-420~6-423）。在这组建筑南面，另有一个规模不大的球场院（图6-424）。属古典时期的美洲豹神殿则是个独立于其他建筑位于陡峭山脚下的小型殿堂（图6-425）。建筑前部已因滑坡坍毁。1832年瓦尔德克试图将神殿的灰泥铭文移走，也在一定程度上造成了对建筑的损害。

浮雕

帕伦克的低浮雕，无论是以精细的石灰石雕刻或以灰泥塑造，都非常出色，引人注目。在这里，嵌在某些房间墙上带雕刻的大石板实际上替代了其他玛雅城市中石碑的作用（图6-426~6-434）。例如，在制作精细的“奴隶饰板”（Dalle des Esclaves）的中央部分（图6-435），可以辨认出玛雅艺术中经常可见的母题，一位君主正在接受坐在他两边的男人和女人的贡品。主要人物坐在由两个奴隶扛着的厚坐垫上，状态庄重，手势亦如乌苏马辛塔地区的风格，极具表现力。这种“理想化的玛雅人物”（比亚特丽丝·德拉芬特语）同样见于所谓“缮写人板”（Dalle du Scribe），其人物轮廓纯净、匀称，表明艺术家已充分掌握了必要的技法。

本页：

（上）图6-463托尼纳 卫城。“冥府宫”，外景（局部）

（下）图6-464托尼纳 卫城。“冥府宫”，东侧阶梯状拱门近景

右页：

（上）图6-465托尼纳 球场院。全景

（左下）图6-466托尼纳 球场院。雕饰细部

（右下）图6-467托尼纳 1号碑，表现6世纪一位名为“豹-鸟-西貒”（Jaguar Bird Peccary）的统治者

在帕伦克，类似的表现特色同样出现在许多尚存的灰泥装饰上（主要在内墙和门道等处，通常于塑造完成后再着色，图6-436~6-439）。在宫殿西立面上还可欣赏到一些保存完好的残段（图6-440），在那里，它们装饰着一些类似柱墩的小墙段（墙上支撑着环绕建筑的大通廊的屋顶）。柱墩上表现各种祭拜仪式的场景，人物形象比较自然，而不是千篇一律，每个画面均围括在扁平的条带内，后者由装饰性的花边组成（为典型的阿拉伯式花纹，只是在这里，优雅并充满想象力的植物母题和小型面具及玛雅诸神的头像

（上）图6-468托尼纳 171号石刻（表现球赛场景，右为卡拉克穆尔国王）

（中）图6-469托尼纳 155号石刻（688~715年，表现有关牺牲的神话）

（下）图6-470托尼纳 灰泥檐壁（约公元700年，位于卫城第五台地上，为玛雅建筑中采用特奥蒂瓦坎母题的例证，1992年出土）

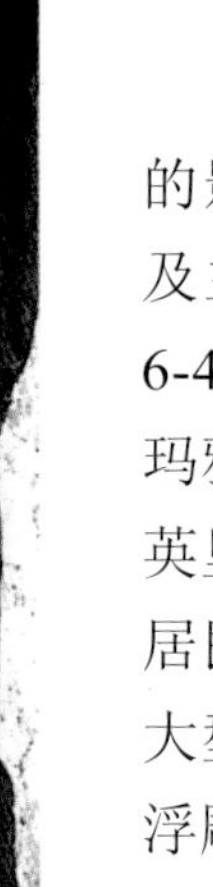

结合在一起）。

[科马尔卡尔科和托尼纳]

位于塔瓦斯科州的科马尔卡尔科，处在帕伦克的影响圈内，在建筑风格上与之非常接近（总平面及主要古迹示意图：图6-441、6-442；北广场：图6-443~6-448；大卫城：图6-449~6-455）。该地靠近玛雅文化区的西部边界，离奥尔梅克遗址拉本塔仅90英里左右；在那里，人们一直和非玛雅族的海湾地区居民保持着联系。很早以前，人们就知道那里有一座大型宫殿和一个墓葬的残墟（后者带帕伦克那种灰泥浮雕）。叠涩拱顶结构用焙烧得很好的砖砌筑。遗址上最令人感兴趣的是采用以石灰砂浆粘合的大型砖板（砂浆由焙烧的蛎壳粉和灰泥合成，砖很大，外廓尺寸19×25×24厘米，见图6-454）。在中美洲建筑中一般来说这种做法比较少，在玛雅地区更是罕见。砖上还有焙烧前刻的图案（不知是建筑师本人还是烧砖工所为）。

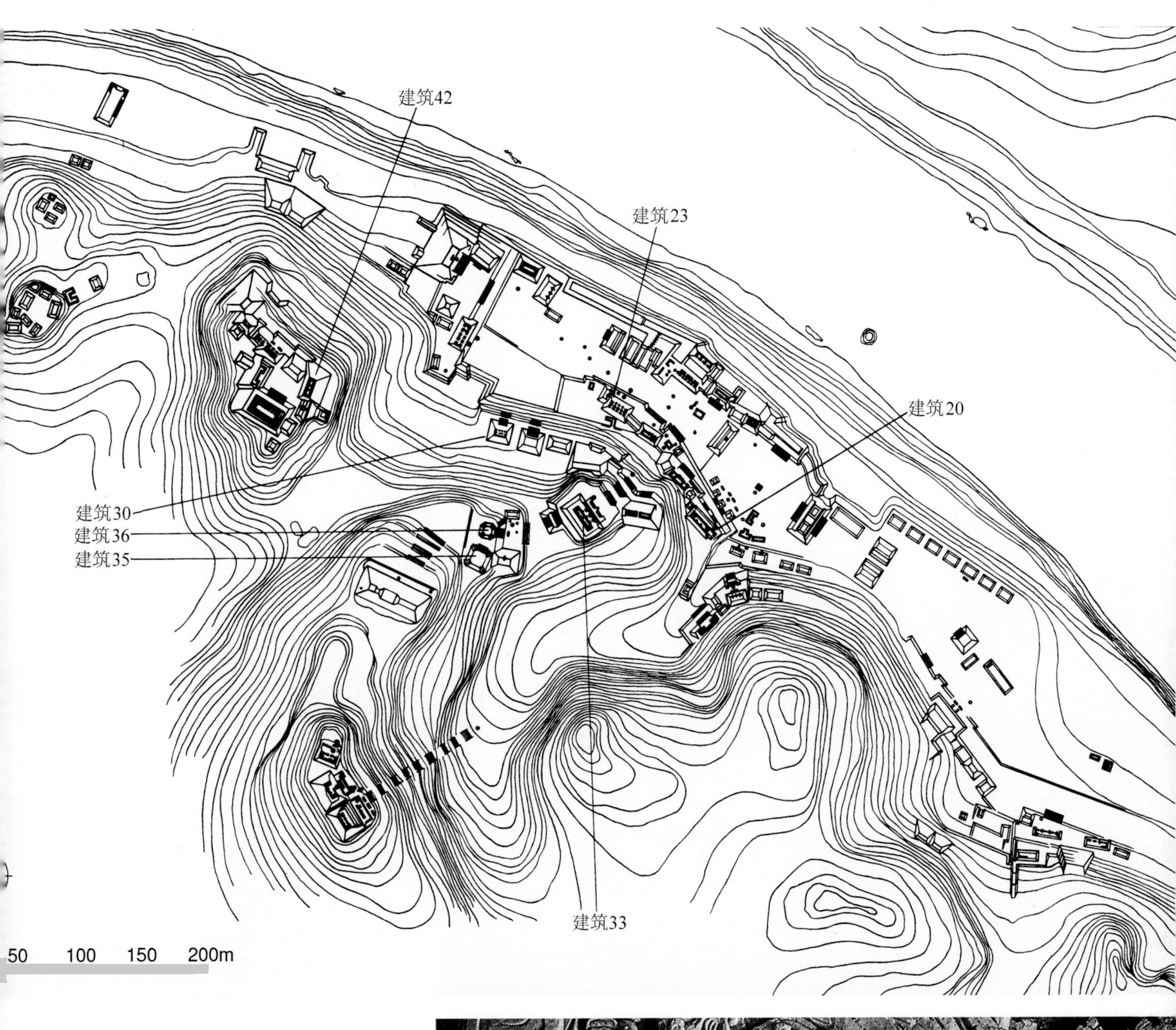

（下）图6-471托尼纳 灰泥檐壁（图6-470细部）

（上）图6-472亚斯奇兰 遗址区（公元900年前）。总平面（取自George Kubler:《The Art and Architecture of Ancient America，the Mexican，Maya and Andean Peoples》，1990年）

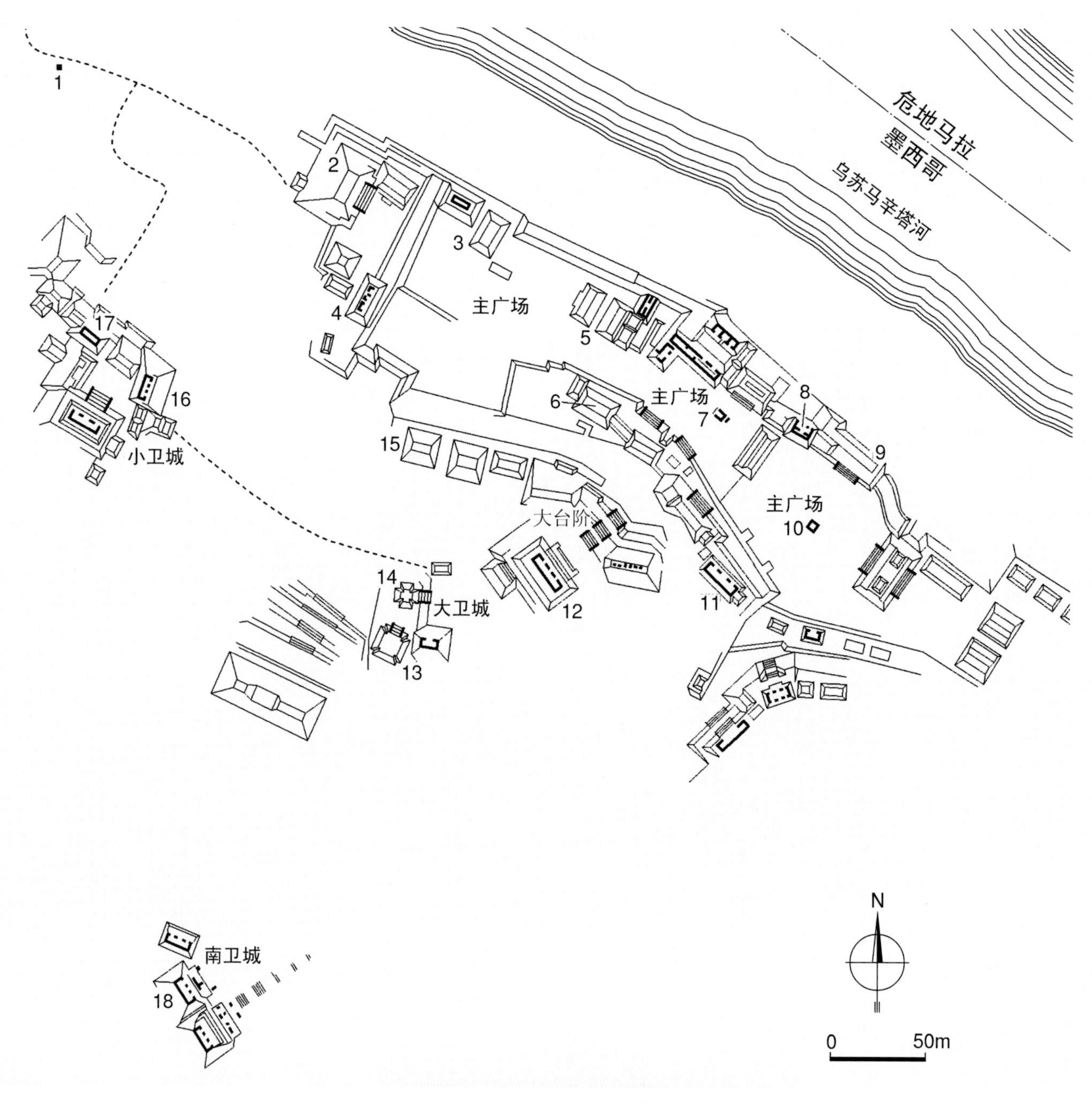

（上）图6-473亚斯奇兰 遗址区。总平面，图中：1、入口，2、建筑18，3、建筑16，4、建筑19，5、球场院，6、建筑23，7、1号碑，8、建筑6，9、建筑5，10、3号碑，11、建筑20，12、建筑33（王宫），13、金字塔35，14、金字塔36，15、建筑30，16、建筑42，17、建筑44，18、建筑40

（下）图6-474亚斯奇兰 小卫城。遗址现状

（上）图6-475亚斯奇兰南卫城。建筑40，自东南面望去的景色

（中）图6-476亚斯奇兰南卫城。建筑40，自北面望去的景色

（下）图6-477亚斯奇兰建筑19（迷宫）。平面及剖面（为玛雅地区大量这类建筑之一，昏暗的室内可能是有意表现冥府；取自Nikolai Grube：《Maya，Divine Kings of the Rain Forest》）

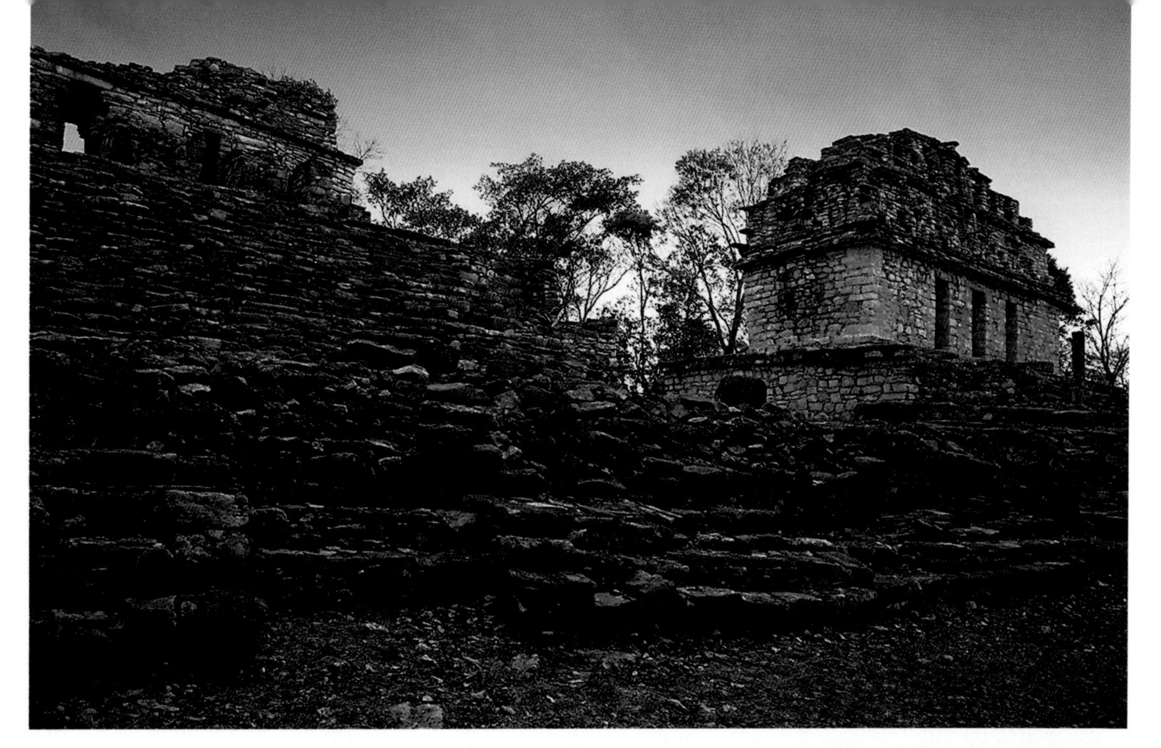

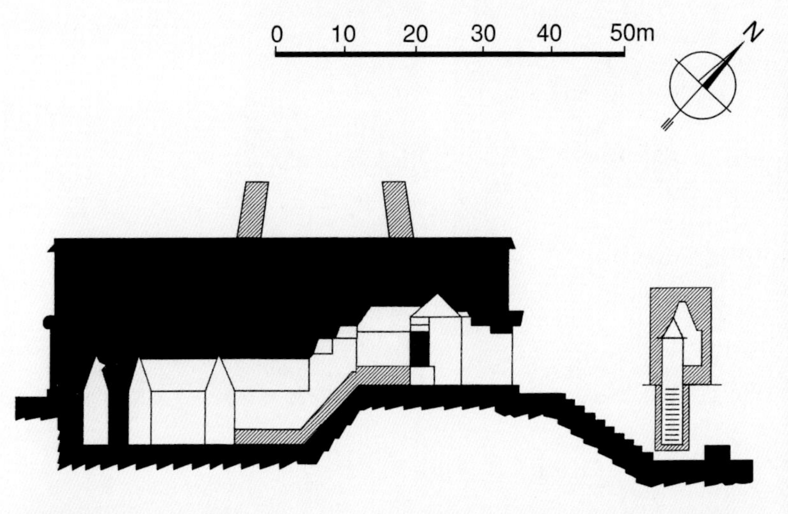

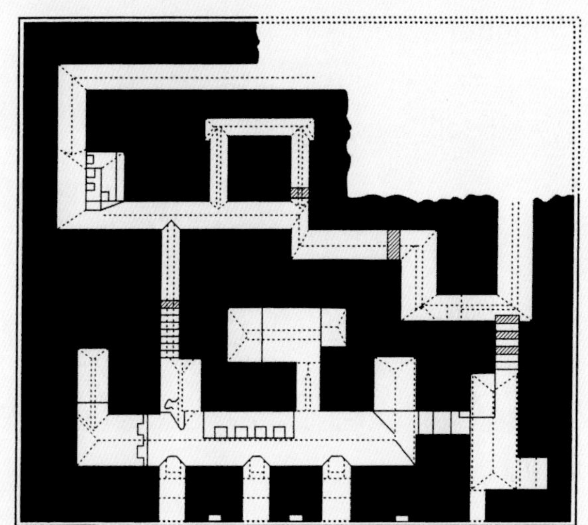

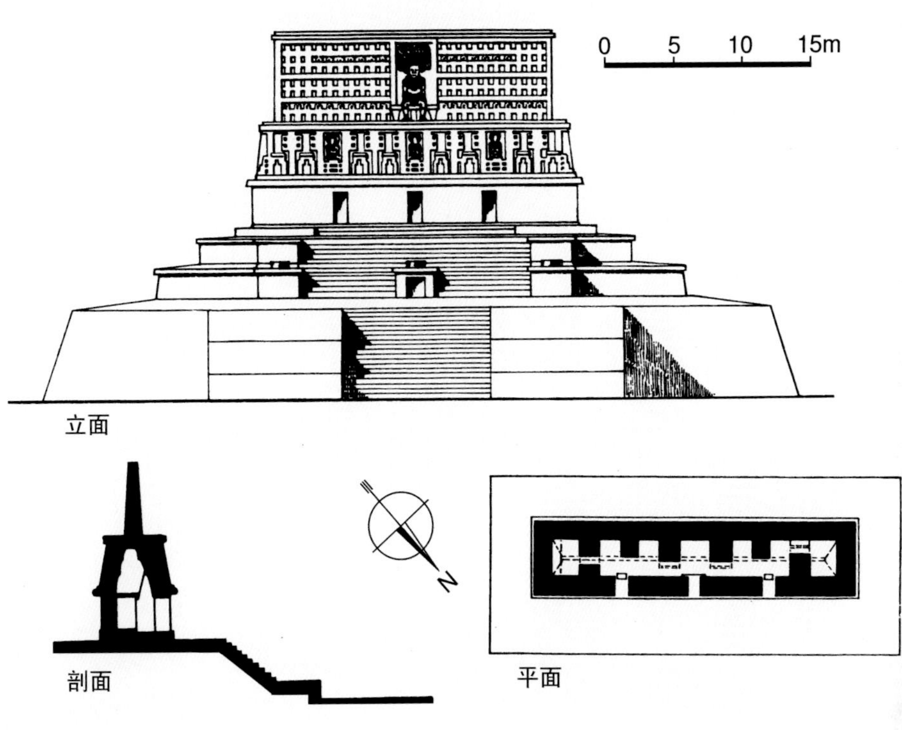

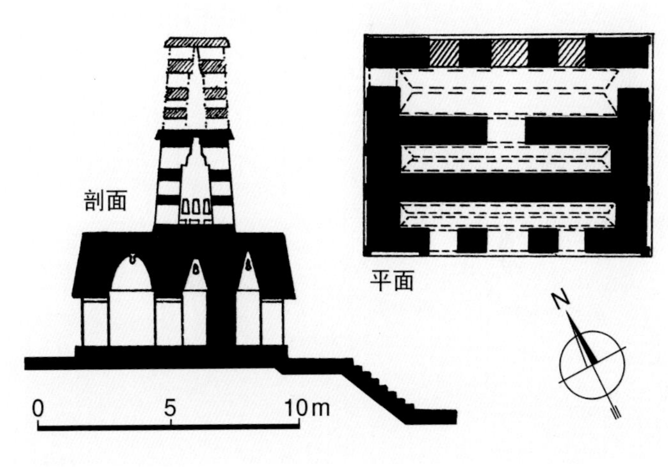

本页及左页：

（左上）图6-478亚斯奇兰 建筑19（迷宫）。东南侧外景

（右下）图6-479亚斯奇兰 建筑6（岸边的红殿）。平面及剖面（据Marquina，1964年）

（左下）图6-480亚斯奇兰 建筑6。历史照片

（中上）图6-481亚斯奇兰 建筑6。现状

（右上）图6-482亚斯奇兰 建筑33（王宫，约751年）。平面、立面及剖面（取自George Kubler：《The Art and Architecture of Ancient America，the Mexican，Maya and Andean Peoples》，1990年）

（中下）图6-483亚斯奇兰 建筑33。外景（彩画，为遗址上保存最好的建筑，取自Nigel Hughes:《Maya Monuments》，2000年）

本页：

（上）图6-484亚斯奇兰 建筑33。历史照片（英国探险家Alfred Percival Maudslay摄于1882年，现存伦敦大英博物馆）

（下）图6-485亚斯奇兰 建筑33。远景（高65米的这座建筑位于乌苏马辛塔河陡峭的岸边，俯瞰着周围的景观）

右页：

（上）图6-486亚斯奇兰 建筑33。现状全景（被称为“王宫”的这座建筑尚存公元757年表现“鸟-豹”王的雕刻，屋顶上的灰泥雕刻属遗址上保存最好的之列；建筑风格颇似帕伦克：宽大的台阶，“芒萨尔”式的屋顶，高大的镂空屋脊墙架等）

（下）图6-487亚斯奇兰 建筑33。近景

本页及左页：

（左上）图6-488亚斯奇兰 建筑33。背面景色

（右上及中中）图6-489亚斯奇兰 建筑33。浮雕：参赛的国王（古典后期，771年前，宽165厘米；左侧为球场院阶台，中间为国王“鸟-豹四世”，右侧两个侏儒代表来自阴间的信使）

（左下）图6-490亚斯奇兰 建筑33。1号楣梁浮雕：起舞的国王（约760年，高94厘米，宽83厘米，厚40厘米，表现“鸟-豹四世”在752年登基典礼上起舞的场景）

（中下）图6-491亚斯奇兰 建筑33。圣所内景

（右下）图6-492亚斯奇兰 1号碑及大院。外景（彩画，取自Nigel Hughes:《Maya Monuments》，2000年）

本页及右页：

（左上及中上左）图6-493亚斯奇兰 11号碑（8世纪中叶）。彩图左及线条图、背面，正准备杀俘献祭的“鸟-豹王”（三个俘虏跪在门边）；彩图右、正面，“鸟-豹王”（右侧）和他的父亲

（中上右）图6-494亚斯奇兰 15号碑（681年）。浮雕（宽85厘米，高180厘米，表现“盾-豹”王处决战俘的场面，现存墨西哥城国家人类学博物馆）

（右上）图6-495亚斯奇兰 35号碑。现状

（右下）图6-496亚斯奇兰 宫殿。外景（以石楣梁取代木构，宽大的石梁下表面带丰富的雕饰）

（左下）图6-497亚斯奇兰 建筑21。7号楣梁（古典后期，770年，原有色彩，高69.2厘米，宽76.2厘米，表现国王“鸟-豹四世”和他的妻子，现存伦敦大英博物馆）

图6-498亚斯奇兰 建筑21。16号楣梁（770~775年，高78.8厘米，宽74.2厘米，表现“鸟-豹王”及被俘的贵族）

除了砖墙和与帕伦克类似的拱顶外，科马尔卡尔科还有一些优秀的灰泥浮雕，包括一个给人留下深刻印象的头像（安置在一个神殿入口台阶的中心，图6-456）。

自科马尔卡尔科向南，和帕伦克同位于恰帕斯州的托尼纳，是该地区另一个重要的玛雅遗址。主要建筑位于卫城上，占据了七个朝南的台地，台地高出广场地面约71米（图6-457~6-459）。和其他玛雅遗址相比，在这里，几何特色表现得更为明显，大部分建筑之间，都具有直角的关系。宏伟的金字塔位于卫城第五个台地上（图6-460）。第四个台地上的齿纹宫因南立面上饰有四个巨大的阶梯状齿纹而名（图6-461）。东侧有台阶通向一个带石头和灰泥雕饰的宝座。位于卫城第二个台地上的所谓“冥府宫”于东侧开三个阶梯状的拱门（图6-462~6-464）。城市有两个球场院（图6-465、6-466），其中1号院较大（称下沉式场院，建于公元699年）。较小的2号院位于广场北侧，卫城脚下。除建筑外，遗址上尚存100多个石碑及其他雕饰（大部属6~9世纪古典时期，图6-467~6-469），以及许多保留完好的灰泥作品（图6-470、6-471）。

图6-499亚斯奇兰 建筑23。24号楣梁

二、乌苏马辛塔河中上游地区

[亚斯奇兰]

墨西哥的亚斯奇兰和危地马拉的彼德拉斯内格拉斯，均为位于帕伦克和科潘中途乌苏马辛塔河中上游的城市。它们相距仅45公里，但位于作为国家分界的这条河流的两边。亚斯奇兰城址沿河岸纵长布置，河道在这一地区转了一个几乎是圆形的大圈，弯曲的河岸接近圆弧。主要平台和建筑群成扇形在沿河的步道及建在陡峭河岸上的长条状人工广场两边展开，祭祀中心两侧的建筑布置在毗邻的山坡上，由位于中心的大卫城、西面的小卫城和南面的南卫城组成（总平

面：图6-472、6-473；小卫城：图6-474；南卫城：图6-475、6-476）。遗址由于河水泛滥受到很大破坏，在岸边还可看到被冲刷的结构残迹。自步道及旷场处升起的狭窄山坡被一道不深的沟谷分开。西山谷地布满了平台、台地和建筑。东山以缓坡伸向河岸，边上台地形成一个长长的曲线系列，上面的平台、台阶和建筑组群俯视着整个河道。

亚斯奇兰在许多方面仍然沿袭保守的佩滕地区的传统，如城市的平面类似佩滕地区的近水遗址，建筑组群位于山脊和土丘上。像蒂卡尔那样带角上缩进和凹角的平台（35和36号葬仪金字塔），以及带厚重墙

左页：
图6-500亚斯奇兰 建筑23。25号楣梁（约780年，高130.1厘米，宽86.3厘米，表现“盾-豹王”的王后，伦敦大英博物馆藏品）

本页：
（上）图6-501亚斯奇兰 8号楣梁（古典后期，表现“鸟-豹王”擒敌的场景，线条图，取自Mary Ellen Miller：《The Art of Mesoamerica，from Olmec to Aztec》，2001年）

（下）图6-502亚斯奇兰 15号楣梁（770年，高83.6厘米，宽82.6厘米，表现放血仪式，右侧跪着的是“鸟-豹王”的妻子，伦敦大英博物馆藏品）

本页：

图6-503亚斯奇兰 17号楣梁（770年，高69.2厘米，宽76.5厘米，表现放血仪式，右侧为“鸟-豹王”，对面的王妃正拉动穿过舌头的绳子，伦敦大英博物馆藏品）

右页：

图6-504亚斯奇兰 23号神殿。24号楣梁（古典后期，约726年，高110.5厘米，宽80.6厘米，表现血祭仪式，王后拉着穿过舌头的绳子放血，站在前面的是“盾-豹王”， 伦敦大英博物馆藏品）

体的单拱顶建筑（如结构20和42），也都和佩滕地区的风格相近。不过，和佩滕地区相比，其建筑似乎更多受到帕伦克的影响。许多建筑都使人想起帕伦克和彼德拉斯内格拉斯那种平行的廊道式拱顶，尽管其门道实际上是由墙体区段而不是柱墩分开。属于这类的实例有结构30或23（后者约建于公元726年），其屋顶墙架如帕伦克那样，搁置在中央墙体上。位于主要广场西南角上的结构19，则是一个带厚重墙体，内部空间如迷宫般的建筑（图6-477、6-478）。

事实上，在玛雅城市中，很少有哪个城市能在某些建筑要素的观念上，有如此多元的表现（当然，也有许多只是表现出折中的倾向）。例如，人们在这里可以找到各种类型的门和高屋脊的变体形式。后者和蒂卡尔不同，不是从建筑后部起建，而是依照不同的原则。一种是将屋脊直接建在主立面垂线上（在尤卡坦半岛某些地方风格建筑中同样可看到这种形式），另一种类似帕伦克高屋脊的形式，由两道连在一起并向上稍稍倾斜的镂空墙体组成；但这种屋脊要比帕伦克的更高更大，两道墙体每个都位于建筑的一道内墙上，室内因此形成三条平行廊道。这种巨大的上层结构产生了压倒一切的效果，如建筑6（岸边的红殿，图6-479~6-481）所示，其檐壁尚存部分华美的雕饰。

在亚斯奇兰，最流行的屋脊式样很适合比例拉长的廊

本页及左页：

（左两幅）图6-505亚斯奇兰 建筑23。26号楣梁（726年，高215厘米，宽85厘米，左侧为“盾-豹王”，右面送豹形头盔给他的是王后，墨西哥城国家人类学博物馆藏品）

（中下）图6-506亚斯奇兰 西卫城。建筑42，41号楣梁（古典后期，755年，仅存局部，高61.1厘米，宽91.2厘米，总尺寸应逾120厘米，表现国王“鸟-豹四世”及其王妃，伦敦大英博物馆藏品）

（右）图6-507亚斯奇兰 53号楣梁（766年，高164厘米，宽89厘米，表现“鸟-豹王”及其王后，墨西哥城国家人类学博物馆藏品）

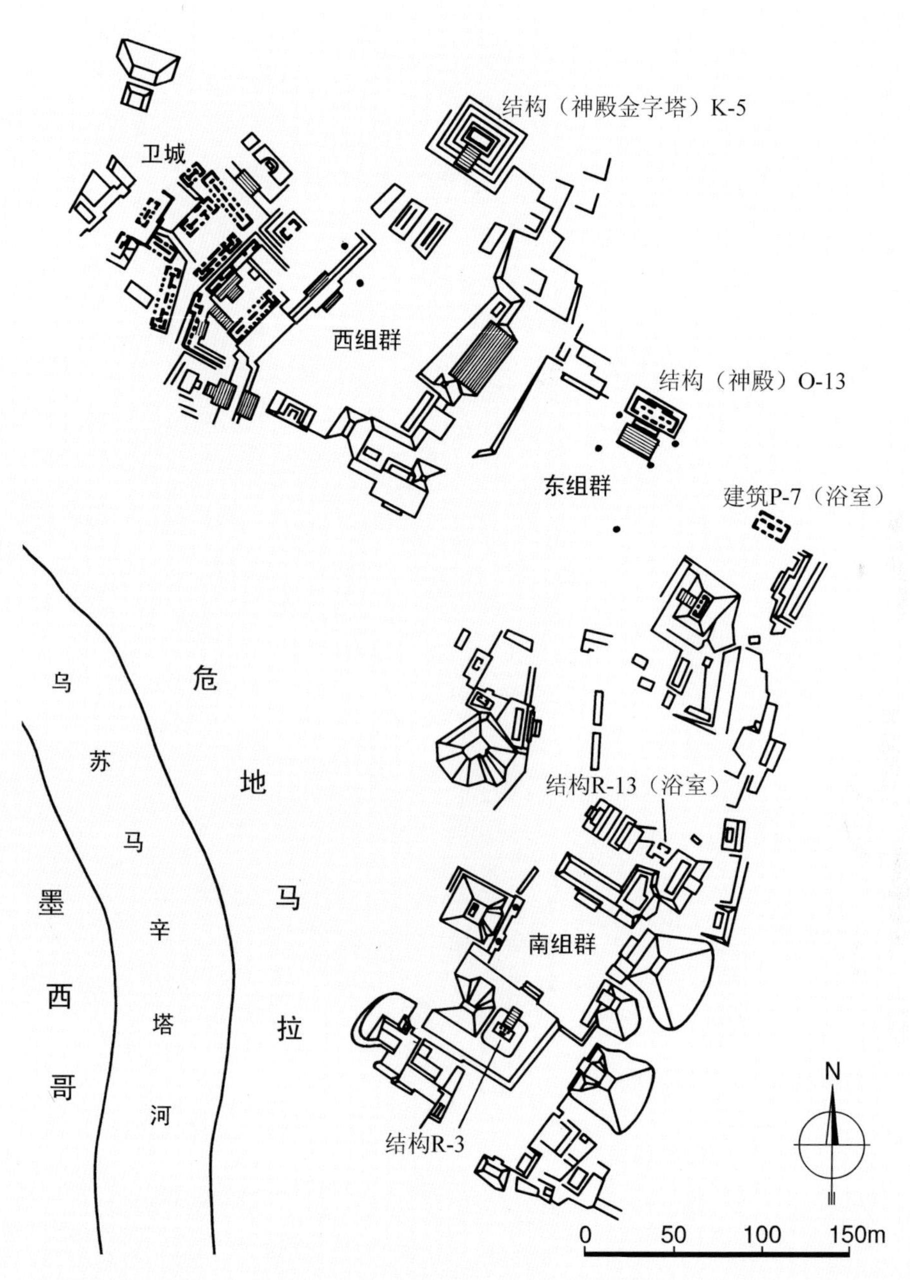

本页：

（左）图6-508亚斯奇兰 建筑44。46号楣梁，细部（古典后期，713年，图示浮雕上的雕刻师名号）

（右）图6-509彼德拉斯内格拉斯 遗址总平面（约公元900年状况，取自George Kubler：《The Art and Architecture of Ancient America，the Mexican，Maya and Andean Peoples》，1990年）

右页：

图6-510彼德拉斯内格拉斯 遗址总平面（据Marquina，1964年）

道及装饰着立面上部的特大檐壁。它由一道既高且厚的透空墙体组成，通常都朝顶端逐渐缩小，安置在屋顶中央部分。结构 33可作为这种地方风格的范本，尽管下面只是单廊道建筑（平面、立面及剖面：图6-482；外景：图6-483~6-488；雕饰：图6-489、6-490）。其楣梁约属751年，这种类型在刚提到的平行房间体系后不久开始流行。新的亚斯奇兰类型只是拱顶更宽些，屋顶墙架搁置在压顶石上。拱顶在长度方向上通过砌筑隔墙分为各个房间，内门采用叠涩拱券。立面上开奇数门洞，以大段墙体分开。位于压顶石上的格构式屋顶墙架实际上是压在拱顶最薄弱的部位，如果支撑墙没有通过隔墙加固的话（这些隔墙实际上起到了内扶垛的作用），在这样的负荷下很难保证不发生形变（内扶垛仅在亚斯奇兰可以看到，是一种地方特色）。建筑师为何要冒着坍塌的危险这样做，目前还难以解释。既然人们同时采用了带中央承重墙的平行拱顶体系（见图6-70之3），看来他们已认识到这是一种更好的做法。由于屋顶墙架在前后两面和侧面都完全对称，因此，也可能是出自艺术和美学上的考虑，要求下面单拱顶的平面与之协调。搁置在压顶石上的屋顶墙架很久以后又在东北海岸地区出现。在亚斯奇兰，它们的结合可能反映了地方宗教的需求，即希望在两个轴线方向上都要保持外部的完全对称，就这样，将带平行拱顶的室外设计延伸到单拱

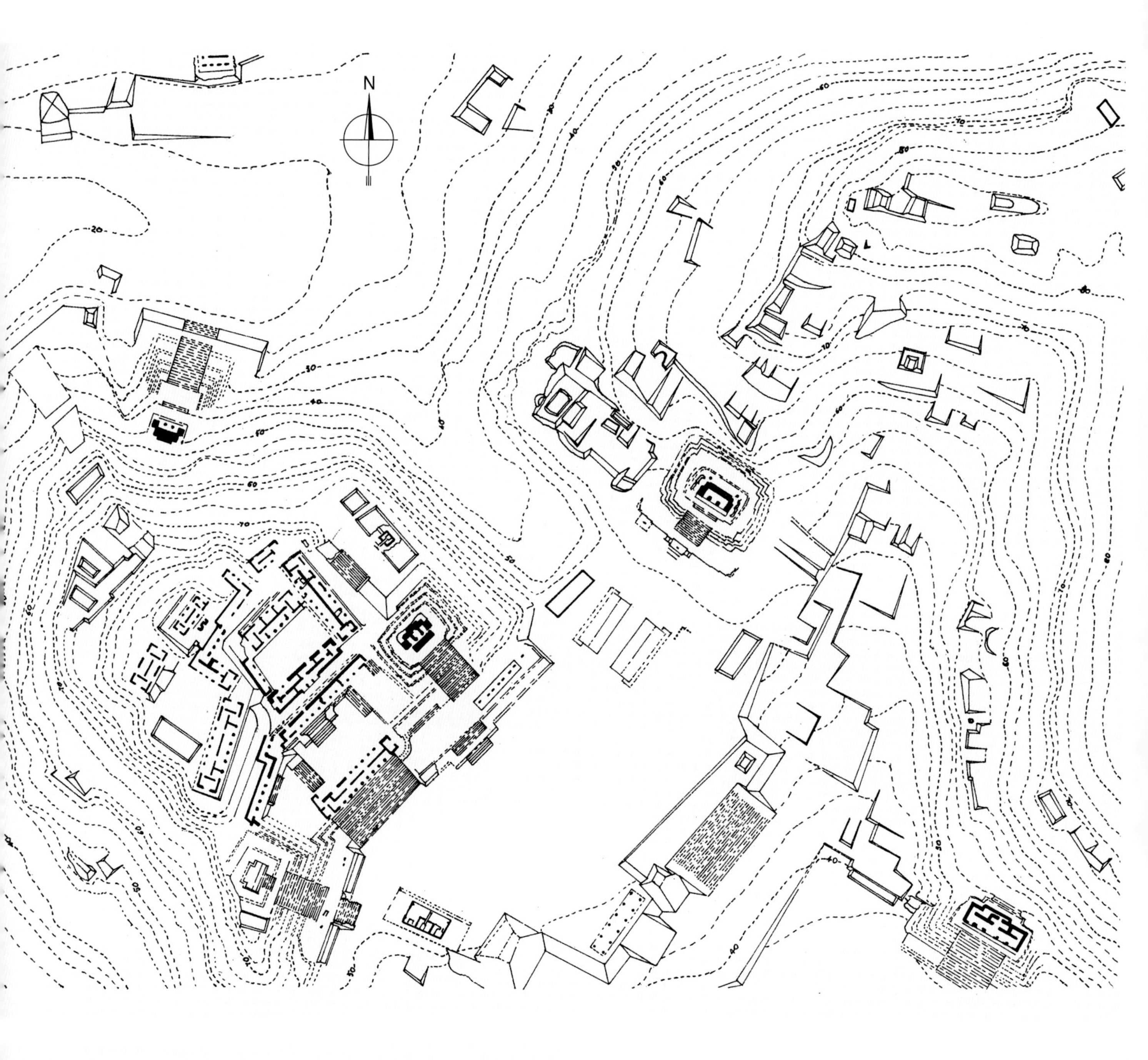

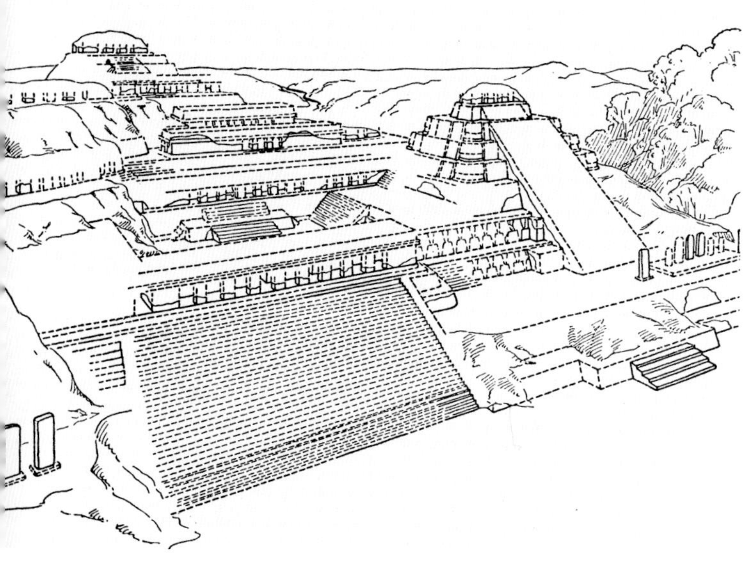

（本页上）图6-511彼德拉斯内格拉斯 东北区。平面（据Marquina，1964年）

（本页下及右页上）图6-512彼德拉斯内格拉斯 西卫城。复原图（约公元900年景况，作者塔季扬娜·普罗斯库里亚科娃）

（右页下）图6-513彼德拉斯内格拉斯 西卫城。复原图（线条图，据塔季扬娜·普罗斯库里亚科娃原图绘制）

本页：

（上下两幅）图6-514彼德拉斯内格拉斯 神殿金字塔（结构K5，677年前）。早期形式复原图（作者塔季扬娜·普罗斯库里亚科娃）

右页：

（上及左中）图6-515彼德拉斯内格拉斯 神殿金字塔（结构K5）。后期形式复原图（作者塔季扬娜·普罗斯库里亚科娃）

（左下）图6-516彼德拉斯内格拉斯 神殿金字塔（结构K5）。遗址现状

（右下）图6-517彼德拉斯内格拉斯 香炉（结构K5出土，陶土，部分修复，塔季扬娜·普罗斯库里亚科娃绘）

顶的结构中。这座建筑配有丰富的雕饰，强烈的明暗效果为稍稍倾斜的巨大檐壁注入了生气和活力（位于中心的大型高浮雕造像尚存残迹）；高屋脊则进一步强化了建筑的宏伟特色。圣所内部采用叠涩拱顶，为一种多瓣形的优美变体（图6-491），在帕伦克同样可看到这类表现。

亚斯奇兰的众多雕刻作品中，包括许多和建筑相关的石碑（图6-492~6-495），特别是装饰着建筑大门加工精致的独石楣梁，给人们留下了深刻的印象（图6-496~6-508）。在蒂卡尔，留存下来的这类雕刻范本系用美果榄树木材，而亚斯奇兰的则是用石灰石或辅以灰泥。在26号楣梁（Linteau 26），可欣赏到衣服、头饰，乃至手势的精美细部；25号楣梁（Linteau 25）表现一个自虚构的蛇口中伸出、用矛和盾武装起来的神祇，和一个出神地凝视着他的女祭司，构图线条极为流畅（见图6-500）。

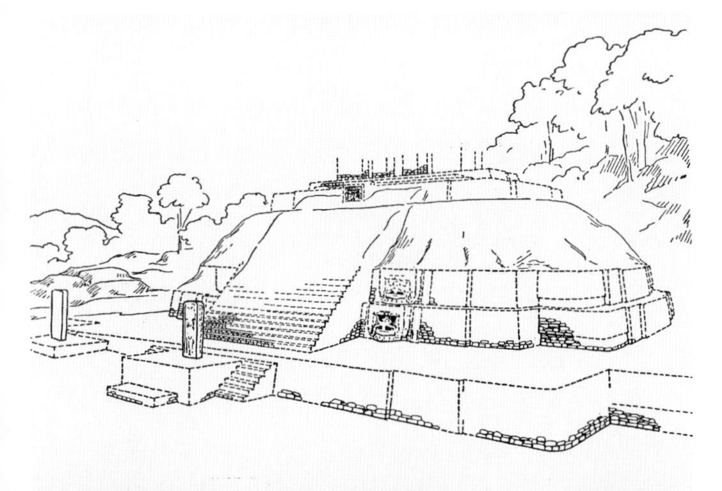

本页及左页：

（左上及中上）图6-518彼德拉斯内格拉斯 蒸汽浴室。内景复原图（作者塔季扬娜·普罗斯库里亚科娃）

（右上）图6-519彼德拉斯内格拉斯 建筑J-6。宝座1（原位于一个带玛雅式拱顶的龛室内，现存危地马拉人类学博物馆）

（右中及右下）图6-520彼德拉斯内格拉斯 建筑J-6。宝座1，靠背大样（图版作者塔季扬娜·普罗斯库里亚科娃）

（左下及中下三幅）图6-521彼德拉斯内格拉斯 建筑J-6。宝座1，细部

RIVER COPAN
N

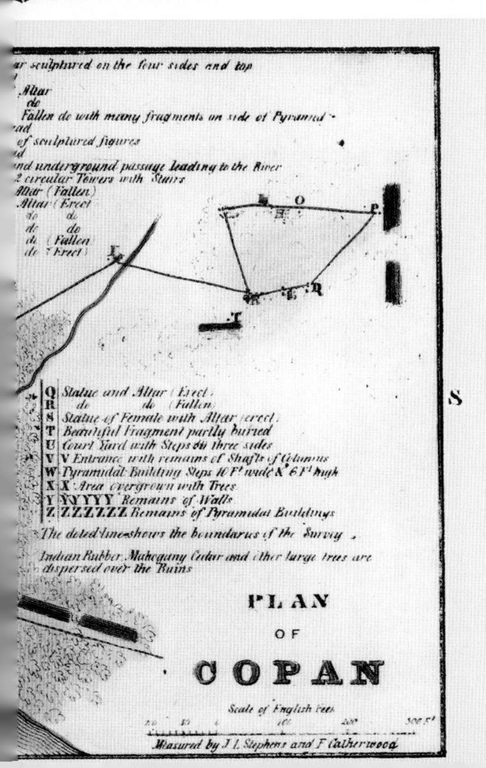

本页及左页：

（左）图6-522彼德拉斯内格拉斯 14号碑（位于结构O-13外，758年，表现该年城市第五位统治者登基的情景，他坐在带华盖的高宝座上，前面是他的母亲或妻子，哈佛大学Peabody Museum藏品）

（中上）图6-523彼德拉斯内格拉斯 结构（神殿）O-13。3号楣梁（墙板，782年或以后，表现749年第四位统治者登基的场景，他坐在华美的御座上，前面坐在地上的是地方官员、书记官和学者，雕板现存危地马拉城国家人类学博物馆）

（中中）图6-524彼德拉斯内格拉斯 2号墙板（667年，高91.5厘米，宽122厘米，图示城市第二任统治者及其年轻的继承人，前面跪着的为六个全副武装的诸侯，哈佛大学Peabody Museum藏品）

（右）6-525科潘 中心区。总平面（由四个相距约一公里的群体组成，其间以堤道相连；取自Nikolai Grube:《Maya，Divine Kings of the Rain Forest》）

（中下）图6-526科潘 主要组群遗址平面（图版作者弗雷德里克·卡瑟伍德，取自Fabio Bourbon:《The Lost Cities of the Mayas，the Life，Art，and Discoveries of Frederick Catherwood》，1999年）

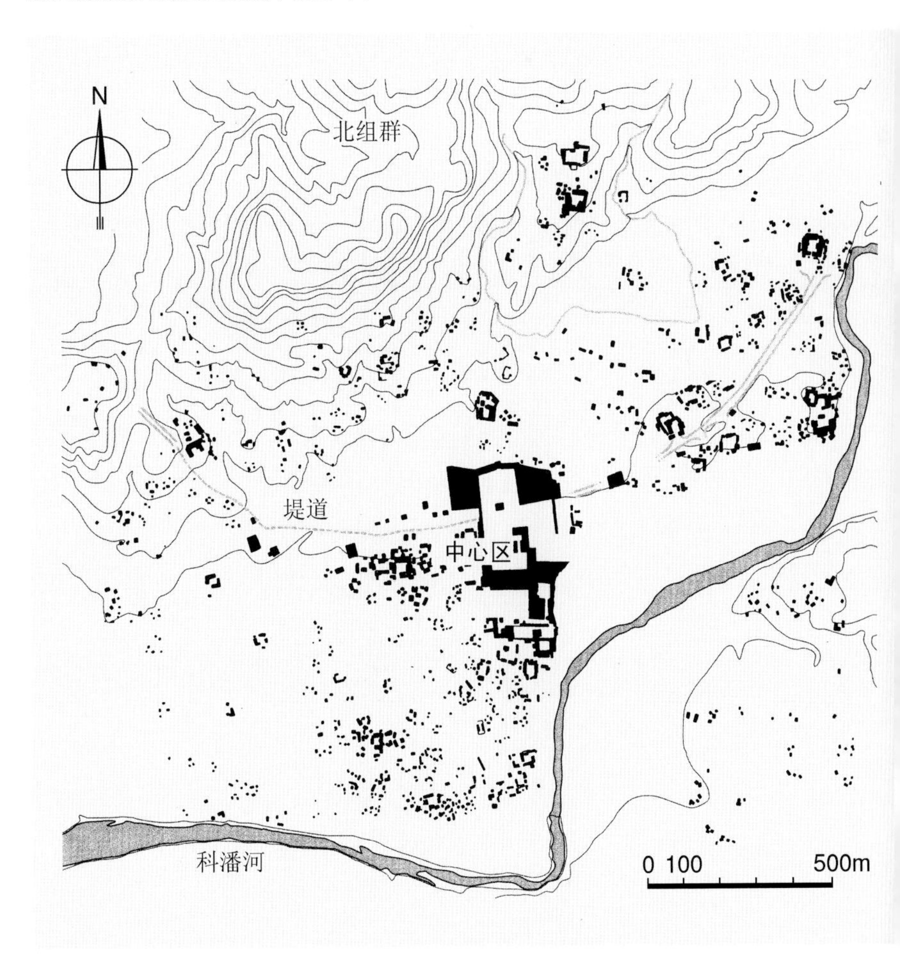

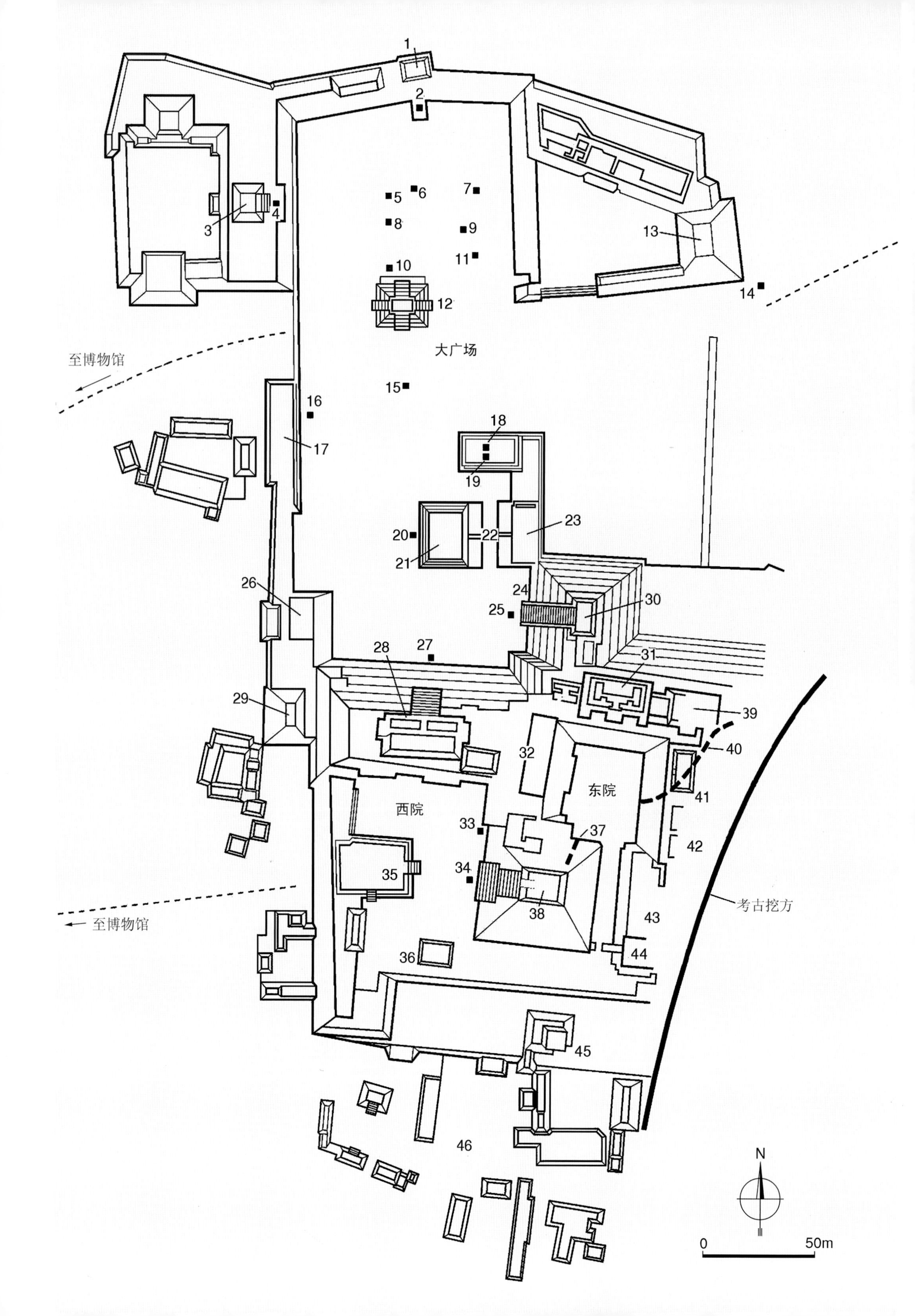

1
2
3
4
5
6
7
8
9
10
11
12
13
14
大广场
至博物馆
15
16
17
18
19
20
21
22
23
24
25
26
27
28
29
30
31
32
33
34
35
36
37
38
39
40
41
42
43
44
45
46
东院
西院
考古挖方
至博物馆
N
0
50m

左页：

图6-527科潘 礼仪中心。平面，图中：1、结构2，2、石碑D，3、结构1，4、石碑E，5、石碑B，6、石碑C，7、石碑F，8、石碑4，9、祭坛G，10、石碑A，11、石碑H，12、结构4，13、结构3，14、石碑J，15、石碑3，16、祭坛K，17、结构6，18、祭坛L，19、石碑2，20、石碑1，21、结构9，22、球场院，23、结构10，24、象形文字台阶，25、石碑M，26、结构7，27、石碑N，28、结构11（铭文殿），29、结构8，30、结构26，31、神殿22，32、结构22A，33、石碑P，34、祭坛Q，35、结构13，36、结构14，37、罗萨利拉通道，38、结构16（罗萨利拉神殿），39、结构21，40、美洲豹通道，41、结构20，42、结构19，43、结构17，44、结构18，45、结构29，46、墓地

本页：

（上下两幅）图6-529科潘 礼仪中心。建筑群复原图[图版，作者塔季扬娜·普罗斯库里亚科娃；后面部分遗址受到科潘河的冲刷，为避免河道对遗址的进一步破坏，20世纪30年代美国工程军团（U.S.Army Corps of Engineers）另辟了新的河道]

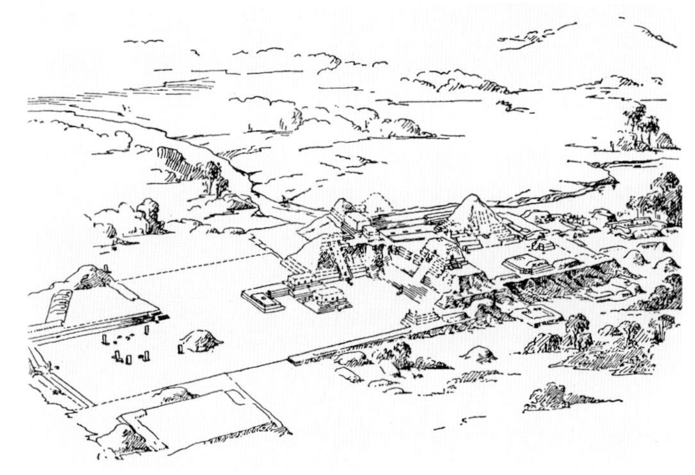

[彼德拉斯内格拉斯]

佩滕密林向西延伸，穿过乌苏马辛塔河流域到一片地势起伏更大的地域，在这里，聚集着玛雅古典时期在雕刻艺术和建筑上取得很高成就的另一批城市。

位于乌苏马辛塔河危地马拉一侧的彼德拉斯内格拉斯即其中最重要的城市之一（图6-509~6-511）。城址占据了一个倾斜的高原地带，自西部卫城到高

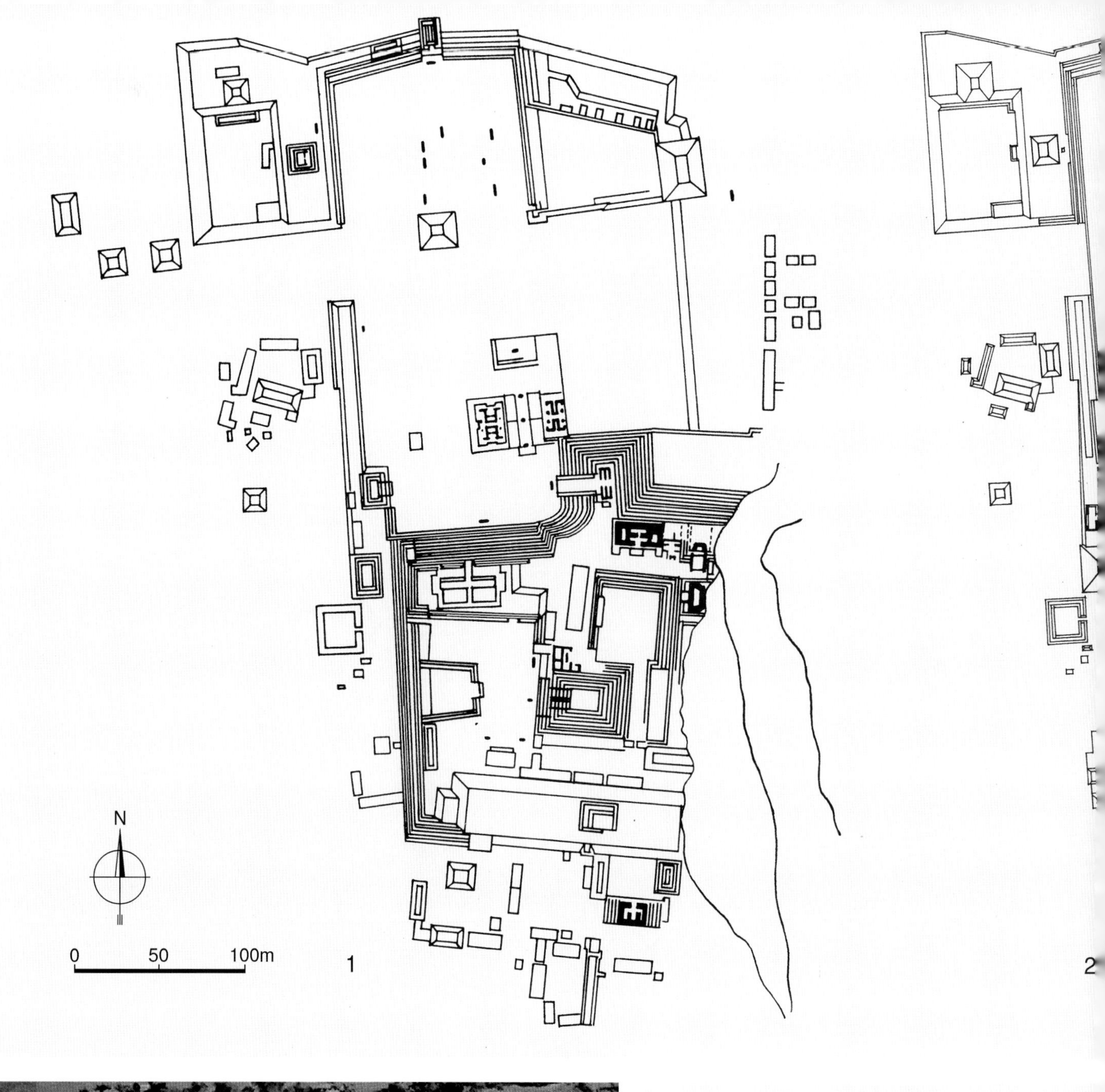
N
0
50
100m
1
2

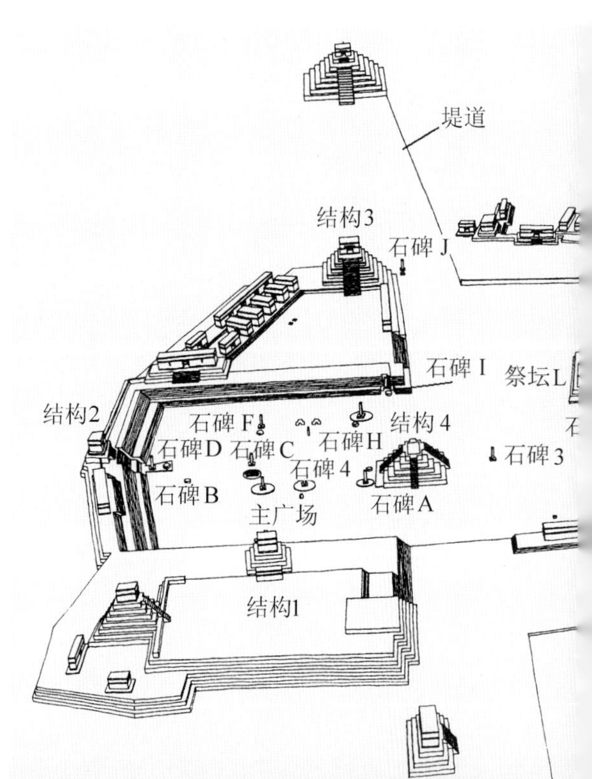
堤道
结构3
石碑J
石碑I
祭坛L
结构2
石碑F
石碑D
石碑C
石碑H
结构4
石碑4
石碑3
石碑B
主广场
石碑A
结构1

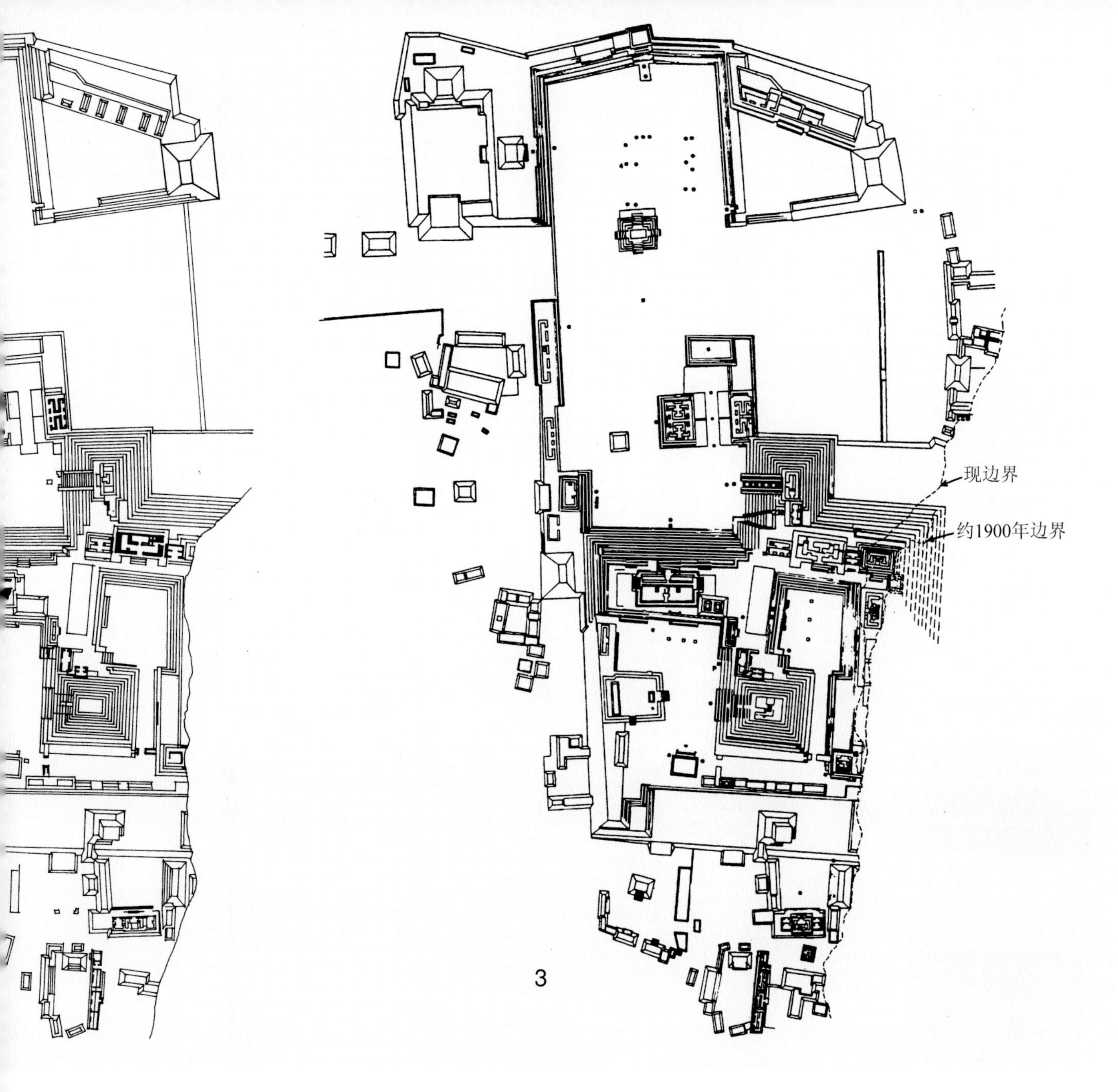

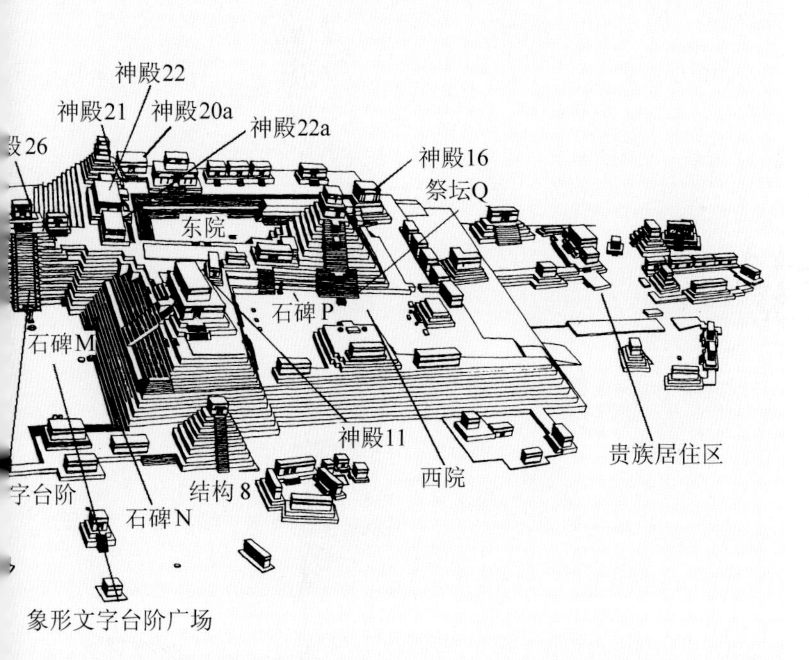

本页及左页：

（上）图6-528科潘 礼仪中心。平面（约公元600~900年状况，南半部为卫城，按同一比尺绘制）：1、取自George Kubler:《The Art and Architecture of Ancient America, the Mexican, Maya and Andean Peoples》, 1990年；2、取自Paul Gendrop及Doris Heyden:《Architecture Mésoaméricaine》, 1980年；3、取自Jeff Karl Kowalski:《Mesoamerican Architecture as a Cultural Symbol》, 1999年

（左下）图6-530科潘 礼仪中心。俯视复原图（自西北面望卫城及前方广场景色）

（右下）图6-531科潘 礼仪中心。最后阶段透视复原图（自西面望去的景色）

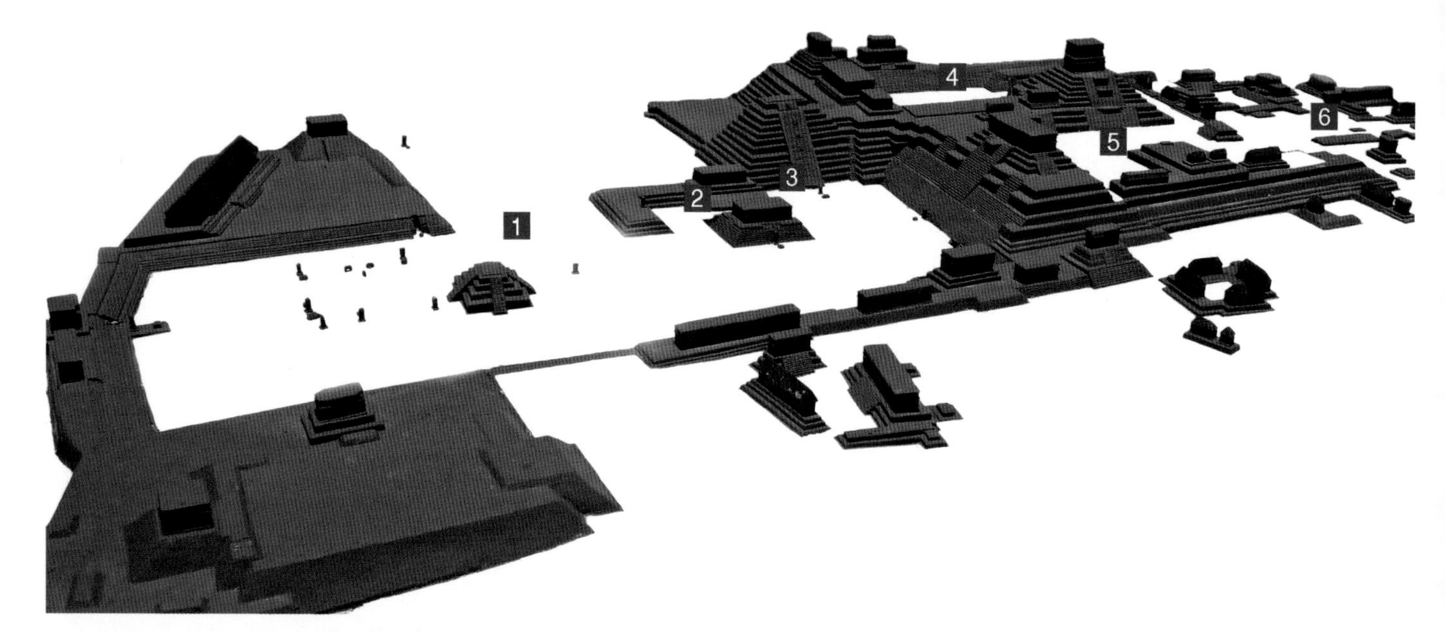

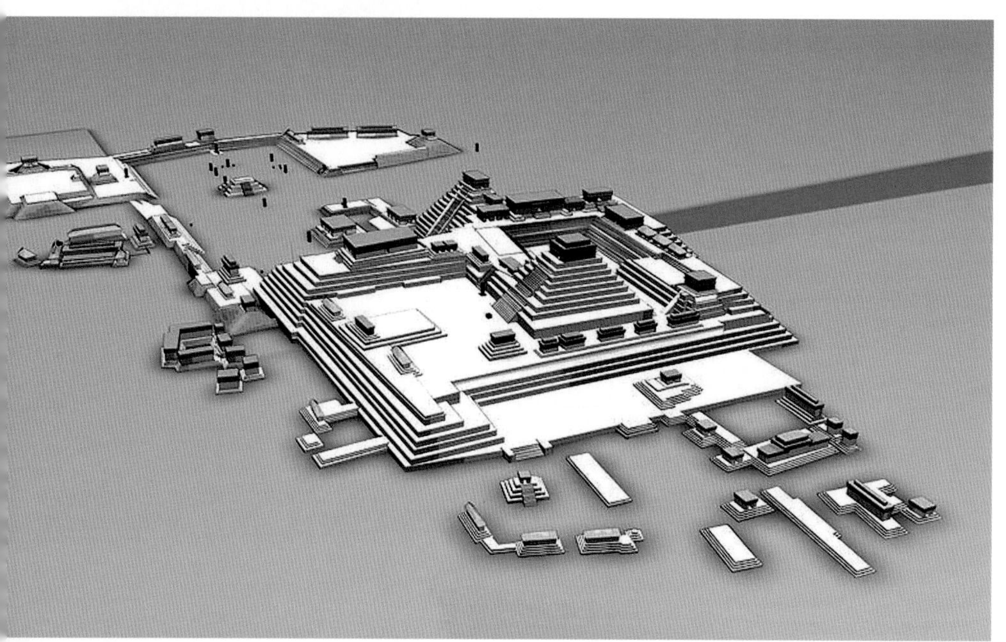

（上）图6-532科潘 礼仪中心。复原图（自西北面望去的景色），图中：1、主要组群，2、球场院，3、象形文字台阶，4、东院，5、西院，6、墓地组群

（中）图6-533科潘 礼仪中心。复原图（自西南面望去的景色）

（下）图6-534科潘 礼仪中心。电脑复原图（自西北方向望去的景色）图中：1、东院（广场），2、神殿16，3、卫城（包括铭文殿，神殿11和16），4、西院（广场），5、神殿11，6、象形文字台阶，7、象形文字台阶院落，8、石碑，9、北广场，10、大广场，11、球场院，12、铭文（象形文字）殿

（上）图6-535科潘 大广场。历史景观（约1840年景色，可以看到4号碑的细部及其圆形的祭坛；版画，作者弗雷德里克·卡瑟伍德，取自Fabio Bourbon：《The Lost Cities of the Mayas，the Life，Art，and Discoveries of Frederick Catherwood》，1999年）

（下）图6-536科潘 大广场平台（金字塔祭台，结构4）。地段全景

本页及左页：

（左上）图6-537科潘 大广场平台。南侧全景，前面的3号石碑立于科潘第12任国王Smoke-Imix期间（628~695年）

（中下及右）图6-538科潘 石碑A（731年）。正面及右侧（作者弗雷德里克·卡瑟伍德，取自Fabio Bourbon：《The Lost Cities of the Mayas，the Life，Art，and Discoveries of Frederick Catherwood》，1999年）

（左下）图6-539科潘 石碑A。背面（版画，作者弗雷德里克·卡瑟伍德，取自Fabio Bourbon：《The Lost Cities of the Mayas，the Life，Art，and Discoveries of Frederick Catherwood》，1999年；铭文符号中包括四个最主要的玛雅城市，即蒂卡尔、卡拉克穆尔、帕伦克和科潘本身）

本页及左页：

（左）图6-540科潘 石碑A。细部（国王“十八兔”造型）

（中及右）图6-541科潘 石碑B（同样位于大广场上，古典后期，721年，高373厘米，宽118厘米，厚100厘米，建于科潘第13任统治者Waxaklajuun Ubaah K’ awiil期间）。外景

本页及右页：

（左）图6-542科潘 石碑C。最初破损状态[782年立，原高3.96米，单一石料刻制，表现科潘第16任，也是最后一任国王“旭日”（Rising Sun，763年登基，卒于800年）的形象；彩画，作者弗雷德里克·卡瑟伍德，取自Fabio Bourbon：《The Lost Cities of the Mayas, the Life, Art, and Discoveries of Frederick Catherwood》，1999年]

（右上）图6-543科潘 石碑C。东侧全景

（右下）图6-544科潘 石碑C。东侧细部

用了一种由屋顶中央部分支撑的轻质屋脊，用这种更灵活的方式缩减墙体厚度和获取有效空间。神殿J-24即为一例。和围绕着帕伦克宫殿的带顶廊道类似，在这里，这种布置方式可使立面保持相对畅通的联系，建筑亦如帕伦克那样，开敞、轻快、通透。在卫城上一些较长的建筑里，许多洞口几乎将外墙缩减为简单的柱墩（如图6-512、6-513所见），对玛雅中部地区习见的沉重建筑来说，这样的做法无疑是革命性的变

左页：

图6-558科潘 石碑H（782年，表现一位手持双头蛇权杖的人物，长期以来被认为是科潘唯一表现女性形象的石碑，但最近已查明，是表现着玉米神Jun Ye Nal服饰的统治者Waxaklajuun Ubaah K' awiil；图版作者弗雷德里克·卡瑟伍德，1841年，取自Fabio Bourbon:《The Lost Cities of the Mayas，the Life，Art，and Discoveries of Frederick Catherwood》，1999年）

本页：

（上两幅）图6-559科潘 石碑H。现状

（左下）图6-560科潘 石碑H。背面

左页：

图6-561科潘 石碑H。近景

本页：

（上下两幅）图6-562科潘 石碑H。细部（尚存着色痕迹）

革。空间宽敞、效果迷人的建筑P-27是彼德拉斯内格拉斯8个蒸汽浴室中最大的一个，体现了进一步扩展这类轻质结构的努力，是综合叠涩拱顶和平屋顶的少有实例。

总的来看，在彼德拉斯内格拉斯，值得注意的建筑主要属三种类型。一类和亚斯奇兰一样，反映了佩滕地区的习惯做法，主体部分以厚重墙体围括内部小间，上置巨大的屋顶墙架，位于带斜面线脚和圆形内缩角的平台上。结构K5、O13和R3即属此类。据相关的铭文，R3约建于554年，为遗址上最古老的拱顶建筑之一。在完成于677年之前的神殿金字塔K5中再次应用了这种平面（图6-514~6-517）。这组所有建筑和佩滕地区原型的区别仅在于平台高度较矮，侧面坡度较缓，三重大门之间以方形柱墩分开。在K5，

F. Catherwood.
S. A. Gimber.

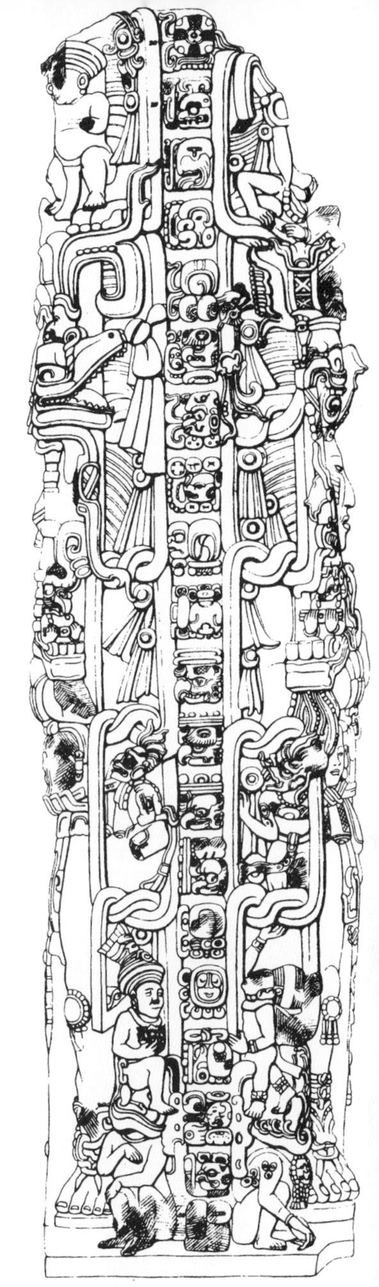

本页及左页：

（左）图6-563科潘 石碑I（692年）。彩画（作者弗雷德里克·卡瑟伍德）

（中下）图6-564科潘 石碑M。现状（背景为象形文字台阶）

（中上）图6-565科潘 石碑N和祭坛N（彩画，取自Nigel Hughes:《Maya Monuments》，2000年）

（右上）图6-566科潘 石碑N（764年）。立面图（取自George Kubler:《The Art and Architecture of Ancient America，the Mexican，Maya and Andean Peoples》，1990年）

台阶两侧的大型灰泥头像颇似前古典时期瓦哈克通建筑E -VII -sub的形式（见图6-84、6-85）。

第二组建筑以卫城（见图6-512）上的双列平行拱顶和廊道式房屋为代表，颇似帕伦克宫殿的形式（柱廊式立面各门道之间以柱墩分开，成组配置宽大封闭的住宅院落）。在彼德拉斯内格拉斯，拱顶廊道建筑好像是早期带茅草顶的那种非拱顶房屋的扩大。如果真是这样的话，这种乌苏马辛塔宫殿类型就是反映了古代地方房丘住宅（house-mound dwelling）的形式（O13那样的柱廊立面想必就是其中一例）。

在彼德拉斯内格拉斯，已知建筑中最具有专业特色的是一组带隔间平面的蒸汽浴室。在彼德拉斯内格拉斯，已发掘出8个这样的建筑，除了上述最大的P-27外，最复杂的P7类似双廊道单元，建筑围绕着中

心小的拱顶烧火及发汗室布置，外围房间可能是用于更衣和休息（图6-518）。另有编号R13的一个靠着球场院。

彼德拉斯内格拉斯位于蒂卡尔及帕伦克这两个强大的城市之间，在它们的影响下建筑很自然表现出折中的特色。和建筑一样，彼德拉斯内格拉斯的石雕在玛雅艺术中也占有重要的地位（不仅因其数量、解决方式的多样化，同样也因其造型表现的丰

本页及左页：

（左及中）图6-567科潘 石碑N。正面景观（表现科潘最后一任统治者“旭日”，图版作者弗雷德里克·卡瑟伍德，取自Fabio Bourbon：《The Lost Cities of the Mayas，the Life，Art，and Discoveries of Frederick Catherwood》，1999年）

（右上）图6-568科潘 石碑N。现状（位于神殿11前）

（右下）图6-569科潘 祭坛G。南侧景观（远处可看到石碑D及其祭坛）

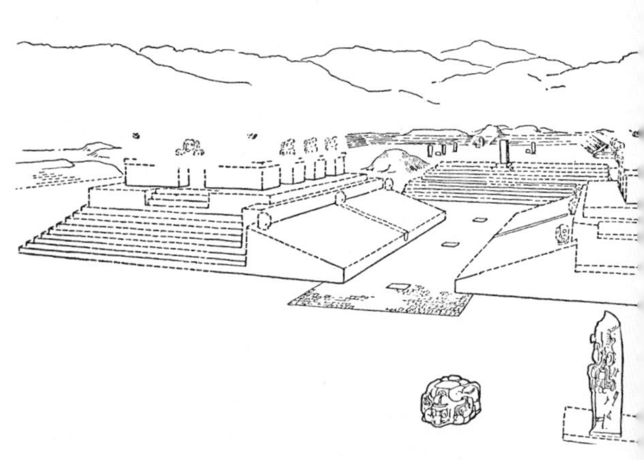

富）。在这些题材丰富的雕刻中，可以举出几个值得注意的例证。首先是编号J-6建筑里的一个宝座（宝座1，位于一个带玛雅式拱顶的龛室内）。其靠背石板表现一个巨大的雨神头像。两个大洞代表眼睛，里面出现两个正在对话的人物（从他们的手势上可证明这点；图6-519~6-521）。在大量带雕刻的石碑中，给人留下深刻印象的一个系以高浮雕表现龛室内的人物，象形文字碑文及其他母题则为细刻的低浮雕（图6-522）。不过，在彼德拉斯内格拉斯，从构图和外

（左上）图6-570科潘 祭坛G。北侧现状

（右上及下）图6-571科潘 球场院A-III（结构10L-9/10，古典后期，738年）。复原图（约公元800年，向北面望去的景色，作者塔季扬娜·普罗斯库里亚科娃，取自Tatiana Proskouriakoff:《An Album of Maya Architecture》，2002年；球场院最早由王朝创立者K' inich Yax K' uk' Mo' 建于5世纪初，后多次改建，最后一次建于Waxaklajuun Ubaah K' awiil统治时期，后者被竞争对手基里瓜首脑俘虏后，不久就被斩首）

（上）图6-572科潘 球场院A-III。外景（彩画，向北面望去的景色，取自Nigel Hughes:《Maya Monuments》，2000年）

（下）图6-573科潘 球场院A-III。现状，俯视全景（向北面望去的景色，场地长36米，宽10米，中央及两端设标志石，两边平台上均有建筑）

观上看，最优美的石碑当属后面还要论及的12号碑（见图7-576）；而这个城市最壮观的雕刻作品，无疑是楣梁3。后者尽管损毁严重，但可以看到几乎所有的雕刻手法，从精巧细致的浅刻铭文到立体感极强的圆雕，包括了各种程度的浮雕形式（图6-523）。时间更早的2号墙板则更多采用了扁平的浮雕造型（图6-524）。

本页：

（上）图6-574科潘 球场院A-III。东南侧俯视景色

（中）图6-575科潘 球场院A-III。西南侧俯视景色（自神殿11上望去的情景）

（下）图6-576科潘 球场院A-III。向南面望去的景色

右页：

（左上）图6-577科潘 球场院A-III。西北面景色（远处加保护棚的为象形文字台阶）

（右上）图6-578科潘 球场院A-III。东北面景色

（下）图6-579科潘 球场院A-III。西南侧景色

三、莫塔瓜河流域

[科潘]

古典时期玛雅“三角形”的另一端，玛雅中部地区东南，是莫塔瓜河流经的地域，部分河道构成了今日危地马拉和洪都拉斯的分界。相对较小且远离佩滕的这片地区，创造出一种独特的雕刻和建筑风格，并对玛雅天文学作出了重要贡献。

位于洪都拉斯境内的科潘无疑是这一地方风格最具有影响力的中心，也是玛雅各地最著名的祭司-天象学家聚会的场所（通过这种聚会对照交流他们最新的天体计算结果以完善极其复杂的玛雅历法，参见祭坛Q的浮雕）。到7世纪末，即古典后期开始之际，在科潘实施的玛雅太阳历计算，以难以置信的精确领先于西方历法，和后者仅有每年万分之三天的差异，精度超过了当时其他大陆使用的所有太阳历（按玛雅人的计算，一年长度为365.242129天，和今天科学测定的绝对年长365.242198天的数值，相

本页及右页：

（左上）图6-580科潘 球场院A-III。中央标志石（彩画，取自Nigel Hughes：《Maya Monuments》，2000年）

（左下及中下）图6-581科潘 球场院A-II（大球场院，古典后期，695年以后）。中央标志石（表现和冥府神赛球的国王，直径74厘米，现存科潘考古博物馆，图版作者塔季扬娜·普罗斯库里亚科娃）

（左中）图6-582科潘 球场院A-III。边侧鹦鹉头状石雕（彩画，取自Nigel Hughes：《Maya Monuments》，2000年）

（中上）图6-583科潘 球场院A-III。侧翼建筑，现状（前景为西翼，对面为东翼）

（右上）图6-584科潘 球场院A-III。西翼建筑（结构10L-9，东南侧俯视景象）

（右下）图6-585科潘 球场院A-III。东翼建筑（结构10L-10，自场院望去的景色）

差不到万分之一）。

科潘是古典时期主要玛雅遗址中最靠南端和地势最高（600米）的一个（总平面：图6-525~6-528；复原图：图6-529~6-534；历史景观：图6-535）。被称为“卫城”（这个名称倒是名副其实）的主要平台占地12英亩，上承许多二级平台，后者本身又承其他平台、金字塔和院落，所有这些均由实体结构围合，并通过许多院落组成的连续空

间设计一直延伸到科潘河冲积平原处。河道构成了这个高度逾100英尺的人工山丘的环境，但也成为它大部分遭到破坏的原因，原来形成河道东岸的大台阶即毁于冲刷。

在科潘，拥有大量的石灰华（即火山灰）沉积，提供了一种略呈绿色的建筑石材。同时还有石灰岩和安山岩可用。建筑技术则随时代演进而有所变化。在前古典时期和古典早期，人们主要是于泥浆层上垒河

（左页左上）图6-586科潘 球场院A-III。东翼建筑，券门及雕饰近景

（左页左中）图6-587科潘 球场院A-III。东翼建筑，雕刻细部

（左页下两幅）图6-588科潘 祭坛L（位于球场院A-III北面，822年）。正面及背面（正面刻科潘最后两位统治者，背面表明祭坛一直未能最后完成）

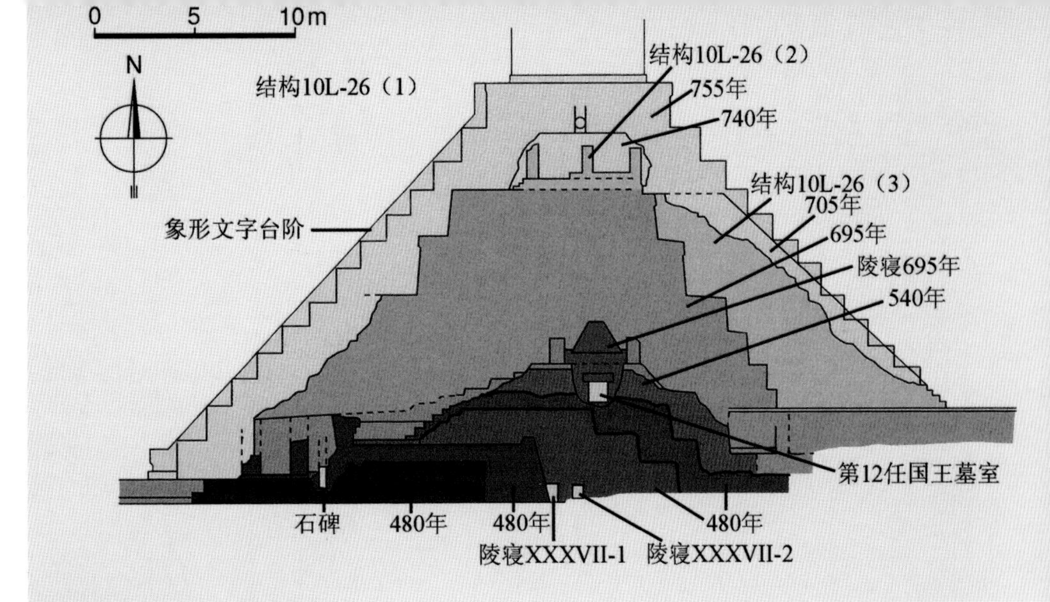

（本页上）图6-589科潘 神殿26（结构10L-26，"象形文字台阶"神殿）。剖面，从科潘卫城的建筑可看到组群在各个不同时期发展和演变的进程。神殿26最早部分属公元480年，城市第二位统治者任内；到第四任国王统治期间，建筑部分拆除并代之以一个新的、更大的结构；到7世纪初，第十二任国王在它顶上又建了一个更大的建筑，包括自己的墓室；到该世纪末，这部分再次被一个更大的建筑掩盖；在后续国王统治期间，建筑又经历了七次改建和扩建，包括著名的象形文字台阶

（左页右中及本页下）图6-590科潘 神殿26（结构10L-26）。复原图（作者塔季扬娜·普罗斯库里亚科娃）

（左页右上）图6-591科潘 神殿26（结构10L-26）。地段全景（象形文字台阶上搭建了保护篷，左侧为球场院及其附属建筑）

本页：

（上）图6-592科潘 神殿26（结构10L-26）。地段全景（左侧远景为球场院）

（下）图6-593科潘 神殿26（结构10L-26）。象形文字台阶（545~757年），正面（西侧）全景（前为石碑M及其祭坛）

右页：

图6-594科潘 神殿26（结构10L-26）。象形文字台阶，近景

本页：

（上）图6-595科潘 神殿26（结构10L-26）。象形文字台阶，自西南方向望去的景色

（下）图6-596科潘 神殿26（结构10L-26）。象形文字台阶，近景（搭建保护篷后的景况）

右页：

（左上）图6-597科潘 神殿26（结构10L-26）。象形文字台阶，细部

（右上）图6-598科潘 神殿26（结构10L-26）。中轴浮雕座大样（为五个浮雕座中最下一个，图版作者塔季扬娜·普罗斯库里亚科娃）

（左下）图6-599科潘 神殿26（结构10L-26）。雨神像（雕刻，结构10L-26-sub出土，古典后期，600~900年，高90厘米，现存科潘Museo de Escultura）

（右下）图6-600科潘 神殿26（结构10L-26）。玉石胸牌（古典早期，约400年，长22厘米，宽7.3厘米，现存科潘地区考古博物馆）

卵石，外抹烧石灰灰泥。以后到古典中期，则是在泥浆层上砌易于成型的石灰华块体，说明已引进了采石和切割石料的技术（可能是因为石料成型的成本要低于制备石灰胶结料和灰泥）。在这两个时期，人们均用灰泥来掩盖不完美的接缝（在各时期玛雅建筑中，这一直是它的一个软肋）。

塔季扬娜·普罗斯库里亚科娃所作的祭祀中心复原图（见图6-529）表明城市采用了灵活的规划；劳尔·弗洛雷斯·格雷罗认为它“和阿尔万山相比，具有更强的活力”，构图上亦更为宏伟[12]。沿南北轴线布置的大广场，被不同的要素分为若干区段。北面边界处形成一个三面由台阶封闭类似剧场的露天场地，明显具有祭祀的特色。第四面布置一个平台[金字塔

祭台（结构4）：图6-536、6-537]，主要轴线及广场上局部布置成排的石碑或小祭坛。这些独石雕刻具有明显的地方风格，不仅尺寸较大，雕刻得更深，形式上也更为自由和富于变化，更具有巴洛克那种矫饰特色（石碑A：图6-538~6-540；石碑B：图6-541；石碑C：图6-542~6-546；石碑D及祭坛D：图6-547~6-

本页及右页：

（左）图6-601科潘 神殿26（结构10L-26）。香炉（顶部，XXXVII-4号墓前出土，古典后期，7世纪，高58厘米，直径26.5厘米，现存科潘Instituto Hondureño de Antropología e Historia；在科潘第12任国王这个墓的入口处共找到了11个这类破损的香炉，其塑像可能是表现11位前任）

（中上）图6-602科潘 神殿26（结构10L-26）。香炉（顶部，饰王朝创始人K' inich Yax K' uk' Mo' 塑像，古典后期，650~700年，高61厘米，XXXVII-4号墓前出土，现存科潘考古博物馆）

（中中）图6-603科潘 神殿26（结构10L-26）。玉米神头像（现存华盛顿敦巴顿橡树园博物馆）

（右下）图6-604科潘 卫城。剖面图（示各阶段发展状况，据Rudy Larios V.和José H.Espinoza R.）

（右上）图6-605科潘 卫城。雕刻残段（版画，作者弗雷德里克·卡瑟伍德，取自Fabio Bourbon：《The Lost Cities of the Mayas，the Life，Art，and Discoveries of Frederick Catherwood》，1999年）

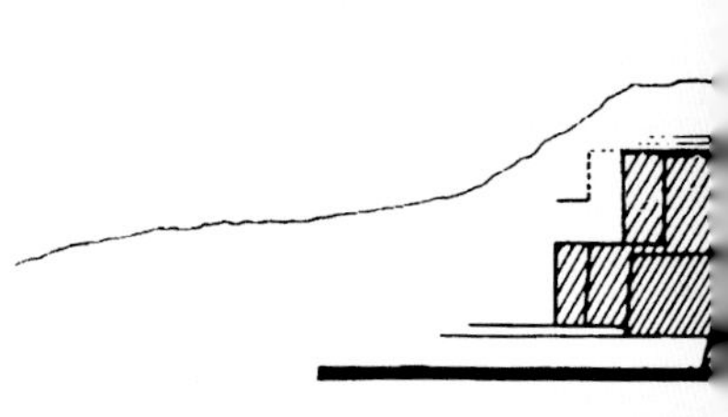

F. Catherwood.
S.H. Gimber

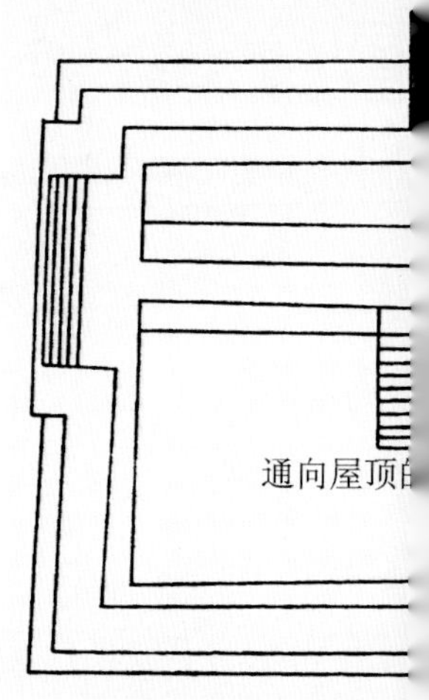
通向屋顶的

329-1886

552；石碑F：图6-553~6-557；石碑H：图6-558~6-562；石碑I：图6-563；石碑M：图6-564；石碑N：图6-565~6-568；祭坛G：图6-569、6-570）。

大广场周围是通向城市其他部分的一系列位于不同高度的旷场。从整个广场的布局上可看出来，这部分与其说是一个建筑的集合体，不如说是若干开敞形体的组合。宽阔的广场上散布着位于不同高度各个台地上的雕刻，但真正的建筑却很少。

在广场南端卫城脚下，是一个小球场院及其边上的附属建筑（图6-571~6-581）。在玛雅，球场院通常都位于祭祀中心内，具有礼仪和宗教的功能（根据比赛结果进行预言或占卜）。在后期结构下被保存下来的科潘这个球场院（约公元775年）位于大广场东南侧的突出地段上。赛场平面长30米，宽7米，周围布置带台阶的平台。这个球场院虽然规模不大，但所在的特殊位置和雕刻引人注目（特别是6 个鹦鹉头状

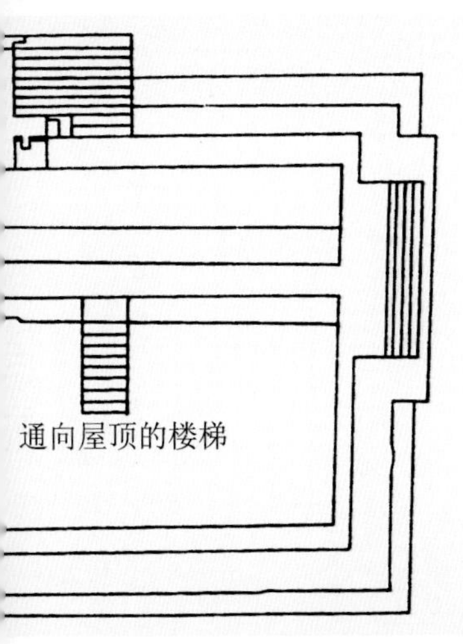

本页及左页：

（左上）图6-606科潘 卫城。三足容器（彩绘陶土，卫城深处墓葬出土，约450年，高20.5厘米，直径27厘米，现存科潘Instituto Hondureño de Antropología e Historia；画面将一座带“裙板-斜面”构造的神殿和一个伸展双臂的人物结合在一起，后者的眼睛和鼻子在主要入口处显示出来，可能是以此表现科潘创始人K' inich Yax K' uk' Mo' 的私人祠堂）

（右中）图6-607科潘 卫城。11号神殿（结构10L-11），平面[据Baudez, 1994年；可辨认出十字形的房间，通向上层的楼梯可能是意在让统治者升往天国（以立面上部一个宇宙魔怪造型为其象征）]

（右上）图6-608科潘 卫城。11号神殿，神像（Pawajtuun，古典后期，769年，高80厘米）

（下）图6-609科潘 卫城。11号神殿，台座雕刻（775年，高50.8厘米，长262.5厘米，现存伦敦大英博物馆；从碑文上可知，画面系表现763年科潘第十六任国王Yax Pasaj Chan Yopaat登位的情景，其他人为已故的先王，为参加新王即位仪式，被从冥界召回）

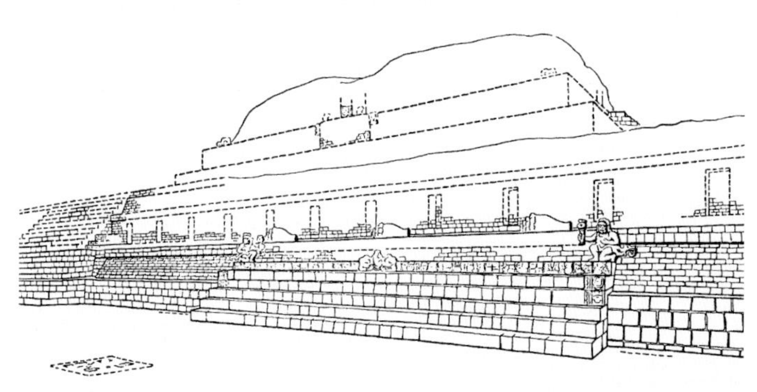

左页：

（左上）图6-610科潘 卫城。11号神殿，浮雕像（775年，高104.1厘米，长76.2厘米，表现坐在王位上手持奉献盘的国王Yax Pasaj Chan Yopaat）

（右中及下）图6-611科潘 卫城。"观众看台"（检阅台，771年），复原图（作者塔季扬娜·普罗斯库里亚科娃，取自Tatiana Proskouriakoff:《An Album of Maya Architecture》，2002年；经改绘）

（右上）图6-612科潘 卫城。"观众看台"，现状全景（自西院望去的景色）

本页：

（上）图6-613科潘 卫城。"观众看台"，近景

（右下）图6-614科潘 卫城。"观众看台"，阶台细部

（左下）图6-615科潘 卫城。"观众看台"，雕像及阶台浮雕

的标志，图6-582）。在端头敞开的赛场上方，边上立着两个神殿，穿过其中一个半坍毁的立面洞口，可看到两个相交的叠涩拱顶，这种优美的阶梯状造型似可视为在玛雅基本结构原则基础上形成的一种变体形式（图6-583~6-587）。作为球场院建筑群组成部分的这两个小神殿，在内部空间组织上亦有独到的表

F. Catherwood

本页及左页：

（左上）图6-616科潘 卫城。“观众看台”，雕像近景（位于11号神殿南侧，769年，可能是手持响铃的演员，由于响铃上有“风”的字样，也有人认为是象征风暴神）

（左下）图6-617科潘 卫城。“观众看台”，雕像细部

（中）图6-618科潘 卫城。石碑P（623年，版画作者弗雷德里克·卡瑟伍德，取自Fabio Bourbon:《The Lost Cities of the Mayas，the Life，Art，and Discoveries of Frederick Catherwood》，1999年）

（右）图6-619科潘 卫城。石碑P，现状

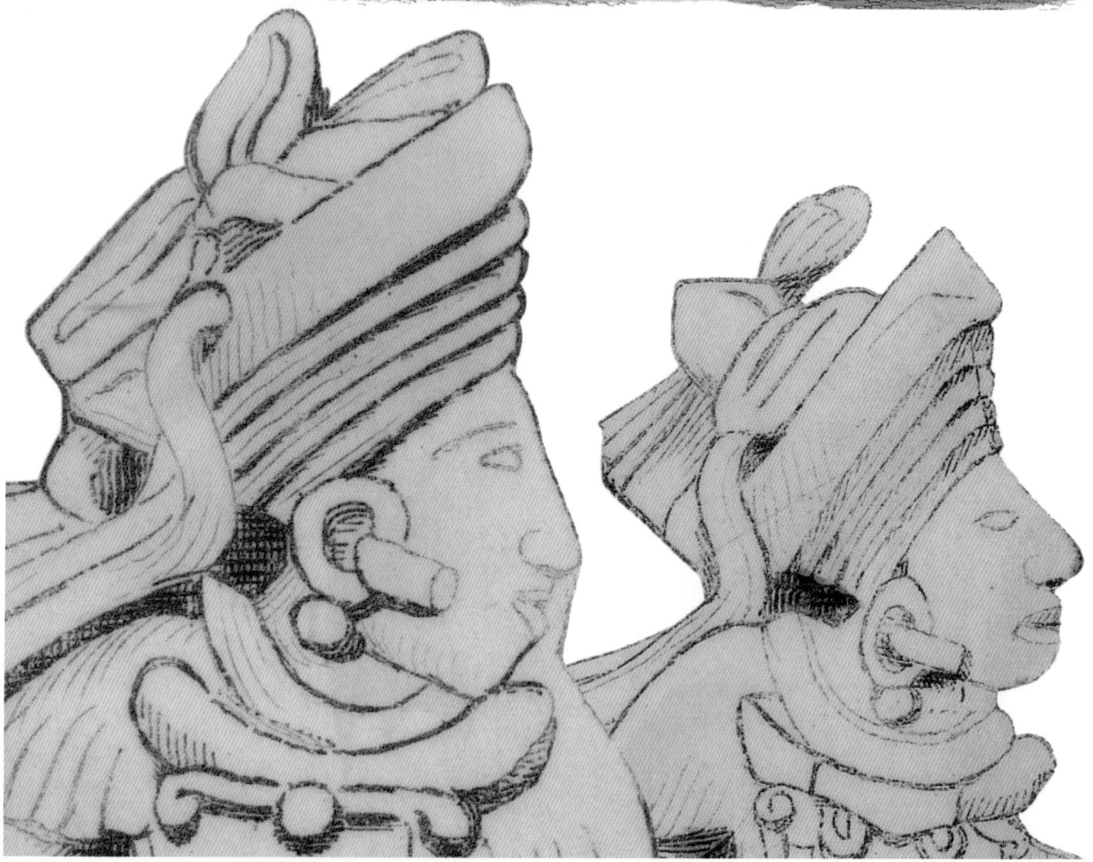

（上及中）图6-620科潘 卫城。祭坛Q（776年，表现天文学家或科潘十六位国王的聚会，北侧景观及细部，版画作者弗雷德里克·卡瑟伍德，取自Fabio Bourbon：《The Lost Cities of the Mayas, the Life，Art, and Discoveries of Frederick Catherwood》，1999年）

（下）图6-621科潘 卫城。祭坛Q，南侧（版画，作者弗雷德里克·卡瑟伍德）

(上）图6-622科潘 卫城。祭坛Q，西侧（版画，作者弗雷德里克·卡瑟伍德）

(下）图6-623科潘 卫城。祭坛Q，西南侧现状

(中）图6-624科潘 卫城。祭坛Q，南侧近景

现。在球场院东北，附属建筑成“L”形展开，上面立有石碑和祭坛（图6-588）。

在这组建筑附近，即科潘最著名的建筑之一，因其极其丰富的立面雕刻细部被称为“象形文字台阶”的神殿（26号神殿，结构10L-26，其金字塔基座已碰到球场院组群的端头；剖面及复原图：图6-589、6-590；外景及细部：图6-591~6-598；出土文物：图6-599~6-602）。其台阶踢脚板上雕有总共2500多个玛雅象形文字符号，为人们提供了迄今为止这一文化最长的铭文（年代跨度：545~757年）。在台阶两边

（上）图6-625科潘 卫城。祭坛Q，北侧全貌

（下）图6-626科潘 卫城。祭坛Q，西侧近景及细部

（上及左中）图6-627科潘卫城。东院，复原图（左侧为“美洲豹台阶”，编号结构10L-24，对面为22号结构-神殿，图版作者塔季扬娜·普罗斯库里亚科娃，取自Tatiana Proskouriakoff:《An Album of Maya Architecture》，2002年）

（左下）图6-628科潘 卫城。东院，全景

（右下）图6-629科潘 卫城。东院，东北角景色

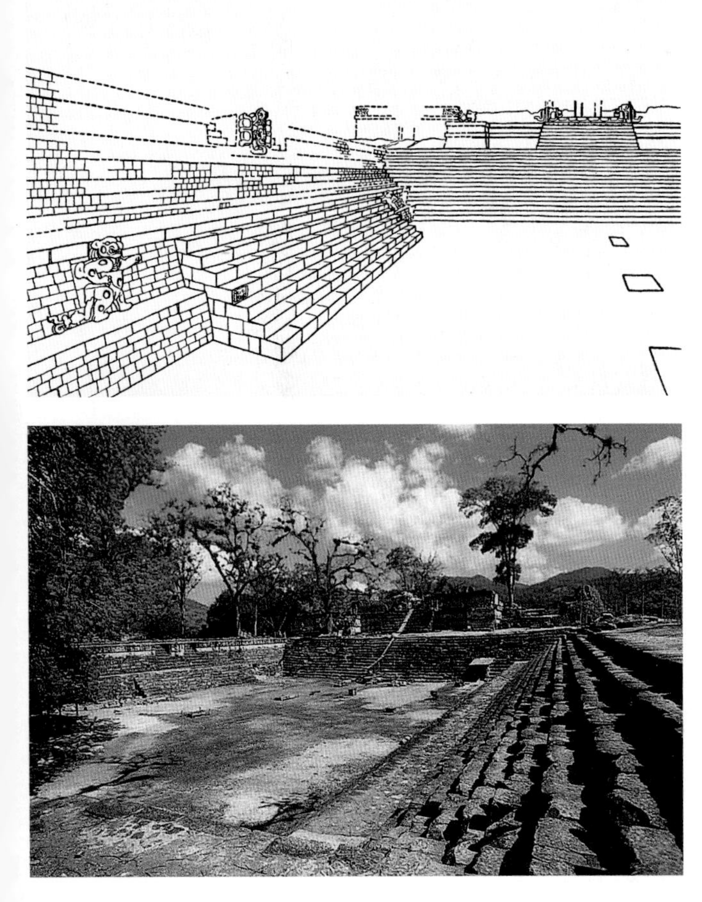

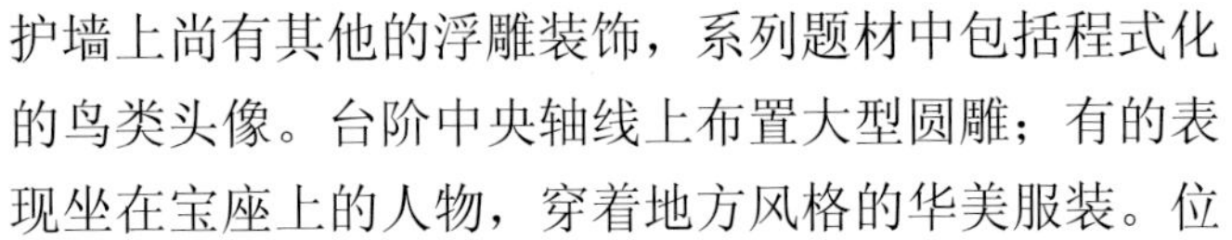

护墙上尚有其他的浮雕装饰，系列题材中包括程式化的鸟类头像。台阶中央轴线上布置大型圆雕；有的表现坐在宝座上的人物，穿着地方风格的华美服装。位于顶部平台的神殿已所剩无几，但残迹中找到了一些最优秀的玛雅雕塑作品，其中一个头像可能是表现年轻的玉米神，可视为古典时期玛雅美女的原型（图

（左上）图6-630科潘 卫城。东院，东侧近景及雕刻残段

（左中及左下）图6-631科潘 卫城。东院，“美洲豹台阶”，神像（可能是表现太阳神或豹神，750年，高170厘米）

（右上）图6-632科潘 卫城。22号结构（神殿，古典后期，715年，为科潘第13任国王、号“十八兔”的Waxaklajuun Ubaah K' awiil为纪念他任内的第一个“卡盾”周期的结束而建），平面及剖面（据Marquina，1964年）

（右下）图6-633科潘 卫城。22号结构，复原图（哈佛大学Peabody Museum藏品）

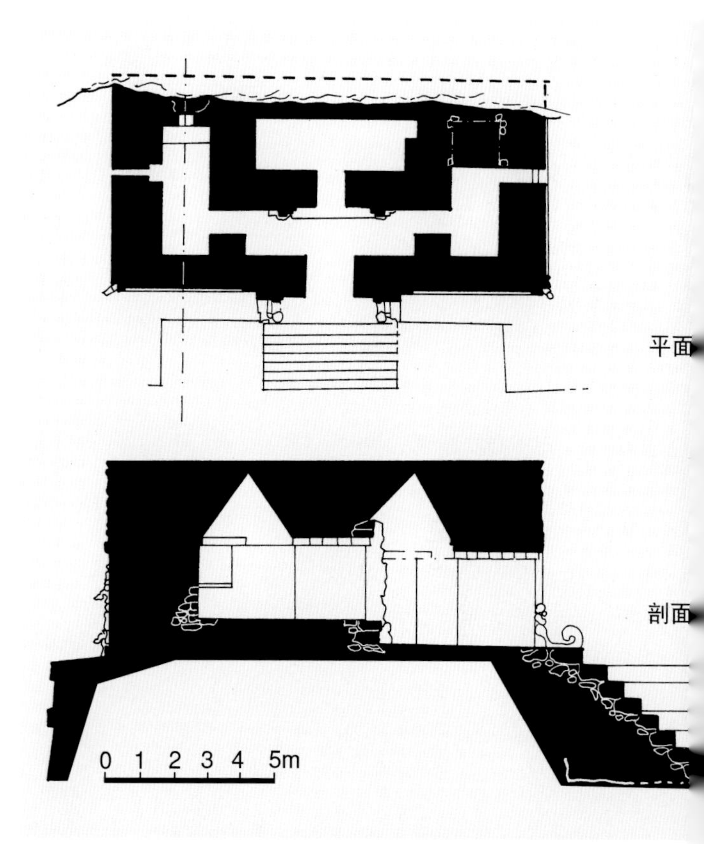

6-603）。图6-590所示复原景象（这些图差不多均出自塔季扬娜·普罗斯库里亚科娃之手）使人们很容易想象出这座建筑全盛时期的辉煌景象，其华丽在玛雅建筑中实属少有，特别在雕刻和结构的结合方面。科潘建筑师把雕刻（浮雕和圆雕）纳入到主要建筑中去的这种特殊才干，在这个华丽的铭文台阶上得到了最充分的表现。

（上两幅）图6-634科潘 卫城。22号结构，东南侧全景

（下）图6-635科潘 卫城。22号结构，东南侧近景

本页：

（左中）图6-636科潘 卫城。22号结构，西南侧全景

（左上）图6-637科潘 卫城。22号结构，内门（图版，作者A.P.Maudslay）

（下）图6-638科潘 卫城。22号结构，内门现状

（右中）图6-639科潘 卫城。22号结构，雕饰细部

右页：

（左右两幅）图6-640科潘 卫城。22号结构，年轻的玉米神[胸像，715年，高89.7厘米，原为建筑檐壁上的一部分，这个头上长玉米的青年形象被Paul Schellhas称为“E神”（God E），现存大英博物馆]

在科潘，真正的建筑群都集中在大广场南端的宏伟卫城上，即靠近古典时期（约6世纪）居民点端头的地方（各阶段剖面图：图6-604；雕刻残段及出土文物：图6-605、6-606）。高耸在一个人工山丘（北平台）上的这个卫城与广场交界处为一道宽90米的大台阶。卫城和台阶为下面的球场院和大量的石碑及祭坛（纪念玛雅历法中5、10和20年单位的行程）提供了一个舞台般的环境，同时还起到巨大看台的作用。卫城这个不同寻常的大台阶通向上部各平台和高耸在广场轴线上的11号神殿（城市天文学家在神殿墙上刻

本页：
（左上）图6-644科潘 卫城。大金字塔-神殿（结构10L-16），“粉色紫罗兰”神殿，剖析复原图
（右上）图6-645科潘 卫城。大金字塔-神殿（结构10L-16），“粉色紫罗兰”神殿，外景复原图
（中）图6-646科潘 卫城。大金字塔-神殿（结构10L-16），“粉色紫罗兰”神殿，科潘雕塑博物馆内的复制品，正面
（下）图6-647科潘 卫城。大金字塔-神殿（结构10L-16），“粉色紫罗兰”神殿，科潘雕塑博物馆内的复制品，侧面

左页：
（上两幅）图6-641科潘 卫城。22号结构，玉米神（谷物神）头像（古典后期，715年，高32厘米，原在建筑上部，现存科潘Instituto Hondureño de Antropología e Historia；图版作者塔季扬娜·普罗斯库里亚科娃）
（左中）图6-642科潘 卫城。大金字塔-神殿（结构10L-16），地段剖析图
（下）图6-643科潘 卫城。大金字塔-神殿（结构10L-16），“粉色紫罗兰”神殿，剖析复原图

本页及右页：

（左上）图6-648科潘 卫城。大金字塔-神殿（结构10L-16），“粉色紫罗兰”神殿，台阶上的先王龛室（内雕像为王朝创始人K' inich Yax K' uk' Mo'，现存科潘Museo de Escultura）

（中上）图6-649科潘 头像雕刻残段（图版作者弗雷德里克·卡瑟伍德，取自Fabio Bourbon：《The Lost Cities of the Mayas, the Life，Art，and Discoveries of Frederick Catherwood》，1999年）

（右上）图6-650科潘 头像（青年君主，8世纪）

（下）图6-651科潘 祭坛（740年，高37厘米，长110厘米，宽75厘米，现存大英博物馆；正面雕如骸骨般的死者容颜，在科潘，有许多这类表现死亡的雕刻）

（中中）图6-652科潘 结构8N-66。御座浮雕（位于中央厅堂内，表现四个神祇，图示太阳神浮雕，古典后期，600~900年，现存科潘Museo de Escultura）

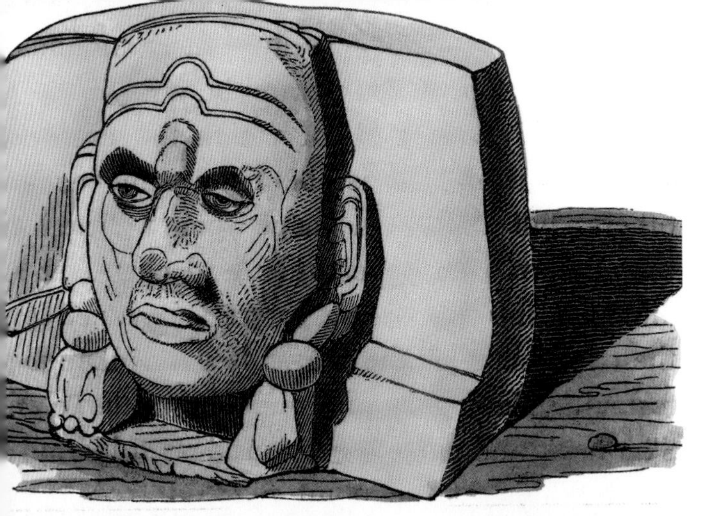

有铭文，提到百万年期间可观察到的金星食亏的数目），并如象形文字台阶那样，布满了圆雕和浮雕（平面：图6-607；雕饰：图6-608~6-610）。卫城该面通过差不多位于同一高度的其他建筑向东面及东北方向延伸。科潘河从中心区东南面流过再折向东北。由于在上千年期间处于弃置状态，祭祀中心东部几乎全被流水侵蚀破坏。

卫城上的许多建筑组群，和“象形文字台阶”一样，将建筑和雕刻完美地结合在一起，构图原则也在不断更新之中。如布置在11号神殿（结构10L-11）阶台状基座脚下面向西院的一个不大的“观众看台”（亦称检阅台；复原图：图6-611；现状景色：图6-612~6-614；雕像及细部：图6-615~6-617）。和看台相对的空间仅用带雕刻的石板界定（直接插入院落地面内）；背面饰有巨大的石雕贝壳和一系列深龛，后者如假门般为阶台状基座侧面注入了生气。看台本身由台阶组成，背靠着基座脚下；看台两侧上部端头处布置两尊几乎为圆雕的巨大造像，形成端头的明确边界。其中一个表情狰狞，左手挥动巨铃（见图6-616、6-617）。这两个构图要素通过一排占据了看

（左右两幅）图6-653科潘 仿建筑造型的微型祠堂（位于结构10L-29附近，古典后期，763年以后，现存科潘Museo de Escultura）

台最后一个台阶全长的象形文字联系。看台中央装饰着一个浮雕头像，端头以一个从上部台阶处凸出的雕刻（dé）作为结束（位于效果强烈的“守卫者”像基部），并由此降到另一个台阶，如两侧垂下的流苏。

在西院东南角上，立有石碑P（图6-618、6-619）和著名的祭坛Q（版画：图6-620~6-622；现状：图6-623~6-626）。后者四面满刻表现天文学家聚会的浮雕（也有人认为是表现科潘的十六位国王），为这类作品中的杰作。

在科潘大量其他看台中，构图更为精细的是东院的阶台，特别是所谓“美洲豹台阶”（东院复原图：图6-627；外景及雕刻：图6-628~6-631）。阶台两侧延伸的板面稍稍倾斜，顶部冠以地区典型的厚重檐口。在入口大台阶两侧，格外突出的浮雕装饰以两个后腿直立的美洲豹为界，后者颇似欧洲的纹章图案；毛皮上的斑点以深洞表现（参见塔季扬娜·普罗斯库里亚科娃的复原图）。顶上在两个窄楼梯跑之间布置巨大的太阳神（也可能是金星）头像（见图6-631）。入口台阶侧面的两个小象形文字符号，以及嵌入广场地面的石板，和“观众看台”及球场院一样，最后完成了整个朴实的装饰体系。

在广场北部，美洲豹看台的大台阶和22号结构（神殿）的入口台阶相连，它和11号殿一样，是科潘保存得最好和最有代表性的圣所之一（平面、剖面及复原图：图6-632、6-633；外景：图6-634~6-636；内门及雕饰：图6-637~6-639；神像：图6-640、6-641）。神殿本身位于一个平台上，平台于两端向外突出，边上配该地区典型的粗大线脚。建筑角上伸

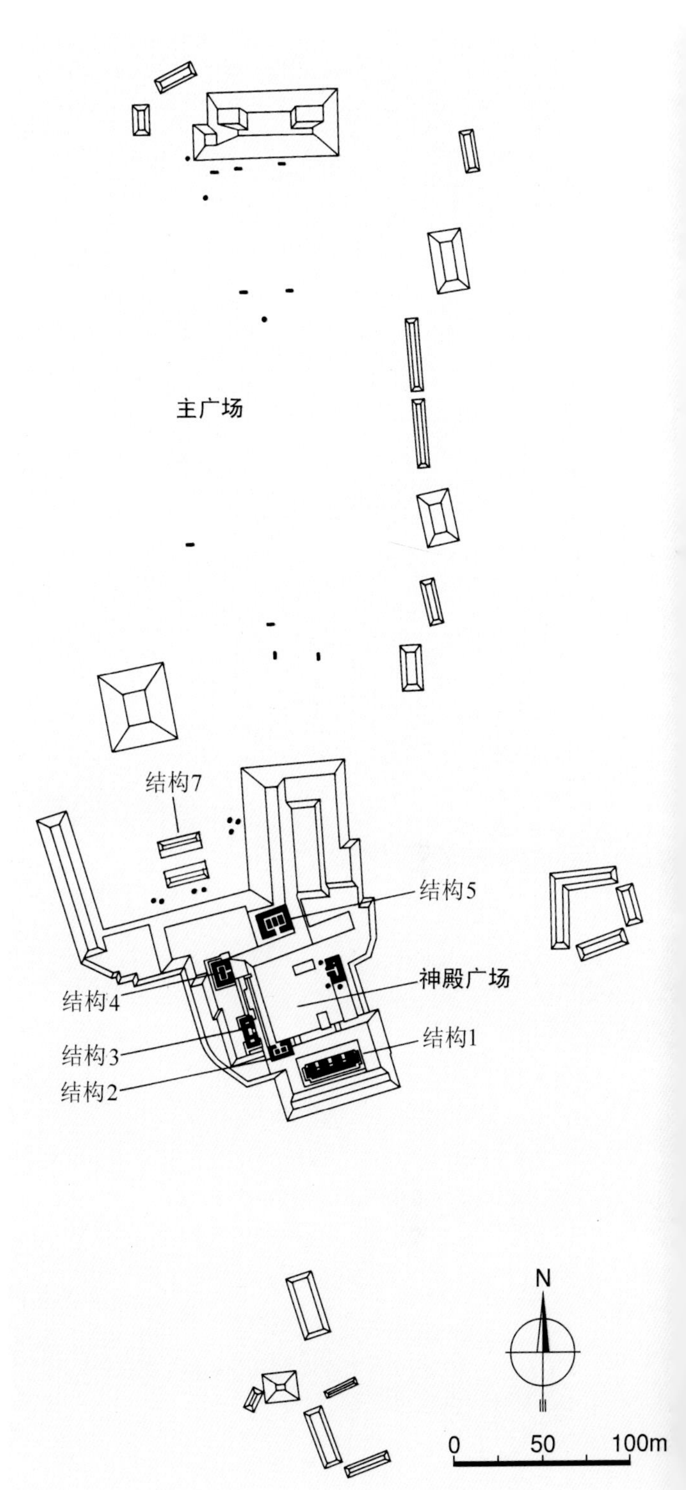

（左）图6-654科潘 19号碑（古典后期，高317厘米，宽63厘米，厚43厘米，位于中心区以西5.5公里处，从已严重腐蚀的铭文上可知，该碑和附属祭坛一起，为652年科潘第12任国王作为城市西部边界标志而立）

（右）图6-655基里瓜 遗址区（约550~850年）。总平面（约900年景况，取自Sylvanus Griswold Morley：《The Ancient Maya》）

（上）图6-656基里瓜 卫城（神殿广场区）。遗址现状（自西北面望去的景色，远景为结构1）

（中）图6-657基里瓜 卫城。神殿广场西南角（自左至右，分别为结构1、2及3）

（下）图6-658基里瓜 卫城。结构1及2（自西北方向望去的景色，前景为结构2）

（上）图6-659基里瓜 卫城。结构4（自东北方向望去的景色）

（下）图6-660基里瓜 卫城。结构5（自西南方向望去的景色）

出长着特有鹰钩鼻的玛雅雨神查克的巨大头像（下面我们将看到，这是尤卡坦地区建筑中经常采用的母题）。早先位于立面上部的檐壁仅留一些残段，可能是表现年轻的玉米神，被戏称为“歌唱的少女”（见图6-640）。入口大门尚保存许多雕刻，可辨认出一个巨大的怪兽面孔，类似尤卡坦地区里奥贝克、切内斯和普克风格的作品。如今，这个宏伟的入口装饰仅下部尚存。

不过，这个建筑更令人注意的是跨过门槛后装饰着中央墙体中门的内门廊（见图6-637、6-638）。门廊装饰母题极为丰富，在基部通过一排象形文字加以突出；在它周围，门框用了佩滕地区屋顶的装饰手法，一个粗大的巴洛克式边框饰有缠绕的蛇和交织的人物形象，其中包括两尊充满力度的大块头男像柱浮雕，他们屈膝坐在一个巨大的头骨上，好似支撑着整个上部框饰（在上面这些极其复杂的构图中，可看到各种涡卷图案，一些淘气的侏儒可能是象征“玉米精灵”）。所有这些都使这个可能是象征冥府入口的门成为科潘雕刻艺术的主要作品之一。

这种在建筑中整合大量雕刻的独特观念，构成了科潘建筑的精髓。在玛雅的影响圈内，科潘是唯一没有高屋脊的城市，在这里，完全看不到蒂卡尔那种高耸的屋顶墙架；同时它也是仅有的更喜用圆雕而不是像中美洲其他地方那样主要采用浮雕和壁画的城市。但在这里，人们能感受到到一种强大的精神力量，在这个地区范围内，只有阿尔万山和帕伦克这样一些中心城市能在这方面与之匹敌。

1989年，以洪都拉斯考古学家里卡多·阿古尔西亚·法斯克列为首的洪都拉斯和美国联合考古队，成功地在卫城的大金字塔-神殿（考古编号10L-16，即

本页及左页：

（左上）图6-661基里瓜 卫城。结构5（自神殿广场南侧望去的景色）

（中）图6-662基里瓜 巨石碑（版画，作者弗雷德里克·卡瑟伍德，取自Fabio Bourbon:《The Lost Cities of the Mayas，the Life，Art，and Discoveries of Frederick Catherwood》，1999年）

（右上）图6-663基里瓜 考古公园。石碑组群（一）

（左下）图6-664基里瓜 考古公园。石碑组群（二）

（右下）图6-665基里瓜 “象形石”

本页：

图6-666基里瓜 石碑A（775年）。历史照片（基里瓜是首批经过系统探察的玛雅城市之一，继约翰·劳埃德·斯蒂芬斯和弗雷德里克·卡瑟伍德之后，阿尔弗雷德·珀西瓦尔·莫兹利又在19世纪后期进行了考察并拍摄了一批珍贵的照片）

右页：

（上两幅）图6-667基里瓜 石碑A。现状及细部

（下）图6-668基里瓜 石碑C、D、E及F（外景，彩画，取自Nigel Hughes：《Maya Monuments》，2000年）

结构16，图6-642）下发掘出一座神殿和陵寝。随葬的玉器装饰品是迄今为止在科潘所发现的最丰富的一个，随葬彩陶和其他线索表明墓主具有王室身份。1992年宾夕法尼亚大学考古队又在同一金字塔的中心部分发掘出另一座墓室。墓主可能是科潘6世纪时的一位君王。

位于这座金字塔顶上的神殿建于8世纪。在这座高出卫城大广场约30米的建筑下共有五个早期神殿和陵寝，每个均以色彩命名。最早的一个建于公元426年。里卡多·阿古尔西亚·法斯克列发现的这座被称为“粉色紫罗兰”神殿（Rosalila，来自西班牙语“rose-lilac”）是其中的第三个，也是这时期遗存中保存最完整的一个（复原图：图6-643~6-645）。建筑位于3米高的台地上，共三层，高12.9米。基底长宽分别为18.5和12.5米，主立面朝西。主要台阶七步，第五步上刻有铭文，记载了完成的日期[公元571年2月21日，属古典早期，大致相当科潘第10位国王（号“月豹”，Moon Jaguar）统治末期]。建筑底层

本页及左页：

（左上）图6-669基里瓜 石碑C（位于结构1A-3前，775年，高4米，画面表现国王K’ak Tiliw Chan Yopaat，即打败科潘并俘获其国王的那位，其头部为圆雕，其余部分仅用浅浮雕）

（左下两幅）图6-670基里瓜 石碑C。细部

（中）图6-671基里瓜 石碑C。背面

（右）图6-672基里瓜 石碑E（771年，总长10.66米，离地面7.25米，重约65吨，为玛雅地区最大独石碑）。外景（历史照片，阿尔弗雷德·珀西瓦尔·莫兹利摄）

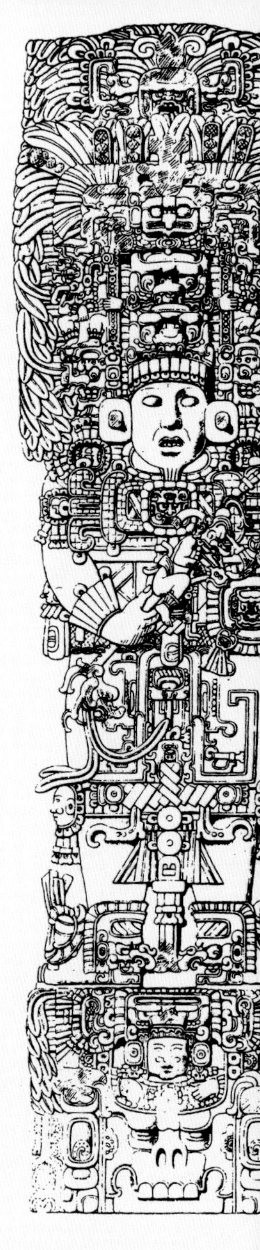

左页：
（左上）图6-673基里瓜 石碑E。现状
（左下及中下）图6-674基里瓜 石碑E。细部
（右上）图6-675基里瓜 石碑F（761年，高7.3米，为当时玛雅地区最高石碑，直到10年后才被石碑E超过）。正面及背面两面均刻国王K' ak Tiliw Chan Yopaat像，线条图作者A.Hunter
（右下）图6-676基里瓜 石碑F。现状
本页：
（左）图6-677基里瓜 石碑F。碑侧面的日期铭文（据Spinden）
（右）图6-678基里瓜 石碑J（756年，高5米）。国王头像细部

有四个狭长的房间，立面满布宗教题材的装饰（大部为星象题材，特别是作为国王保护者的太阳神）。从发现的器物上看，神殿可能是6世纪后期科潘主要的宗教圣地。建筑的复制品现存科潘雕塑博物馆内（图6-646、6-647）。此外，在这座编号为10L-16的建筑内，还有其他一些纪念先王的祠堂和龛室（图6-648）。

除上述主要建筑及碑刻外，遗址上另有大量零散的浮雕及祭坛，大都表现君主或故人（图6-649~6-651）、太阳神或其他神祇（图6-652），还有一些龛室显然是仿建筑造型（图6-653）。在主要遗址区之外，尚有一些具有一定价值的独立碑刻

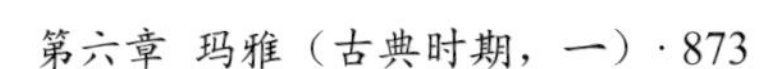

（左上）图6-679基里瓜石碑K（805年）。现状

（右上）图6-680基里瓜“象形石”B。现状

（下）图6-681基里瓜“象形石”G（彩画，取自Nigel Hughes：《Maya Monuments》，2000年）

（右中）图6-682基里瓜“象形石”O。近景

（图6-654）。

[基里瓜]

在科潘北面50余公里处莫塔瓜河北岸的基里瓜，建筑材料是一种质地密实结构均匀的砂岩。它自周围群山的岩架中采得，在那里，沉积石很容易分离成棱柱、柱子和块体。如科潘那样，砌体主要靠黏土而不是石灰胶结料砌合。城市祭祀中心在规划布局上同样处在南面这个重要城市的直接影响下。建筑的总体形象也与之类似，只是神殿具有佩滕风格的高屋脊。朝北面和东面、由台阶环绕的下沉式广场成为主要的建筑要素。位于边侧及角上、配置了房间的建筑，则作为次级元素进一步丰富了南广场的构图（总平面：图

（上）图6-683基里瓜“象形石”P（795年）及祭坛。现状

（中）图6-684基里瓜“象形石”P。东侧近景

（下）图6-685基里瓜“象形石”P。西侧雕刻

6-655；卫城：图6-656~6-661）。如佩滕地区那样，在配有许多房间的建筑里，门道由沉重的柱墩分隔，这样的柱墩实际上已构成墙体的一部分。约建于810年的结构1，是已鉴明日期的基里瓜古迹中最晚后的一个，可能是由三个小间组成的住宅，位于一个高过门槛的内平台上。广场西南角有两个小建筑（结构2和3），内有制备蒸汽的灶坑（利用热的河卵石）。这类蒸汽浴室在专业化的程度上显然不及乌苏马辛塔地区城址的同类建筑，这也再次表明了这些东南地区建筑的保守特点。角上的这组建筑要早于东台地上的浴室，但两者结构上均比较保守，厚重的墙体围着不大的房间。结构4和5有一个实心砌体的核心，中间设极小的房间，外部绕廊道和厚重的外墙。结构上唯一有点创新表现的细节是结构 4通向屋顶的内楼梯。这种布置同样可视为玛雅建筑的一个特色，他们喜爱规则的外形，不希望用非对称的功能部件（如外楼梯）打破其形象的完整。

在艺术上，基里瓜的重要性主要在它那些具有非凡尺度极其引人注目的独石雕刻（"象形石"）以及某些极具想象力的祭坛和石碑的设计构思（图6-662~6-665）。石碑往往具有巨大的尺度，同时具有很高的艺术水平，典型的如石碑A、C、E、F、J和K（石碑A：图6-666、6-667；石碑C等：图6-668~6-671；石碑E：图6-672~6-674；石碑F：图6-675~6-677；石碑J：图6-678；石碑K：图6-679）。其中石碑E高10.67米，属玛雅最大的这类碑刻；石碑F等正面以高浮雕表现人物形象，侧面的象形文字符号被认为是最优美的玛雅书法作品。其他还有一批巨大的雕刻作品和样式奇特的动物形雕刻，即所谓"象形石"，如以B、G、O、P命名的几个（"象形石"B：图6-680；"象形石"G：图6-681；"象形石"O：图6-682；"象形石"P及祭坛：图6-683~6-687）。其中"象形石"P长3.5米，和它前面的祭坛

（上）图6-686基里瓜"象形石"P。南侧细部

（下）图6-687基里瓜"象形石"P。附属祭坛，现状

一样，构图特别复杂。

第六章注释：

[1]在这里，所谓“古典时期”的古迹均指通过玛雅历法符号及铭文有明确年代标识的古迹，以此和前玛雅（Pre-Maya）、非玛雅（Non-Maya）和公元1000年后的托尔特克玛雅（Toltec Maya）作品相别。

[2]见George W.Brainerd:《The Maya Civilization》，1954年。

[3]见Miguel Covarrubias:《Indian Art of Mexico and Central America》，1957年。

[4]该词首见玛雅文化学者西尔韦纳斯·格里斯沃尔德·莫利1915年发表的《An Introduction to Maya Hieroglyphs》，来自奇琴伊察一个被称为“初始系列神殿”（Temple of the Initial Series）上表现引导系列符号的楣梁铭刻。在整个中美洲，都可以看到这类铭文。

[5]见J.Eric S. Thompson:《Maya History and Religion》，1970年。

[6]见Jorge Hardoy:《Ciudades Precolombinas》，1964年。

[7]见William R.Coe:《Tikal Ten Years of Study of a Maya Ruin in the Lowlands of Guatemala》，1965年。

[8]见Nicolas M.Hellmuth:《Report on First Season Explorations and Excavations at Yaxhá，El Petén，Guatemala，1970》，1971年。

[9] 公亩（ares），每公亩合100平方米。

[10]见 William R.Bullard，Jr:《Maya Settlement Patterns in Northeastern Petén，Guatemala》，1960年。

[11]见Jorge Hardoy:《Ciudades Precolombinas》，1964年。

[12]见Raúl Flores Guerrero:《Arte Mexicano》，1962年。

第七章 玛雅
（古典时期，二）

第一节 尤卡坦半岛平原地带

在尤卡坦半岛中部和西北地区，各地古典时期的建筑风格非常类似，往往很难加以区分。现称为里奥贝克、切内斯和普克的地区就是如此，在古典后期（7~10世纪），其建筑全都具有极其典型的半岛特色。因此，人们只能试着探讨哪些部件反映了地方特

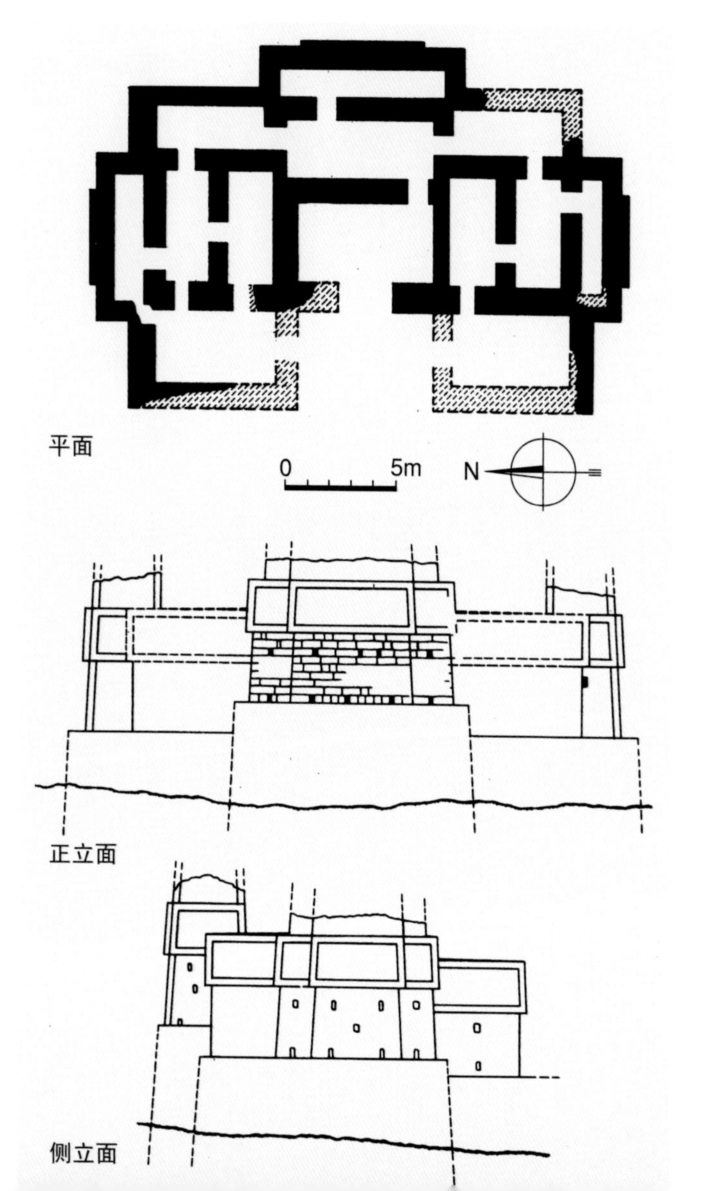

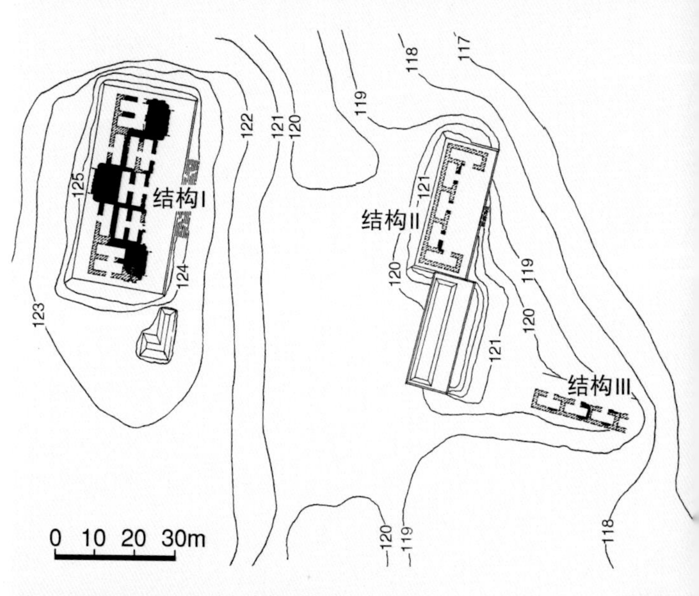

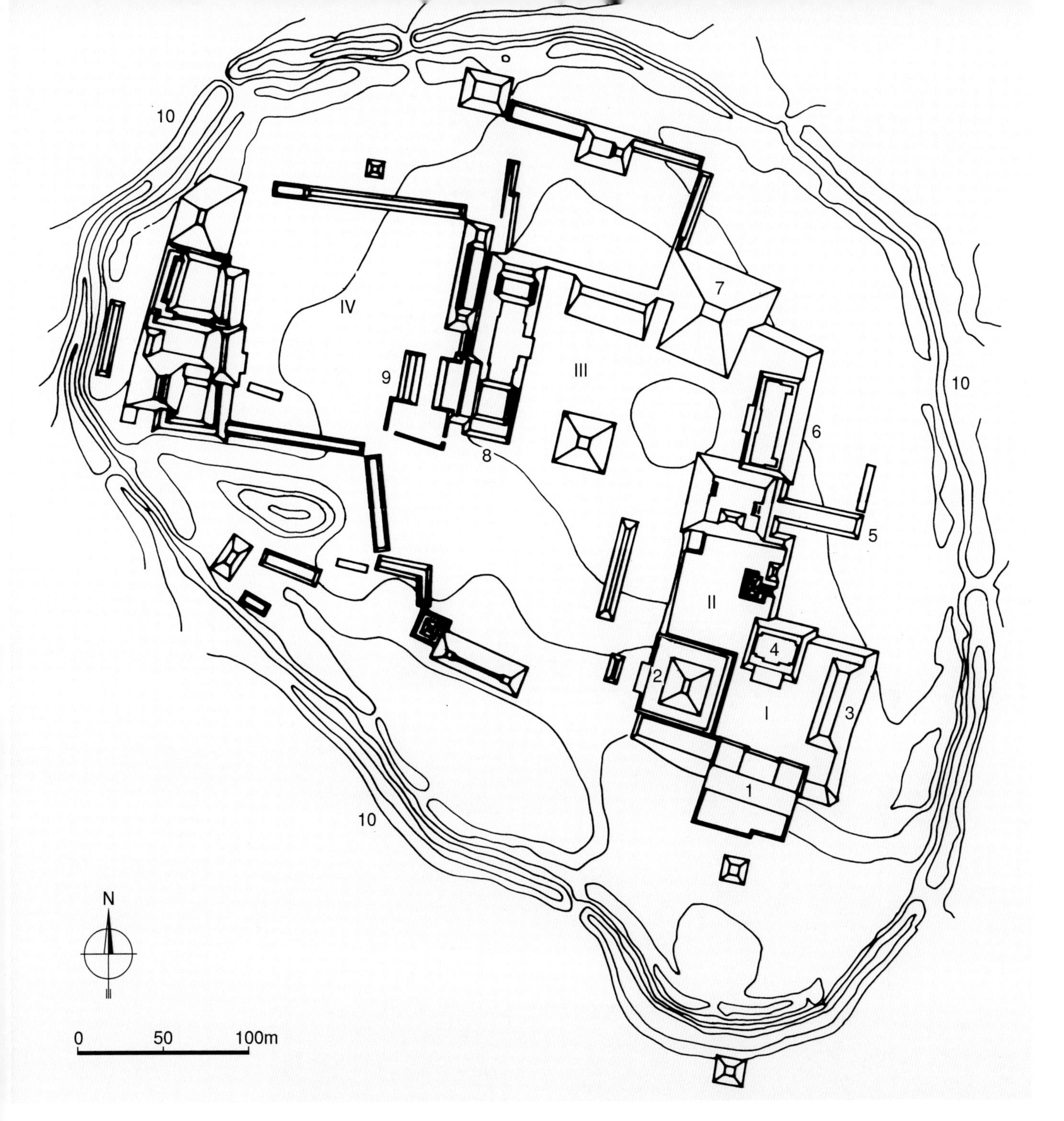

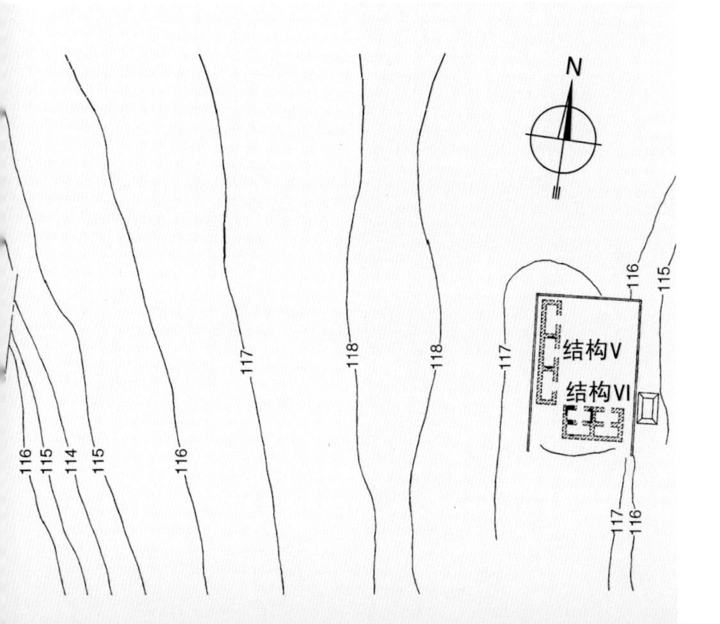

本页及左页：

（左）图7-1卡拉克穆尔 结构III（可能700年前）。平面及立面（据Ruppert和Denison）

（中下）图7-2斯普伊尔 遗址总平面

（中上）图7-3斯普伊尔 结构IV。现状

（右上）图7-4贝坎 遗址总平面（据Webster，城市周围壕沟建于450年前，建筑示公元900年左右状态；壕沟围绕着面积约20公顷的礼仪中心，各广场已开始得到修复），图中：I、东广场，II、过渡台地，III、中央广场，IV、西广场；1、结构I，2、结构II，3、结构III，4、结构IV，5、拱顶通道，6、结构VIII，7、结构IX（金字塔），8、结构X，9、球场院，10、壕沟

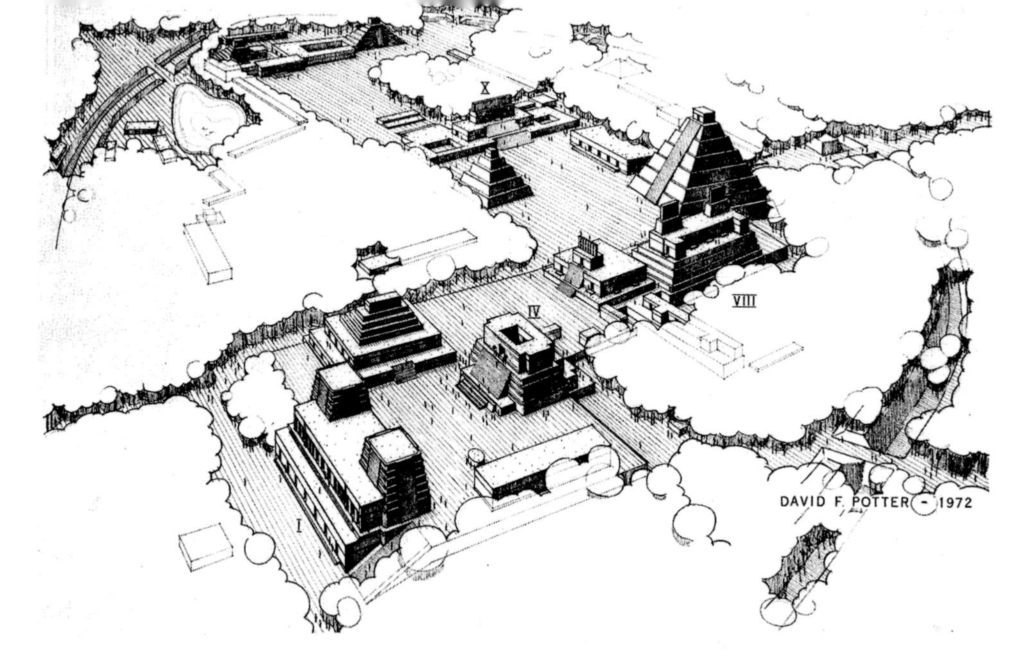

（上）图7-5贝坎 遗址区。俯视复原图（作者David F.Potter，绘于1972年；图示约公元800年状态，自东南方向望去的景色；此时，图上的大部分建筑仍在使用中，但几个世纪前建造的干壕沟，这时已不再具有最初的防卫功能）

（中）图7-6贝坎 中央广场。结构VIII，发掘前的状态（彩画，取自Nigel Hughes：《Maya Monuments》，2000年）

（下）图7-7贝坎 中央广场。结构VIII，西北面俯视全景

（上两幅）图7-8贝坎 中央广场。结构VIII，西南侧景观

（中）图7-9贝坎 中央广场。结构VIII，顶部廊道近景

（下）图7-10贝坎 中央广场。结构VIII，东南面背景

（上）图7-11贝坎 中央广场。结构VIII，背面近景

（下）图7-12贝坎 中央广场。结构 IX（金字塔），自结构VIII平台上望去的景色

（中）图7-13贝坎 中央广场。结构 IX，南侧全景

色，哪些是来自共同的形式语言，并以此为基础，指明最突出的风格特点。

一、里奥贝克及邻近地区

在尤卡坦半岛中心区的许多遗址中，坎佩切州东南的里奥贝克属居民稀少的地区。和附近地区相比，降雨量较少；没有河流；它曾是一片广阔的浅水潟

湖，如今是森林沼泽地，底部为淤塞的黏土。其东面、西面及南面均为热带雨林包围。北面为尤卡坦半岛北部居民稠密的干燥灌木林区。

南部地区的考古属佩腾建筑的延伸或其分支。在卡拉克穆尔、纳奇通或巴拉克瓦尔，"岛式"组群、陡峭的双坡屋顶和佩腾风格的平面，均和大量的"初始系列"铭文联系在一起，表明和佩腾地区的建筑属同一时期。在卡拉克穆尔，最复杂的平面属结构III

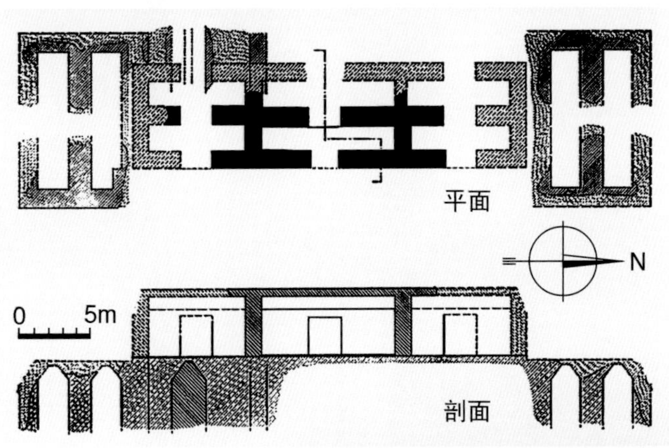

（左上）图7-14贝坎 中央广场。结构 IX，西南侧全景

（右上）图7-15贝坎 中央广场。结构 IX，东南侧近景

（下）图7-16贝坎 中央广场。结构 IX，砌体细部

（左中）图7-17贝坎 中央广场。结构X，平面及剖面

（上）图7-18贝坎 中央广场。结构X，东侧全景

（下）图7-19贝坎 中央广场。结构X，西侧全景

（图7-1），它至少有12个相互连通的房间，并带有向前伸出的对称两翼，除中央主体部分外，两翼也都配有屋顶墙架。即使在佩腾地区本身，也找不到这种三塔形制的直接先例。人们必须到里奥贝克的周边地区，往东北约60英里处，乃至贝坎和斯普伊尔那么远的地方，去寻找类似的设计。另一个值得注意的是，

（上）图7-20贝坎 中央广场。结构X，南侧景观

（中）图7-21贝坎 中央广场。结构X，东南侧，自广场望去的景色

（下）图7-22贝坎 中央广场。结构X，东北侧背景

（左上）图7-23贝坎 中央广场。结构X，东南侧顶部近景

（右上）图7-24贝坎 中央广场。结构X，门楣及上部结构细部（东南侧景色）

（中）图7-25贝坎 中央广场。结构X，上部结构近景（东南侧景色）

（下）图7-26贝坎 中央广场。结构X，东北角俯视景色

（上）图7-27贝坎 中央广场。结构X，西南角俯视景色（右边远处可看到球场院）

（下）图7-28贝坎 西广场。球场院，现状

结构III没有作为里奥贝克风格特色的装饰部件，其双重坡度的屋顶轮廓线使人想起佩腾地区的建筑乃至特奥蒂瓦坎金字塔平台的坡面形式。卡拉克穆尔的日期铭文使人们能把结构III列入古典中期，它很可能是里奥贝克那种带前伸两翼的塔式构图的原型，至少是这种类型的一个早期实例。

（左上）图7-29贝坎 拱顶通道（“街道”，向西通往中央广场）。现状

（右上及中）图7-30贝坎 东广场。现状全景（右侧为结构IV）及中央祭坛近景（祭坛后期增建，约公元1200年，背景为结构IV）

（下）图7-31贝坎 东广场。结构II，俯视全景（自东北方向望去的景色）

里奥贝克、斯普伊尔（图7-2、7-3）、埃尔奥尔米格罗、贝坎（见图7-33）及其他约60英里直径范围内的遗址是这种新类型主要实例集中的地区，其中神殿金字塔和位于或接近地面标高的宫室结构结合在一起。由于缺乏与这些建筑相伴的可释读的铭文，这种风格的日期尚无法最后确定。

（上两幅）图7-32贝坎 东广场。结构II，东侧全景及东立面砌体细部

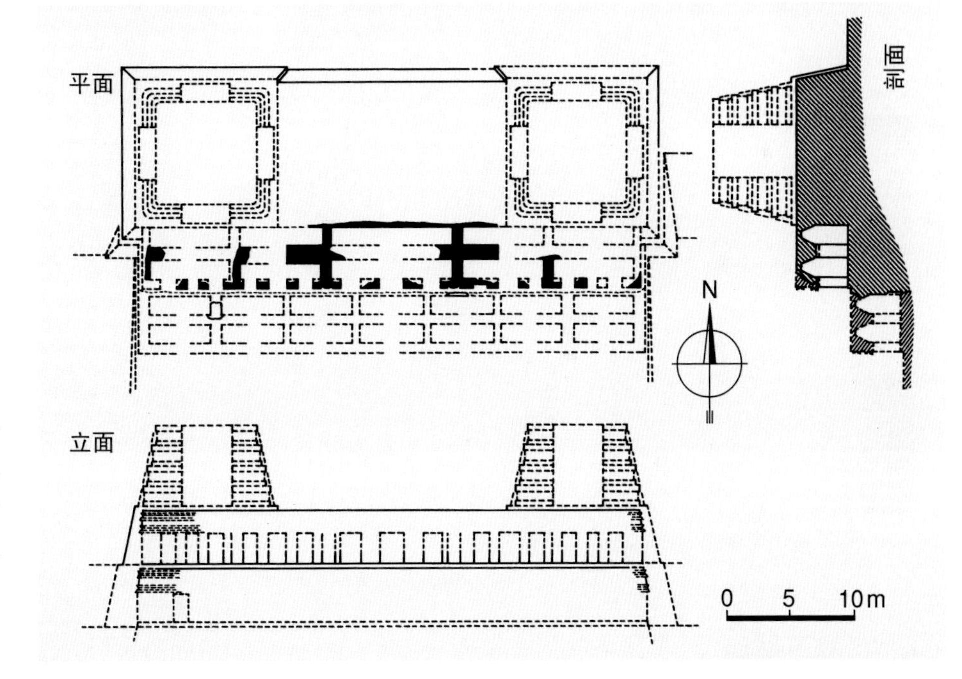

（中）图7-33贝坎 东广场。结构I（560~815年），平面、立面及剖面（据Ruppert和Denison）

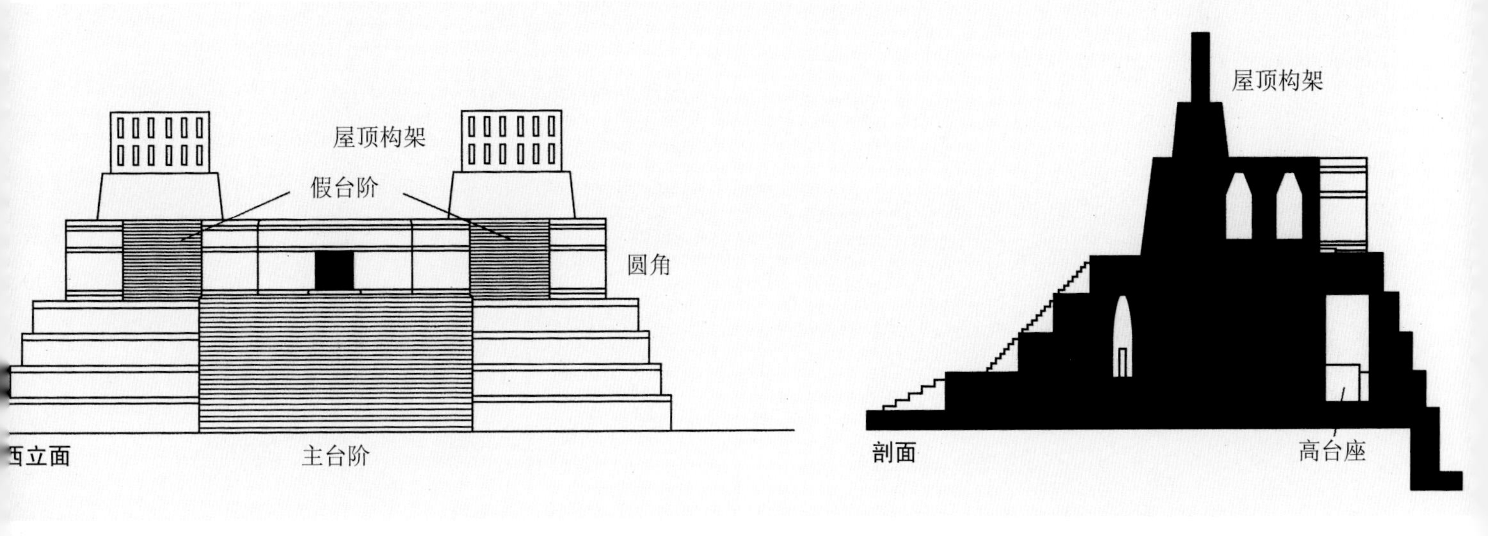

（下）图7-34贝坎 东广场。结构I，西立面及剖面（为风行于尤卡坦半岛中部的里奥贝克风格的典型实例，高大的平台前布置一道宽阔的台阶，唯一的入口两边设一对带假台阶的塔楼；取自Nikolai Grube:《Maya，Divine Kings of the Rain Forest》）

（上）图7-35贝坎 东广场。结构I，东南侧外景

（中）图7-36贝坎 东广场。结构I，西南侧景色

（下）图7-37贝坎 东广场。结构I，面向广场一侧现状

（右上）图7-38贝坎 东广场。结构III，西北面俯视景色（包括蒸汽浴室在内的结构基本保存完好）

（中）图7-39贝坎 东广场。结构III，面向广场一侧（西侧）全景

（左上）图7-40贝坎 东广场。结构III，西南侧景色

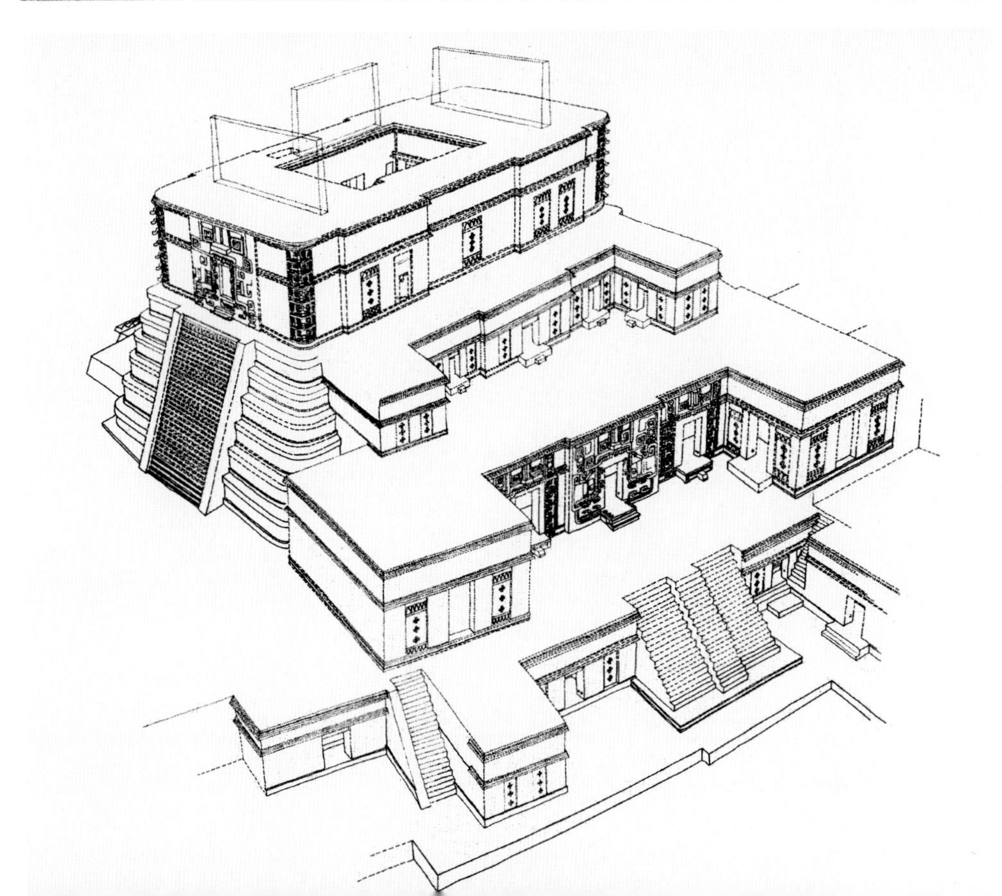

（下）图7-41贝坎 东广场。结构IV，复原图（作为入口的宽阔台阶通向一组围合成内院的建筑，后者构成北面由三层台地组成的宫殿建筑群的最高一层，东面有一个里奥贝克风格的假台阶，建筑主入口形如张开的巨口；图版取自Nikolai Grube：《Maya，Divine Kings of the Rain Forest》）

本页及左页：

（左上）图7-42贝坎 东广场。结构IV，西南侧俯视景色

（左下）图7-43贝坎 东广场。结构IV，西南侧全景（顶上的宫室位于18米高处）

（右上）图7-44贝坎 东广场。结构IV，东南侧景色

（中上）图7-45贝坎 东广场。结构IV，西侧现状

（右下）图7-46贝坎 东广场。结构IV，北侧景色

（上）图7-47贝坎 东广场。结构IV，内景（彩画，取自Nigel Hughes：《Maya Monuments》，2000年）

（下）图7-48贝坎 东广场。结构IV，内景（西南角景色）

贝坎是1934年由美国卡内基研究院的考古学家发现的，但发掘工作直到1969~1971年才展开。从发掘可知，贝坎在前古典时期曾是一座重要的城市，但在古典早期，地位有所下降。直到古典后期才又开始建造一批新项目（如东广场的结构IV）。公元450年前，城市周围开了一条周长逾一英里的壕沟（总平面：图7-4；俯视复原图：图7-5）。在这条独特的环带内布置了许多里奥贝克风格的建筑（放射性碳测定表明，在这里，里奥贝克风格约相当古典中期以后，至少从公元600年延续到800年）。其中央广场周围布置了三座主要建筑：位于广场东侧的结构VIII配置了双塔及宽阔的台阶（图7-6~7-11）；结构 IX位于广

（上）图7-49贝坎 东广场。结构IV，内景（东北角现状）

（左下）图7-50贝坎 东广场。结构IV，内景（朝东面望去的景色）

（右下）图7-51贝坎 东广场。结构IV，附属建筑，俯视景色

（中）图7-52里奥贝克神殿B（宫殿，约600~900年）。残迹外景（彩画，取自Nigel Hughes:《Maya Monuments》，2000年）

场北侧，为一座巨大的金字塔，是遗址上最高的建筑（图7-12~7-16）；与结构VIII相对的结构X为神殿及宅邸，上下层共有12个房间，设有精美的石马赛克细部，尚存屋顶墙架的残迹（图7-17~7-27）。建筑西侧还布置了一个小的球场院（图7-28）。

中央广场东面有一条起街道作用的拱顶通道（图7-29）；由此通向位于城市东南壕沟围护区内的卫城东广场。广场高平台周围布置四栋主要建筑（图

左页：

（上）图7-53里奥贝克 神殿B。立面全景（整修前，带有模仿蒂卡尔神殿1的假立面）

（左下）图7-54里奥贝克 神殿B。立面近景（整修中）

（右下）图7-55里奥贝克 神殿B。背面全景

本页：

（右上）图7-56里奥贝克 神殿B。立面塔楼近景

（左上）图7-57里奥贝克 神殿B。塔楼基部近景

（下）图7-58里奥贝克 神殿B。塔楼及拱顶近景

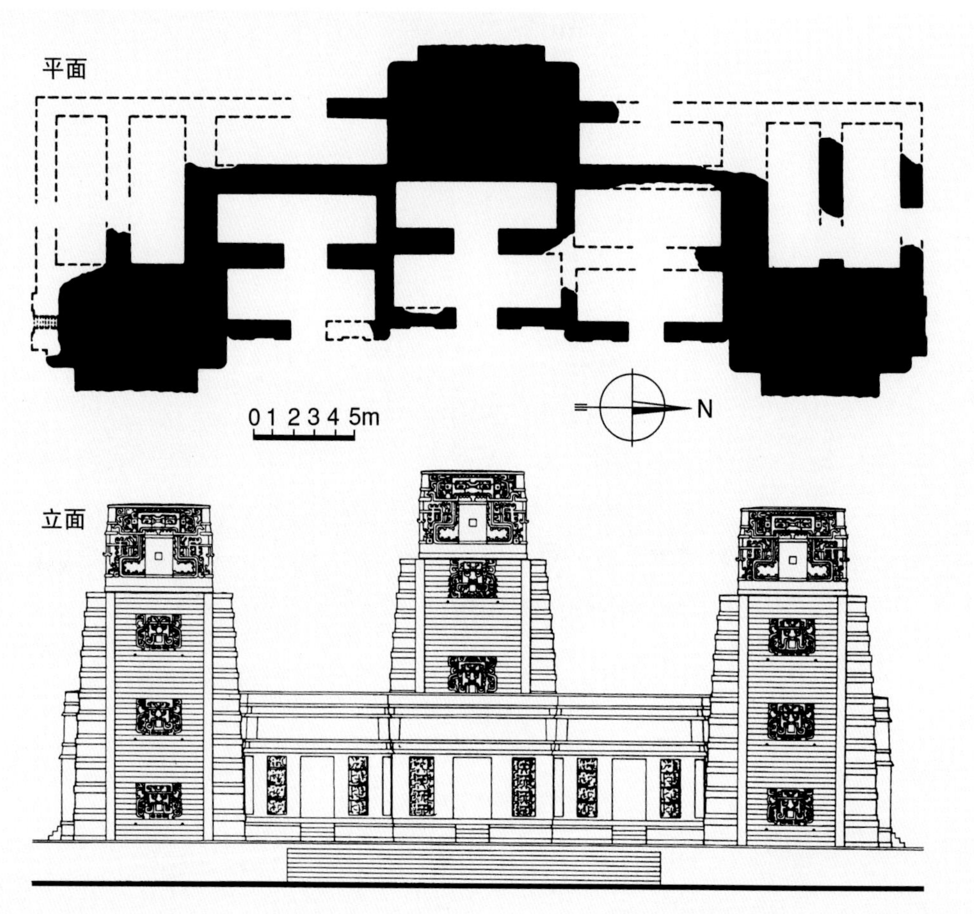

（本页左上）图7-59里奥贝克 神殿B。门楣及顶饰细部

（本页下）图7-60斯普伊尔 结构I（可能早于公元900年）。平面及立面（据Ruppert和Denison）

（右页上）图7-61斯普伊尔 结构I。平面现状及复原图（平面现状据Proskouriakoff，1946年；复原图取自Henri Stierlin：《The Maya，Palaces and Pyramids of the Rainforest》，1997年）

（本页右上及右页下）图7-62斯普伊尔 结构I。复原图（作者塔季扬娜·普罗斯库里亚科娃，取自Tatiana Proskouriakoff：《An Album of Maya Architecture》，2002年）

7-30）。广场边结构I和II形成了一个地面高起的四方院的两个侧边。结构II为一金字塔式的平台，四面绕以带房间的建筑，入径梯道设在西面（图7-31、7-32）。主要平台南侧的结构I为一个与结构VIII类似的独特建筑（据碳14测定，建于560~815年之间），它背靠四方院，一对金字塔式平台俯视着上层院落，下面两层双列房间朝南，面向更低的地面（平面、立面及剖面：图7-33、7-34；外景：图7-35~7-37）。门道宽度自中央向两端逐渐减少，使人想起帕伦克宫殿立面比例优雅的洞口。在这个立面 之上，两个四阶台高的金字塔呈现出典型的里奥贝克剖面形式，每个阶台顶部和底部都有宽大的带状线脚。在结构I，金字塔和带房间的结构具有同样的重要性，没有一个明显地居从属地位。结构II情况则有所改变：金字塔只是装饰性地模仿陡峭的蒂卡尔原型，是个缩小比尺的西立面的装饰品。广场边的另两座建筑分别为结构III（图7-38~7-40）和结构IV。后者和结构I相对，是个将宫殿-神庙和带房间的院落结合起来的复杂建筑，它们位于三层平台上，有32个拱顶房间和一个自顶部通达地面的内楼梯（复原图：图7-41；外

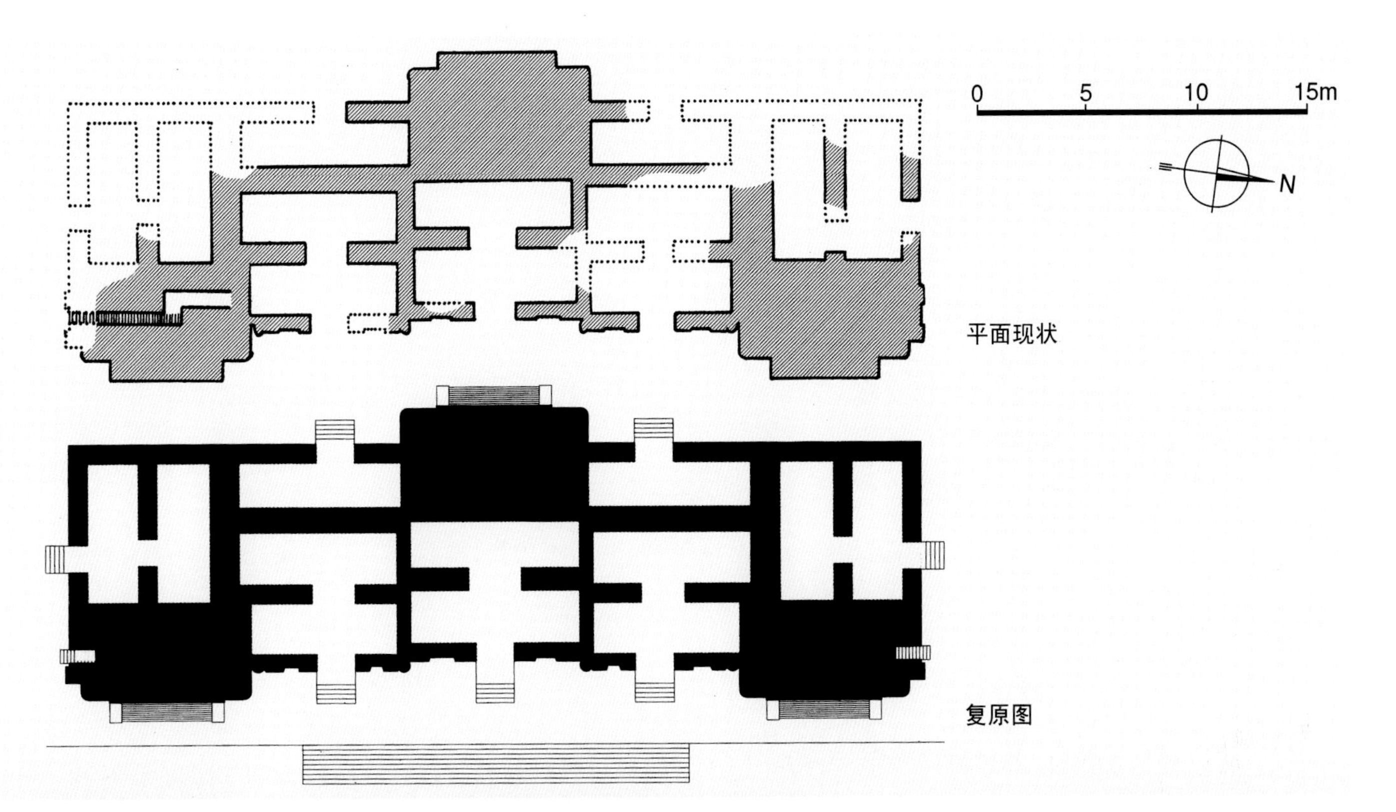
0
5
10
15m
N
平面现状
复原图

（上）图7-63斯普伊尔 结构I。残迹全景（彩画，取自Nigel Hughes：《Maya Monuments》，2000年）

（左中）图7-64斯普伊尔 结构I。现状，东侧地段俯视

（右中）图7-65斯普伊尔 结构I。现状，南侧俯视全景

（下）图7-66斯普伊尔 结构I。东侧远景

景：图7-42~7-46；内景：图7-47~7-50；附属建筑：图7-51）。

在埃尔奥尔米格罗和里奥贝克，再次出现了这种“协调立面”（其外观多少有点使人想起带塔楼的基督教堂），仅有少许变化。实际上，在里奥贝克，建筑中最突出的特色就是经常采用沉重的砌筑塔楼，这种做法显然是模仿南面120~160公里处蒂卡尔的金字塔和神殿。这类装饰性结构通常是成对建造，位于较长建筑主立面的两端[如神殿B（宫殿），外景及细部：图7-52~7-59]。不仅是里奥贝克，在奇坎纳、贝坎和埃尔奥尔米格罗都可以看到。必要时还三个一

（上）图7-67斯普伊尔结构I。东侧全景

（下）图7-68斯普伊尔结构I。东侧近景

（中）图7-69斯普伊尔结构I。东立面南侧近景

组，如斯普伊尔的主要建筑结构I（平面、立面及复原图：图7-60~7-62；外景及细部：图7-63~7-79）。这座底面43×16米的建筑重复（也可能是预示[1]）了前面在论述卡拉克穆尔时提到的三塔楼的构图模式。只是在这里，没有用卡拉克穆尔那种样式的屋顶墙架，而是用了三个缩小比例的蒂卡尔式的金字塔。

三个塔楼由一个低矮的建筑联为一体，完成整个构图。后者内置12个彼此互为支撑的拱顶房间，这也

是建筑唯一具有实际功能的部分。三个垂向延伸的塔楼好似金字塔式神殿，但基本上是个没有内部空间的实体结构。只是在南塔楼，布置了一个上置拱顶的楼梯通到各房间的屋顶层，但无法到达位于三个塔顶上的小型神殿。虽说每个塔均有前后台阶，每个台阶高度也符合标准（25厘米），但踏步面过窄，很难使用；门龛等也都是虚设。从塔季扬娜·普罗斯库里亚科娃绘制的精美复原图上可欣赏这些独特塔楼的造型（带圆角并饰有大型头像）。把假神殿纳入到建筑中去表明它们具有一种象征性的用途，在这种类型的建筑中可能用得相当广泛，尽管在别的地方，很少表现得如此明显。

主立面分为明显的三个不同部分，这一特点被哈

左页：

（右上）图7-70斯普伊尔 结构I。东南侧景色

（左上及下）图7-71斯普伊尔 结构I。西南侧近景

本页：

（上）图7-72斯普伊尔 结构I。东侧南塔楼现状（自北面望去的景色）

（中）图7-73斯普伊尔 结构I。东侧北塔及西塔楼近景

（下）图7-74斯普伊尔 结构I。东北角俯视近景

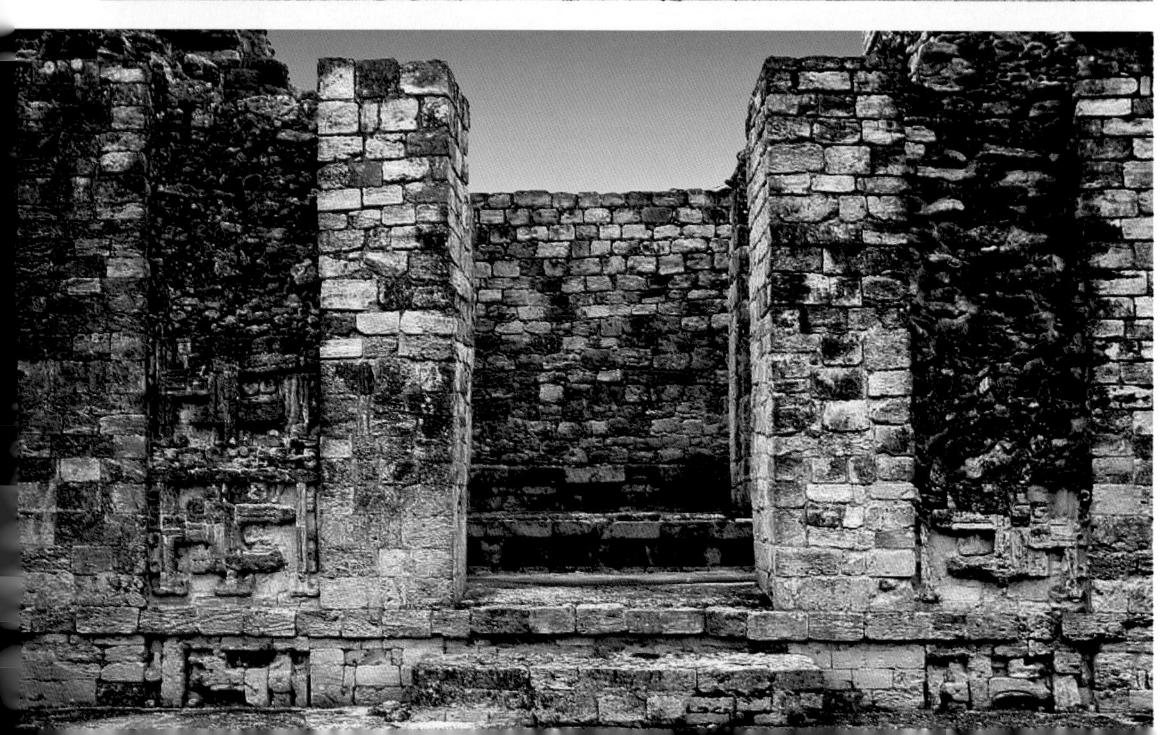

（上）图7-75斯普伊尔 结构I。西塔楼北侧现状

（中）图7-76斯普伊尔 结构I。西塔楼南侧现状

（下）图7-77斯普伊尔 结构I。东立面南侧入口现状

（上）图7-78斯普伊尔 结构I。南立面东侧墙基细部

（中及下两幅）图7-79斯普伊尔 结构I。墙面花饰细部（以程式化和抽象的方式表现神像，右下一个位于门道边，塔季扬娜·普罗斯库里亚科娃绘）

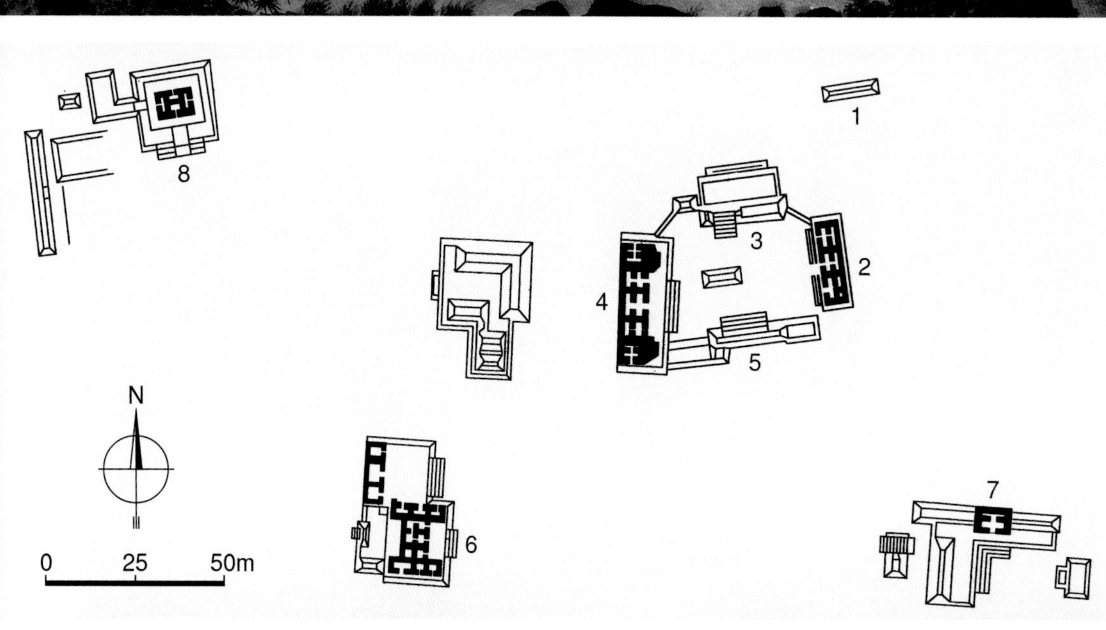
8
1
3
2
4
5
N
7
6
0
25
50m

本页及左页：

（左上）图7-80奥米格罗 结构II（古典后期，600~900年）。残迹外景（彩画，取自Nigel Hughes:《Maya Monuments》，2000年）

（左下）图7-81奥米格罗 结构II。现状（大门采用里奥贝克风格，作龙口状）

（左中）图7-82奇坎纳 遗址区。总平面（取自Henri Stierlin:《The Maya，Palaces and Pyramids of the Rainforest》，1997年），图中：1、蓄水池，2、建筑II，3、建筑III，4、建筑I，5、建筑IV，6、建筑IX，7、建筑VI，8、建筑XX

（右下）图7-83奇坎纳 建筑XX。剖面（取自Henri Stierlin:《The Maya，Palaces and Pyramids of the Rainforest》，1997年）

（右上）图7-84奇坎纳 建筑XX。立面全景

（中上）图7-85奇坎纳 建筑XX。入口近景

（中下）图7-86奇坎纳 建筑XX。侧面景色

（上）图7-87奇坎纳 建筑XX。入口近景

（下）图7-88奇坎纳 建筑XX。上部结构近景

（中）图7-89奇坎纳 建筑XX。上部墙角结构及装饰

里·伊夫林·多尔·波洛克（1900~1982年）等学者视为这些地区建筑构图的基本原则[2]。每一部分上部檐壁均稍稍倾斜和挑出，表现正面的头像；下部墙面装饰仅限大型垂直浮雕条带，这同样是里奥贝克和切内斯地区共同的装饰母题。最后一个具有创意的特色是嵌在立面向前凸出的两个形体角上的假柱。这些柱子很可能是强调较低的这部分建筑和采用木构架上覆棕叶的简单棚舍的类似，后者至今仍是尤卡坦半岛典型民居的特色。

值得注意的是，在这个神殿，再次出现了人们在

（上）图7-90奇坎纳 建筑XX。墙基花饰细部

（中及下）图7-91奇坎纳 建筑XX。墙面花饰细部

本页：

（上及左下）图7-92奇坎纳 建筑XX。墙角装饰细部（叠置雨神查克的头像，带有典型的凸出鼻子）

（右下）图7-94齐维尔查尔通 七玩偶殿（485年）。平面及立面（1：200，取自Henri Stierlin：《Comprendre l' Architecture Universelle》，第2卷，1977年）

右页：

（上）图7-93科姆琴 早期建筑（公元前400年）。残迹现状（另一个大型结构距此约250米，通过前古典后期的堤道和这组建筑相连）

（下）图7-95齐维尔查尔通 七玩偶殿。远景（从西面望去的景色）

（上）图7-96齐维尔查尔通 七玩偶殿。东北侧远景

（中）图7-97齐维尔查尔通 七玩偶殿。立面全景（屋顶上的结构可视为墙架的一种变体形式）

（下）图7-98齐维尔查尔通 七玩偶殿。夕阳景色

佩腾某些圣所前看到的那种强化幻觉的做法，并一直延伸到高屋脊和假门。其立面具有这个地区典型的华丽装饰。入口呈张开的蛇口状（在科潘22号神殿处也用过这种形式）。在大门楣梁上，正面的头像和下面两个巨大蛇口的侧面造型相结合。张开的下颌好似围着大门的两侧，把门变成了怪兽张开的大嘴；在这里，它可能是代表玛雅的创世神伊察姆纳，正如杰克·伊顿所说，它"以爬行动物的形式出现，既有苍

图7-99齐维尔查尔通 七玩偶殿。西北侧近景

本页：

（上）图7-100齐维尔查尔通 七玩偶殿。立面近景

（左下及右中）图7-101齐维尔查尔通 七玩偶殿。大门及檐壁细部

（右下）图7-102齐维尔查尔通 七玩偶殿。内景

右页：

（上）图7-103伊萨马尔 大金字塔。立面全景

（下）图7-104伊萨马尔 大金字塔。台阶及台地近景

天又有地球的属性”[3]。在附近的奥米格罗（属坎佩切地区），也可看到这种里奥贝克风格的造型表现（结构II，图7-80、7-81）。

如神殿-金字塔般的侧面塔楼同样是里奥贝克风格的独具特色。在该地区的许多建筑中，都可找到这样一些部件。在新近考察过的奇坎纳（其名意“蛇口之宅”，图7-82），有个建在金字塔形基座上的优美神殿，如斯普伊尔神殿那样配置了垂直的浮雕板（建筑XX，图7-83~7-92）。和这些板面一起，还用了在科潘出现过的一种构图方式，即叠置玛雅雨神查克的头像（带有典型的突出鼻子），在这整个地区，都可看到这类表现。

在这个遗址上，发现了一个保存甚好的入口大

左页：

（上）图7-105伊萨马尔 大金字塔。台地细部

（下）图7-106伊萨马尔 大金字塔。背面近景

本页：

（上）图7-107伊萨马尔 巨头像（图版，作者弗雷德里克·卡瑟伍德，取自Fabio Bourbon：《The Lost Cities of the Mayas，the Life，Art，and Discoveries of Frederick Catherwood》，1999年；卡瑟伍德的这幅版画充满了自己浪漫的想象，实际上，豹子从未在尤卡坦半岛北部的丛林中出现过；但这幅画仍然具有很高的史料价值，因为装饰着金字塔基部的这些巨像，和伊萨马尔的大多数玛雅古迹一样，随着西班牙人在遗址上建造新的殖民城市而遭到破坏）

（下）图7-108伊萨马尔 巨头像（灰泥制作，图版作者弗雷德里克·卡瑟伍德，取自Fabio Bourbon：《The Lost Cities of the Mayas，the Life，Art，and Discoveries of Frederick Catherwood》，1999年）

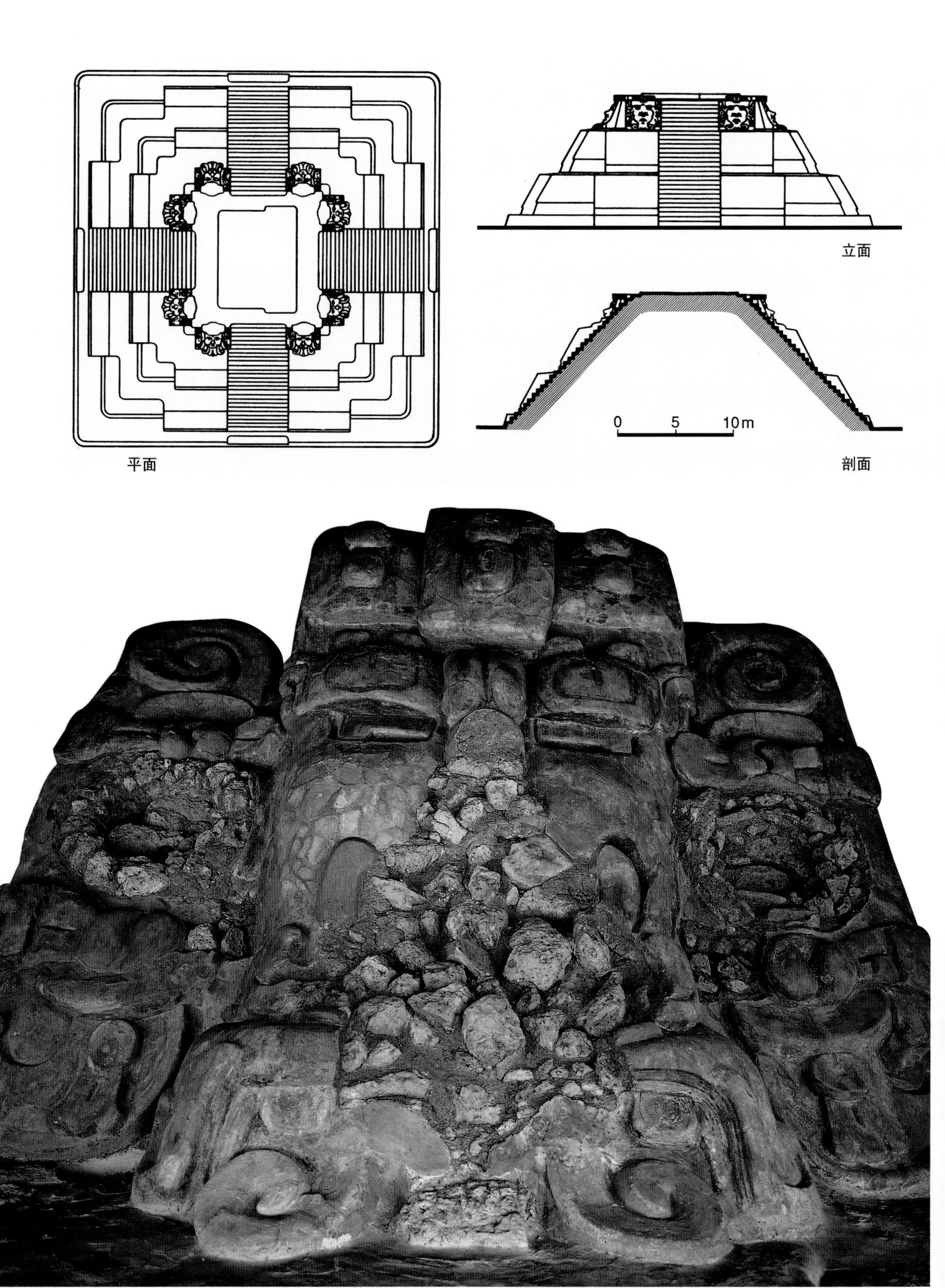
立面
0
5
10m
剖面
平面

左页：

（上）图7-109阿坎塞 主金字塔（面具金字塔，前古典后期，约公元前300~公元250年）。平面、立面及剖面（据Marquina）

（下）图7-110阿坎塞 主金字塔。灰泥面具（高285厘米，直到20世纪90年代末才由墨西哥考古学家发掘出来）

本页：

（左右两幅）图7-111科瓦 典型石碑（正面及背面，这类石碑大都始于古典时期末）

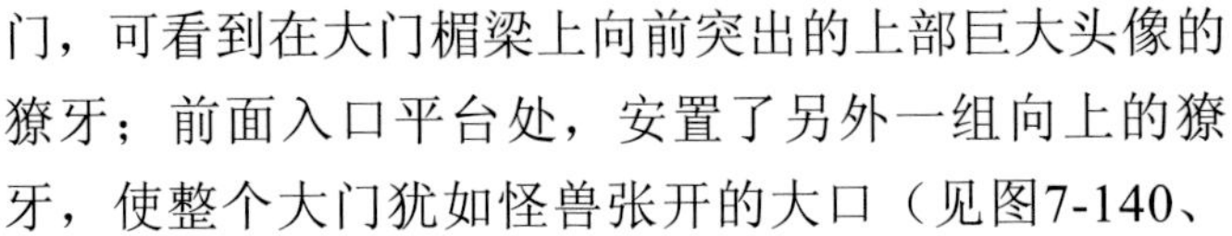

门，可看到在大门楣梁上向前突出的上部巨大头像的獠牙；前面入口平台处，安置了另外一组向上的獠牙，使整个大门犹如怪兽张开的大口（见图7-140、7-141）。在这里，我们再次看到三段划分的立面，且侧面门上模仿棕叶屋顶的形式，大的开口使人想起玛雅茅舍的入口。在屋顶中间，找到了镂空的屋脊痕迹，在这一地区，这是一种经常可看到的建筑部件，但用得不像佩腾地区和乌苏马辛塔流域那样普遍。

实际上，里奥贝克的建筑手法并不仅限于上述几种。从艺术的角度看，作为地区原型的装饰性塔楼好像只是一般地效法南方丛林地带（如蒂卡尔）的宏伟圣所，但对贝坎这样一些遗址上的建筑进行仔细考察后，D.E.波特在他不久前出版的著作中指出，它们显示出一种“复杂的变化”[4]。同时，贝坎的这些祭祀中心是完全封闭的，是中美洲已知最古老的防卫体系之一（由一道很深的无水壕沟和高起的台地组成）。而在里科港遗址发现的圆柱形结构则和安第斯山地区

左页：

（上四幅）图7-112科瓦 各类石碑（现均搭建保护棚并加了说明牌）

（下）图7-114阿克 遗址夜景（图版作者弗雷德里克·卡瑟伍德，取自Fabio Bourbon：《The Lost Cities of the Mayas，the Life，Art，and Discoveries of Frederick Catherwood》，1999年）

本页：

（上）图7-113埃克巴拉姆 卫城。灰泥立面[石砌体外覆彩绘灰泥，系1998~2000年间墨西哥人类学及历史研究院（INAH）的考古学家在埃克巴拉姆进行发掘时发现]

（下）图7-115阿克 结构1（柱宫）。地段全景

（上）图7-116阿克结构1。残迹全景

（下）图7-117阿克结构1。柱列近景

（中）图7-118阿克台地残迹近景

的石构葬仪塔楼（chulpas）非常接近。

二、半岛北部及切内斯地区

[半岛北部]

位于梅里达北部的科姆琴，拥有玛雅北部低地最早的古迹（公元前400年，图7-93）。在尤卡坦半岛北部，像齐维尔查尔通这样一些玛雅遗址，早在古典

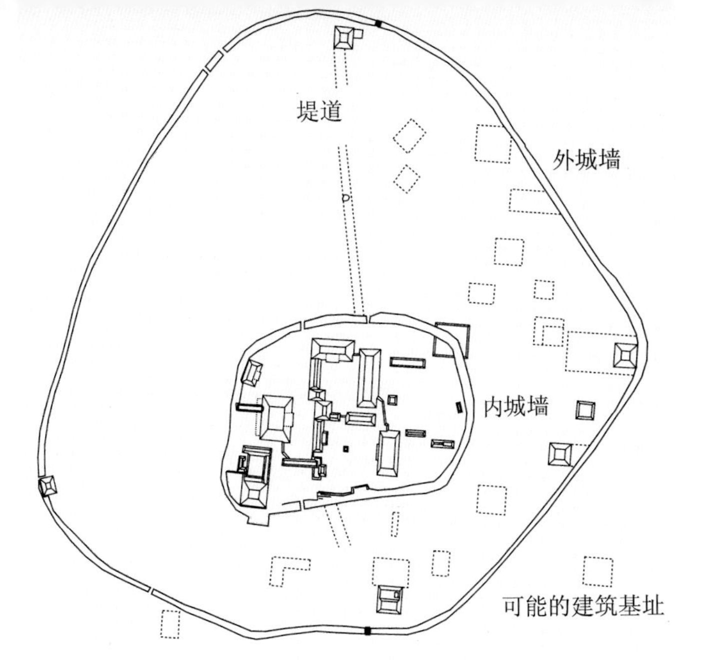

(左上) 图7-119库卡 遗址区。总平面(双重防卫城墙，外圈较矮，厚4米，可能曾有尖桩栅栏或刺篱保护，内圈墙体更为坚实，厚10~12米)

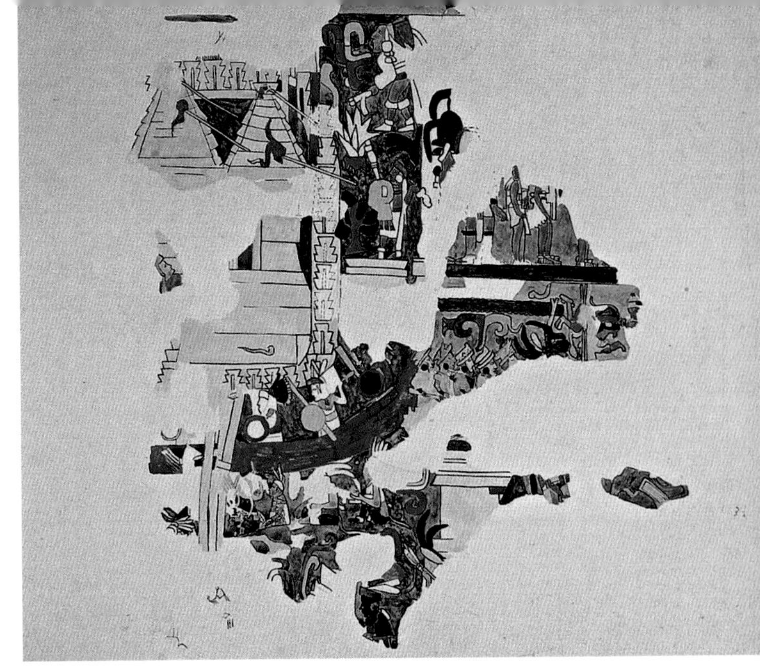

(右上) 图7-120奇琴伊察 "修院组群"。22号房间，壁画(残段，表现攻打双围墙城市的场景，左上可看到带菱形图案的围墙所环绕的神殿，其外是涂红色的第二道城墙；古典后期或后古典早期，800~1200年)

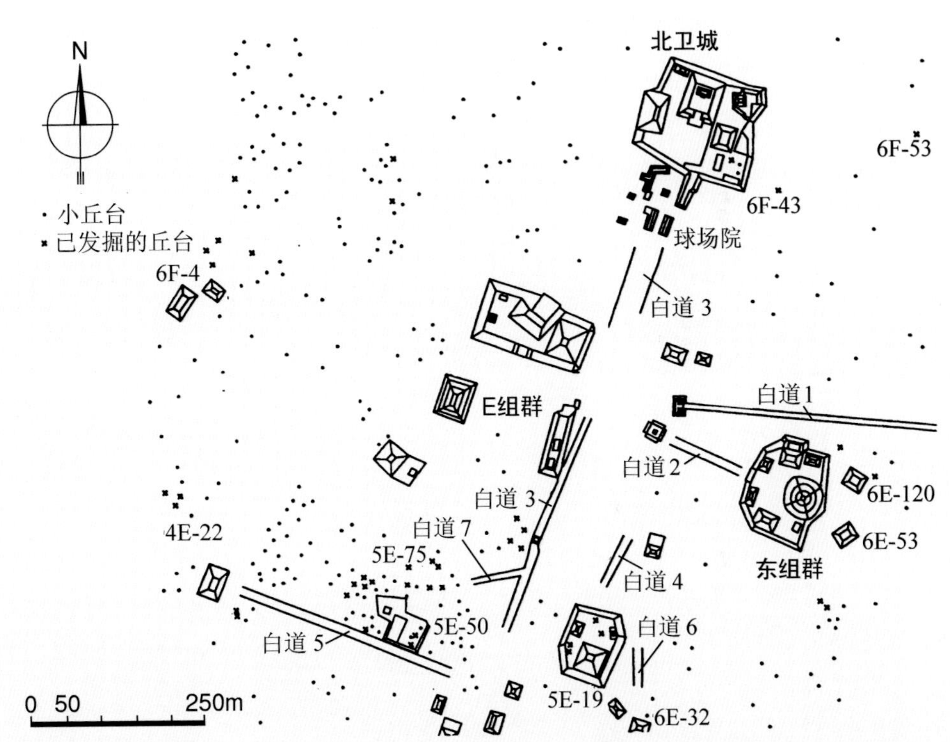

(中) 图7-121亚克苏纳 遗址中心区。总平面，可看到主要建筑的分布和道路布置(后者为高出地面的铺砌道路，称sacbe，即"白道"，因最初表面覆石灰灰泥而名；图版取自Jeff Karl Kowalski：《Mesoamerican Architecture as a Cultural Symbol》，1999年)

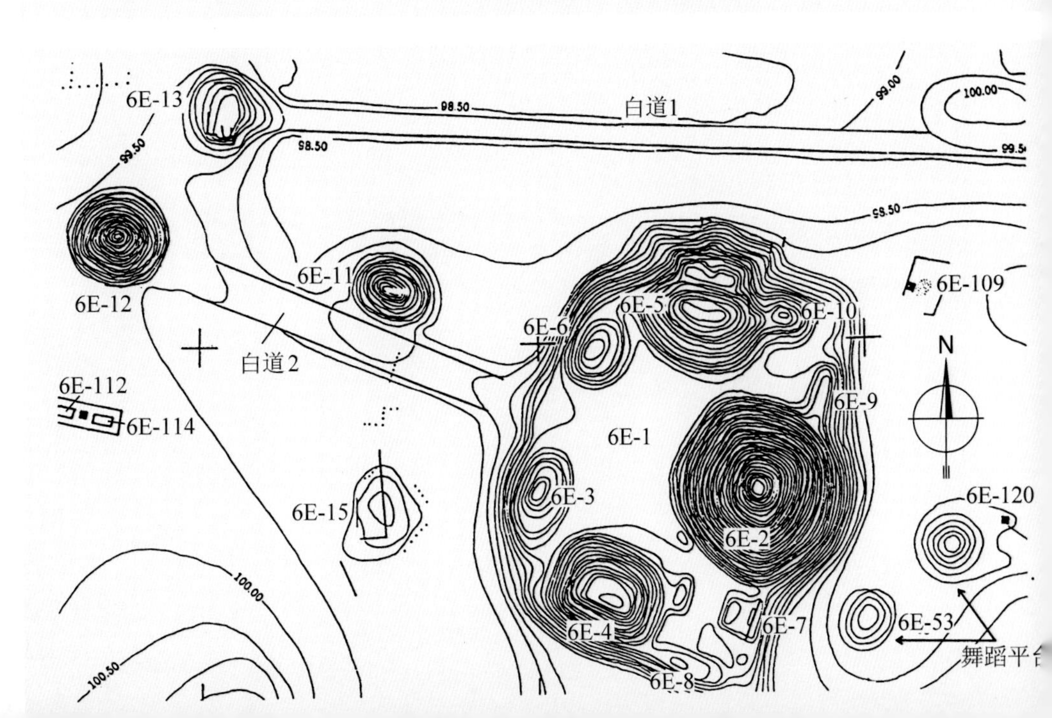

(下) 图7-122亚克苏纳 组群6E。遗址平面(右下为由结构6E-53和6E-120组成的"舞蹈平台"，取自Jeff Karl Kowalski：《Mesoamerican Architecture as a Cultural Symbol》，1999年；格网十字之间距离100米)

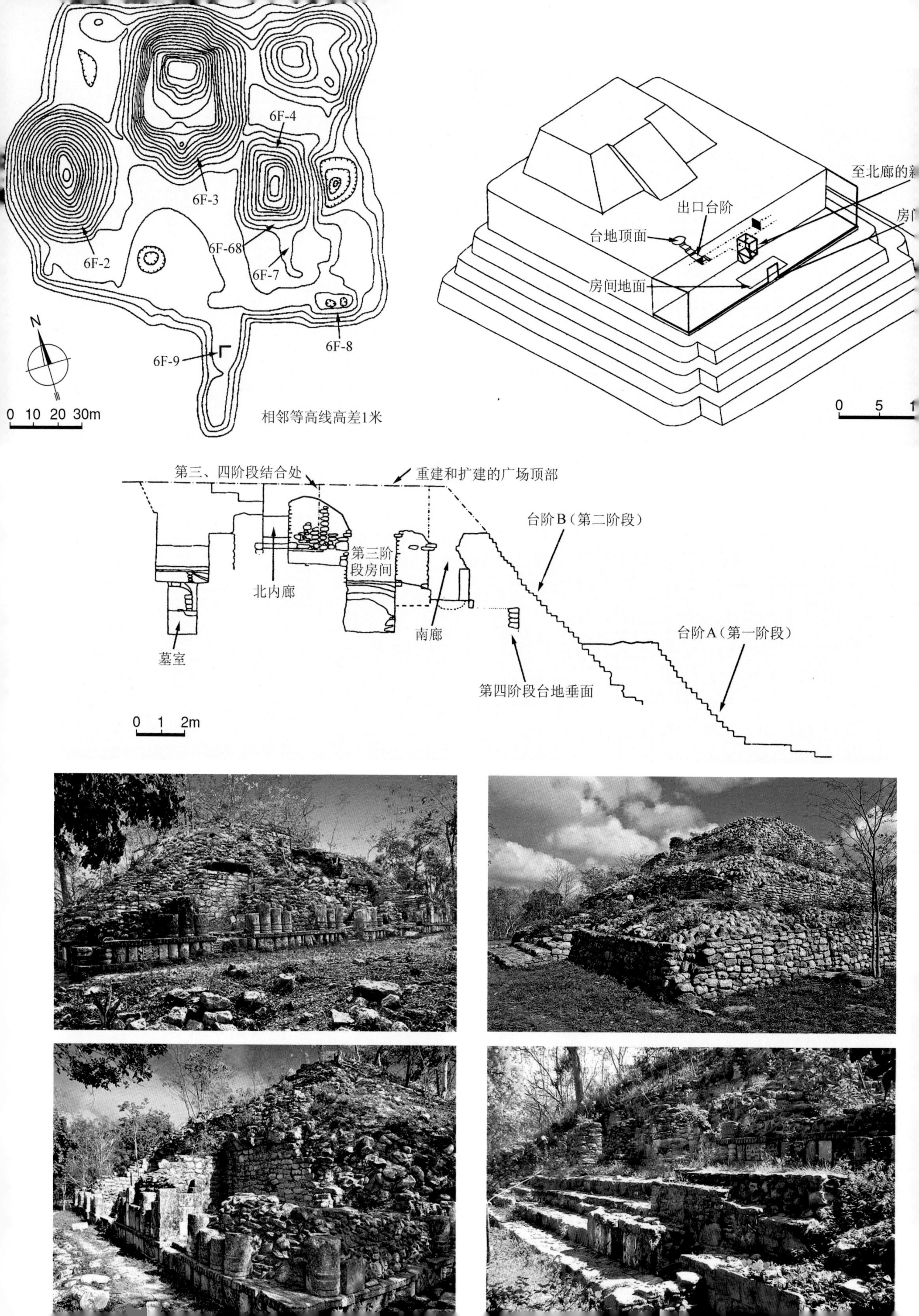

6F-4
6F-3
6F-2
6F-68
6F-7
6F-8
6F-9
N
0 10 20 30m
相邻等高线高差1米
至北廊的新
出口台阶
房门
台地顶面
房间地面
0 5 1
第三、四阶段结合处
重建和扩建的广场顶部
台阶B（第二阶段）
第三阶段房间
北内廊
南廊
墓室
第四阶段台地垂面
台阶A（第一阶段）
0 1 2m

左页：

（左上）图7-123亚克苏纳 组群6F（北卫城）。遗址平面（为遗址上可见的最大组群，图版取自Jeff Karl Kowalski:《Mesoamerican Architecture as a Cultural Symbol》，1999年）

（中上）图7-124亚克苏纳 组群6F。主体结构6F-3，南北向剖面（取自Jeff Karl Kowalski:《Mesoamerican Architecture as a Cultural Symbol》，1999年）

（右上）图7-125亚克苏纳 组群6F。结构6F-3，复原图（取自Jeff Karl Kowalski:《Mesoamerican Architecture as a Cultural Symbol》，1999年）

（中左下及左下）图7-126亚克苏纳 金字塔-神殿。遗迹现状

（中右下）图7-127亚克苏纳 金字塔。残迹近景

（右下）图7-128亚克苏纳 村落遗迹

本页：

（左右两幅）图7-129诺库奇奇 各式塔楼。外景（左侧一个表面饰巨大的灰泥头像）

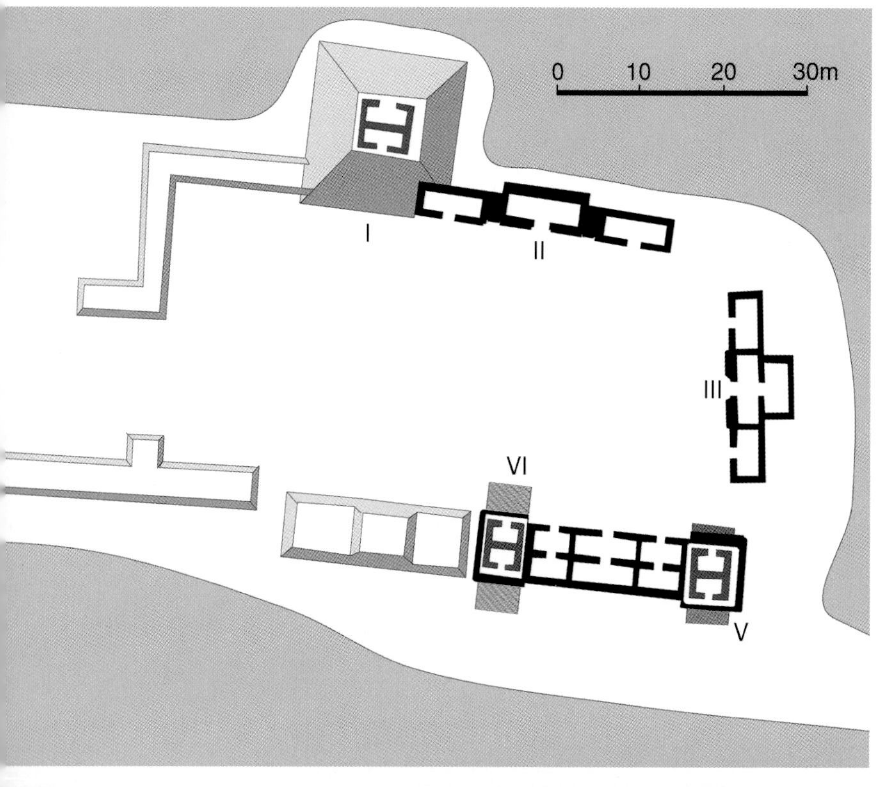

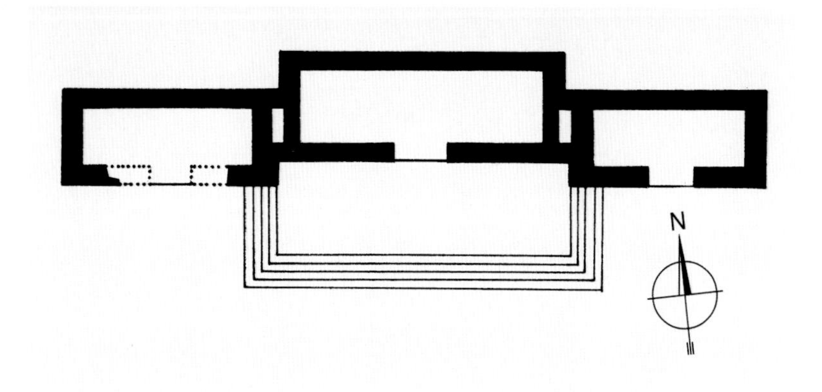

（左上）图7-130奥乔布 遗址区。总平面（罗马数字示建筑编号）

（左中）图7-131奥乔布 神殿及宫殿。残迹全景（历史照片，1888年，现存柏林Ibero-Amerikanisches Institut，由1885~1894年考察该地区的Teobert Maler拍摄）

（右）图7-132奥乔布 2号神殿。外景（彩画，取自Nigel Hughes:《Maya Monuments》，2000年）

（左下）图7-133奥乔布 2号建筑（蛇头宫）。平面（据Maler）

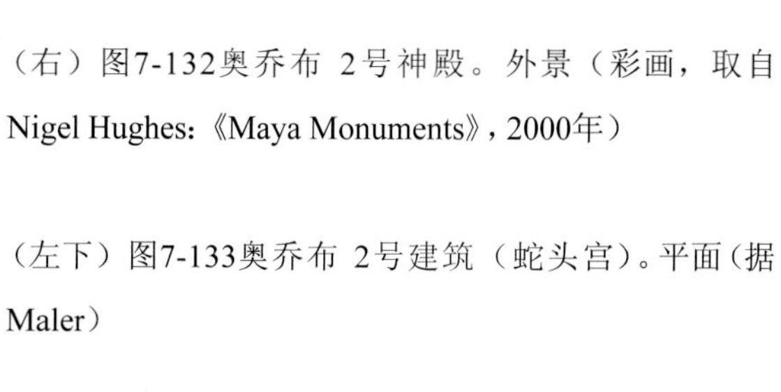

（上下两幅）图7-134奥乔布 2号建筑。南立面，中央入口部分近景（入口模仿雨神查克张开的大嘴，为切内斯风格的典型表现；顶上独特的脊饰由层叠的人像组成）：上、历史照片，1887年；下、约100年后的状态

早期已发展成这一地区最大的城市之一。城市祭祀中心的核心部分是一条中央大道，周围布置各建筑组群。这些组群之一有意布置在道路中央，大道在这里形成一个宽阔的祭祀广场，在那里，次要建筑均围着唯一的神殿——七玩偶殿布置（殿名来自20世纪50年代殿内出土的七个玩偶像；图7-94~7-102）。神殿

基底面积约29米见方，高约15米。和前古典时期的重要神殿相比只能算是个规模较小的建筑。粗糙的石砌体和厚厚的灰泥浮雕皆为古典早期作品的典型特征，但对玛雅建筑来说，这座神殿至少表现出两个全新的特点。和其他玛雅建筑的狭窄开口相比，其前后立面的门窗洞口要更为宽大；再就是集中式的屋顶结构，特别是屋顶中央一个不开窗的奇特塔楼，事实上，这并不是一个真正的屋脊，而是一个使人们从各个角度望去都能产生壮观景象的部件。其他如对称的双轴线平面及下部台地结构的安置，也都是不同寻常的表现。

神殿约建于公元500年（古典中期），尚保留有巨大头像的石构骨架和灰泥装饰的残迹。人们在这个结构里看到的这些具有革命意义的部件标志着玛雅建筑发展的一个转折点。然而，其影响看来并没有超出城市本身。实际上，在尤卡坦半岛，尚有许多非典型的建筑，很难将它们归到某个地方风格中去。如伊萨马尔的大金字塔（图7-103~7-108）和阿坎塞的灰泥宫殿（其上部檐壁表现动物形象，在玛雅建筑中颇为少见）。作为前古典后期尤卡坦半岛西北的重要遗

左页：

图7-135奥乔布 2号建筑。立面复制品（位于墨西哥国家人类学博物馆花园内）

本页：

图7-136埃尔塔瓦斯基奥 神殿I。圣所外景（彩画，取自Nigel Hughes:《Maya Monuments》，2000年）

本页：

（上）图7-137埃尔塔瓦斯基奥 神殿I。圣所残迹（历史照片）

（下）图7-138奇坎纳 建筑II（神殿，700~900年）。外景（立面表现巨兽的大口，彩画，取自Nigel Hughes：《Maya Monuments》，2000年）

右页：

图7-140奇坎纳 建筑II。大门立面（局部整修前）

本页及右页：

（左上）图7-139奇坎纳 建筑II。立面全景

（左下）图7-141奇坎纳 建筑II。大门立面（局部整修后）

（中上及右上）图7-142奇坎纳 建筑II。大门两边雕饰细部

（右下）图7-143齐维尔诺卡克（伊图尔维德） 结构A-1。侧面外景（彩画，取自Nigel Hughes：《Maya Monuments》，2000年）

（中下）图7-144齐维尔诺卡克 结构A-1。历史景色（图版作者弗雷德里克·卡瑟伍德，取自Fabio Bourbon：《The Lost Cities of the Mayas, the Life，Art，and Discoveries of Frederick Catherwood》，1999年）

址，阿坎塞的主要遗迹一直被压在近代城市下面，直到20世纪90年代末，才发掘出市中心附近前古典时期主要金字塔的部分遗存，其面具金字塔明显受到佩腾地区原始古典时期建筑的影响，四个墙面均饰有巨大的灰泥头像，周围配置了大量的象征性图案（图7-109、7-110）。在半岛东部，科瓦的雕刻和乌苏马辛塔流域的风格非常接近（图7-111、7-112），然而其建筑却使人想起佩腾地区的风格。具有类似表现的还有新近（1998~2000年）由墨西哥考古学家发现的埃克巴拉姆（位于尤卡坦东北地区）卫城的灰泥立面（图7-113）。在所有玛雅遗址中，细部保存得如此完好的甚为少见。令人惊异的是，其大门的造型模拟

（左上）图7-145齐维尔诺卡克 结构A-1。南塔楼（历史照片，Teobert Maler摄于1887年）

（右上）图7-146齐维尔诺卡克 结构A-1。东北侧全景

（下）图7-147齐维尔诺卡克 结构A-1。东南侧景色

（上）图7-148齐维尔诺卡克 结构A-1。西南侧景色

（中）图7-149齐维尔诺卡克 结构A-1。西面景观

（下）图7-150齐维尔诺卡克 结构A-1。西北面景色

本页及左页：

（左上）图7-151齐维尔诺卡克 结构A-1。南塔楼现状

（左下）图7-152齐维尔诺卡克 结构A-1。南塔楼全景（自北面望去的景色，近景处尚未完全清理）

（中上）图7-153齐维尔诺卡克 结构A-1。南塔楼全景（自北面望去的景色，经部分清理和整修）

（右上）图7-154齐维尔诺卡克 结构A-1。南塔楼近景（自外侧望去的景色）

（右下）图7-155齐维尔诺卡克 结构A-1。南塔楼近景（自内侧望去的样式）

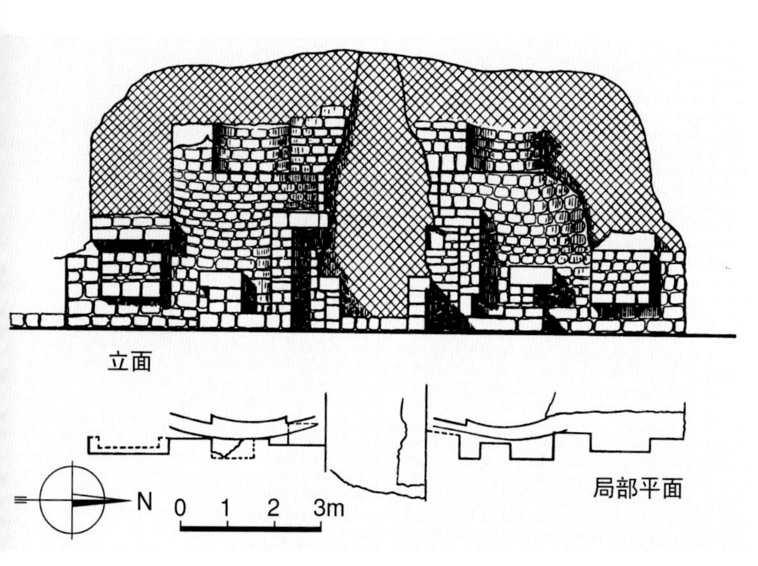

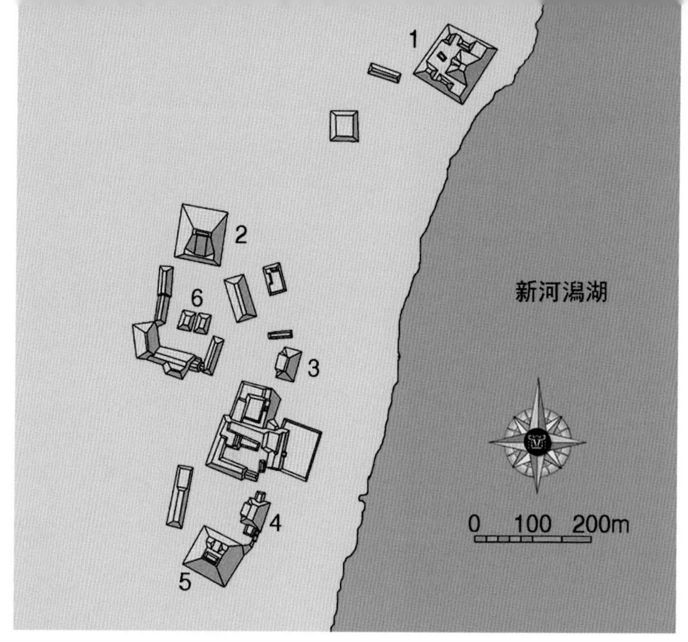

（左上）图7-156奥尔穆尔 第II组群。建筑A（535年前），局部平面及剖面（据Merwin和Vaillant）

（下）图7-157拉马奈 遗址区。总平面（考古区位于新河岸边，河水在这里形成了宽阔的潟湖），图中：1、结构P8-12，2、结构P9-25，3、结构P9-2，4、结构P9-56（N9-56，面具殿），5、结构N10-43（高神殿、城堡、金字塔），6、球场院，7、结构N10-27，8、结构N10-7，9、结构N10-2，10、结构N10-9（美洲豹神殿），11、结构N10-4，12、结构N10-1

（右上）图7-158拉马奈 遗址区。核心部分（南区），平面，图中：1、结构N9-56（面具殿），2、结构N10-43（高神殿、城堡、金字塔），3、结构N10-27，4、结构N10-7，5、结构N10-9（美洲豹神殿），6、球场院

（中）图7-159拉马奈 三足陶器（后古典时期，1150~1300年，高11.6厘米，直径18.9厘米，由几部分合成，现存Belmopan，Department of Archeology）

（右上）图7-160拉马奈 结构N10-43（高神殿、城堡、金字塔，约公元前200年）。复原图

（左上两幅）图7-161拉马奈 结构N10-43。复原图：左、早期，右、后期（公元600年）

（下）图7-162拉马奈 结构N10-43。残迹外景（整修前，虽经多次改建，但仍可辨认出早期的形式，始自前古典后期的宽阔平台高33米，上立三个用轻质材料建成的结构）

（左上及左中上）图7-163拉马奈 结构N10-43。现状外景（局部经整修）

（左中下）图7-164拉马奈 结构N10-43。台阶及浮雕，细部

（左下）图7-165拉马奈 结构N10-43。台阶近景

（右三幅）图7-166拉马奈 结构N10-9（美洲豹神殿，古典早期，约500年）。各时期复原图：上、古典早期，中、古典后期，下、后古典早期

张大的蛇口，而这种做法，本是更远处切内斯地区建筑的特征。

位于梅里达以东约40公里的阿克（Aké，来自玛雅语“芦苇之乡”）是这时期的另一个重要遗址，其建筑主要属古典早期（公元250~550年，图7-114~7-118）。近代有关这个遗址的最早记录是约翰·劳埃德·斯蒂芬斯和弗雷德里克·卡瑟伍德的著作（19世纪40年代早期）。遗址周围设两道同心围墙。带成排石柱的结构1（柱宫）立在一个阶梯状金字塔的平台上，为遗址上最引人注目的景观。在尤卡坦地区，同样建有双城墙的城市还有库卡（图7-119）。在奇琴

（上及中）图7-167拉马奈 结构N10-9。各时期图像记录：上、1976年开始发掘时照片，中、修复前照片

（下）图7-168拉马奈 结构N10-9。现状全景

（上）图7-169拉马奈 结构N10-9。正面近景

（中）图7-170拉马奈 结构N10-9。斜视近景

（下）图7-171拉马奈 结构N10-9。基部近景

伊察22号房间的壁画上，尚可看到攻打这类城市的画面（图7-120）。

位于奇琴伊察以南20公里的亚克苏纳是个从形成期中叶开始直到后古典时期一直有人居住的城镇（图7-121~7-128）。形成期后期已建造了一些三位一体的建筑群组，通过南北向的道路连在一起。到古典早期，较大的金字塔进一步改造并纳入了王室的陵寝。在古典后期（约公元600~800年），亚克苏纳被科瓦征服后，两个城市之间修建了长100公里的联系堤道（为当时玛雅最长的这类工程），城市内部

（上）图7-172拉马奈结构N10-9。雕饰细部

（下）图7-173阿尔通哈结构B-4（约公元600年）。外景（彩画，取自Nigel Hughes:《Maya Monuments》，2000年）

本页：
（上）图7-174阿尔通哈 结构B-4。现状全景
（下）图7-176齐班切 金字塔-神殿。外景（中央台阶通向高大的圣所，和蒂卡尔神殿的狭小空间相比，神殿规模显然有所扩展）

右页：
图7-175齐班切 猫头鹰神殿（结构1）。现状外景（发掘主持人为墨西哥考古学家Enrique Nalda，新近经修复）

亦建造了东西向的新干道。到古典后期（800~1100年），由于北面的奇琴伊察和科瓦交战，亚克苏纳亦建造了城墙，但最后仍于950年被奇琴伊察攻占，城市遭到破坏，从此一蹶不振。至后古典时期（1100~1697年），人口剧减，仅在老建筑上有些小的增建。

[切内斯地区]

在玛雅地名里，后缀“Chen”表明该地位于自然泉水处或在其附近。它们许多都集中在普克地区山脚南侧，里奥贝克正北面。因此，这片地区被称为切内斯（Chenes），意为“泉水之乡”。实际上，该地区许多建筑部件都和南面与之相邻的里奥贝克相似，

可视为这种建筑风格的北方变体。尽管没有建造里奥贝克特有的那种沉重的象征性塔楼，但经常可看到中等规模样式奇特的塔楼，这些砖石砌筑的结构往往纳入到大型建筑内，有的同时留有华美的灰泥装饰残迹（如人们在钱琴和诺库奇奇看到的那类，图7-129）。不过，这些塔楼看来并不是像里奥贝克那样，模仿神殿-金字塔建筑群，也没有普遍到可视为地方特征的程度。

里奥贝克-切内斯组群和南面的卡拉克穆尔-佩腾组群之间，在风格上具有很大的差异。它们之间的分界位于北纬18° 15’ 左右。西尔韦纳斯·格里斯沃尔德·莫利将里奥贝克古迹划入切内斯地域主要基于建筑而不是地理的缘由。他的主要根据是里奥贝克和切内斯建筑均以琢石饰面，而不是像佩腾建筑那样施灰泥面层。但里奥贝克遗址通常都要比切内斯居民点更

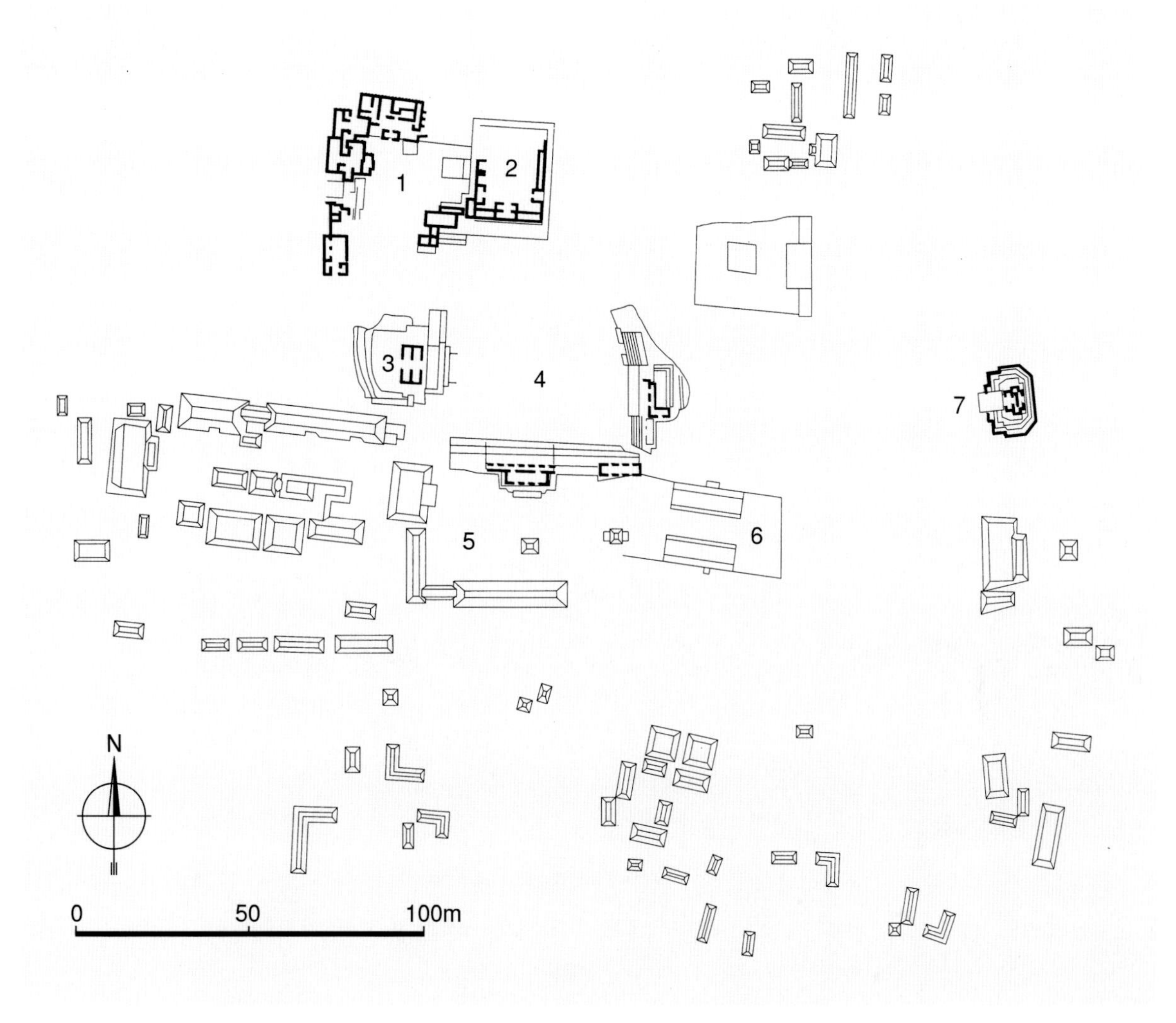

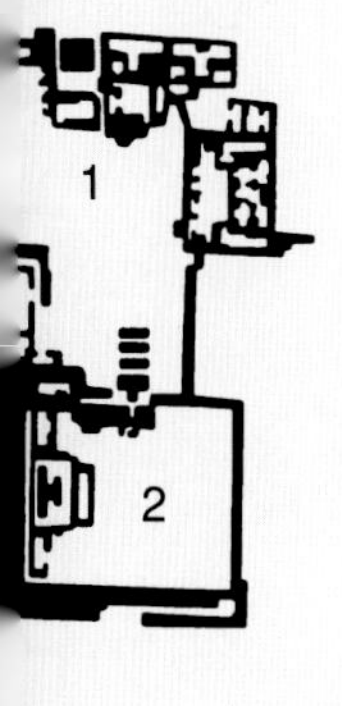

本页及左页：

（左上）图7-177齐班切 金字塔-神殿。墙体细部（可看到考古学家归位整修的部分）

（中上）图7-178齐班切 香炉（彩陶，后古典后期，1300~1400年）

（右上）图7-179科温利奇 祭祀中心。总平面（取自Henri Stierlin:《The Maya，Palaces and Pyramids of the Rainforest》，1997年），图中：1、西北居住组群，2、卫城，3、宫殿（国王神殿），4、星光广场，5、默温广场，6、球场院，7、面具金字塔（神殿）

（下）图7-180科温利奇 祭祀中心。总平面，图中：1、西北居住组群，2、卫城，3、石碑广场，4、国王神殿，5、看台，6、石碑殿，7、下沉式广场，8、面具金字塔（神殿），9、球场院，10、11门建筑，11、对柱建筑，12、默温广场，13、皮萨安居住组群，14、27阶居住组群

大也更复杂，因而，这两者之间，还是应有所区分。

在切内斯地域范围内，奥乔布可能是最大的一个遗址，也是最能代表切内斯风格的遗址之一（图7-130、7-131）。主要组群位于一个缓坡地上，围着主要广场成组排列一系列建筑，从简单的神殿（墙面没有任何装饰，仅有一道镂空的屋脊，如2号神殿，图7-132），到立面配有全套装饰的大型宏伟建筑。

这组建筑属最令人感兴趣的“三段式”立面划分的变体形式之一，且因其华丽的装饰和协调的体形搭配显得格外突出（马尔塔·丰塞拉达·德莫利纳称其为“玛雅艺术中最具有巴洛克特色的阶段”[5]）。主要建筑没有里奥贝克那样的塔楼，俯视着院落的中央形体（内置拱顶厅堂）立在一个比两边侧翼更高的基座上，上立巨大的高屋脊，并通过人物形象进一步增强效果；两边如里奥贝克地区的库卢克瓦洛姆那样，对称布置两个位于较低层面的小房间（图7-133~7-135）。两侧的房间处理成稍稍向前伸出的翼房（avant-corps）。所有三个立面均布有错综复杂

本页及右页：

（左上）图7-181科温利奇 祭祀中心。卫城，残迹现状

（左下）图7-182科温利奇 祭祀中心。宫殿（古典后期），外景（建筑以规整的琢石砌筑，位于宽大的台阶顶部）

（中上）图7-183科温利奇 祭祀中心。宫邸，残迹现状

（右下）图7-184科温利奇 祭祀中心。金字塔，现状

（右上）图7-185科温利奇 祭祀中心。石碑殿，近景

本页及左页：

（左上）图7-186科温利奇 祭祀中心。结构3，自卫城顶上望去的景色

（中上）图7-187科温利奇 祭祀中心。拱顶残迹

（右上）图7-188科温利奇 祭祀中心。面具金字塔（神殿，古典时期初，约公元500年），外景（局部，彩画，取自Nigel Hughes：《Maya Monuments》，2000年）

（右下）图7-189科温利奇 祭祀中心。面具金字塔，西侧现状景色

（左下及中下）图7-190科温利奇 祭祀中心。面具金字塔，内景（图示台阶右侧各层灰泥头像）

的石雕装饰表现程式化的蛇头。带精美灰泥饰面的中央部分照例表现蛇口形的门洞，边上以比例狭长的几何图案仿玛雅茅舍造型。这些丰富的雕饰一方面成功地和上部镂空屋脊的轻快效果相呼应，同时又和侧面形体的平滑墙面形成对比（该部分仅在上部饰巨大的头像，并在角上叠置雨神查克的小型头像）。

在奥乔布北面埃尔塔瓦斯基奥一个小神殿角上，再次出现了雨神查克头像的母题，这座建筑同样表现出该地区建筑那种突出的巴洛克特色（图7-136、7-137）。将埃尔塔瓦斯基奥（或奥乔布和齐维尔诺卡克）的这些要素和我们在奇坎纳看到的另一个小神殿（建筑II，图7-138~7-142）的部件相比，可以看

左页：

（全六幅）图7-191科温利奇 祭祀中心。面具金字塔，各层两侧灰泥装饰

本页：

（上下两幅）图7-192科温利奇 祭祀中心。面具金字塔，底层右侧灰泥头像

到，它们之间是如此相似，以致很难将里奥贝克和切内斯风格加以区分；下面我们还将看到，在它们和普克风格之间，也存在类似的情况。

在切内斯地区的齐维尔诺卡克（今称伊图尔维德；结构A-1：图7-143~7-155），以及普克地区的乌斯马尔（巫师宅）和尤卡坦半岛北部的老奇琴（伊格莱西亚），同样可看到这类以头像装饰的立面实例。在佩腾地区的先例（或同时期的例证）有科潘22号神殿的蛇头立面和奥尔穆尔第II组群的建筑A（图7-156）。由于最精巧复杂的表现——带蛇饰框架的门道——位于切内斯地区，因此它也往往被视为切内斯风格的一大特征。

本页：

（上三幅）图7-193科温利奇 祭祀中心。面具金字塔，底层左侧灰泥头像

（下）图7-194科温利奇祭祀中心。面具金字塔，中层右侧灰泥头像

右页：

图7-195科温利奇 祭祀中心。面具金字塔，头像细部（由于在后期建筑掩盖下，故保存完好，最初的着色痕迹尚存）

切内斯建筑的其他特色同样值得注意。在奥乔布，拱腹处石块得到仔细加工，带有深的榫头和直角表面。外墙表面覆石灰岩块体。主要建筑中央房间立面继续延伸向上形成假立面，饰以成排的人形柱。在其他切内斯地区的建筑中，往往以镶边线脚标示拱顶起拱石的标高位置。所有这些特点和普克地区的建筑实践如此相似，看来这两种风格在年代上不可能有很大的间隔。里奥贝克、切内斯和普克这三种风格很可能大体上同时，三者均属古典后期，即在“初始系列”的铭文终结之后，托尔特克人入侵之前。这时期一度被称为玛雅“文艺复兴”，但从近几十年陶器和风格上的研究来看，这一提法并不准确。实际上，从古典中期到后期是一个连续的演变过程，从湖滨和河谷城市到尤卡坦地区的变换也是如此，并不存在把

本页及左页：

（左上）图7-196拉马奈 面具殿（结构N9-56）。立面全景

（左下）图7-197拉马奈 面具殿。近景

（右两幅）图7-198拉马奈 面具殿。右侧头像，全景及细部

（中两幅）图7-199拉马奈 面具殿。左侧头像，全景及细部

“古典”时期和所谓“文艺复兴”时期分开的退化阶段。

三、伯利兹及金塔纳罗奥地区

位于今伯利兹的拉马奈遗址于1983年由D.M.彭德格斯特主持进行了发掘，这是个从前古典时期一直延续到殖民时期的大型遗址（总平面：图7-157、7-158；陶器：图7-159）。其结构N10-43，基部面积50×55米，高33米，是拉马奈遗址中最高的建筑，也是玛雅地区最大的前古典时期建筑之一和目前所知前古典后期玛雅建筑作品中最先进的一个（复原图：图7-160、7-161；外景及细部：图7-162~7-165）。神殿经D.M.彭德格斯特鉴明，分两个主要建造阶段，第

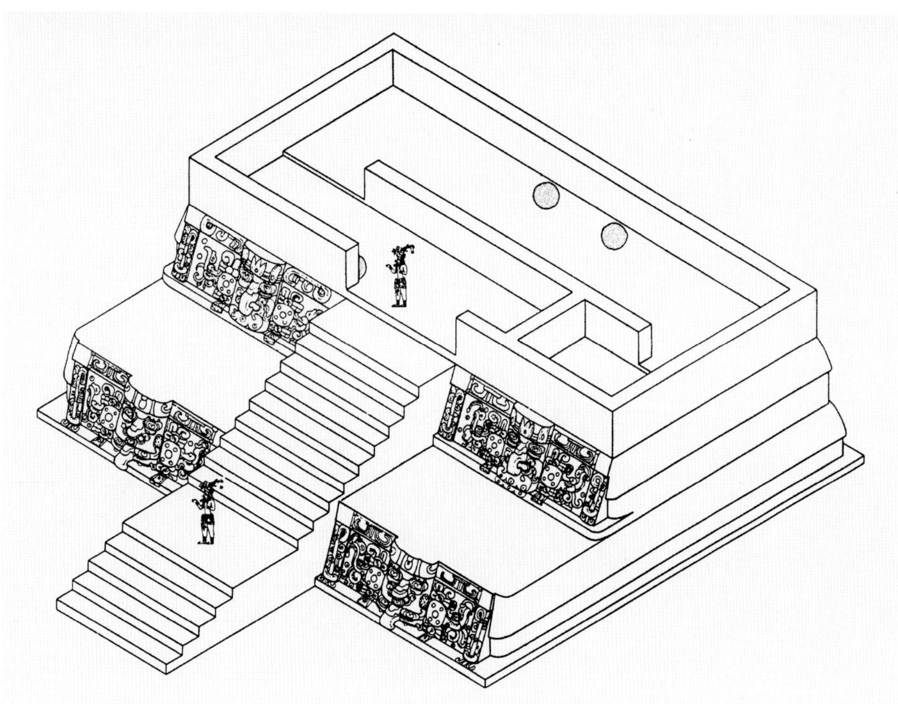

本页：

（上）图7-200立面残段（彩绘灰泥制作，可能来自金塔纳罗奥州南部或坎佩切地区，现存墨西哥国家人类学博物馆）

（中）图7-201塞罗斯 结构5C-2（神殿，公元50年）。复原图（上层圣所可能立两杆，象征宇宙树，据Linda Schele）

（下）图7-202塞罗斯 结构5C-2。灰泥头像立面（为四个头像之一，表现人世间的太阳神，图版取自Nikolai Grube：《Maya，Divine Kings of the Rain Forest》）

右页：

（上）图7-203卡拉科尔 卡纳金字塔。发掘现场，俯视景色

（下）图7-204库埃洛 遗址现场（1980年发掘时状况：前景30×10米发掘区遗迹属前古典中期，约公元前1100~前700年；背景为前古典后期的遗存，属公元前200年；西侧金字塔建于前古典时期接近结束之时，即公元200~300年；最早的建筑已被34号平台掩盖，在沟顶部可看到其白色灰泥及填充料）

一阶段属前古典时期，始建于公元前100年，正面三个台阶直达顶部；顶上面对中央轴线布置两个建筑（以后又增添了两个）。台阶两侧布置大型头像，只是残毁严重。上部结构台地配裙板线脚，裙板由方形的石灰石大块砌造（这种质地较软的白色材料在长期使用过程中已被严重侵蚀）。表面覆有一层厚厚的灰

白色灰泥并刷成单一的红色。第二阶段属古典后期（公元600年），神殿被完全包在一个新的不同形式的结构内，正面布置一道宽大的台阶。建筑至后古典早期被弃置，在这里发现的祭祀品（玉器和贝壳制品）具有奥尔梅克的特色。建筑于2000~2003年在克劳德·贝朗德主持下进行了部分加固和修复。

这座建筑是最早的所谓“拉马奈神殿”实例。其他这类建筑还有拉马奈的结构N10-9（美洲豹神殿，约公元500年）和阿尔通哈的结构B-4。

拉马奈的结构N10-9属古典早期，基部54米见方，高20米，拱顶建筑没有布置在金字塔顶上，而是位于正面（北面）台阶接近顶部的地方（各时期复原图：图7-166；外景及细部：图7-167~7-172）。在拉马奈，这种布置方式在整个古典时期都得到延续，并

本页：

图7-205库埃洛 陶像残段（前古典后期，公元前400年）

右页：

图7-206科罗萨尔（圣里塔-科罗萨尔） 结构1。壁画（后古典后期，1440~1500年，为后古典时期最重要艺术作品之一，可惜在发掘后不久即遭破坏，仅留Thomas Gann绘制的这些复制品）

于古典后期在阿尔通哈的结构 B-4中得到应用。在结构N10-9，截锥金字塔已不能视为下部结构，而是构成了主体本身的重要特征。台地没有线脚，但各角做成圆形，台阶起始处侧面饰有上下线脚。基部平台上饰有类似奥尔梅克风格的美洲豹头像，整个金字塔式神殿刷成单一的红色。建筑施工上较为粗糙，台地面层高低不平，核心砌体由卵石坐在黑泥上。在早期已毁建筑顶上建起的北立面在古典后期和后古典时期又有了很大的变动。

阿尔通哈的结构B-4（约公元600年，图7-173、7-174）高17米，底面44米见方，有一个前置平台。采用了上述结构N10-9和结构N10-43那种拉马奈神殿

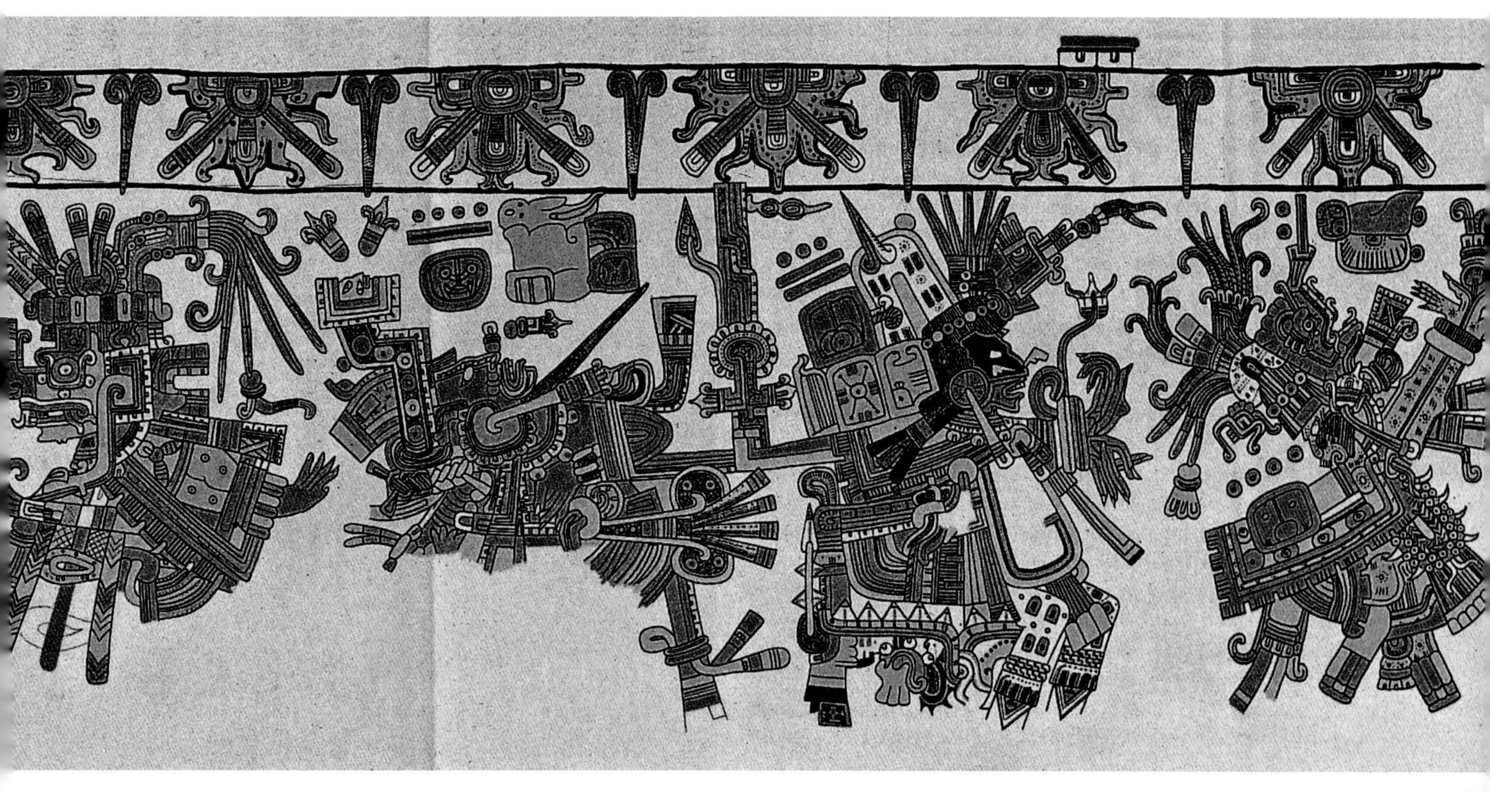

的建筑形式，但区别在于拱顶建筑位于金字塔前自己的独立平台上。两个长房间拱顶在端头相连，颇为不同寻常（通常做法是每个房间单独设拱顶）。建筑辟九门，从平面布置上看，更类似宫殿而不是神殿。这似乎表明，两种建筑类型在功能上是兼容的，并不相互排斥。尽管台地剖面和砌体特点均表明建筑应属古典后期，但上部雕刻仍按古典早期的典型技术在厚厚的灰泥上制作。金字塔没有设伯利兹玛雅建筑特有的圆角。平台处的圆角在该地区显然具有特殊的象征意义，类似的表现见于金塔纳罗奥州的齐班切。其圣区由几组金字塔组成[猫头鹰神殿（结构1）：图7-175；金字塔-神殿：图7-176、7-177；香炉：图7-178）]。主要金字塔（猫头鹰神殿，结构1）已于最近修复，塔高四阶，各层搭配使用方角和圆角，宽阔的台阶直达顶上大部保存完好的圣所。

位于金塔纳罗奥地区的科温利奇尚存卫城、宫邸、神殿及球场院等遗迹（祭祀中心总平面：图7-179、7-180；残迹现状：图7-181~7-187）。建筑中特别引人注目的是所谓面具金字塔（神殿，古典时期初，约公元500年），其主立面的倾斜墙体基本保留完好，主要装饰题材是玛雅太阳神的头像，它以强烈的浮雕造型自其他神话形象中突现出来（图7-188~7-195）。拉马奈的面具殿（结构N9-56）是另一个具有类似表现的建筑（图7-196~7-199）。从另一个出土地点尚未鉴明的装饰华美的头像上看（在太阳神两边有两个古代的火神，显然是模仿特奥蒂瓦坎的母题，图7-200），这一地区的某些建筑部件很可能是受到外来的影响（主要来自特奥蒂瓦坎或萨巴特克人居住的地区）。

塞罗斯（位于伯利兹北部）的第一个神殿（考古编号5C-2）建于公元前50年，两个平台南侧均覆彩色灰泥雕塑：首层表现世间和冥府的太阳，上层表现作为启明星和黄昏星的金星（图7-201、7-202）。伯利兹卡拉科尔的城址位于石灰岩高台上，43米高的卡纳金字塔俯视着城市两个主要广场之一（图7-203）。位于不同高度上的成排房间可能是作为王室及家族的住所，顶层建筑配有灰泥装饰，并有记录战事的象形文字。

直到今天，位于尤卡坦半岛东部的这片广大地域仅经过部分勘察（图7-204和7-205示自1980年开始发掘伯利兹地区库埃洛的实况和出土陶像），因而还无法就其建筑演化问题提出普遍的结论，不过已经可以看到某些地方特色的表现。例如，位于佩腾东面和东北面现属伯利兹和金塔纳罗奥州南部的地区，即以其装饰华丽的彩绘灰泥立面引人注目。在那里可看到玛雅神祇的大型头像；像阿尔通哈和本克别霍这样一些位于伯利兹地区的遗址，也表现出同样的倾向。在科罗萨尔（圣里塔-科罗萨尔），还发现了属后古典时期的壁画遗存（图7-206）。

一、概论

在尤卡坦半岛，被称为普克（意“山丘”）的这片地域是个地势起伏多变的丘陵地，高度不超过350英尺，南面与钱波通以北的平原为界。该地区有大量的古迹遗存。古代居民点大都位于普克地区特有的地下水库（chultunes）附近，这些水库具有足够的水量，可在每年六个月的干旱季节满足附近农业人口的需求。这种瓶状的贮水池通常都在石灰岩平原内凿出或建于市场处，内侧以灰泥抹面以收集雨水（图7-207）。事实上，普克地区的居民点，从钱波通到东北方向的马斯卡努，再从马斯卡努向东南几乎到达奇钱卡纳夫湖，全都靠建造和维系这些贮水池生存。

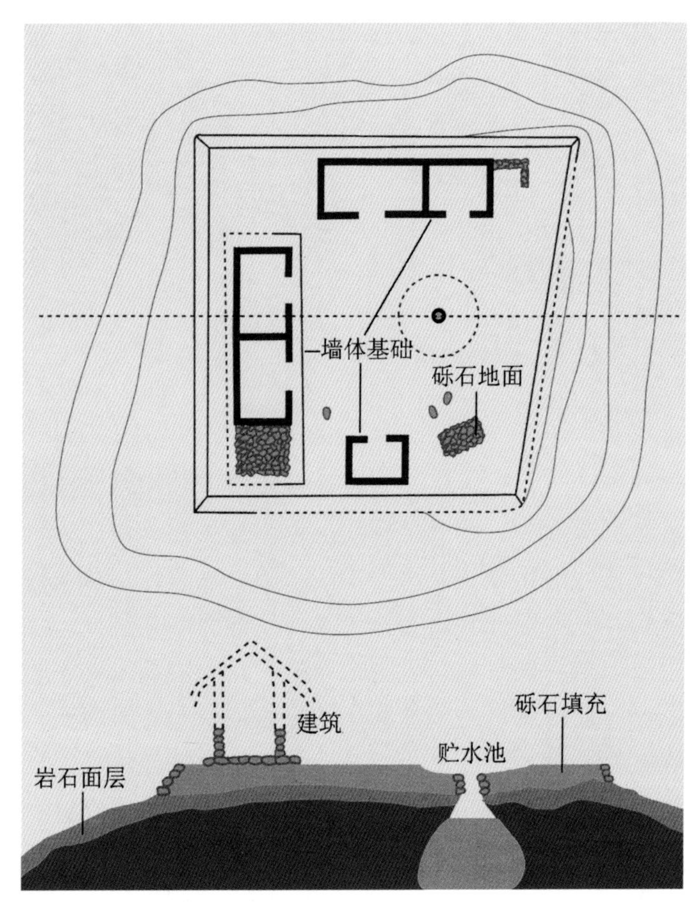

左页：

（右上）图7-207普克地区 典型住宅组群。平面及剖面（图版，取自Nikolai Grube：《Maya, Divine Kings of the Rain Forest》，除住宅外，均有一个自石灰岩层上凿出的贮水池，以便在雨季收集雨水）

（左上）图7-208奥拉克通（斯卡卢姆金） 初始系列组群。残迹现状

（下）图7-209奥拉克通 初始系列组群。南建筑，现状

本页：

（左上）图7-210奥拉克通 北山组群。北建筑，现状

（中）图7-211奥拉克通 叠涩拱顶（古典时期，彩画，取自Nigel Hughes：《Maya Monuments》，2000年）

（右上）图7-212奥拉克通 典型叠涩拱顶

（左下）图7-213奥拉克通 柱列宫。俯视全景

（右下）图7-214奥拉克通 柱列宫。残迹现状

本页：

（上）图7-215萨瓦切 带檐壁花饰和柱列式檐口的建筑

（下）图7-216乌斯马尔 主要遗址区。平面（版画，作者弗雷德里克·卡瑟伍德，取自Fabio Bourbon：《The Lost Cities of the Mayas，the Life，Art，and Discoveries of Frederick Catherwood》，1999年）

右页：

图7-217乌斯马尔 遗址区。总平面，图中：1、巫师金字塔，2、鸟院，3、“修院组群”，4、球场院，5、柱厅（蜥蜴堂），6、龟屋，7、长官宫邸（政府宫），8、大金字塔（高塔，主神殿），9、南神殿（大金字塔），10、鸽子组群（鸽舍），11、墓地，12、北组群

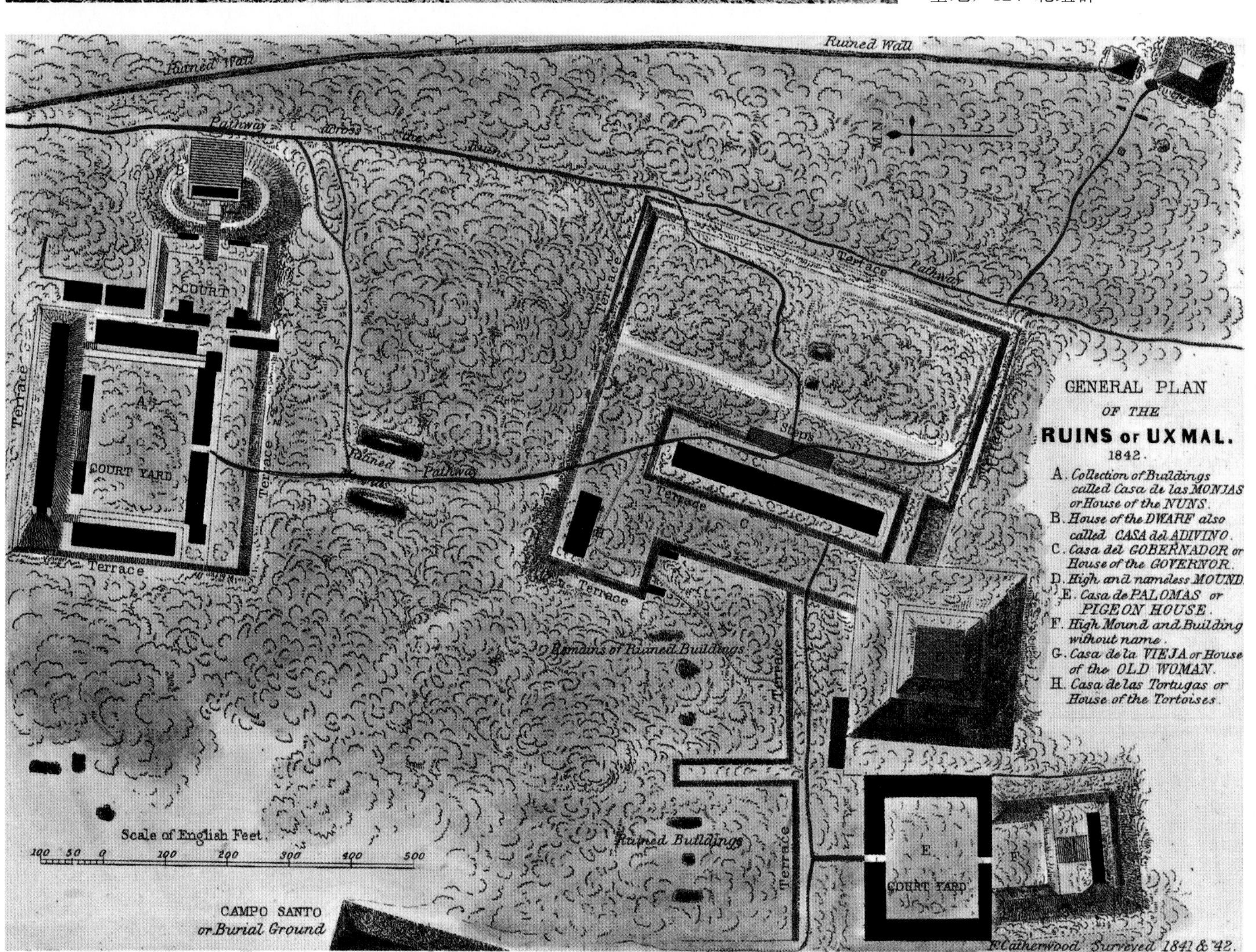

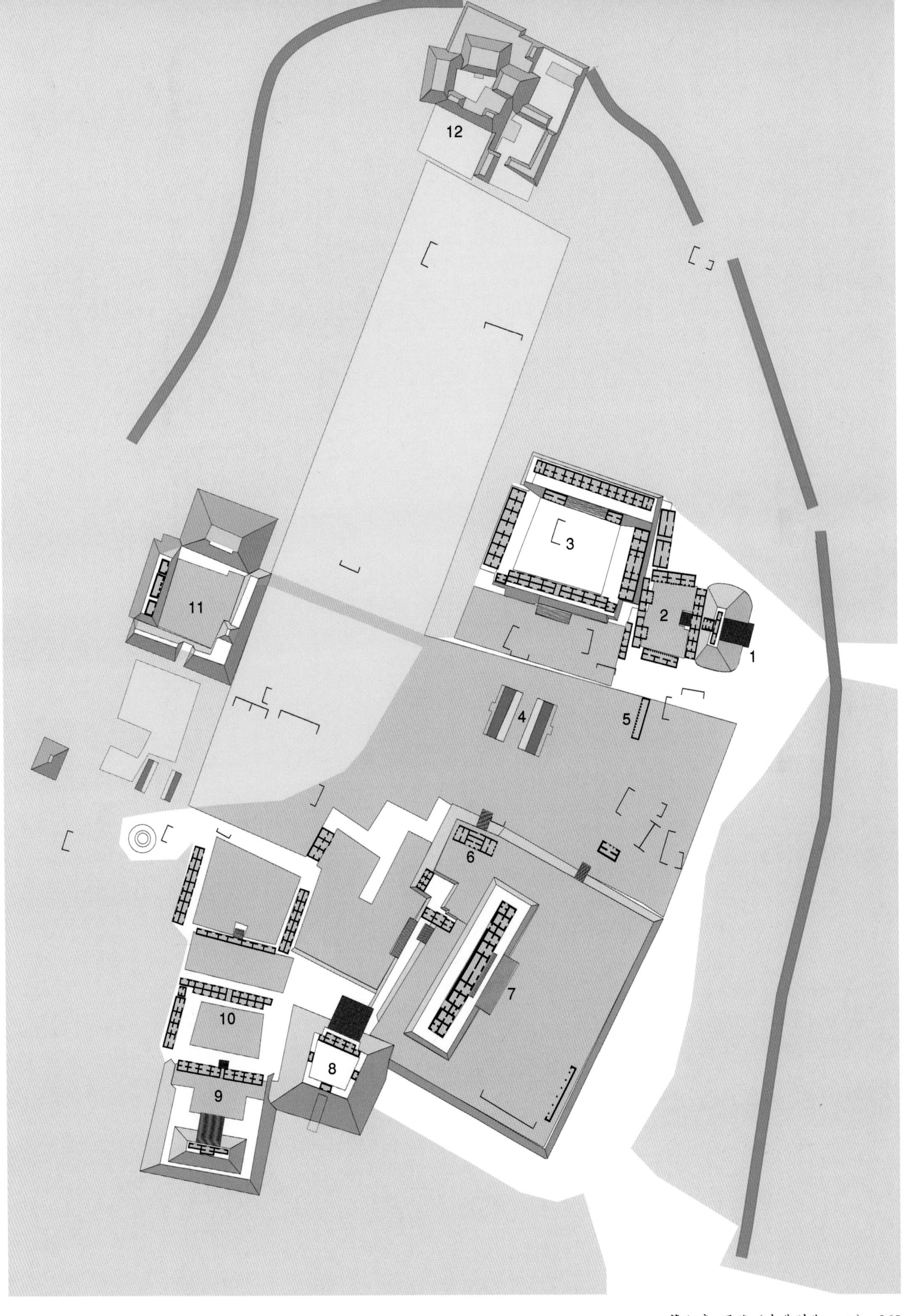
12
3
11
2
1
4
5
6
7
10
8
9

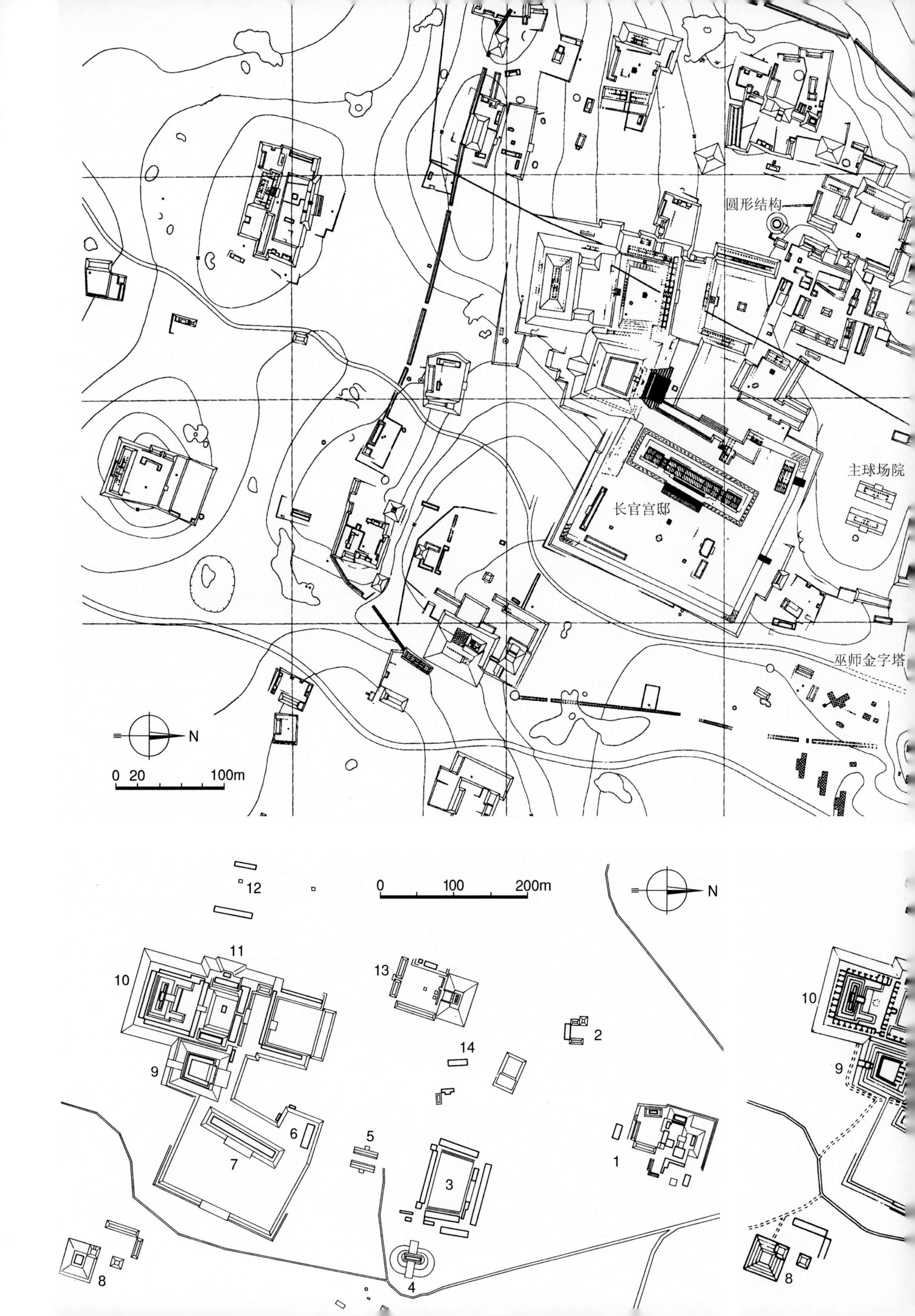
圆形结构
主球场院
长官宫邸
巫师金字塔
N
0 20 100m
0 100 200m
N
12
11
10
13
2
14
9
6
5
7
1
3
8
4
10
9
8

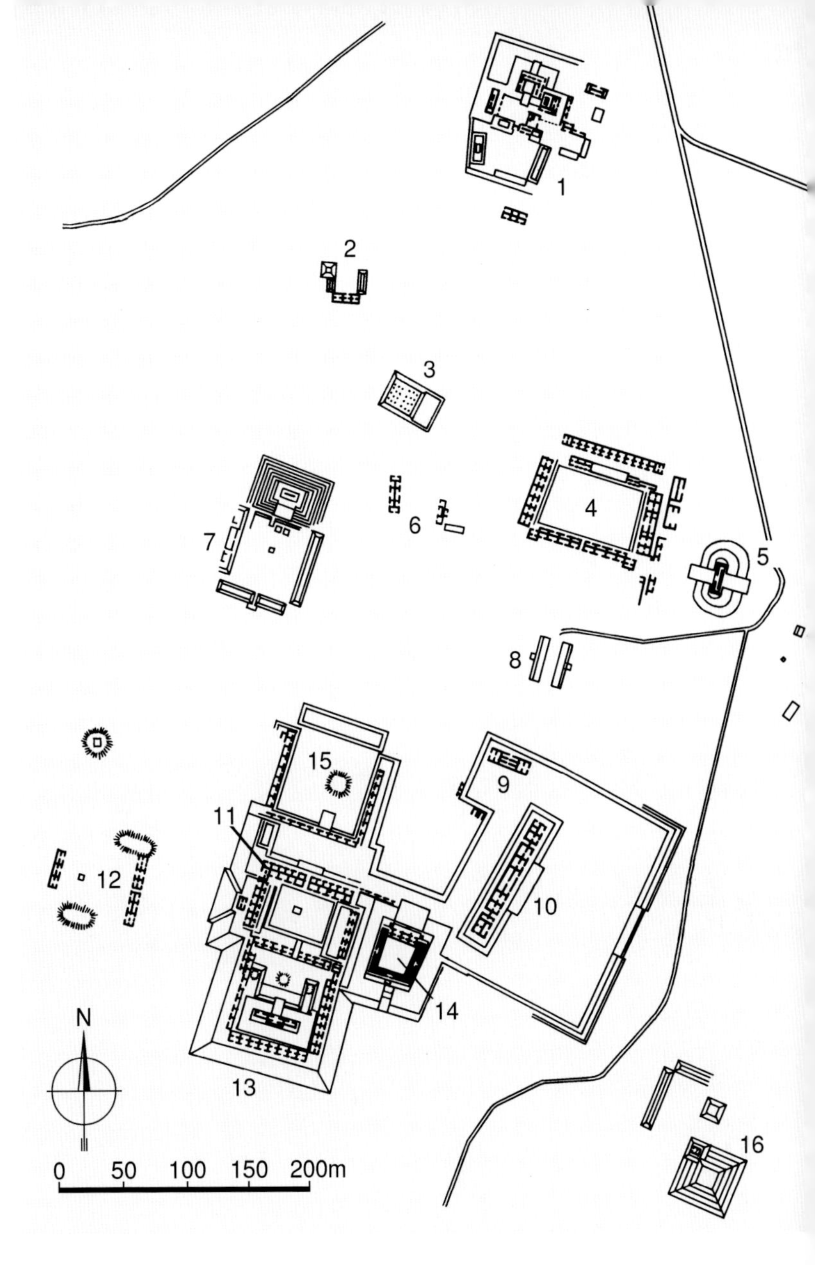

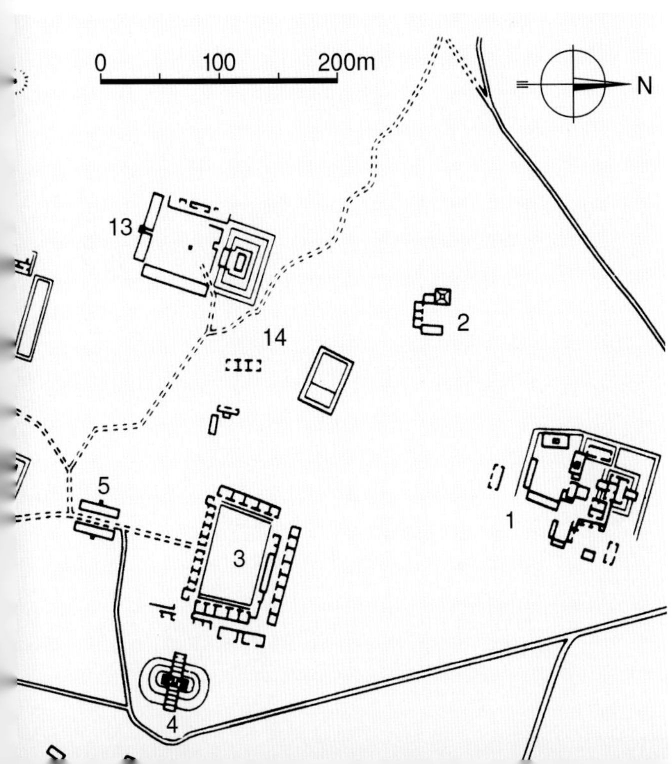

本页及左页：

（左上）图7-218乌斯马尔 遗址区。总平面（据Graham，1992年，示围墙内城市祭祀中心区建筑分布情况）

（右上）图7-219乌斯马尔 遗址区。总平面（约公元1000年景况，据Morley和Brainerd），图中：1、北组群，2、西北组群，3、石碑平台，4、"修院组群"，5、巫师金字塔，6、柱列组群，7、墓地组群，8、球场院，9、龟屋，10、长官宫邸（政府宫），11、鸽子组群（鸽舍），12、西组群，13、南神殿（大金字塔），14、大金字塔（高塔，主神殿），15、四方院，16、"老妇金字塔"

（下两幅）图7-220乌斯马尔 遗址区。总平面（1∶6000，左图取自Henri Stierlin：《Comprendre l' Architecture Universelle》，第2卷，1977年；右图取自Eduardo Matos Moctezuma：《Trésors de l' Art au Mexique》，2000年），图中：1、北组群，2、西北组群，3、"修院组群"，4、巫师金字塔，5、球场院，6、龟屋，7、长官宫邸（政府宫），8、"老妇金字塔"，9、大金字塔（高塔，主神殿），10、南组群，11、鸽子组群，12、西组群，13、墓地组群，14、柱列组群

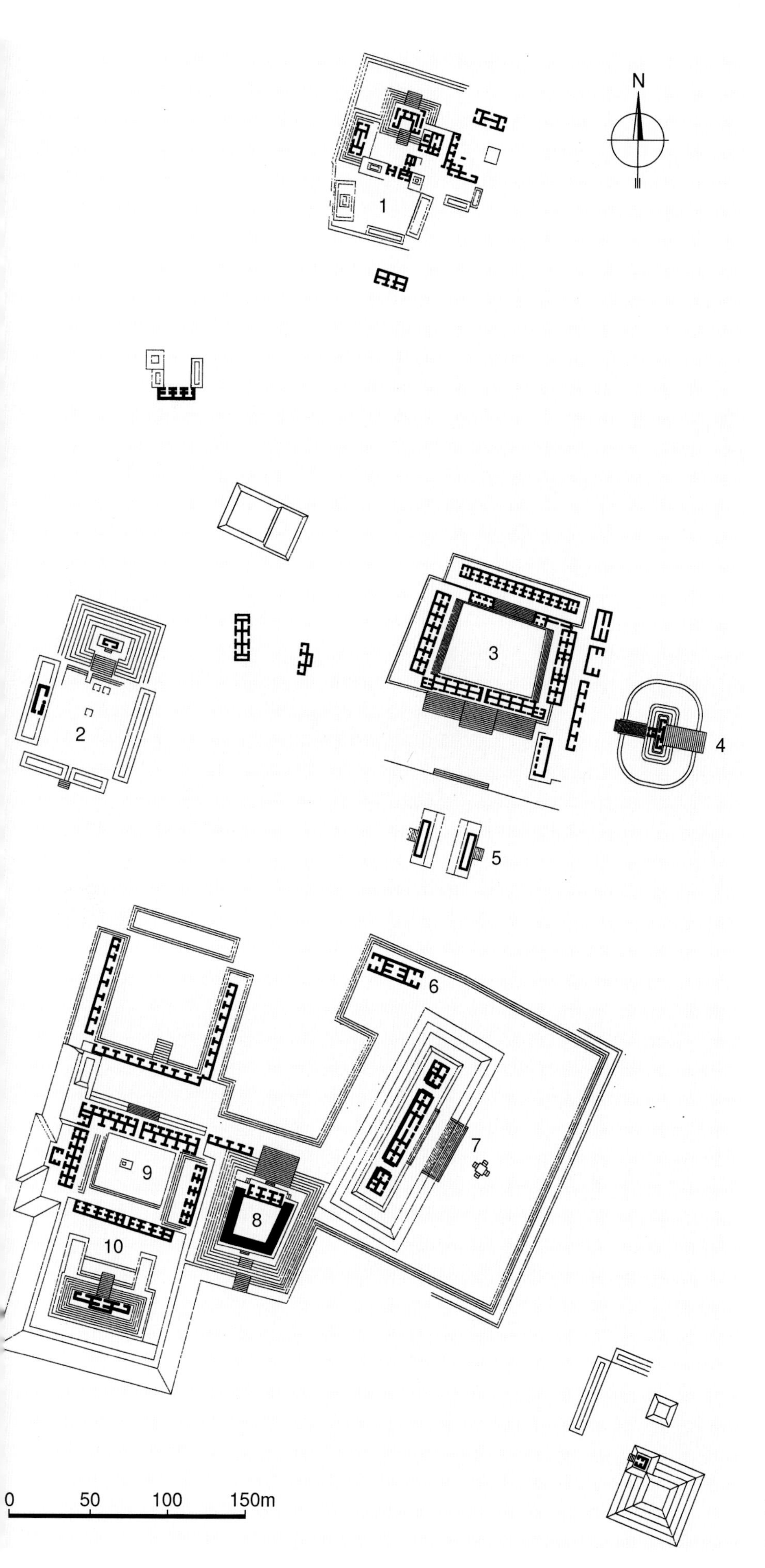

本页及右页：

（左）图7-221乌斯马尔 遗址区。总平面（取自Henri Stierlin:《The Maya，Palaces and Pyramids of the Rainforest》，1997年），图中：1、北组群，2、墓地组群，3、“修院组群”，4、巫师金字塔，5、球场院，6、龟屋，7、长官宫邸（政府宫），8、大金字塔（高塔，主神殿），9、鸽子组群，10、西南组群

（右上）图7-222乌斯马尔 遗址区。全景画（自“修院组群”向南望去的景色，前景为“修院组群”南建筑，背景自左至右，分别为“老妇金字塔”、长官宫邸、龟屋、大金字塔、南组群和鸽子组群；图版作者弗雷德里克·卡瑟伍德，取自Fabio Bourbon:《The Lost Cities of the Mayas，the Life，Art，and Discoveries of Frederick Catherwood》，1999年）

（右下）图7-223乌斯马尔 遗址区。全景画（向南望去的景色，背景自左至右，分别为“老妇金字塔”、长官宫邸、龟屋、大金字塔、南组群和鸽子组群；图版作者弗雷德里克·卡瑟伍德，取自Fabio Bourbon:《The Lost Cities of the Mayas，the Life，Art，and Discoveries of Frederick Catherwood》，1999年）

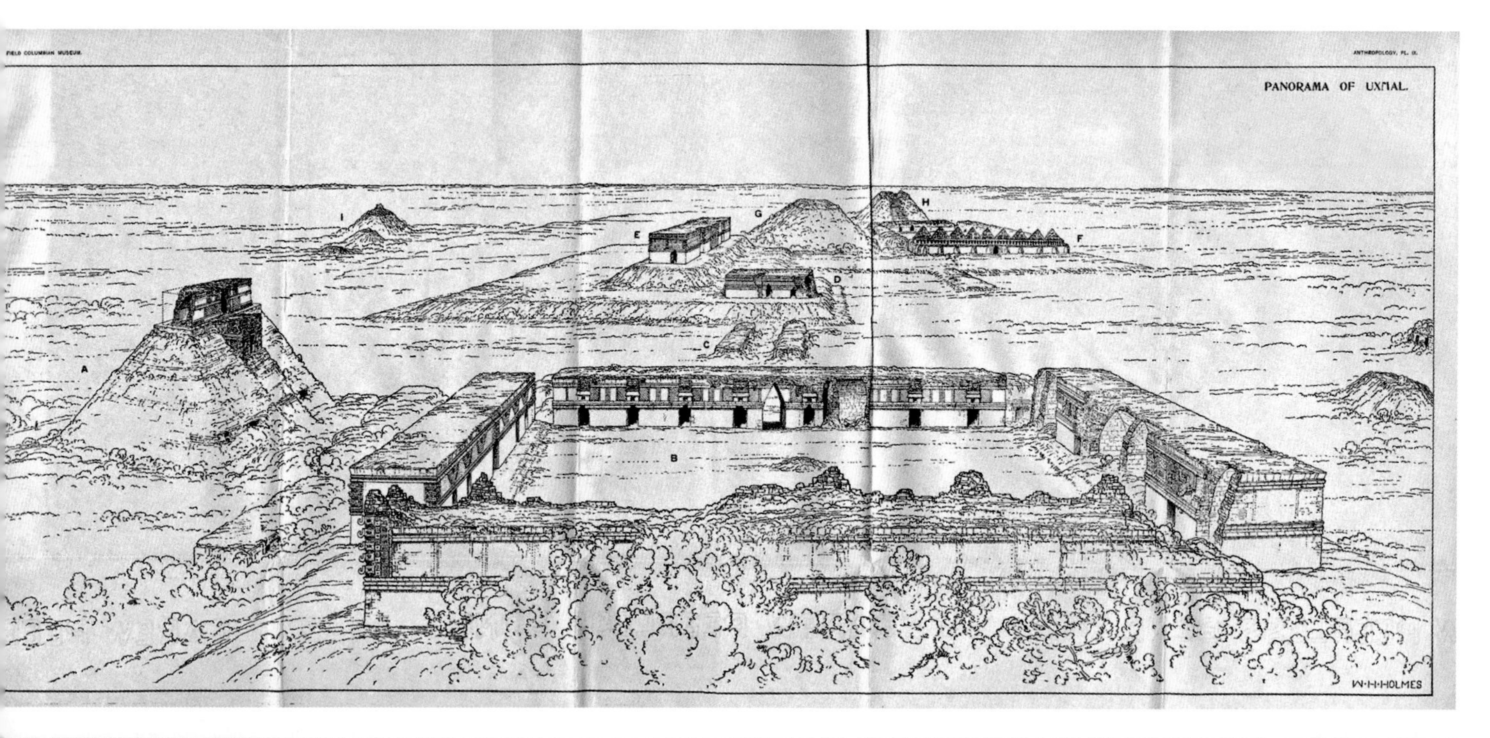

本页：

（上）图7-224乌斯马尔 遗址区。全景图（据W.H.Holmes，向南望去的景色），图中：A、巫师金字塔，B、“修院组群”，C、球场院，D、龟屋，E、长官宫邸，F、鸽子组群，G、大金字塔，H、南神殿，I、“老妇金字塔”

（中）图7-225乌斯马尔 遗址区。全景画（自东面望去的景色，自左至右分别为南神殿、大金字塔、长官宫邸、球场院、“修院组群”和巫师金字塔）

（下）图7-226乌斯马尔 遗址区。现状（卫星图，北面可看到“修院组群”、巫师金字塔和鸟院，南面有大金字塔、长官宫邸和龟屋，南北两组建筑中间为球场院）

右页：

（上下两幅）图7-227乌斯马尔 遗址区。现状（自大金字塔上向北望去的景色，自左至右分别为“修院组群”、龟屋和巫师金字塔，近景台地经修整）

图7-228乌斯马尔 遗址区。现状（向北望去的景色，左边前景为龟屋，远方可看到“修院组群”，中间远处为巫师金字塔，右侧为长官宫邸西立面）

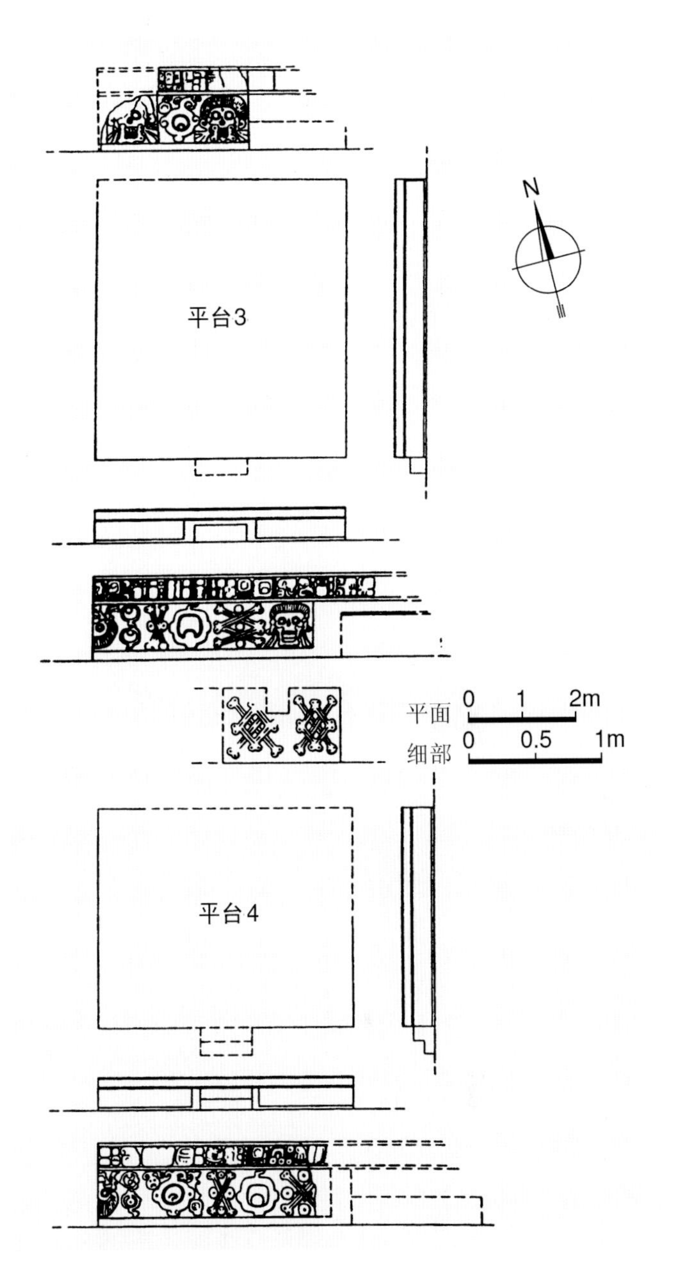

本页及左页：

（左上）图7-229乌斯马尔 遗址区。现状（自长官宫邸台地上向北望去的景色，左侧前景为龟屋，后面可看到球场院和“修院组群”，右侧远方为巫师金字塔）

（左下）图7-230乌斯马尔 遗址区。现状（自长官宫邸台地上向北望去的景色，左侧前景为球场院，远处可看到“修院组群”南建筑，右侧远方为巫师金字塔，前面为柱厅）

（中上）图7-231乌斯马尔 遗址区。南部组群（自巫师金字塔上向西南方向望去的景色，左侧为长官宫邸，右为龟屋，中间远处可见大金字塔，右侧远处为鸽子组群）

（右）图7-232乌斯马尔 墓地组群。平台3和平台4，平面、立面及雕饰细部（据Pollock，1980年）

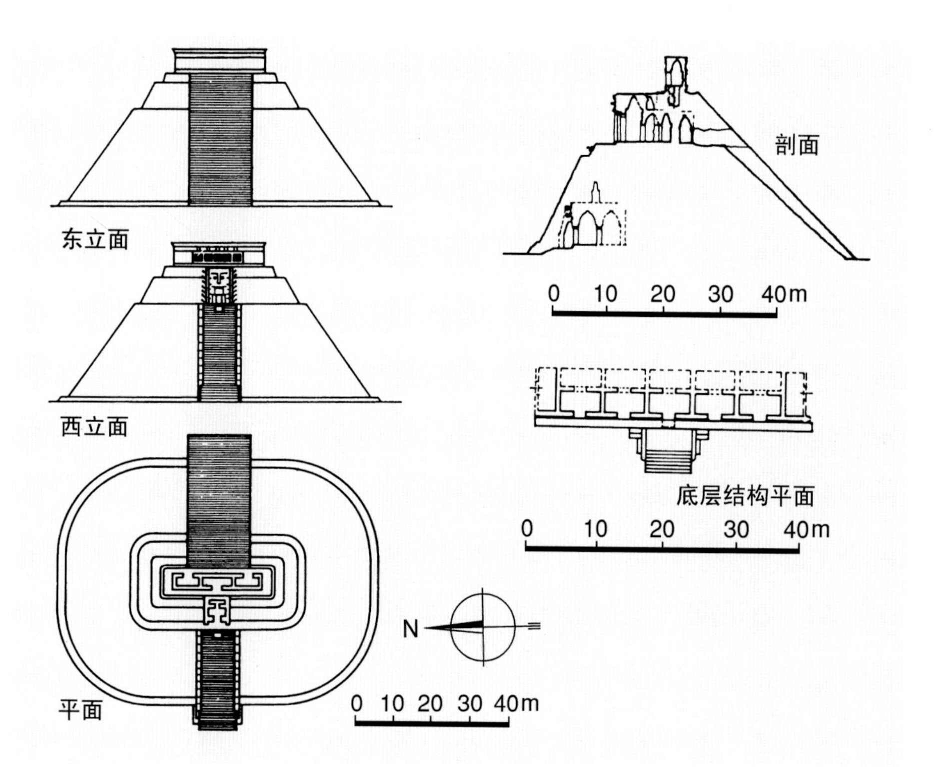

（上）图7-233乌斯马尔 巫师金字塔（东北金字塔，公元600年后）。平面、立面、剖面及底层结构平面（平面及立面据Marquina，剖面及底层结构平面据M.Foncerrada de Molina，1965年）

（下）图7-234乌斯马尔 巫师金字塔。平面、立面及剖面（1：750，平面及立面取自Henri Stierlin：《Comprendre l' Architecture Universelle》，第2卷，1977年；剖面据Morley，1963年，示各个建造阶段）

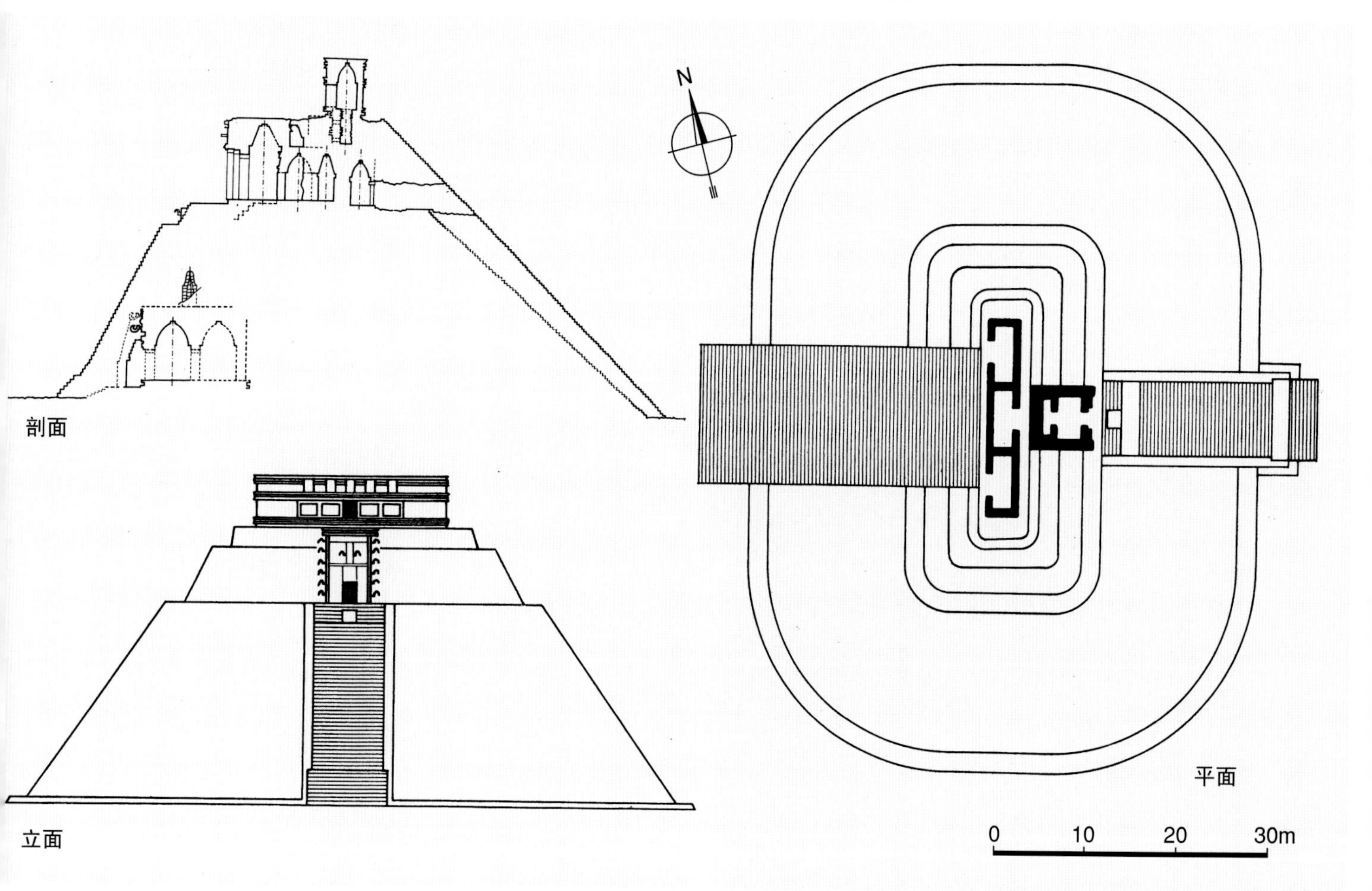

标有年代的雕刻和陶器遗存表明，这些聚居地属古典中期，其繁荣一直持续到公元900年以后托尔特克入侵者统治期间，亦即古典后期结束之时。

古典后期的普克建筑师对玛雅前期的做法几乎全都进行了改造。早期的玛雅建筑，无论是在尤卡坦还是在佩腾和乌苏马辛塔地区，均由石板和石块建造，表面施灰泥。普克地区的匠师，和他们在佩腾地区的同事一样，以碎石建造结构的核心部位，外覆薄

(上）图7-235乌斯马尔 巫师金字塔。剖面（I~V为各个建造阶段）

(左中）图7-236乌斯马尔 巫师金字塔。巫师之宅，蛇面具立面（可能公元900年后，据Seler）

(右中）图7-237乌斯马尔 巫师金字塔。东侧景观（整修前，图版作者弗雷德里克·卡瑟伍德，取自Fabio Bourbon:《The Lost Cities of the Mayas，the Life，Art，and Discoveries of Frederick Catherwood》，1999年）

(下）图7-238乌斯马尔 巫师金字塔。西侧景观（整修前，入口作蛇口状的神殿为切内斯风格，顶上的采用普克风格；图版作者弗雷德里克·卡瑟伍德，取自Fabio Bourbon:《The Lost Cities of the Mayas，the Life，Art，and Discoveries of Frederick Catherwood》，1999年）

左页：

（左上）图7-239乌斯马尔 巫师金字塔。西南侧景色（彩画，取自Nigel Hughes:《Maya Monuments》，2000年）

（右上）图7-240乌斯马尔 巫师金字塔。地段俯视全景（自东面望去的景色，后为“修院组群”）

（下）图7-241乌斯马尔 巫师金字塔。西南侧远景（左侧和右侧近景分别为龟屋及长官宫邸）

（右中）图7-242乌斯马尔 巫师金字塔。正面（西侧）远景

本页：

（上）图7-243乌斯马尔 巫师金字塔。西南侧地段全景

（下）图7-244乌斯马尔 巫师金字塔。西侧，自鸟院拱门处望去的景色

神殿5
神殿4
神殿1

的方形石板。南方立面的沉重柱墩，亦被圆形和方形的柱子取代（见图7-451），洞口的节奏有了更多的变化，沉重墙体内的采光条件也得到了改善。南方省份的灰泥外观已被放弃，代之以石雕的几何图案，立面上部则如马赛克那样拼砌。折线形（即双坡斜面）的廓线被更稳定的垂直立面取代（见图7-345、7-346）。在拱腹部分，出现了专门的饰面石，房间的跨度进一步扩大，表面制作也更为精细。

所有这些革新都反映了玛雅社会生活的重大变化。人们不再热衷于规划周围布置神殿并点缀历法记录石碑的大型院落，而是把重点从神殿转向了住宅。虽说也建了少量石碑，但主要精力已越来越多地转向新的风格，几何装饰集中在立面上部的垂直区段和位于垂直墙体上的单一屋顶墙架处，立面的这个垂向延

左页：

（上）图7-245乌斯马尔 巫师金字塔。正面（西侧）全景（圆弧形基座高约20米，上承尺寸较小的两个台座，每侧设两个台阶通向上层，上部有位于不同高度的两个神殿）

（下）图7-246乌斯马尔 巫师金字塔。西偏北景观（前景为“修院组群”东面拱顶建筑的残迹）

本页：

（上）图7-247乌斯马尔 巫师金字塔。西偏北近景

（下）图7-248乌斯马尔 巫师金字塔。西北侧远景（右侧前景为“修院组群”东建筑，左侧为“修院组群”东面的拱顶建筑）

（上）图7-249乌斯马尔 巫师金字塔。西北侧景色（前方鸟院建筑未修复前景况）

（下）图7-250乌斯马尔 巫师金字塔。西北侧，现状（塔前方为修复后的鸟院墙体和结构）

（上下两幅）图7-251 乌斯马尔 巫师金字塔。西北侧，现状（前方鸟院建筑部分修复后的情景）

伸部分被称为“飞立面”（flying façades，见图6-70之5），以此和南方的双墙结构相别。无论是比例、线脚还是装饰体系，都背离了佩腾和乌苏马辛塔地区的做法。

这种建筑风格可能持续了3个世纪（大致相当古典后期）。现存建筑遗迹属尤卡坦西北两个不同的地域，大致相当倒V字形的普克区的东西两肢。总的来看，西部遗址规模较小，地势平坦，以住宅为主且年代要早得多；东部遗址规模大，宏伟壮观，礼仪建筑较多。将埃兹纳和卡瓦，或将奥拉克通和乌斯马尔进行比较，即可看出它们之间的这些差异。埃兹纳遗址具有明确的前古典时期的层位，以及古典和后古典时期的遗存。卡瓦虽说比它大一倍，但根据陶器判断，主要是公元1000年前的200年期间建成。奥拉克通亦称斯卡卢姆金，1980年，哈里·波洛克在那里识别出几个建筑组群（主要组群、北组群、初始系列组

群、象形文字组群、北山组群）。和乌斯马尔（见图7-217~7-221）、拉夫纳、赛伊尔（见图7-451）或查克穆尔通那些四外延伸的重要建筑组群相比，这几组建筑并不算大（多为4个小建筑环绕的院落），但在西部地区中，已属较大的一类（图7-208~7-214）。

在西部，带大幅雕饰的块状砌体并不罕见。在东部地区，通常采用带饰面的碎石核心砌体和很容易按

左页：

（上）图7-252乌斯马尔 巫师金字塔。东北侧全景

（下）图7-253乌斯马尔 巫师金字塔。东侧，现状全景

本页：

（右上）图7-254乌斯马尔 巫师金字塔。东侧，大台阶近景

（左上及下）图7-255乌斯马尔 巫师金字塔。东南侧现状

本页及左页：

（左上）图7-256乌斯马尔 巫师金字塔。南侧现状

（中上）图7-257乌斯马尔 巫师金字塔。南侧近景

（左下）图7-258乌斯马尔 巫师金字塔。西南侧远景，前景为柱厅（蜥蜴堂）

（右下）图7-259乌斯马尔 巫师金字塔。西南侧全景

（右上）图7-260乌斯马尔 巫师金字塔。西南侧近景

新的组合重新利用的小块马赛克装饰。这种差异可能是对应古典后期建筑史的早晚两个阶段。诚然，后期的结构和装饰特色在西部地区许多建筑中均可见到，但类似里奥贝克和切内斯形式的早期特点，却不曾在普克地区西部出现。例如，配束带线脚（atadura，形如腰带，上下两部分向外展开）柱头的柱子或柱墩，在里奥贝克以西的地区用得非常普遍，但在普克东部地区，仅见于乌斯马尔“修院组群”（见图7-277~7-280）的最早部分。但另一方面，圆筒状的柱子，无论在普克地区的东部还是西部，都可看到，尽管在东部要更为普遍，因而，它可能是作为一种晚后的形式在西部组群的后期建筑中得到应用并经过改造。在埃兹纳（见图7-435），平带线脚及单一的斜面线脚和里奥贝克或斯普伊尔的（见图7-60）非常接近。而

本页：

图7-261乌斯马尔 巫师金字塔。神殿IV（西神殿，为建筑第四次扩展时建造，蛇口状的入口为切内斯风格的表现，边上设两排叠置的雨神查克头像；彩画作者弗雷德里克·卡瑟伍德，取自Fabio Bourbon:《The Lost Cities of the Mayas，the Life，Art，and Discoveries of Frederick Catherwood》，1999年）

右页：

（上）图7-262乌斯马尔 巫师金字塔。神殿V（位于金字塔顶部，属最后一次扩建工程，采用普克风格并具有两个主立面，图示西立面，东立面可通过一个陡峭的台阶上去；彩画作者弗雷德里克·卡瑟伍德，取自Fabio Bourbon:《The Lost Cities of the Mayas，the Life，Art，and Discoveries of Frederick Catherwood》，1999年）

（下）图7-263乌斯马尔 巫师金字塔。神殿IV及神殿V，西北侧近景

本页：

（上）图7-264乌斯马尔 巫师金字塔。神殿IV，入口近景

（下）图7-265乌斯马尔 巫师金字塔。神殿IV，入口门楣以上雕饰细部

（中）图7-267乌斯马尔 巫师金字塔。西面大台阶，南侧细部

右页：

图7-266乌斯马尔 巫师金字塔。西面大台阶近景（西北侧景色，由于底部开了贯穿的拱顶通道缓和了整体的沉重感觉）

（本页右上及左下）图7-268乌斯马尔 巫师金字塔。西面大台阶，边侧雨神雕饰细部

（本页左上、右下及右页）图7-269乌斯马尔 巫师金字塔。雕刻[自金字塔前方向外伸出的这个高80厘米带榫头的雕刻属公元1000年后，被称为“乌斯马尔的女王”（Reine d' Uxmal），现存墨西哥城国家人类学博物馆；实际上，别说是女王，自大张的蛇口中伸出的这个头像是否是女性都无法最后确定，有人认为，它可能是表现玛雅的羽蛇神库库尔坎；侧面图作者塔季扬娜·普罗斯库里亚科娃]

左页：

（上）图7-277乌斯马尔“修院组群”（古典后期，900~910年）。平面及北宫立面（1∶750，取自Henri Stierlin:《Comprendre l' Architecture Universelle》，第2卷，1977年；院落角上敞开，纵长的建筑前设宽阔的台阶），平面图中：1、拱顶入口，2、南宫，3、西宫，4、东宫，5、北宫

（左下）图7-278乌斯马尔“修院组群”。典型建筑剖面（仅立面采用琢石，核心部分为毛石灰浆砌筑）

（右下）图7-279乌斯马尔“修院组群”。全景复原图（据Marquina）

本页：

（上下两幅）图7-280乌斯马尔“修院组群”。全景复原图（作者塔季扬娜·普罗斯库里亚科娃，取自Tatiana Proskouriakoff:《An Album of Maya Architecture》，2002年；右侧为巫师金字塔及“鸟院”）

进的房间时，创造了一种分层叠置的效果。这类带房间的金字塔中，最早的实例出现在埃兹纳（见图7-435）。在其他普克地区遗址里，金字塔核心缩减为成排房间的阶台式支撑，如查克穆尔通（在那里，主要建筑核心和楼梯跑形成T形）和赛伊尔宫殿（见图7-451）。

从普克建筑中，不难看出建筑师如何凭借相对有限的装饰部件，创造出一系列给人留下深刻印象的构

本页及左页：

（左上及下）图7-281乌斯马尔 “修院组群”。俯视全景图（全景及细部；自大金字塔上望去的情景，右侧为巫师金字塔；图版作者弗雷德里克·卡瑟伍德，约1840年，最早发表在约翰·劳埃德·斯蒂芬斯1843年出版的《尤卡坦纪行》上）

（右上）图7-282乌斯马尔 “修院组群”。地段全景（自南面望去的景色，右面为巫师金字塔，图版作者弗雷德里克·卡瑟伍德，取自Fabio Bourbon：《The Lost Cities of the Mayas，the Life，Art，and Discoveries of Frederick Catherwood》，1999年）

图形式。这些技术和风格上的创新，和立面上采用圆柱及大量使用玛雅式拱顶（如“飞台阶”及拱顶通道）一起，皆属令人瞩目的成就。此外还有一些新的特色，如以石料模仿成排的短木墩，以这种特殊的方式替代通常的倒角檐口（如奥拉克通的柱列宫和萨瓦切的一栋建筑，图7-215）。

普克建筑的许多特色均来自邻近的切内斯和里奥贝克地区。但在风格表现上不像这两个地区那样华丽繁琐和具有巴洛克的倾向，结构形体相对纯净，装饰华美但不失均衡，更具有几何特色，和墙体结合得更为紧密，正如马尔塔·丰塞拉达·德莫利纳所说，不可能把它们看作是额外附加的部件[6]。

本页：

（上）图7-283乌斯马尔“修院组群”。地段俯视景色（自东面巫师金字塔上望去的情景，摄于东侧拱顶建筑及“鸟院”尚未清理前）

（下）图7-284乌斯马尔“修院组群”。地段俯视景色（自东面巫师金字塔上望去的情景，摄于东侧拱顶建筑及“鸟院”清理后）

（中）图7-286乌斯马尔“修院组群”。南侧远景（左下前景可看到球场院，右侧为巫师金字塔）

右页：

（上）图7-285乌斯马尔“修院组群”。东侧俯视全景（自巫师金字塔上望去的情景，四座普克风格的建筑围合成角上敞开的院落；位于最高台地上的北宫可能表现天堂，最矮的南宫象征冥府，居中的东、西宫则代表地面、人世以及太阳从东到西的历程）

（下）图7-287乌斯马尔“修院组群”。南侧远景（自长官宫邸平台望去的情景，右侧为巫师金字塔）

本页及左页：

（左上）图7-288乌斯马尔 “修院组群”。南侧近景（前景为南宫及其拱门，后面可看到北宫的主要立面）

（右上）图7-289乌斯马尔 “修院组群”。东面远景（左侧可看到巫师金字塔基部及“鸟院”的建筑，远处东宫前为拱顶建筑的残迹）

（左下）图7-290乌斯马尔 “修院组群”。东宫，立面（历史图景，内院一侧景象，版画，作者弗雷德里克·卡瑟伍德，取自Fabio Bourbon：《The Lost Cities of the Mayas，the Life，Art，and Discoveries of Frederick Catherwood》，1999年）

（右下）图7-291乌斯马尔 “修院组群”。东宫，历史照片（1857/1859年，Augustus Le Plongeon摄；雕饰集中在上部拱顶区，主要由几何花纹和抽象的面具头像组成，为古典后期的典型表现；下部除以短柱形成的线脚外，墙面上基本没有装饰）

二、乌斯马尔

[总体布局]

占地约250英亩的乌斯马尔是普克地区最重要和最著名的城市之一，在所有玛雅城市遗址中，这是保存最完整也是最壮观的一个（总平面：图7-216~7-221；全景画：图7-222~7-225；遗址现状：图7-226~7-231）。城市平面布局相对自由，于高大的人工平台上布置该地区典型的四边形建筑。虽说城

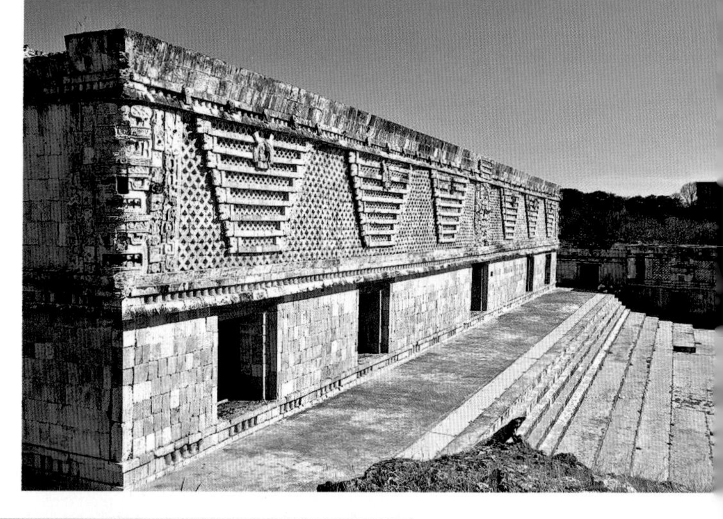

（中）图7-292乌斯马尔“修院组群”。东宫，西立面全景（自北宫平台上望去的景色，背景处可看到巫师金字塔）

（上）图7-293乌斯马尔“修院组群”。东宫，自西北方向望去的景色

（下）图7-294乌斯马尔“修院组群”。东宫，西立面近景

（上）图7-295乌斯马尔“修院组群”。东宫，西立面南端檐壁雕饰

（下）图7-296乌斯马尔“修院组群”。东宫，西南角檐壁雕饰近景

（本页上）图7-297乌斯马尔“修院组群”。东宫，东北角檐壁近景

（本页右下及右页）图7-298乌斯马尔“修院组群”。东宫，西南角雨神查克像细部

（本页左下）图7-299乌斯马尔“修院组群”。东宫，西北角雕饰细部（雨神查克的鼻子断缺）

市体现了普克风格的许多特点。不过，和大多数具有优良品性的杰作一样，它并不具有典型意义。例如，在乌斯马尔，圆形柱子很少，而这却是普克风格的特色之一（尽管在东部和西部地区它们具有不同的变体形式）。由三个独立形体构成的角上敞开的四方院（从总平面图上可看得很清楚）是乌斯马尔建筑的另一个独特表现，在普克地区的建筑中，这类构图亦属例外。这一特点，和立面上部的马赛克装饰一样，使

本页：

（上及中）图7-300乌斯马尔“修院组群”。东宫，西立面檐壁装饰及头像细部（立面图作者塔季扬娜·普罗斯库里亚科娃，头像可能是表现统治者）

（下）图7-301乌斯马尔“修院组群”。东宫，西立面，主门上方雕饰及其象征意义（Karl von den Steinen绘）

右页：

（左上）图7-302乌斯马尔“修院组群”。东宫，内景（版画，作者弗雷德里克·卡瑟伍德，取自Fabio Bourbon:《The Lost Cities of the Mayas，the Life，Art，and Discoveries of Frederick Catherwood》，1999年）

（右上）图7-303乌斯马尔“修院组群”。北宫，地段全景（自东南方向望去的景色，左侧为西宫）

（右中）图7-304乌斯马尔“修院组群”。北宫，地段全景（自西南方向望去的景色，右侧为东宫）

（下）图7-305乌斯马尔“修院组群”。北宫，东南侧景观（自东宫平台上望去的景色）

左页：

（上）图7-306乌斯马尔“修院组群”。北宫，南立面全景

（下）图7-307乌斯马尔“修院组群”。北宫，南立面西侧现状

本页：

（上）图7-308乌斯马尔“修院组群”。北宫，南立面中区全景

（下）图7-310乌斯马尔“修院组群”。北宫，大台阶近景

（左页左上）图7-309乌斯马尔“修院组群”。北宫，南立面中区近景

（左页下及本页上）图7-311乌斯马尔 “修院组群”。北宫，大台阶西侧建筑，全景

（左页右上）图7-312乌斯马尔“修院组群”。北宫，大台阶西侧建筑，柱墩近景

（本页中）图7-313乌斯马尔 “修院组群”。北宫，东南角俯视景色

（本页下）图7-314乌斯马尔 “修院组群”。北宫，东南角仰视景色

人想起墨西哥南部米特拉的建筑（见图5-110）。乌斯马尔和米特拉建筑之间的另一个相似之处是立面墙向外倾斜。在下面，我们还将看到普克和瓦哈卡地区之间的其他密切关系。

在乌斯马尔，最早的建筑可能是最南端的一座金字塔（被称为“老妇金字塔”，不过，在这里，‘Old Woman’一词也指北美洲东海岸一种草本植物）。这是个平面方形高四阶台的建筑，有些类似埃兹纳的主金字塔。在遗址另一面的北组群为一个带房间的金字塔，配有一个较低的院落和位于几个标高上的建筑。在北组群和老妇金字塔之间有4组主要建筑：鸽子组群（因其格构式山墙立面似鸽舍而得名）；长官宫邸；墓地组群（图7-232）和“修院组群”（包括位于其东面的巫师金字塔）。北组群、墓地和鸽子组群均属阿尔万山那种“圆剧场”院落类型（见图5-9~5-13）。起屏墙作用的丘台自三面围括院落，第四面带台阶的金字塔好似舞台。

左页：

图7-315乌斯马尔“修院组群”。北宫，立面细部（历史图景，作者弗雷德里克·卡瑟伍德，取自Fabio Bourbon：《The Lost Cities of the Mayas，the Life, Art, and Discoveries of Frederick Catherwood》, 1999年）

本页：

（左上）图7-316乌斯马尔“修院组群”。北宫，南立面中跨近景

（右上）图7-317乌斯马尔“修院组群”。北宫，东南角檐壁近景

（下）图7-318乌斯马尔“修院组群”。北宫，东北角檐壁近景

[巫师金字塔]

这座极其宏伟的建筑位于一个圆角矩形基台上，在组群其他基台上突现出来，是个在数代人期间（自6世纪开始直到10世纪结束）建成的混杂各种风格的折中作品（平面、立面及剖面：图7-233~7-236；现状景观：图7-237~7-260；各神殿：图7-261~7-265；

左页：

图7-319乌斯马尔 “修院组群”。北宫，檐壁雕饰细部（由四个叠置的雨神特拉洛克头像组成，为普克风格的典型做法）

本页：

图7-320乌斯马尔 “修院组群”。北宫，檐壁雕饰细部（几何花饰和微缩建筑造型）

台阶近景及雕刻：图7-266~7-269）。仔细的考察表明，建筑里前后纳入了五个神殿。马尔塔·丰塞拉达·德莫利纳认为，其建造史是解读乌斯马尔建筑风格发展的关键。作为前面四方院组成部分的神殿 I（据碳14测定为569 ± 50年），平面上类似蒂卡尔的结构74或亚斯奇兰的结构I（楣梁上标的日期为752~756年），其装饰影响到切内斯和里奥贝克风格。立面上部起源于特奥蒂瓦坎的那种眼睛圆瞪的头像亦表明建筑应属6世纪。神殿II东立面配有独石柱和自后墙处拔起的飞立面（这类柱子在乌斯马尔用得很少）。被埋在神殿 II背面的神殿III配置了古典时期南方那种折线形（双坡度）屋顶。神殿IV形成西立面，类似长官宫邸下方的结构 I（1947年由A.鲁斯主持发掘，采用切内斯风格，好似奇琴的“修院组

（上下两幅）图7-321乌斯马尔“修院组群”。西宫，历史景观（版画，作者弗雷德里克·卡瑟伍德，取自Fabio Bourbon:《The Lost Cities of the Mayas，the Life，Art，and Discoveries of Frederick Catherwood》，1999年；在卡瑟伍德考察时，立面仅两部分尚存，这里表现的是靠近北端的部分，画面所示约为整个立面的十分之一；门上叠置三个程式化的查克头像，尤为引人注目的是两条缠绕的蛇，从蛇尾特征上看，应属当地习见的响尾蛇，蛇尾一直卷到头部上方，大张的蛇口里伸出一个人头）

（上）图7-322乌斯马尔“修院组群”。西宫，历史景观（版画，作者弗雷德里克·卡瑟伍德，取自Fabio Bourbon:《The Lost Cities of the Mayas，the Life，Art，and Discoveries of Frederick Catherwood》，1999年；图示立面中部，框架中部为一个肢体残缺的武士立像）

（下）图7-323乌斯马尔“修院组群”。西宫，立面（局部，版画，取自J.G.Heck:《Heck's Pictorial Archive of Art and Architecture》，1994年）

群”）。最后建于托尔特克统治期间的神殿V，压在神殿II和神殿III上（见图7-235）。西立面倒数第2阶神殿IV的立面为采用佩腾和乌苏马辛塔地区剖面的折线式内立面上的一道饰面。其门道形如怪兽的大口（见图7-236），显露出切内斯风格的影响，和位于顶层的神殿V立面完全不同，后者表现出更纯净的普克风格（见图7-262），类似“修院组群”的西宫（见图7-324）。

建筑现在的状态就是这五个阶段建造的最后结果（约自6~10世纪，经近代整修）。大台阶属后期，台阶底层部分和最初建筑立面以通道局部分开（见图7-266阴影处）。陡峻的台阶构造简洁，分为三跑，给人印象极为深刻。西台阶两侧一系列错开成阶梯状

（上）图7-324乌斯马尔“修院组群”。西宫，立面全景（自东面望去的景色）

（下）图7-325乌斯马尔“修院组群”。西宫，立面南部（自南宫边上望去的景色）

（上下两幅）图7-326乌斯马尔“修院组群”。西宫，立面近景（自东南方向望去的景色）

左页：

（上）图7-327乌斯马尔 “修院组群”。西宫，立面近景（自东北方向望去的景色）

（下）图7-328乌斯马尔 “修院组群”。西宫，立面南区雕饰

本页：

（上下两幅）图7-329乌斯马尔“修院组群”。西宫，立面中区雕饰

排列的系列雨神头像形成颜色较暗的退阶，进一步强化了建筑的宏伟和上升态势，使人想起彼德拉斯内格拉斯结构K5的类似表现。这段台阶直接通向上部的神殿IV。金字塔基台部分的圆头就现在所知为玛雅建筑的孤例。

金字塔前有一个形状不甚规则的四边形院落，因其中一个建筑屋顶上的鸟类雕刻被称为“鸟院”（图7-270~7-276）。院落正面设拱门，可由此通向外部和边上的“修院组群”。

[“修院组群”]

在“巫师金字塔”西侧脚下展开的“修院组

群”[Nunnery，西班牙人起的名字，原意“修女院”（Casa de las Monjas），因周围布置了74个房间的院落好似女修道院而名，约公元900年]充分显示出前殖民时期地方建筑师的才干，可作为古代世界大型城市空间的一个范例（平面、立面、剖面及复原图：图7-277~7-280；全景图：图7-281、7-282；现状景观：

左页：

（上两幅）图7-330乌斯马尔“修院组群”。西宫，檐壁雕饰细部

（下）图7-331乌斯马尔“修院组群”。南宫，自球场院处望中央拱门远景

本页：

（上）图7-332乌斯马尔“修院组群”。南宫，台阶及南立面中段景色

（下）图7-333乌斯马尔“修院组群”。南宫，南立面，西翼景色

本页及左页：
（左上及左下）图7-334乌斯马尔 “修院组群”。南宫，南立面，中央拱门近景

（中上及右）图7-335乌斯马尔 “修院组群”。南宫，中央拱门，南侧和向院内望去的景色

图7-283~7-289）。从空间组织直到石块的加工和接合，在现存的美洲前殖民时期的建筑中，还没有哪个能超过它。

实际上，这个组群可视为在早期鸽子院的基础上进一步改进而得。和后者一样，主要建筑位于金字塔侧面。从南边建筑（例如长官宫邸）的地面望去，可在前景上看到该组群南侧建筑（南宫）及其与外部相通的大型拱顶通道（为地区特有的一种形式）。视线于背景处为北侧建筑（北宫）的立面封闭。组群内部，长条形的建筑围绕着一个角上敞开的宽敞庭院布置，所在平台位于几个不同的高度上（可能是出于等级的考虑）。围绕着院落的四个立面上，装饰着石构马赛克的复杂图案，从东宫开始，到更高更精美的北宫结束。

在乌斯马尔，普克建筑的某些部件往往以格外纯净的形式表现出来。“修院组群”的东宫可作

图7-336乌斯马尔“修院组群”。南宫，中央拱门，向外望去的景色

（左上）图7-337乌斯马尔“修院组群”。南宫，北立面全景（远处可看到长官宫邸、龟屋和大金字塔）

（右上）图7-338奥斯金托克 拱门。残迹现状

（右中）图7-339奥斯金托克 拱券建筑。现状

（左中）图7-340乌斯马尔“修院组群”东面拱顶建筑。东侧北翼，残迹现状（向南望去的景色）

（下）图7-341乌斯马尔“修院组群”东面拱顶建筑。东侧北翼，建筑现状（自东面望去的景色）

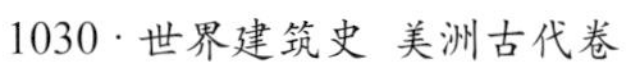

本页及左页：
（左）图7-342乌斯马尔 “修院组群”东面拱顶建筑。东侧中央横向拱顶，入口处现状
（中上）图7-343乌斯马尔 “修院组群”东面拱顶建筑。东侧中央横向拱顶，内景
（中下）图7-344乌斯马尔 “修院组群”东面拱顶建筑。西南侧现状（可看到两个残毁平行拱券的剖面形式）
（右）图7-345乌斯马尔 长官宫邸（政府宫，约公元900年）。平面及立面（据Marquina及Ruz，建筑立在两个宽大的人工平台上）

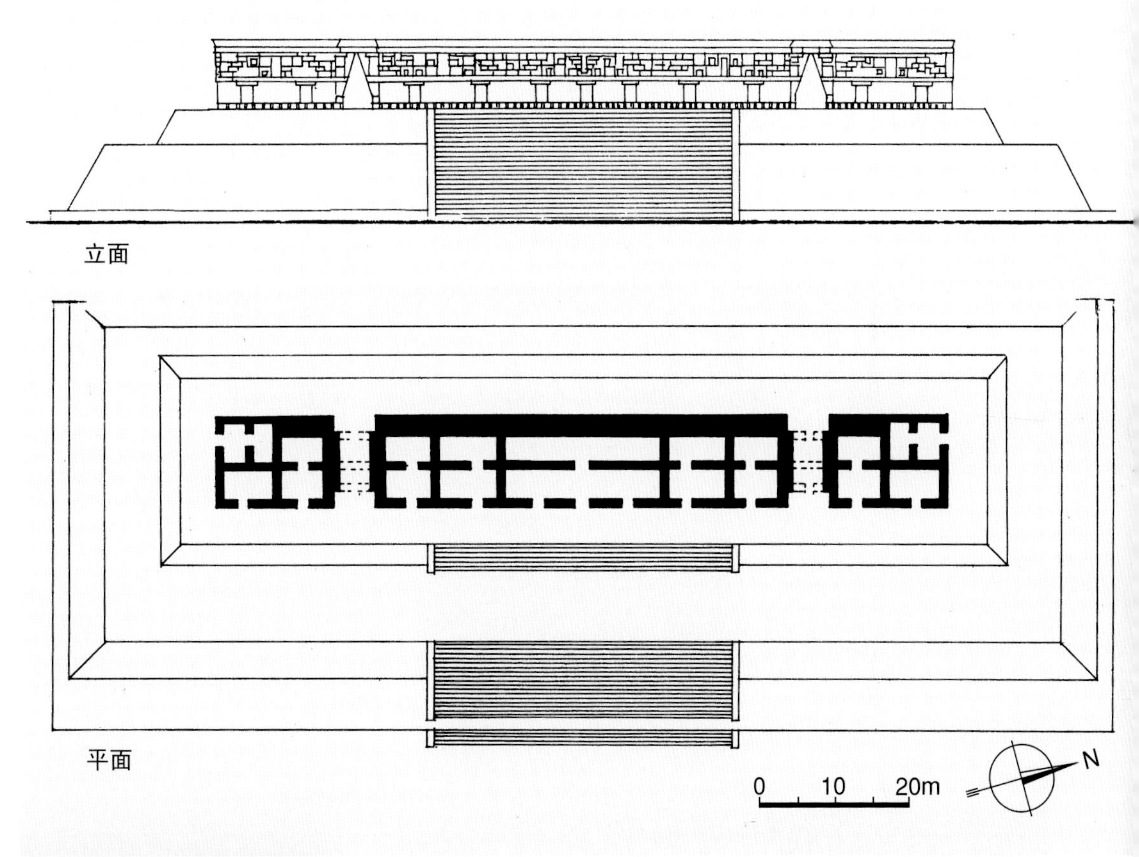

为这方面的一个典型例证，其立面明确划分为垂直的条带（历史图景：图7-290、7-291；外景及细部：图7-292~7-301；内景版画：图7-302）。基座稍稍突出，有节奏地装饰着一排短柱，墙体下部由光面墙组成，大的门洞通过凹进的框架衬托，增添了轻快的效果。立面上部两道芦苇束线脚之间布置垂向图案，于中间和两端叠置雨神查克的头像。在它们之间和次级大门上，由程式化的双头蛇构成优雅的梯形图案，图形中间伸出的头像系模仿特奥蒂瓦坎的猫头鹰神。两道线脚之间其他底面为单一的格构图案（见图7-290）。立面上部檐口中央部分同样装饰着双头蛇母题。突出上部条带的双檐口为地道的普克风格；它们由两道线脚组成，中间饰有小的盾形纹章，每个角上以神话动物头像作为结束。清晰的立面构件，制作

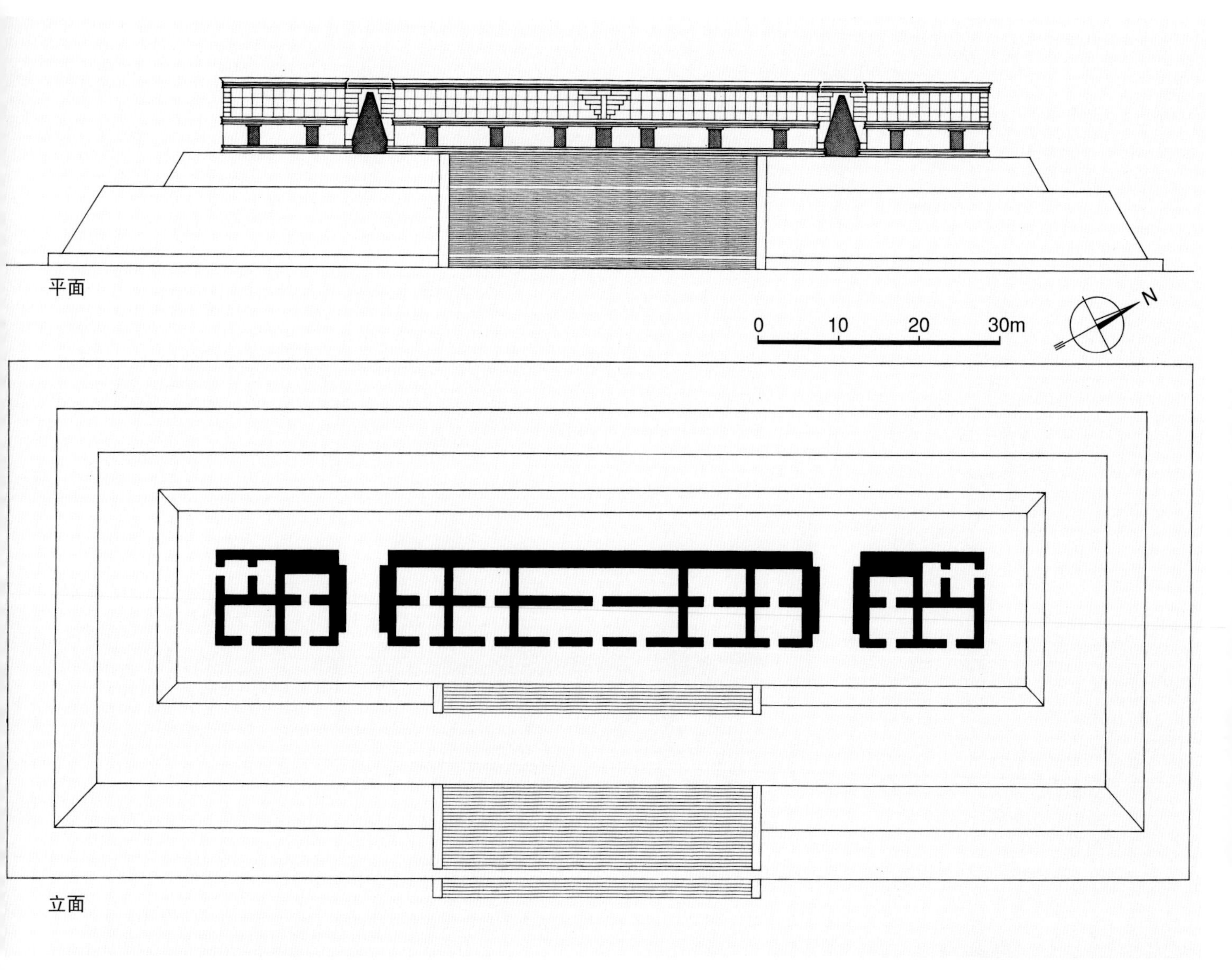

（上）图7-346乌斯马尔 长官宫邸。平面及立面（1∶750，取自Henri Stierlin:《Comprendre l' Architecture Universelle》，第2卷，1977年）

（下）图7-347乌斯马尔 长官宫邸。立面（彩图，取自John Julius Norwich主编:《Great Architecture of the World》，2000年；上部石构檐壁长97.6米，宽12.2米，高7.93米，用了2万多个几何及象征性的题材；连接中央及两侧形体的横向拱顶为玛雅建筑中最高的这类结构）

完美的檐口及其确定的精确外廓一直是这一地区建筑最显著的特色。在东宫脚下，有一组极为壮观的台阶，想必是用于某种盛大的典礼。

北面主要建筑（北宫）和乌斯马尔大多数建筑那种厚重简朴的面貌不同，不仅所在平台位置更高，外观也更为精美，带有城堡般的齿状天际线（外景：图7-303~7-314；近景及细部：图7-315~7-320）。这组建筑的功能尚不明确，有可能是宫殿组群，或慈善机构的寓所，或仅仅是个公共活动中心，周围的房间系

为官方礼仪服务和充当贮藏室。

大入口台阶两侧为两个简单的小建筑，优雅的檐壁由独石柱墩支撑，柱墩的沉重印象因中央沟槽的垂直影线而有所减轻。主立面檐壁交替布置希腊回纹、格架和程式化的玛雅茅舍形象；插入檐壁内的花饰向

（上及中）图7-348乌斯马尔 长官宫邸。复原图（自东南侧望去的景色，远处为巫师金字塔；作者塔季扬娜·普罗斯库里亚科娃，取自Tatiana Proskouriakoff:《An Album of Maya Architecture》，2002年）

（下）图7-349乌斯马尔 长官宫邸。东侧俯视全景（油画，作者Carlos Vierra，1915年）

本页及左页：

（上）图7-350乌斯马尔 长官宫邸。东侧全景（版画，作者弗雷德里克·卡瑟伍德，取自Fabio Bourbon：《The Lost Cities of the Mayas，the Life，Art，and Discoveries of Frederick Catherwood》，1999年，左面远景为大金字塔）

（左下）图7-351乌斯马尔 长官宫邸。上图细部

（中下）图7-352乌斯马尔 长官宫邸。立面局部（版画，作者弗雷德里克·卡瑟伍德，取自Fabio Bourbon：《The Lost Cities of the Mayas，the Life，Art，and Discoveries of Frederick Catherwood》，1999年）

（右下）图7-353乌斯马尔 长官宫邸。南端景色（版画，作者弗雷德里克·卡瑟伍德，取自Fabio Bourbon：《The Lost Cities of the Mayas，the Life，Art，and Discoveries of Frederick Catherwood》，1999年）

（上）图7-369乌斯马尔 长官宫邸。西北侧全景（自平台下望去的景色）

（下）图7-371乌斯马尔 长官宫邸。西侧，自平台上向南望去的景色

（上）图7-370乌斯马尔 长官宫邸。西北角近景

（中）图7-372乌斯马尔 长官宫邸。西南角，自平台下仰视景观

（下）图7-373乌斯马尔 长官宫邸。西南角近景

左页：

图7-374乌斯马尔 长官宫邸。檐壁装饰细部（为普克风格最华丽的作品之一，中央不同寻常的弧形御座上，坐着一位头戴羽冠的显要人物或祭司；玛雅人是否发现或接近发现真券，至今仍是学界一个有争议的问题，实际上，如果把这个“御座”倒过来，就是一个带拱心石的真券；图版作者弗雷德里克·卡瑟伍德，取自Fabio Bourbon:《The Lost Cities of the Mayas，the Life，Art，and Discoveries of Frederick Catherwood》，1999年）

本页：

（上）图7-375乌斯马尔 长官宫邸。雕饰细部（雨神查克头像，图版作者弗雷德里克·卡瑟伍德）

（下）图7-376乌斯马尔 长官宫邸。东侧，墙面及雕饰近景

本页：

（左上）图7-377乌斯马尔 长官宫邸。基部排墩造型（和上部檐壁的华丽装饰形成强烈的反差）

（左下及右上）图7-378乌斯马尔 长官宫邸。墙角细部（以叠置的雨神查克头像作为建筑的保护神）

（右中）图7-379乌斯马尔 长官宫邸。西侧，檐壁细部（一）

（右下）图7-380乌斯马尔 长官宫邸。西侧，檐壁细部（二）

右页：

（上下两幅）图7-381乌斯马尔 长官宫邸。西侧，檐壁细部（三）

图7-383乌斯马尔 长官宫邸。东面南侧拱门近景

左页：图7-382乌斯马尔 长官宫邸。拱门（历史图景，版画作者弗雷德里克·卡瑟伍德，取自Fabio Bourbon：《The Lost Cities of the Mayas，the Life，Art，and Discoveries of Frederick Catherwood》，1999年）

是年代最早的一个，放射性碳测定表明它建于公元893±100年。如果墙体和跨度的比值可视为年代标志的话，那么南宫可认为是仅次于它的第二个古老建筑，再以后则是东宫，最后是西宫（历史景观：图7-321~7-323；现状：图7-324~7-327；雕饰及细部：图7-328~7-330）。南宫有两个引人注目的特色，即位于球场院轴线上的拱门入口和两个立面上逐渐变化的门道间距（图7-331~7-337）。这种宏伟的拱券门

(上）图7-401乌斯马尔 大金字塔（主神殿）。现状（经修复，自东北方向望去的景色，宽大的台阶通向顶部圣所单一的大门，右边远处可看到鸽子组群）

(下）图7-402乌斯马尔 大金字塔，东北侧全景

的利用上要更为大胆和充分。在“修院组群”，拱券好似立面上一个未加工处理的裂口，无论是作为入口还是作为形体的分划手段都表现得不够充分完整。长官宫邸的建筑师则把叠涩拱门这部分缩到立面内部，并增大了拱顶的悬挑部分，拱腹形成外凸曲线，形如下部拉开的窗帘，拱脚几乎接近地面，就这样通过强烈的阴影和明确的形体强调了三部分的分划，堪称通过门道精心组织构图的范例。拱顶结构大胆，外形优

（上）图7-399乌斯马尔 鸽子组群，北侧东段（向东南大金字塔方向望去的景色）

（下）图7-400乌斯马尔 鸽子组群，北侧西段（向西南方向望去的景色）

台位于中央，至建筑底面为96×11米。在这里，建筑师可能必须遵循“修院组群”北宫和带山墙的鸽子组群所确立的11个入口的平面，但他把“修院组群”的单调形体通过两个陡峭的拱顶券洞分成三个主要部分，并用这两个叠涩拱顶形成的内部通道作为它们之间的联系。在“修院组群”南宫端头向外伸出的翼房里，已开始出现了这种解决方式的前兆，其立面同样由叠涩挑出的拱门分划，但长官宫邸的建筑师在拱券

（上）图7-397乌斯马尔 鸽子组群，南侧中央券门近景

（下）图7-398乌斯马尔 鸽子组群，北侧全景

（上下两幅）图7-396乌斯马尔 鸽子组群，南侧现状

图7-387；东面场地及宝座：图7-388~7-391）。许多作者都认为它是该地区最精美的建筑，事实上，它也确实是整个中美洲最值得注意的作品之一。在这里，许多零散的手法汇聚在一起成就了一座极为协调和安定的建筑。不仅建筑廓线适应周围的环境尺度，表面也按尤卡坦地区的强烈光线进行了调整，充分显示出一种臻于成熟的建筑传统的魅力和建筑师本人的才干。

建筑位于一个宽阔的人工平台上，平台底部长、宽分别为180和150米，边上布置较小的建筑，祭祀平

本页及左页：

（左上及左下）图7-393乌斯马尔 鸽子组群（可能公元900年前），俯视复原图（作者塔季扬娜·普罗斯库里亚科娃，取自Tatiana Proskouriakoff:《An Album of Maya Architecture》，2002年）

（右下）图7-394乌斯马尔 鸽子组群，残迹外景（版画，作者弗雷德里克·卡瑟伍德，取自Fabio Bourbon:《The Lost Cities of the Mayas，the Life，Art，and Discoveries of Frederick Catherwood》，1999年）

（右上）图7-395乌斯马尔 鸽子组群，俯视全景（自大金字塔上望去的景色）

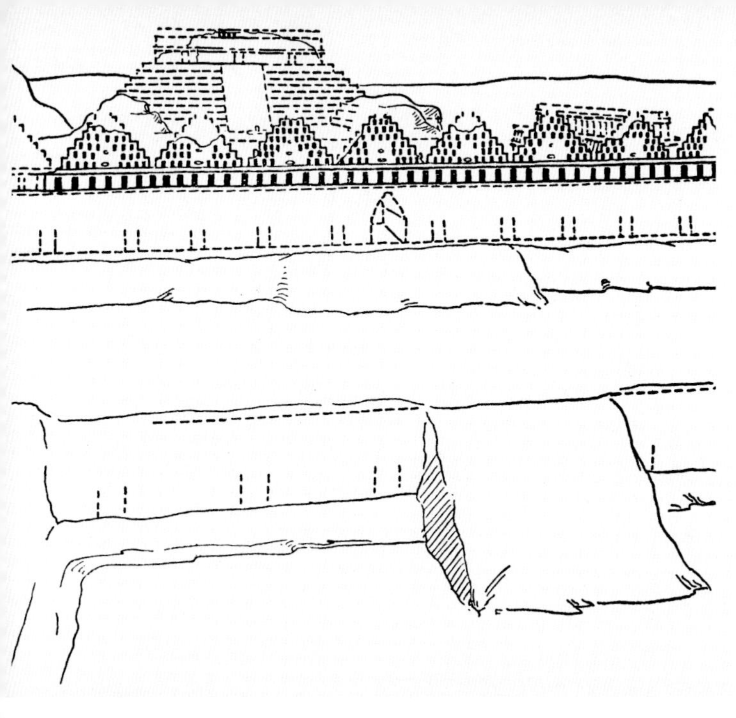

布局简单明确。只是除横向厅堂外，其他部分残毁严重（图7-340~7-344）。

[长官宫邸]

从“修院组群”的各建筑可看到，人们逐渐发掘和掌握了独立形体在建筑构图上的潜力和可能性。这种表现在这类建筑的杰作——长官宫邸（政府宫，约公元900年）里，得到了进一步的延续。

建于古典后期的这个宫邸是另一个给人留下深刻印象的建筑，可能也是乌斯马尔建筑师的最后成就（平面、立面及复原图：图7-345~7-348；外景图：图7-349~7-353；现状景色：图7-354~7-373；雕饰细部：图7-374~7-381；拱门：图7-382~7-386；内景：

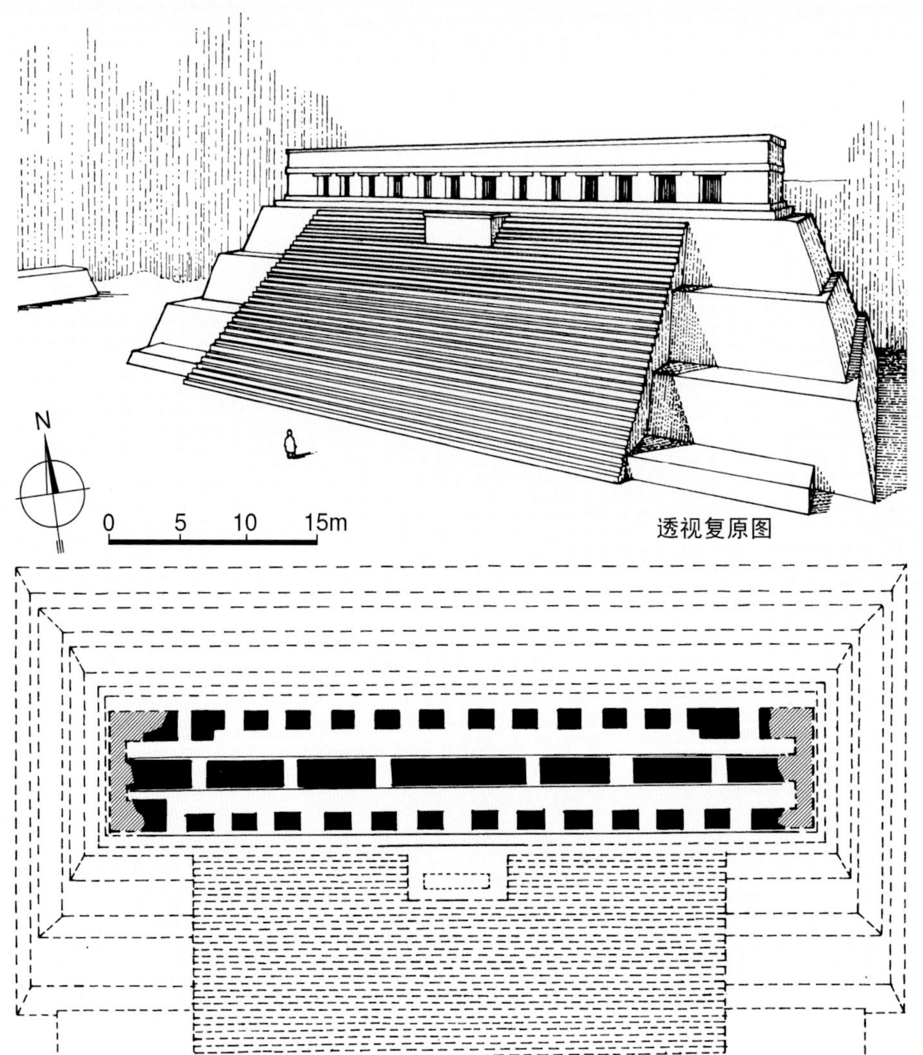

（上）图7-391乌斯马尔 长官宫邸。东面场地，美洲豹宝座，美洲豹雕刻（向东面望去的情景）

（下）图7-392阿尔通哈 结构A-6B（约公元450年）。平面及透视复原图（据S.Loten）

（上）图7-388乌斯马尔 长官宫邸。东面场地，俯视全景

（中）图7-389乌斯马尔 长官宫邸。东面场地，美洲豹宝座，向东面望去的景色

（下）图7-390乌斯马尔 长官宫邸。东面场地，美洲豹宝座，美洲豹雕刻（向西面宫殿方向望去的景色）

希腊的围柱式神殿）。在北宫看不到这种精练的表现，但在西宫已很成熟，在东宫则具有试验的性质。节律变化上的这一演进正好对应墙体和跨度比值确定的序列。

在“修院组群”，东西两侧面建筑并不平行，而是像米开朗琪罗设计的罗马卡必托利诺山广场那样形成会聚式构图；当然，在这里，它也可能只是出于偶然原因，由于施工误差或疏忽。但从其他的精炼手法——如通过立面外倾对长的水平形体进行视觉矫正——来看，两侧建筑的这种布局也可能确实是出于透视矫正的精心考虑。

在“修院组群”院落东面，另有一组拱顶建筑，于两道平行拱顶房间中间，插入一个横向拱顶厅堂，

本页及左页：

（左）图7-384乌斯马尔 长官宫邸。东面北侧拱门现状

（中）图7-385乌斯马尔 长官宫邸。西侧拱门现状

（右上）图7-386乌斯马尔 长官宫邸。西侧拱门拱肩细部

（右下）图7-387乌斯马尔 长官宫邸。内景（由三个类似房间组成，中间一个为会议厅，由三个门洞采光）

道可在普克地区的拉夫纳、卡瓦和奥斯金托克看到（图7-338、7-339），很久以后又在奇琴伊察和玛雅潘出现。按不同的间距布置立面门道则有帕伦克宫殿的先例（靠中间的间距最大，朝角上递减，有些类似

雅，是玛雅建筑中最优秀的实例之一，略呈凸面的拱腹更是唯一的表现。立面整个结构形体的组织和比例关系的搭配，充分体现了建筑师对设计理念的完美把握；整体效果的庄重和均衡在中美洲建筑中相当少见。在这里，和乌斯马尔的其他建筑一样，主要通过门洞的不同搭配（中央大门较宽，并与相邻的两门距离较近，形成一个组合）突出中央形体的地位；洞口不仅通过边上的退阶得到很好的强调，其边框线脚同

本页及左页：

（左上）图7-403乌斯马尔 大金字塔，大台阶近景

（左下）图7-404乌斯马尔 大金字塔，自大台阶上望北侧台地

（中下）图7-405乌斯马尔 大金字塔，塔顶建筑，东头细部

（右）图7-406乌斯马尔 大金字塔，塔顶建筑，西端近景

本页及左页：
（左上）图7-407乌斯马尔 大金字塔，塔顶建筑，雕饰细部（图版，作者塔季扬娜·普罗斯库里亚科娃）
（中上）图7-408乌斯马尔 龟屋（9世纪后期）。历史图景（版画，作者弗雷德里克·卡瑟伍德，取自Fabio Bourbon：《The Lost Cities of the Mayas，the Life，Art，and Discoveries of Frederick Catherwood》，1999年）
（左下）图7-409乌斯马尔 龟屋。外景（彩画，取自Nigel Hughes：《Maya Monuments》，2000年）
（右上）图7-410乌斯马尔 龟屋。东南侧俯视景色（自长官宫邸望去的情景）
（右下）图7-411乌斯马尔 龟屋。西南侧俯视全景
（右中）图7-412乌斯马尔 龟屋。西北侧景观（自平台下仰视景色）

时赋予墙体轻快的外观。立面现经全面修复，但用了直到20世纪初仍完好保存下来的细部。

组成整个构图的无数部件在制作和组装上非常精确。在主立面（东立面），高高的上部区域，由三个条带组成的线脚界定，其内石雕部件（马赛克）组成的精美浮雕自建筑一端直至另一端，表现一系列起伏交织的母题。中央大门上巨大的梯形图案与“修院组

本页：

（上）图7-413乌斯马尔 龟屋。西南角现状（自平台下仰视景色）

（下）图7-414乌斯马尔 龟屋。东南侧全景

右页：

（上）图7-415乌斯马尔 龟屋。东立面现状

（左下）图7-416乌斯马尔 龟屋。雕饰细部

（右下）图7-417乌斯马尔 球场院。俯视全景（向南望去的情景，可看到对面平台上的龟屋和长官宫邸）

群”东宫的花饰类似，但要更为精美。所有装饰部件均以这个中央母题为出发点，通过浮雕面的差异强调主次：巨大的希腊回纹和与之形成45度角的格栅图案交替布置。为了消除长条构图带来的单调印象，一系列不间断的查克头像和其他母题搭配布置。沿上部檐口布置的蛇形图案成阶梯状下降，沿中部线脚延伸后再次上升装饰上部檐口的下部，接着降下来直到角上，该处以造型突出的叠置头像作为结束。除了环绕整个建筑、边上饰以蛇形花边的上部檐口外，宫邸三个主要形体的装饰均到饰有头像的角上中止，和最初

图7-418乌斯马尔 球场院。俯视全景（向北望去的情景，可看到远处的“修院组群”）

图7-419乌斯马尔 球场院。南侧全景

图7-420乌斯马尔 球场院。东墙，自西北方向望去的景色

图7-421乌斯马尔 球场院。东墙，自西南方向望去的景色

本页及右页：

（左上）图7-422乌斯马尔 球场院。东墙，南侧端头现状

（左中）图7-423乌斯马尔 球场院。西墙，自西南方向望去的景色

（左下及中下）图7-424乌斯马尔 球场院。石靶环，细部

（中上）图7-425乌斯马尔 柱厅（蜥蜴堂）。地段现状（自西南方向望去的景色，远景为巫师金字塔）

（右两幅）图7-426乌斯马尔 柱厅。西侧全景

贯通的巨大拱顶形成了鲜明的对比（如今拱顶通道已被后期增建工程部分封闭，如现状图片所示）。

立面的比例组合宛如玛雅复杂的时间分划，包括重叠和对位节律。三个形体的门道提供了2-7-2的组合。主要的东台阶标志着另一种组合：3-5-3。每个叠涩挑出的拱门和两边的马赛克檐壁图案形成5-3-5的门洞节奏（两头两组包括拱门在内并以它为对称轴）。最后，檐壁本身还有自己的节律，其几何装饰在深度上形成几个层面。在这方面，时间上更早的原型是在伯利兹城北面，东海岸附近阿尔通哈的结构A-6B，建筑由两列房间组成，各有13道门，据放射性碳测定建于公元450年左右（图7-392）。

[“鸽子组群”]

离“修院组群”不远，有一座损毁严重的小建筑，装饰着栖息在棕叶屋顶上的鸽子。这种写实的朴素手法和乌斯马尔大多数装饰那种僵硬的几何图案完全异趣。在城市南部的鸽子组群，尚存真正的鸽舍建筑（构成了另一个重要建筑群的组成部分，复原图：图7-393；残迹版画：图7-394；现状景色：图

本页：

（上）图7-427乌斯马尔 小堂。西北侧现状

（左下）图7-428埃兹纳 遗址区。总平面，图中：1、刀平台，2、五层殿（主神殿，结构19），3、月亮宅邸，4、球场院，5、结构419-2，6、结构419-3，7、结构414

（右下）图7-429埃兹纳 大卫城（祭祀中心）。西侧全景，从主广场上望去的情景（对面建筑为五层殿）

右页：

（上）图7-430埃兹纳 大卫城。自月亮宅邸上向北望去的全景（右侧为五层殿）

（下）图7-431埃兹纳 大卫城。自五层殿上望月亮宅邸等建筑

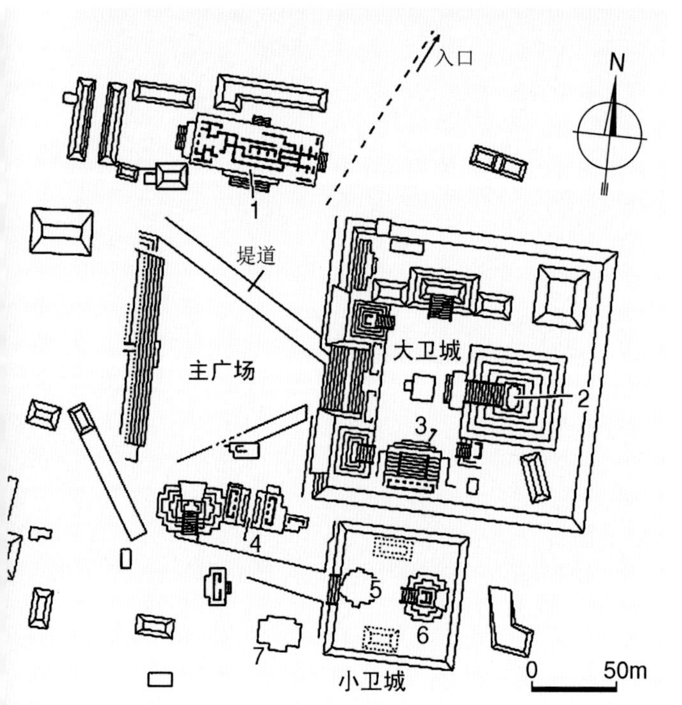

左页：

（上）图7-432埃兹纳 大卫城。自月亮宅邸向东望主广场景色

（下）图7-433埃兹纳 大卫城。北侧建筑（右），自东南方向望去的景色

本页：

（上）图7-434埃兹纳 大卫城。西侧建筑（朝主广场一侧望去的景色）

（下）图7-435埃兹纳 大卫城。五层殿（“主神殿”，约公元600年），卫城平面，五层殿剖面及外景复原图（据G.F.Andrews）

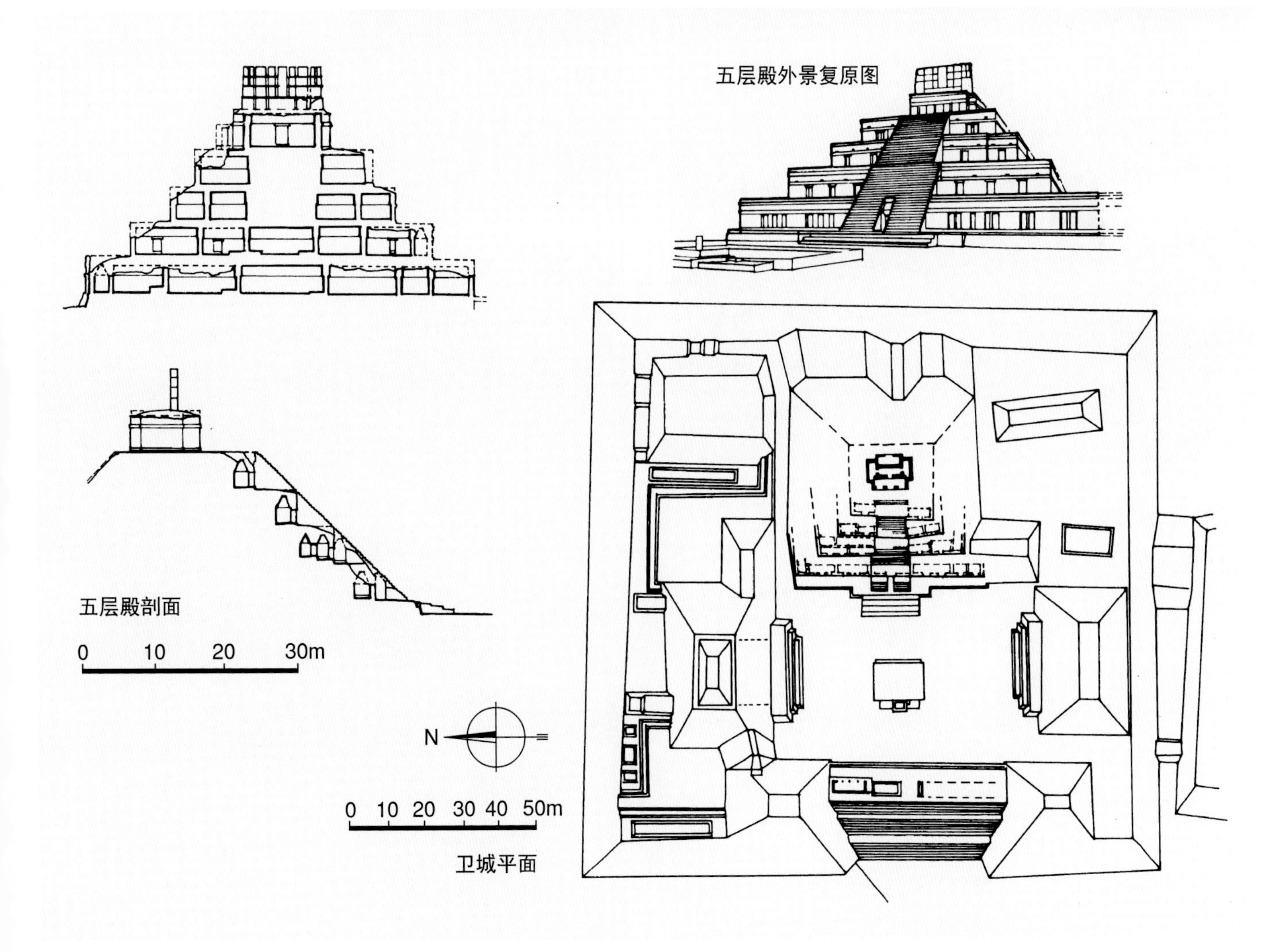

本页及右页：

（左上）图7-436埃兹纳 大卫城。五层殿，外景（彩画，取自Nigel Hughes:《Maya Monuments》，2000年）

（左下）图7-437埃兹纳 大卫城。五层殿，西侧远景，右前景为月亮宅邸

（右上）图7-438埃兹纳 大卫城。五层殿，西北侧地段全景

（右下）图7-439埃兹纳 大卫城。五层殿，西北侧全景（北面未清理时景观）

7-395~7-400）。从远处望去，基本保存完好的这组建筑如一系列屋脊那样立于一座建筑的顶上，后者立面已完全残毁，中间有一个习见的玛雅式拱顶的通道。墙上伸出的石块可能原用于支撑雕饰。

鸽子组群可能是各个组群中最复杂的一个，有三个尺寸递减的院落，和“修院组群”相比，在布局上要更为紧凑。其中最大的是地势较低的外院，接下来为位于南神殿（大金字塔，图7-401~7-407）脚下的中院，包括带房间的金字塔和圆剧场院落，最后是南组群的小院。爱德华·泽勒注意到鸽子院要比“修院组群”和长官宫邸更为残破，他由此推断前者

本页：

（上）图7-440埃兹纳 大卫城。五层殿，西北侧全景（北面初步清理后景观）

（下）图7-441埃兹纳 大卫城。五层殿，正面（西侧）全景（基底面积约60米见方，各层设房间，顶上圣所连屋顶墙架在内高11米）

右页：

（上）图7-442埃兹纳 大卫城。五层殿，正面近景

（下）图7-443埃兹纳 大卫城。五层殿，西南侧全景

图7-444埃兹纳 大卫城。五层殿，东北部近景

的年代更为久远[7]。的确，鸽子院的建筑，无论是圆剧场的围地还是带飞立面和房间的台地（如图7-397所示），从类型上看，都要早于“修院组群”和长官宫邸那种独立的块状形体构图。在鸽子院和“修院组群”之间的区别颇似阿尔万山和米特拉之间的差异，也就是说，其年代间隔应在古典中期到后期之间，即不少于2个世纪，不大于6个世纪。

[其他建筑]

在乌斯马尔各种各样的建筑中，位于长官宫邸北面的龟屋（其名来自檐口线脚上造型突出的大型乌龟雕饰）以其简朴的装饰、明确的线条和典雅的比例引人注目，表现出很强的普克风格的特色（历史图景：图7-408、7-409；现状及细部：图7-410~7-416）。简单的檐壁完全由光面排柱组成，和檐口等水平线条的阴影形成微妙的对比。除了自平带线脚处向外突出的龟头外，没有任何雕饰的倒角檐口显然是模仿固定棕叶屋顶的束带，在当地农村住宅中现在还可看到这类部件。在玛雅地区的所有风格中，正是乌斯马尔建筑最直观地表明，人们如何在石建筑中模仿传统玛雅棚舍的结构部件。如果说，在该地区表现得特别成熟的叠涩拱顶（见图7-302、7-387）是借鉴茅舍内部形式的话，那么，像芦苇束列柱（不论是光滑的还是带结节的）、檐口，乃至格栅底面这样一些部件看来都是

（上）图7-445埃兹纳 大卫城。五层殿，第四层，小柱近景

（中）图7-446埃兹纳 大卫城。五层殿，上部台阶及屋顶墙架近景

（下）图7-447埃兹纳 大卫城。五层殿，圣所上部及墙架近景

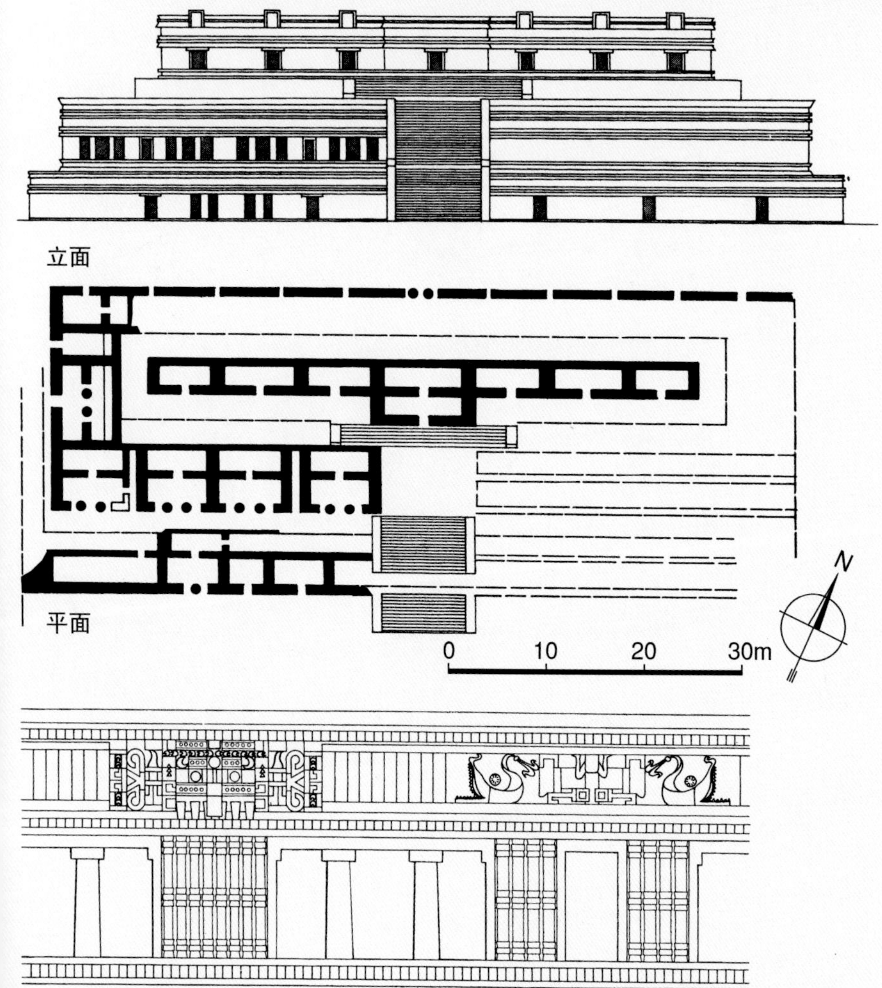

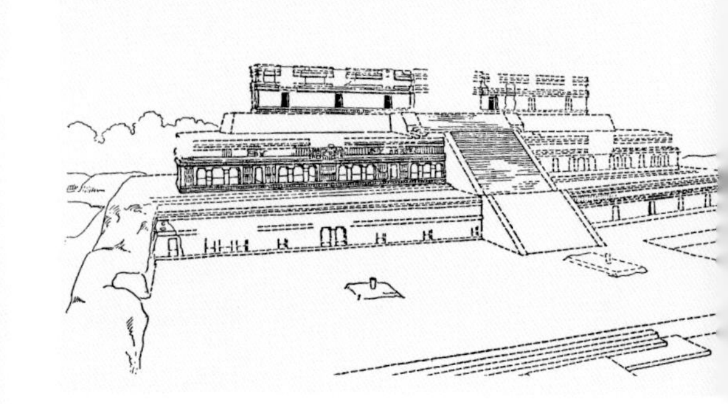

（本页上）图7-448赛伊尔 典型排柱式建筑

（本页左下）图7-449赛伊尔 三层宫（8~9世纪）。平面、立面及二层立面细部（平面及立面1∶750，二层立面1∶150，取自Henri Stierlin：《Comprendre l'Architecture Universelle》，第2卷，1977年）

（右页上）图7-450赛伊尔 三层宫。各阶段平面示意

（本页右下及右页下）图7-451赛伊尔 三层宫。复原图（公元1000年前状态，作者塔季扬娜·普罗斯库里亚科娃，取自Tatiana Proskouriakoff：《An Album of Maya Architecture》，2002年）

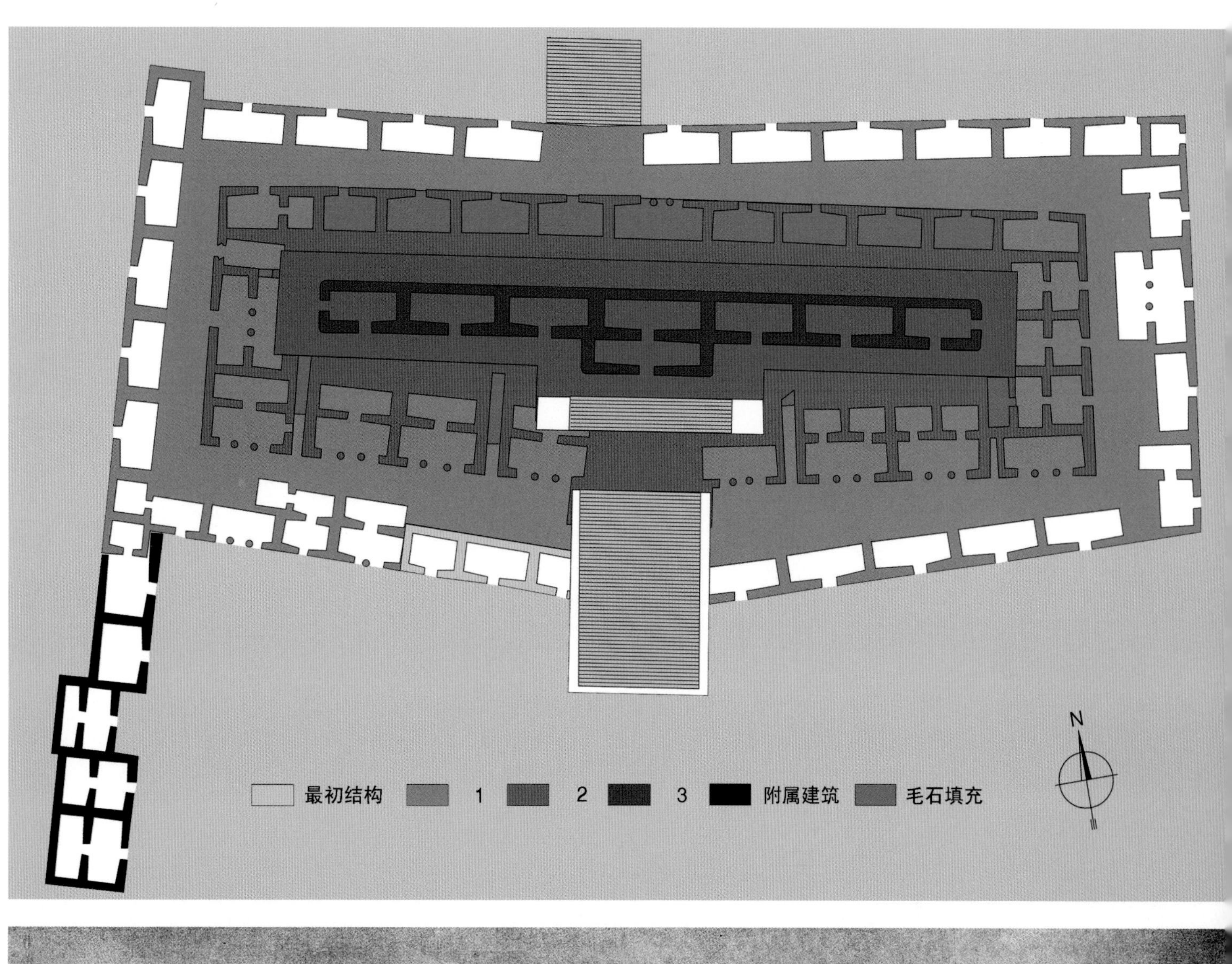
最初结构
1
2
3
附属建筑
毛石填充
N

（上下两幅）图7-452赛伊尔 三层宫。残迹外景（未清理前状态，版画，作者弗雷德里克·卡瑟伍德，上图取自约翰·劳埃德·斯蒂芬斯和弗雷德里克·卡瑟伍德：《尤卡坦纪行》，第II卷，1843年，下图取自Fabio Bourbon：《The Lost Cities of the Mayas，the Life，Art，and Discoveries of Frederick Catherwood》，1999年）

（上）图7-453赛伊尔 三层宫。地段现状

（中）图7-454赛伊尔 三层宫。立面全景

（下）图7-455赛伊尔 三层宫。自西南方向望去的景色

以石构模仿轻质材料（木料、棕叶和各种纤维绳索）的相应部分。在尤卡坦地区的建筑中，我们同样可看到许多以玛雅茅舍为原型的装饰母题。

遗址上的主要球场院布置在长官宫邸和龟屋所在平台和“修院组群”之间的地面上，周围环境比较开阔（图7-417~7-424）。在这片场地上，还有两个值得一提的建筑：一是位于东北角的柱厅（蜥蜴堂，图7-425、7-426），为带11根柱子的门廊式建筑；二是位于长官宫邸平台北侧、门廊处立两根粗壮圆柱的小堂（图7-427）。

三、其他遗址

[埃兹纳]

普克地区位于切内斯和里奥贝克西北面，其风格的发展也处在这两个地区的强力影响下。在普克地区西南的埃兹纳（在切内斯地区西面，属今坎佩切州），可明显看到这种过渡性质的风格。许多可能诞生于玛雅中部和普克地区之间的要素，都是在这里汇集，并在古典时期演化成中美洲最具代表性的建筑风格之一。埃兹纳遗址占地约250英亩，带有分散的建筑组群，其建造年代可能持续了两千年之久（图7-428）。

埃兹纳祭祀中心，即人工“卫城”（在玛雅城市中，经常可看到这类被称作“卫城”的宏伟建筑群），位于古典时期一片宽阔的玛雅居住区内（图7-429~7-434）。卫城上最重要的建筑是古典后期的五层殿（地方称 “主神殿”，约公元600年，图7-435~7-447）。作为祭祀中心的主体建筑，它是最

本页：

（上）图7-456赛伊尔 三层宫。自东面望去的景色

（中）图7-457赛伊尔 三层宫。台阶及中部现状

（下）图7-458赛伊尔 三层宫。台阶及西南翼现状

右页：

图7-459赛伊尔 三层宫。东北翼近景

本页：

（上）图7-460赛伊尔 三层宫。东北翼，首层及二层端头柱廊及檐壁残迹

（右下）图7-461赛伊尔 三层宫。西南翼近景

（中及左下）图7-463赛伊尔 三层宫。西南翼二层近景（由四个双柱廊和两道窄门组成）

右页：

（上下两幅）图7-462赛伊尔 三层宫。西南翼二、三层近景

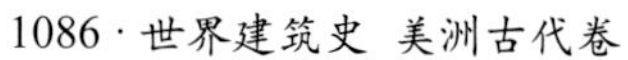

本页：

（上）图7-464赛伊尔 三层宫。西南翼柱廊及门洞立面

（中）图7-465赛伊尔 三层宫。西南翼二层，柱廊及墙面装饰细部（版画，作者弗雷德里克·卡瑟伍德）

（下）图7-466赛伊尔 三层宫。西南翼二层，柱廊及墙面装饰细部（带方形柱头的圆柱为普克风格的典型表现）

右页：

（上下两幅）图7-467赛伊尔 三层宫。西南翼二层，柱廊及檐壁细部

早带内部房间的金字塔实例，为这一建筑体系提供了许多新的解决方案。

建筑平面大致为方形，基底每边长约60米，到屋脊顶部高30米。[8]下部由四层台地上的拱顶建筑构成金字塔的造型，最后以顶上一个朝向东西两面的建筑结束整个构图，顶上这个建筑由五个房间组成，平面组合不同寻常。主立面朝西，该面各个阶台建有逐层退进的成列房间，上层房间坐落在下层房间或填土上，下层房间的屋顶构成上层的平台（从图7-442、7-443上可看得很清楚）。各层房间在南北两面延伸，但延伸长度尚未查明，因建筑仅西面（正面）进行了清理和修复，其他三面仍处于残毁状态。下层阶

本页及左页：

（左两幅）图7-468赛伊尔 三层宫。西南翼二层，门洞及墙面雕饰细部（中央门洞上是头在下，脚在上的所谓“降神”）

（中下）图7-469赛伊尔 三层宫。西南翼二层，“降神”边上花饰细部

（右上）图7-470赛伊尔 三层宫。西南翼二层，端头檐壁细部

（右下）图7-471赛伊尔 三层宫。西南翼二层，门洞上檐壁雕饰

（本页上）图7-472赛伊尔 三层宫。西南翼二层，柱廊间隔墙上檐壁雕饰

（本页中）图7-473赛伊尔 三层宫。西南翼，柱廊间隔墙上模仿茅舍并联树干或其他植物茎秆的装饰

（本页下及右页上两幅）图7-474赛伊尔 三层宫。内景

（右页下）图7-475斯拉夫帕克 结构I（主神殿）。外景（彩画，取自Nigel Hughes:《Maya Monuments》，2000年）

台房间两列，上层阶台单列。正面大台阶通过叠涩拱顶形成飞扶壁式的结构，将部分立面解放出来（台阶仅一半进行了修复）。立面装饰由简单线脚组成，没有束带线脚。仅顶层神殿冠以高耸的镂空屋脊（见图7-446）。

构成大多数玛雅祭祀中心的两种建筑类型（神殿和宫殿），就这样在这里被综合在一起。神殿显然不是一开始就作为一个单一的作品设计。整个建筑位于一个年代较早规模较小的金字塔上面，后者建于古典早期，属佩腾类型，带有退进的凹角。其他部分系后期增添或改造。各处均综合了早期和后期的特点。上

本页：

（上）图7-476斯拉夫帕克 结构I。立面全景（位于拱顶区外墙的丰富装饰，是古典后期玛雅建筑的典型特征，装饰主要由几何图案和程式化的抽象面具组成；下部墙面除角上的柱子外，基本不施装饰）

（下）图7-477斯拉夫帕克 结构I。侧面及转角处近景

右页：

（上）图7-478斯拉夫帕克 结构I。门洞及檐壁装饰细部

（下）图7-479赛伊尔 “天象台”。残迹景观（彩画，取自Nigel Hughes：《Maya Monuments》，2000年）

部建筑的叠涩拱顶为古典早期的典型样式，下部台地其他的拱顶则为古典后期更先进的形式（取消了叠涩挑出），部分墙体面层亦属后期。在这里，可看到两种共存的建筑模式：有的房间为石板砌体，其他为碎石核心外饰专门的拱石。特别值得注意的是，在第5层房间立面上出现了柱子支撑（位于立面洞口中间，柱身短促，中间隆起，上冠方形柱头，为一种在玛雅建筑中少见的部件，见图7-445）。

在普克地区各式各样的建筑中，不乏这类创新的表现，特别是在大量采用叠涩拱顶和利用柱子作为立面装饰部件方面。虽说在其他中美洲部族中，从前古典时期开始，柱墩和柱子，不论是砌筑而成还是用独石制作，已经得到广泛应用，但在以叠涩拱顶作为主要结构的玛雅中部地区，人们很少采用柱子（在蒂卡尔和亚斯阿发现的两例，只能视为例外）。倒是尤卡坦半岛的建筑对柱子采取了更为开放的态度。除了埃兹纳的这个例证外，在里奥贝克地区的佩查尔、钱纳和佩奥尔-埃斯纳达等遗址也都有所发现。在普克地

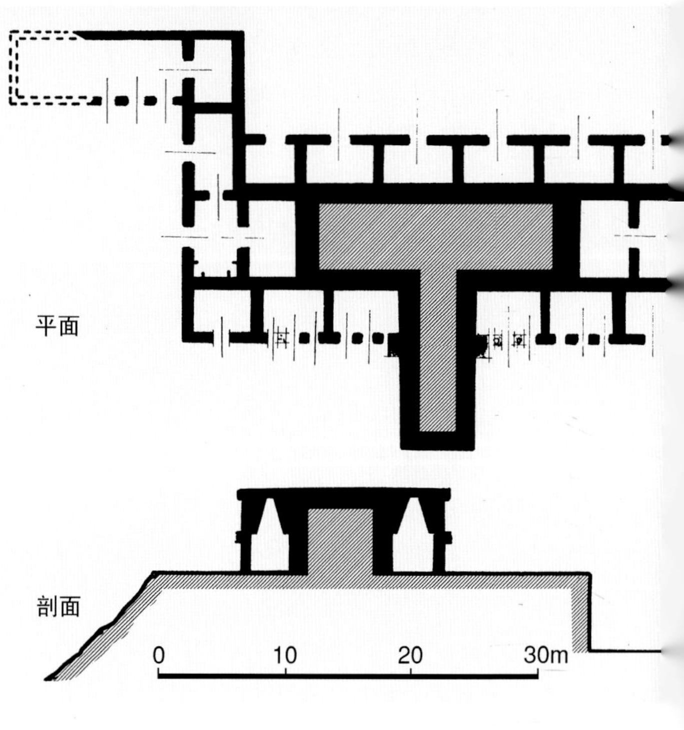

平面
剖面
0
10
20
30m

左页：

（上及左下）图7-480赛伊尔 “天象台”。现状外景（建筑残毁严重，部分尚存红色灰泥痕迹）

（右下）图7-481查克穆尔通 建筑A（宫殿，8~9世纪）。平面及剖面（据Marquina，1964年）

本页：

（上）图7-482查克穆尔通 建筑A。现状外景（檐口绕行整个建筑，立面中间的门洞由两根上承方形冠板的独石柱支撑）

（下）图7-483查克穆尔通 建筑A。残迹近景

区西南的斯卡卢姆金-奥拉克通，作为特例，还发现了一个雕有象形文字的柱子。

[赛伊尔]

排柱式立面是赛伊尔建筑的一个最引人注目的特色（图7-448），其主要建筑三层宫是普克地区采用这种柱列部件的主要杰作之一（平面、立面及复原图：图7-449~7-451；历史及现状景色：图7-452~7-464；雕饰细部：图7-465~7-473；内景：图7-474）。这座宫殿和埃兹纳一样，是在一个基座上连续起三层

本页及左页：

（左两幅）图7-484查克穆尔通 建筑A。立面转角处檐壁及束柱细部（为普克风格的典型表现）

（中左上）图7-485查克穆尔通 球场院。残迹现状

（中左中）图7-486斯基奇莫克 檐壁上饰有徽章等图案的建筑

（中左下）图7-487琼乌乌 建筑残迹（版画，作者弗雷德里克·卡瑟伍德，取自Fabio Bourbon:《The Lost Cities of the Mayas, the Life, Art, and Discoveries of Frederick Catherwood》，1999年）

（中右上）图7-488拉夫纳 拱门（古典后期，600~900年）。平面及立面（1：200，取自Henri Stierlin:《Comprendre l' Architecture Universelle》，第2卷，1977年）

（右两幅）图7-489拉夫纳 拱门。复原图（图示东立面及附属建筑，作者塔季扬娜·普罗斯库里亚科娃，取自Tatiana Proskouriakoff:《An Album of Maya Architecture》，2002年）

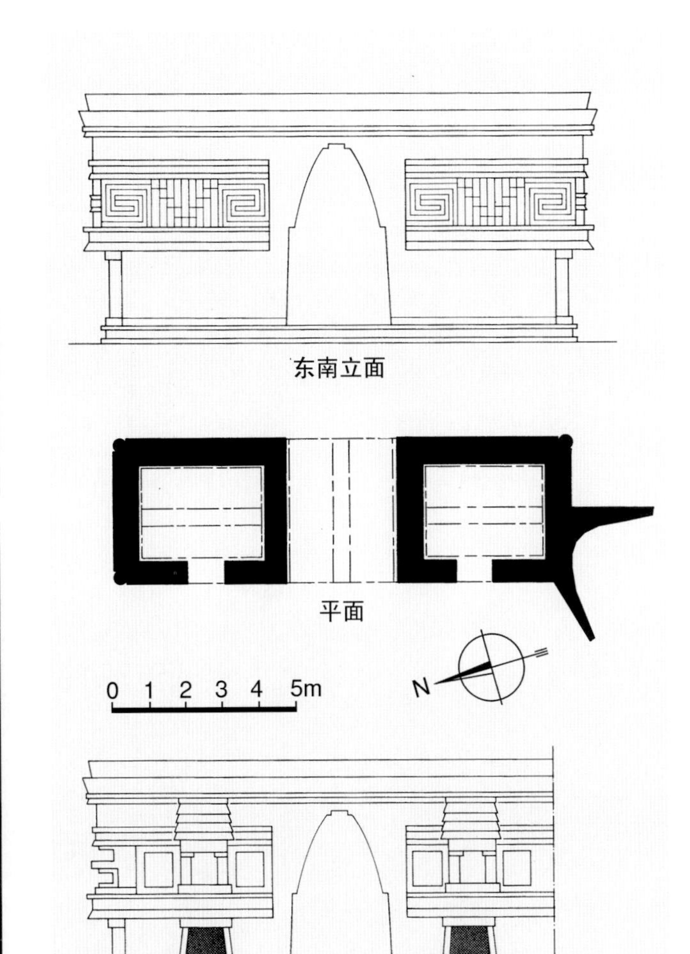

金字塔式的结构，带房间的台地围绕着一个底层平面约40×85米的实体核心布置，但每层的处理方式完全不同。

最低的地面部分仍为残墟并部分为石块掩埋，而最高部分则仅留简单的光墙，其简朴的外貌更加烘托出中层构图的华丽和均衡（见图7-462）。在这个具有古典风格构图均衡的立面上，简单洞口和以成对柱子分划的较大洞口交替布置，后者边侧柱顶石向内凸出，以和中间一对柱子的柱头呼应。洞口只是简单地分为三部分，但侧柱稍稍内斜，显然属微妙的视觉矫正。

中层的装饰还包括模仿芦苇束的部件（苇束成排

左页：

（上）图7-490拉夫纳 拱门。西北立面，19世纪景色[版画，作者弗雷德里克·卡瑟伍德，1844年，为了使图形更为准确，卡瑟伍德在这里采用了William Hyde Wollaston于1806年发明的所谓“投影描绘器”（Camera lucida）]，只是到最近，有关学者才认识到，这座建筑的装饰母题对理解玛雅建筑的构造具有重要的意义

（下）图7-491拉夫纳 拱门。西北立面，残迹景色（版画，作者弗雷德里克·卡瑟伍德，取自Fabio Bourbon：《The Lost Cities of the Mayas，the Life，Art，and Discoveries of Frederick Catherwood》，1999年）

本页：

（上）图7-492拉夫纳 拱门。东南立面，残迹景色（版画，作者弗雷德里克·卡瑟伍德）

（中）图7-493拉夫纳 拱门。东南侧外景（彩画，取自Nigel Hughes：《Maya Monuments》，2000年）

（下）图7-494拉夫纳 拱门。西北侧外景（彩画，取自Nigel Hughes：《Maya Monuments》，2000年）

（左上）图7-495拉夫纳 拱门。外景（历史照片，Teobert Maler摄，约1900年；Maler属19世纪末首批进入拉夫纳地区的西方探险家之一，大约同时，美国驻梅里达领事Edward Thompson也来到这里考察，此后，遗迹便得到了部分清理）

（下）图7-496拉夫纳 拱门。地段全景（自西北面望去的景色，左侧为城堡和结构11）

（右上及中）图7-497拉夫纳 拱门。两侧立面（中央拱门高5米，两边小门通向两个小的拱顶房间，边门上部檐壁石刻表现带高耸茅草屋顶的典型玛雅住宅，两边的网格图案系模仿茅舍的格架结构）

图7-498拉夫纳 拱门。西北侧景观（为普克风格最优美实例之一，拱门通向一座府邸的内院，府邸主体建筑类似赛伊尔的宫殿）

本页及右页：

图7-499拉夫纳 拱门。西北面近景

本页及左页：

（左两幅）图7-500拉夫纳 拱门。东南面现状景色

（中上及下）图7-501拉夫纳 宫殿（结构I）。复原图（作者塔季扬娜·普罗斯库里亚科娃，取自Tatiana Proskouriakoff:《An Album of Maya Architecture》，2002年）

（右上）图7-502拉夫纳 宫殿（结构I）。上图细部

直立并带结节），实际上它是重现了用石料模仿木柱的母题（木柱以短树干制作并连在一起，有的尚可在原位看到，系作为某些建筑室内的隔断）。立面上部饰有嵌在墙内的成排简单立柱，和下面柱束交错布置。中央头像造型表现突出，外露的大獠牙显然是效法切内斯或里奥贝克地区的榜样；角上雕刻按这地区的习见模式，表现带鹰钩鼻的雨神。在中央头像和角上雨神像之间，两条虚构的蛇夹着一个怪诞的“天神”像。这个蛇的主题和下面由芦苇束围括的简单门洞，从整体上看，显然是模仿带华美屋面装饰的玛雅茅舍。

上部立面按该地区习用的三分式原则。在环绕上部墙体的两道檐口之间，突出的石块可能原用于支撑雕饰板。在塔季扬娜·普罗斯库里亚科娃的复原图上，这些装饰板均超出屋顶面。在斯拉夫帕克附近的一个小建筑上，尚可找到位于原位的这类花饰（图7-475~7-478）。类似表现还见于乌斯马尔“修院组群”的东宫（见图7-295）。

本页及左页：

（左两幅）图7-503拉夫纳 宫殿。南立面，外景[版画，作者弗雷德里克·卡瑟伍德；单色图原载约翰·劳埃德·斯蒂芬斯和弗雷德里克·卡瑟伍德于1843年出版的《尤卡坦纪行》(1847年重印，第II卷，18英寸卷首折页插图)，完全按卡瑟伍德1841~1842年的遗址写生画制作；彩图取自Fabio Bourbon：《The Lost Cities of the Mayas，the Life，Art，and Discoveries of Frederick Catherwood》，1999年]

（右下）图7-504拉夫纳 宫殿。转角处近景（彩画，取自Nigel Hughes：《Maya Monuments》，2000年）

（右上）图7-505拉夫纳 宫殿。中央结构及左翼（历史照片，示整修前状态，Teobert Maler摄，1886年）

（右中）图7-506拉夫纳 宫殿。南立面，现状全景（建筑长120米，一条堤道向南跨越广场）

（上）图7-507拉夫纳 宫殿。南立面，局部（前方为路面高起的堤道，由于这类堤道大都在面上敷浅色灰泥，故称“白道”，white roads）

（下）图7-508拉夫纳 宫殿。南立面，西部现状（于不同高度上布置拱顶房间，立面各处大量采用联排树干的造型）

（上）图7-509拉夫纳 宫殿。西端现状（从台地下望去的景色）

（左下）图7-510拉夫纳 宫殿。西端俯视景色

（右下）图7-511拉夫纳 宫殿。东翼，上层面具细部（图版，作者塔季扬娜·普罗斯库里亚科娃）

在赛伊尔，另一个保留下来的建筑是所谓“天象台”，只是建筑残毁严重，仅立面局部还保留有当年的红色灰泥面层（图7-479、7-480）。

从普克地区的这几个建筑中，可以感受到其风格的若干特色：清晰的线条，明确的部件构图，以及在采用各种装饰母题上的均衡直觉。和其他玛雅地区一样，普克建筑最令人惊异的是，花费了如此多的材料和精力，最后的结果却大都与实际的功能需求无关。查克穆尔通的建筑为我们提供了另外一个例证，在这里，大量的劳动都用在没有实际功用的填方工程上。尽管用于构图的材料相对有限，但建筑外貌的不断翻新却让人眼花缭乱（建筑A：图7-481~7-484；球场院：图7-485）。灰泥在这里只起到次要的作用，在建筑上的使用要比其他地区为少。而石材的加工处理却很完美，似乎很难相信，这些清晰精致的雕刻出自完全不知道采用金属工具的匠师之手。越来越多地采用所谓“薄饰面”（thin veneer）的砌筑方式可以在外墙和内隔墙上都创造出完美的面层。拱顶腹部或为直线或略呈曲线（其规整的表面通过精心组合挑头而得）。

[拉夫纳]

下面我们将从一些具有代表性的题材着手，进

本页及左页：

（左上）图7-512拉夫纳 宫殿。墙面、檐口及檐壁细部

（右）图7-513拉夫纳 宫殿。墙角束柱及雕饰细部

（左下）图7-514拉夫纳 城堡。外景（神殿顶上有一个高大华美的墙架结构，图版作者弗雷德里克·卡瑟伍德，取自Fabio Bourbon:《The Lost Cities of the Mayas, the Life, Art, and Discoveries of Frederick Catherwood》, 1999年）

（中下）图7-515拉夫纳 城堡。背面现状景色

（左上）图7-516拉夫纳 城堡。西偏北外景

（左下）图7-517拉夫纳 城堡。西偏南景色

（右下）图7-518拉夫纳 城堡。西南侧景观（圣所位于陡峭的金字塔顶上，后者可能内置墓室；上部墙架原有装饰，现仅存支撑结构）

（右上）图7-519拉夫纳 结构11。立面全景（后面可看到城堡）

（上及右下）图7-520拉夫纳结构11。墙面细部（照片示西南侧；立面图示东北侧，塔季扬娜·普罗斯库里亚科娃绘）

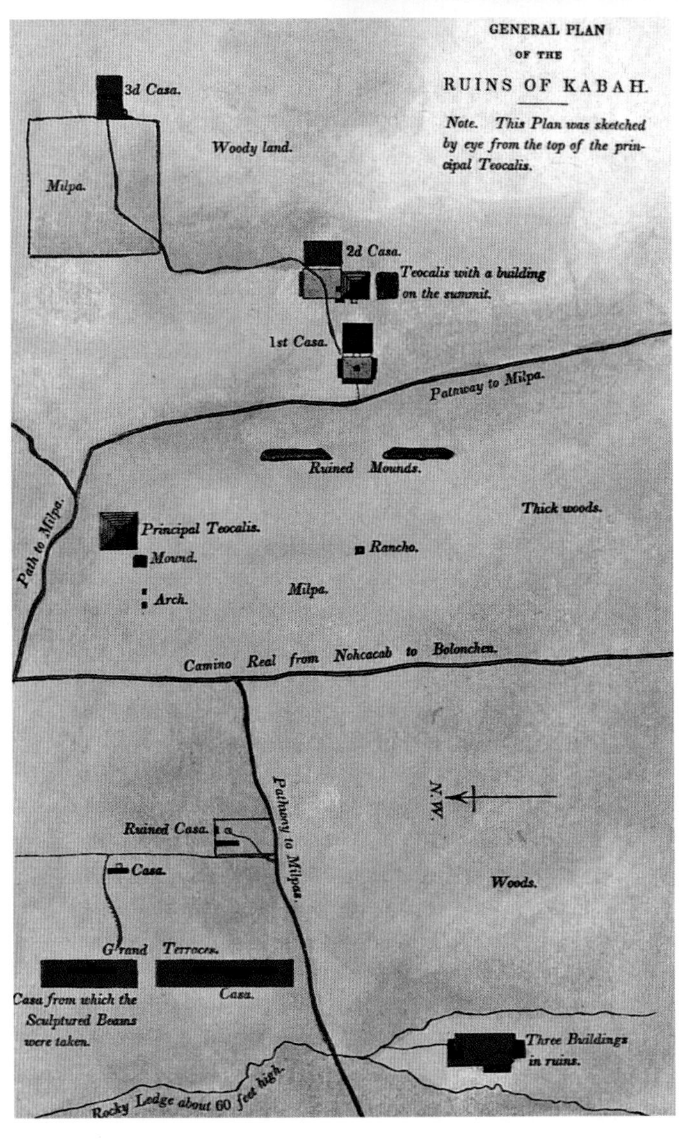

（左下）图7-521卡瓦 遗址区。总平面（图版，作者弗雷德里克·卡瑟伍德，自主要金字塔顶上目测绘制）

一步阐明普克地区的装饰题材。其中最简单的一种，是装饰着斯基奇莫克一些建筑上部檐壁的徽章及其他图案（图7-486）。某些立面下部也有各种题材的雕饰，如拉夫纳的四个建筑（拱门、宫殿、城堡和已残毁的结构11，所用装饰为芦苇束和柱列的一种变体形式），尽管这并非一般规律。头像是该地区喜用的题材，在拉夫纳城有多种形式的表现，有的带突出的獠牙，边上还有小雕像的残迹（可能类似弗雷德里克·卡瑟伍德画的琼乌乌的柱子造型，图7-487），有的带张开的大口，从中伸出神的头像（见图7-502）。但真正使拉夫纳跻身普克地区最著名遗址之列的无疑还是它那连接两组建筑（现均成残墟）的宏伟拱门，它充分体现了这个地区特有的建筑

（上）图7-522卡瓦 遗址区。全景（图版，作者弗雷德里克·卡瑟伍德，取自Fabio Bourbon:《The Lost Cities of the Mayas，the Life，Art，and Discoveries of Frederick Catherwood》，1999年；左侧金字塔尺度上有所夸张，前景表现劳工们在运送遗址附近发现的一根雕饰精美的木楣梁，约翰·劳埃德·斯蒂芬斯本打算将它运往纽约，可惜这一珍贵的文物在中途遗失了）

（左下）图7-523卡瓦 拱门（通往中心区，下为至乌斯马尔的古道）

（右下）图7-524卡瓦 拱门。地段形势

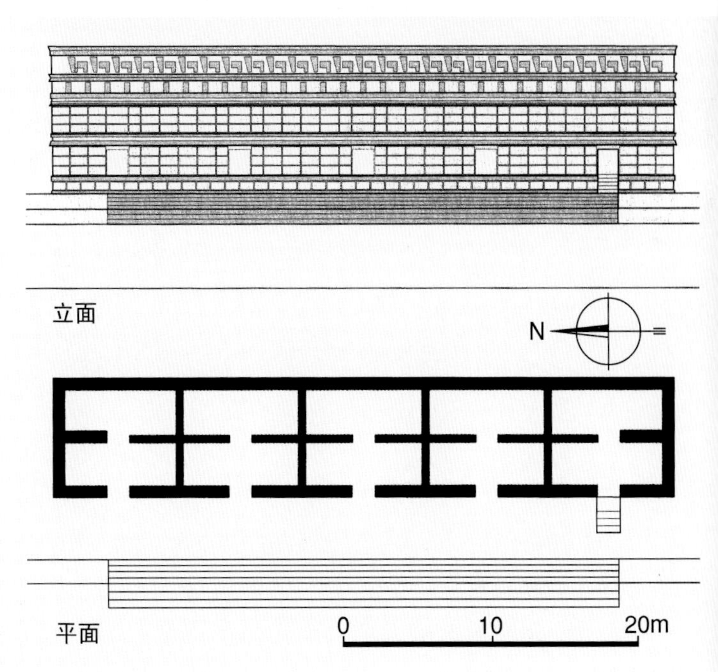

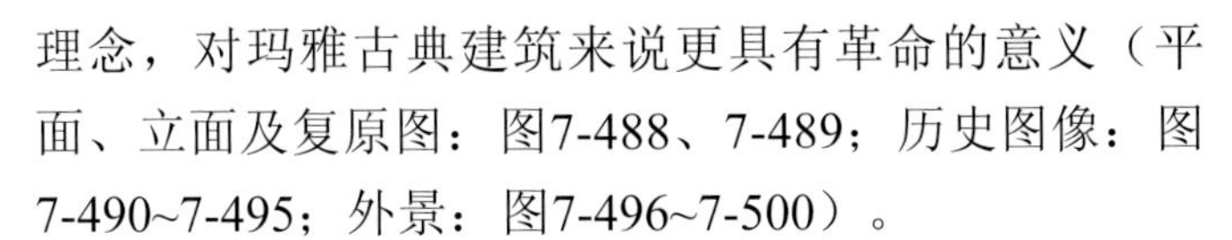

理念，对玛雅古典建筑来说更具有革命的意义（平面、立面及复原图：图7-488、7-489；历史图像：图7-490~7-495；外景：图7-496~7-500）。

直到现在，我们所看到的玛雅拱顶仅作为结构手段用于覆盖内部空间；除了入口的拱顶通道外（如蒂卡尔“孪生组群”的围墙入口），在室外，这种结

（左上）图7-525卡瓦 拱门。现状全景

（右上）图7-526卡瓦 拱门。券门近景

（左下）图7-527卡瓦 飞梯残迹

（右下）图7-528卡瓦 “卷席”宫（面具宫，结构2C-6，约公元850年）。平面及立面（长46米，由成组布置的5对房间组成，最初立面上有260个同样的雨神查克的头像）

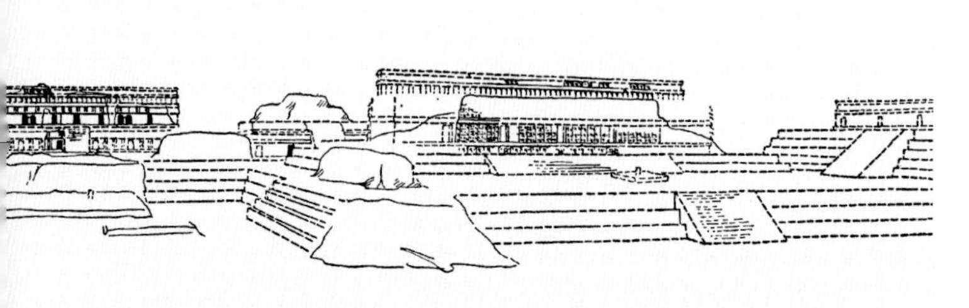

构似乎仅见于某些半坍毁的立面洞口（如图6-392、6-399），而在拉夫纳，叠涩拱顶完全因其自身的美学价值得到应用。拱门贯通整个建筑形体，明确作为外部观赏的对象，且具有全新的造型（上部呈内凹曲线，轮廓清晰地呈现在立面墙上）。两边对比强烈完全异趣的雕饰更加突出了拱券的外形。

现存拱门东南侧立面比较朴实，主要在以列柱为底面的檐壁上起希腊回纹，图案尺度甚大，造型极为突出（见图7-500）。拱门另一面（西北侧）装饰较为复杂（见图7-498），从习见的三段式分划和侧面两个略呈梯形的小门来看，该面显然是作为正面（两边的小门系为了突出中央拱顶通道的宏伟印象）。

本页及左页：

（左两幅）图7-529卡瓦 “卷席”宫。复原图（作者塔季扬娜·普罗斯库里亚科娃，取自Tatiana Proskouriakoff:《An Album of Maya Architecture》, 2002年）

（右上）图7-530卡瓦 “卷席”宫。西北侧全景（为普克后期风格最著名作品之一，大多数普克建筑外墙下部很少装饰，而在这里，所有表面均覆差不多同样的面具造型）

（右下）图7-531卡瓦 “卷席”宫。西南侧俯视景色（建筑上部有高大的屋顶墙架，前面曾有五个足尺石像）

本页：

（上）图7-532卡瓦“卷席”宫。西立面，现状全景

（下）图7-533卡瓦“卷席”宫。东北侧远景

（中）图7-534卡瓦“卷席”宫。背立面（东立面），现状

右页：

图7-535卡瓦“卷席”宫。西立面，南端雕饰细部

本页：

（上）图7-536卡瓦“卷席”宫。西立面，南区雕饰近景

（下）图7-537卡瓦“卷席”宫。西立面，北端雕饰近景

右页：

图7-538卡瓦“卷席”宫。西立面，雕饰近景（由叠置的查克头像组成，版画，作者弗雷德里克·卡瑟伍德，取自Fabio Bourbon:《The Lost Cities of the Mayas，the Life，Art，and Discoveries of Frederick Catherwood》，1999年）

贯通立面中央的拱顶几乎没有装饰。侧面形体表现程式化的玛雅茅舍，格栅状的底面显然是以石刻模仿树枝和棕叶搭建的屏栏。一角饰有雨神查克的头像和一根嵌入的柱子（在斯普伊尔已经出现了这种构件）。为该地区特有的精美倒角檐口完成了整个装饰构图，通过明确的阴影突出了建筑的主要廓线。优雅的阶梯状镂空屋脊进一步使建筑具有轻快的外貌。

拉夫纳第二个值得注意的建筑即宫殿（复原图：图7-501、7-502；历史图像：图7-503~7-505；现状外景：图7-506~7-510；细部：图511~7-513）。其立面不仅大量采用了柱列，同时也用了自大口中伸出神像的母题。离城市拱门不远的城堡和下面的结构11则是两个相对较小的建筑（城堡：图7-514~7-518；结构11：图7-519、7-520）。前者上部尚存华丽的屋顶墙架，后者立面上同样采用了芦苇束和柱列的题材。

[卡瓦]

位于拉夫纳西北的卡瓦是该地区另一个重要的遗址（总平面：图7-521；全景图：图7-522）。但和拉夫纳拱门的丰富雕饰相反，作为这个邻近城市入口的孤立拱门没有任何装饰[拱门位于自乌斯马尔来的长长的“白道”（saché）端头，图7-523~7-526]。在这个城市严重残毁的建筑中，还可看到“飞梯”（escalier‘volant’；图7-527）的完美实例。它实际上是一种基于叠涩拱顶原理的飞扶壁，和埃兹纳的形式一样，构成了另一种玛雅拱顶的变体形式。
不过，卡瓦最令人感兴趣的建筑还是古典后期的所谓“卷席”宫（约公元850年；平面、立面及复原图：图7-528、7-529；外景：图7-530~7-534；雕饰近景及细部：图7-535~7-542；内景及细部：图7-543~7-545）。这是一个位于基底80米见方的巨大人工平台上，采用四边形平面的宫殿建筑，上面有一个很长的

左页：
（上下两幅）图7-539卡瓦“卷席”宫。西立面，雕饰近景，实况

本页：
（上下两幅）图7-540卡瓦“卷席”宫。西立面，雨神查克雕像细部（下图角上的一例鼻子已断缺，洞口内的两个圆石代表眼睛，在普克风格的装饰部件里，雨神无疑是用得最广的题材之一，它在这些地区得到格外的尊崇，可能和自然环境有关）

图7-541卡瓦 “卷席” 宫。雨神恰克雕像细部（鼻子端头大部缺失，图上部是少数尚保存完整的一例）

图7-542卡瓦“卷席”宫。雨神查克雕像细部（转角部位，上部为鼻子保存完整的另一实例）

饰有希腊回纹的屋脊。整个西立面全部覆以突出的浮雕造型，在普克地区的建筑中，可说是一种不同寻常的表现（通常都是在裸露的板面和装饰之间保持均衡的比例）。除了门洞和把立面分成水平条带的线脚外，雕饰全部由雨神查克的头像组成。头像为石构件，从墙表面凸出约半米。带鹰钩鼻的这些头像在水平和垂直两个方向上均连续成列，同样的母题如连祷文一般无限重复。在这个令人眼花缭乱的建筑中，令人惊异的是其构图的协调，虽然采用了单一的主题，但通过重复产生了视觉冲击力。这也正是其魅力所在。立面形体和明暗对比创造了非

左页：

图7-543卡瓦“卷席”宫。内景及门洞装饰部件（图版，作者弗雷德里克·卡瑟伍德，取自Fabio Bourbon：《The Lost Cities of the Mayas, the Life, Art, and Discoveries of Frederick Catherwood》，1999年；以雨神的鼻子作为台阶，以此突出了主人的身份）

本页：

（上）图7-544卡瓦“卷席”宫。室内门洞台阶及雕饰立面（塔季扬娜·普罗斯库里亚科娃绘）

（下）图7-545卡瓦“卷席”宫。室内门洞雕饰

凡的效果，特别是那些极度夸张（或说是超现实主义）的巨大鹰钩鼻，令人印象极为深刻，是如今能完整保留下来的少数例证之一[见图7-541、7-542，建筑的名称Codz-Poop（“卷席”）即来自这些带厚重鼻子的大型头像]。雕刻的精美充分体现了卡瓦之名的含义（玛雅语：“雕凿之手”）。同样一些更大和搁置在地上的头像和鼻子造型形成每个门的台阶，在内部还用于连接建筑的不同标高（见图7-535、7-543、7-545）。尽管这座建筑明显属于宫殿范畴，但这些神像所造成的强烈宗教氛围表明，建筑并不是只具有

本页：

（上两幅）图7-546卡瓦 宫殿。砌体及墙面几何装饰

（中两幅）图7-547卡瓦 宫殿。立面几何装饰及雕像

（下两幅）图7-548卡瓦 宫殿。立面国王雕像近景

右页：

（左上及右）图7-549卡瓦 宫殿。立面国王雕像（足尺大小，头上石华盖取雨神查克头像的造型；右图为最近在同一组群内发现的另一个戴头冠的类似雕刻残段，现存墨西哥城国家人类学博物馆）

（左下）图7-550卡瓦 宫殿。立面檐口及条带砌块

本页及右页：

（左上）图7-551卡瓦 特塞拉府邸。外景（版画，作者弗雷德里克·卡瑟伍德，取自Fabio Bourbon：《The Lost Cities of the Mayas，the Life，Art，and Discoveries of Frederick Catherwood》，1999年）

（左下）图7-552卡瓦 塞昆达府邸。外景（版画，作者弗雷德里克·卡瑟伍德，取自Fabio Bourbon：《The Lost Cities of the Mayas，the Life，Art，and Discoveries of Frederick Catherwood》，1999年）

（右）图7-553卡瓦 带彩绘装饰的木楣（版画，作者弗雷德里克·卡瑟伍德）

图7-554卡瓦 带着色浮雕的石门柱（版画，作者弗雷德里克·卡瑟伍德）

世俗的功能。

除“卷席”宫外，在卡瓦，另一个值得注意的建筑是新近发现和修复的宫殿（图7-546~7-550）。其立面上引人注目地配有国王的雕像，头上伸出带雨神头像的挑檐。其他宅邸装饰则相对简朴，很多采用并列的小柱组成檐壁和分划平素的外墙（图7-551、7-552）。雕饰主要集中在木楣梁和石门柱上（图7-553~7-555）。

[其他]

距赛伊尔约6公里的斯拉帕克，是另一个具有典型普克风格的遗址。其宫殿下部除了角上的柱子及基

部和檐口的柱列装饰外，基本为光面石墙，墙上门洞亦不带边框。上部则相反，特别是中央门洞及边角部分，饰有华丽的查克神头像及其他回纹图案（图7-556）。

位于乌斯马尔附近的斯基普切尚存这时期的部分遗迹，其考古区核心部分由若干建筑组成，主体建筑（宫殿，结构A1）拥有40个房间，周围布置后勤和辅助结构，整个组群分六个阶段逐步建成（图7-557~7-560）。

位于乌斯马尔南面20公里处的斯库洛克（现属

（左上）图7-555卡瓦 门柱上的浅浮雕（新近发现，表现全副武装的首领或国王，在普克风格流行的地区，这类浮雕仅有少数例证）

（右上及下）图7-556斯拉帕克 宫殿。外景及细部

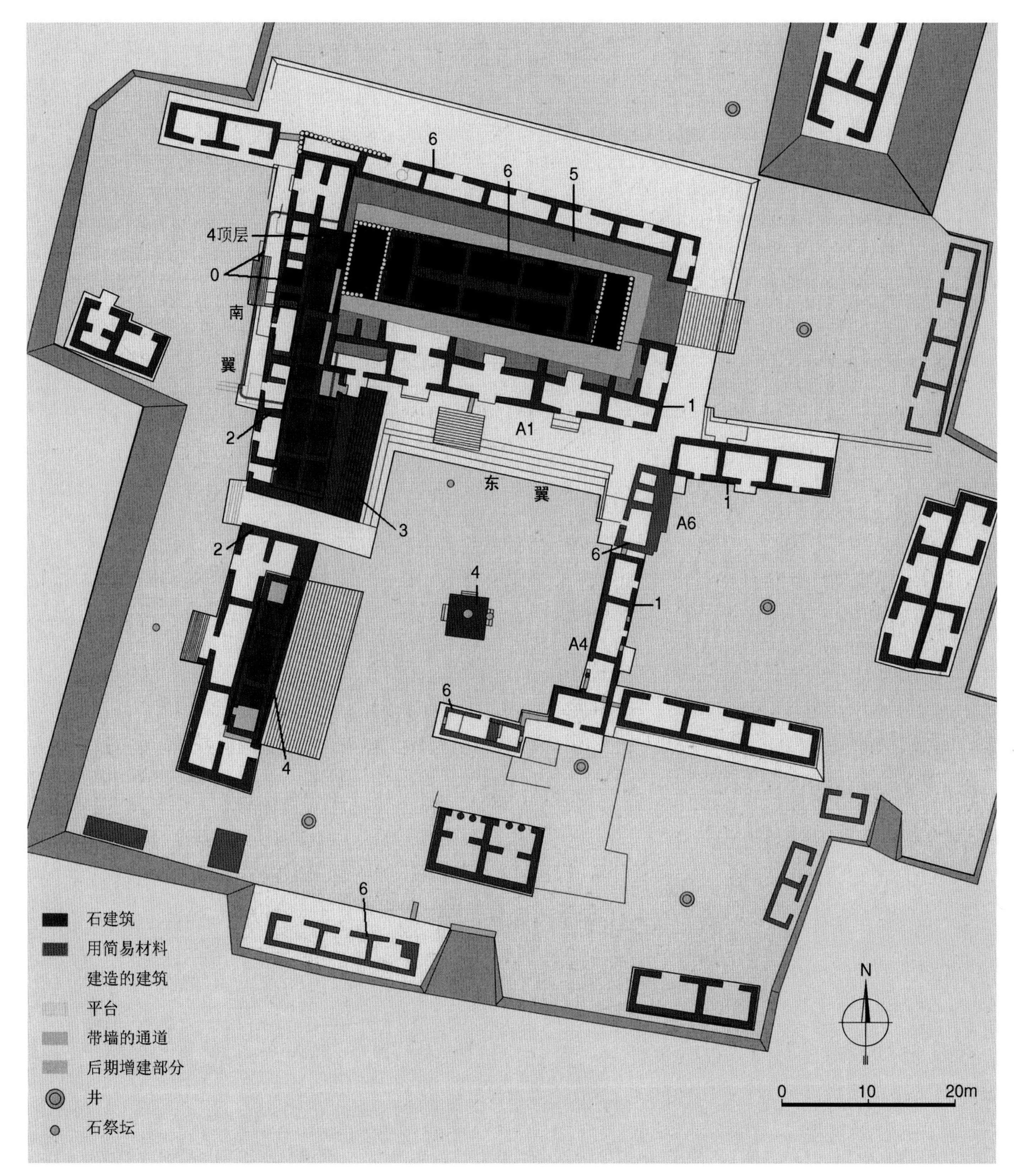

图7-557斯基普切 结构A。中心区，平面[可看到宫殿（结构A1）和相邻的院落，组群位于两个不同的高度上，其间以若干台阶相连，图上数字0~6示各建造阶段，0为最早结构，6为最后阶段；图版取自Nikolai Grube：《Maya，Divine Kings of the Rain Forest》]

坎佩切地区），是1842年雨季约翰·劳埃德·斯蒂芬斯和弗雷德里克·卡瑟伍德探察过的一处遗址。从卡瑟伍德绘制的一幅图版上可了解所谓“人像宫”的状况（建筑的名字就是卡瑟伍德取的，因立面檐壁上有三个人像柱的雕刻，图7-561、7-562）。1887年3~4月，奥地利出生的德国建筑师和探险家泰奥伯

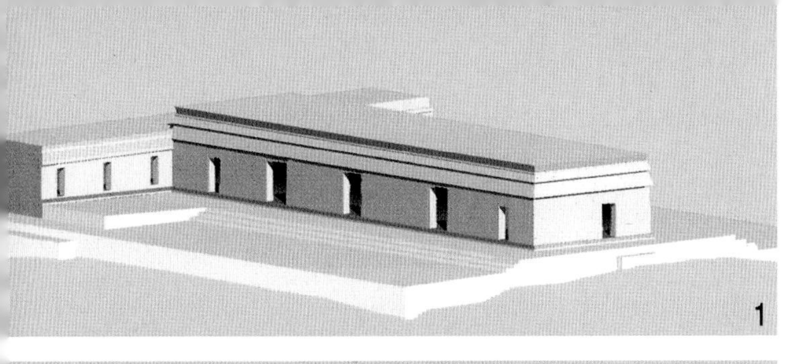

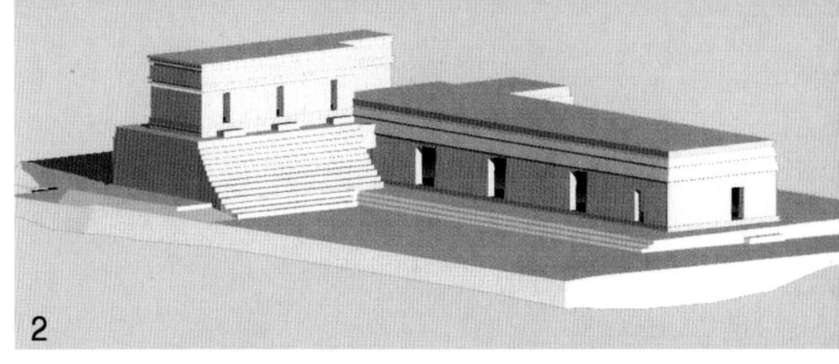

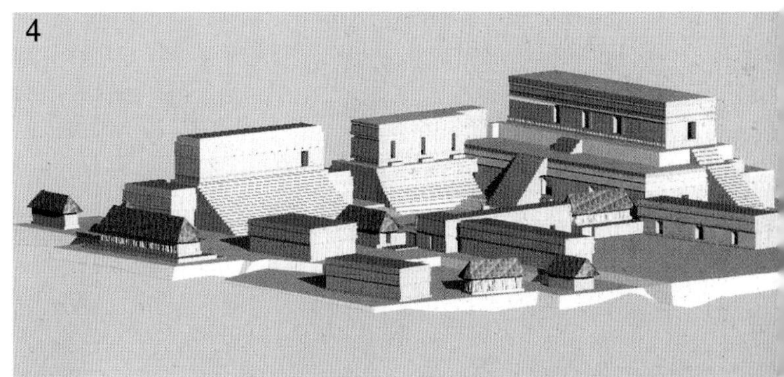

（上四幅）图7-558斯基普切 结构A。宫殿（结构A1，750~900年），建造阶段演进图[采用CAD（计算机辅助设计）技术制作]：1、第一和第二阶段，建成东翼和南翼；2、第三阶段，增建南翼顶层及东西两面的台阶；3、完成西翼顶层；4、完成周边建筑

（左中）图7-559斯基普切 结构A。宫殿，发掘时状况（1992~1998年，由波恩大学主持发掘）

（右中）图7-560斯基普切 结构A。宫殿，南翼西侧，现状外景

（下）图7-561斯库洛克 “人像宫”。外景（版画，作者弗雷德里克·卡瑟伍德，1842年）

（上）图7-562斯库洛克 “人像宫”。残迹外景（历史照片，Teobert Maler摄，1887年）

（下）图7-563伊西姆特 卫城。北建筑，拱顶残迹（历史照片，Teobert Maler摄，1887年）

（上）图7-564萨瓦奇兹切建筑残迹（版画，作者弗雷德里克·卡瑟伍德，为普克风格的典型作品）

（下）图7-565萨瓦奇兹切 水井及建筑（版画，作者弗雷德里克·卡瑟伍德，取自Fabio Bourbon:《The Lost Cities of the Mayas, the Life, Art, and Discoveries of Frederick Catherwood》，1999年）

（上）图7-566克萨姆蓬 建筑残迹（版画，作者弗雷德里克·卡瑟伍德）

（下）图7-567丘伊克 主要宫殿。外景（版画，作者弗雷德里克·卡瑟伍德）

特·马勒造访了同样位于乌斯马尔南面的伊西姆特，但由于附近有西班牙的居民点，遗址上建筑大都遭到破坏，地面上仅存卫城北建筑的拱顶残迹（图7-563）。

同样经约翰·劳埃德·斯蒂芬斯和弗雷德里克·卡瑟伍德探察过的乌斯马尔周围的遗址中，尚有萨瓦奇兹切（位于乌斯马尔东面，建筑上表现出典型的普克风格；图7-564、7-565）、克萨姆蓬（乌斯马尔

图7-568萨克贝 建筑外景（为当地三个石构建筑之一，版画，作者弗雷德里克·卡瑟伍德）

东南；图7-566）、丘伊克[主要宫殿大门两侧墙面上的装饰花纹（junquillos）别具一格；图7-567]和萨克贝（同样位于乌斯马尔东南，地名意“白道”；图7-568）。

第三节 雕塑和绘画

一、雕塑

在雕塑艺术方面，玛雅人的成就可说相当引人注目，表现突出。与玛雅浮雕的典雅、图纹雕刻的精致相比，印加、阿兹特克、陶尔泰克等地的雕刻显然相形见绌。留存下来的玛雅石碑，虽然有许多缺损之处，但构图巧妙、匀称，凸纹深刻、圆润，而其他地区的雕刻作品则显得相对平淡，可圈可点处不多。

古典时期的玛雅雕刻师为石器时代的专业匠师，根据需求在城镇间流动。人像艺术在上千年的时期内保持了一种文化上的统一。石灰石（如图6-523）、砂岩（如图6-673）、火山岩（如图6-566）、灰泥（如图6-437、6-456）、木材（如图6-162、6-163）、黏土和玉石均为常见的雕塑材料（当时人们尚不知道使用金属工具）。成品包括建筑装饰、纪念性浮雕、人像、陶器和首饰各种门类。大型纪念雕刻一般均和建筑相关（包括立在建筑周围的大量石碑，图7-569）；低浮雕占主要地位，真正的圆雕很少，给人的印象是一种自绘画转换而来的线条勾勒艺术，只是为了获取更持久的效果而已。在莱登玉石线刻板（公元320年）和蒂卡尔早期石碑之间，主要差别仅在于尺度和技术。在平面上线条勾勒的方式对两者都是通用的。500年以后，博南帕克的壁画（参见图7-590~7-609）和彼德拉斯内格拉斯墙板人物浮雕（如图6-523）的表现方式也大体相似，只是和壁画相比，浮雕的图像范围要小些，图形和文字的象征性

图7-569乌斯马尔 14号碑。浮雕立面（据Graham，1992年）

表现更为严格、刻板。精心推敲的比例和复杂的协调关系，构成玛雅雕刻的特色之一，反映了人们头脑中对天象学、数学，以及和宗教仪式相关的时间分划的痴迷。

玛雅雕刻形式主题的主要变化发生在9世纪“初始系列”铭文将近结束之时和人们不再建造带浮雕的独立石碑（类似图6-566那种）和祭坛之后。此后，从8世纪到10世纪末，在普克时期，一种具有程式化几何图案的建筑雕刻（如图7-236），逐渐取代了早期具有自然主义倾向和曲线形式的浮雕传统（主要用于古典后期建筑的立面上部）。古典早期和中期艺术那些祭司、武士及次级人物形象不再受青睐。环绕着建筑外部的，是形如马赛克的蛇面几何构图，以及抽象装饰的嵌板及成排的小柱（见图7-463）。产生这种巨大变化的缘由还不是很清楚。可能是某种文化上的危机，或种族地理学上的变化，或所有这些因素的综合，导致了一种新的艺术形态和观念的产生。也有人认为，它只是风格本身自然更新和演进的结果，一如欧洲12世纪期间自罗曼建筑向哥特风格的过渡。为了更好地剖析玛雅的雕刻史，不妨将它们分成两个门类：一是作为佩腾和河谷地区城市艺术特色的人物形象构图（1~9世纪）；二是为里奥贝克、切内斯和普克地区平原城市特有的几何建筑装饰（8~11世纪）。

在玛雅艺术中，真正以圆雕形式出现并占据独立空间的大型人物石雕极少。新近发现的一个引人注目的实例只是一个约37.5厘米高的木雕像，据称来自乌苏马辛塔中游地区，依放射性碳测定为公元537±120年，表现一个跪着手持面相大盘的人物形象。这是一种表示尊敬的姿态，为玛雅艺术的习见主题，在古典早期蒂卡尔的陶器中已出现过。

玛雅雕刻的历史演变已由塔季扬娜·普罗斯库里亚科娃编制了年表，哈伯兰更用表格的形式展示了几百个玛雅雕刻具体形式的地域变迁。

古典时期玛雅的独立雕刻仅限于带浮雕构图的高石板和棱柱（在西方文献中，均按希腊考古术语称为stelae，即石碑），以及和它们相关的低矮石块、鼓石和大型砾石上的雕刻。所谓“祭坛”（altar）也是一个来自欧洲礼拜仪式容易引起误会的词，在欧洲，它主要指“献祭台”，而对玛雅农民和贵族来说，它只是一个表现阶层和等级的基座。

石碑的正面、背面和侧面通常均饰带框的铭文或场景（如图6-566）。最早的石碑，如瓦哈克通的9号碑，是个不规则的长条石块。以后，在佩腾和莫塔瓜地区，通常采用断面接近方形的石柱。而在西部河谷地带的城址，薄板石碑已能满足众多人物构图的需要（如图6-493）。公元514年以后，在乌苏马辛塔地区，作为建筑部件的嵌板式浮雕（和纪念碑相比，它更像是幅插图）用得也很普遍（如图6-523那种）。浮雕的布置方式同样随地域而有所变化。在佩腾地区，和蒂卡尔一样，石碑沿院落边如墓碑那样成排布置，但没有立在中央的。而在科潘和基里瓜（见图6-655），石板和棱柱似乎是随意布置。在西部地区的彼德拉斯内格拉斯（见图6-509、6-510）和亚斯奇兰（见图6-472、6-473），为纪念王朝统治者而建的石碑成为建筑群的附属部分，成排地布置在台地边缘偏离中心处。

石碑的主要用途是表现站立或坐着的统治者（往往穿戴着带有蛇的象征图案或符号的华美服饰）。石碑和祭坛的另一个功能是以文字纪念玛雅时间单位（5、10或20年）的行程。碑文同样记录着太阳年时段的计算和月球的运行。1960年，塔季扬娜·普罗斯库里亚科娃首次发现彼德拉斯内格拉斯石碑上的人像是纪念历史人物，以后又在亚斯奇兰的系列碑刻中找到了类似的表现；与此同时，D.凯利和H.贝尔林（图7-570）于1962和1968年进一步确立了基里瓜和帕伦克的王朝序列。在彼德拉斯内格拉斯，记录涉及约600~800年间的七个统治家族世系（包括出生及登位时间）。亚斯奇兰的类似记录记载了名为“盾-豹”（Shield-Jaguar）和“鸟-豹”（Bird-Jaguar）的统治者及其继承人一生中的事件（自公元647~807年）。塔季扬娜·普罗斯库里亚科娃还在其他12个遗址中辨认出类似的王朝碑文，其中包括帕伦克、科潘、塞瓦尔和蒂卡尔。1976年，人们已鉴别出科潘的12位统治者（自553~826年）。

人物大都是表现一系列祭司-统治者，其等级系通过装饰华丽的蛇棒来表示。蛇棒象征天空，拥有它的人（所谓“天空持有者”，sky-bearer）即世俗统治者。但5世纪以后，这种标识逐渐为肖像权杖取代，和古典早期相比，全副戎装的武士俑像的数量亦大为增加。

塔季扬娜·普罗斯库里亚科娃称这些单一的人物形象（如图6-163所示）为“古典主题”，她还进一步辨认出它们在不同时期的变体形式（古代早期两个阶段，古典时期四个阶段，即形成期、装饰期、动态期和衰退期），以及在每个时期和阶段地域和地方的变化，以此来协调碑文和风格上的证据[9]。她以确凿的证据指出，前古典时期和古典早期的碑刻表现人体

图7-570海因里希·贝尔林（1915~1987年）像

的侧面形象，但肩部为正面，如埃及王朝时期的艺术（见图8-385）。在佩腾地区（特别是蒂卡尔 ），至475~514年，肩部也转为侧面形象。在经历了约60年的间隔之后（在这期间，几乎没有制作雕刻），在主要人物造像中，全侧面形象不再受青睐，代之以一种新的造型，躯干全为正面，但脚朝相反的方向外转（如图6-163那样）。在佩腾地区，这种新形象始于593年左右，一直持续到约公元900年人物浮雕终结之时，其间仅有一些地方性的变化。从大约711年开始，更具动态的手势为抽象的造型注入了些许生气，但脚部仍然朝相反的方向扭转（见图6-493）。

在古典早期的浮雕中，人物尺度并不是依透视距离或实际尺寸变化，而是取决于其等级和重要性。瘦小的战俘或牺牲者匍匐在巨大的主角脚下（如伊萨布尔出土的所谓 “莱顿牌”，图7-571）。到8~9 世纪，这种尺度表现上的等级观念逐渐淡化，开始让位给准确的视觉度量。如彼德拉斯内格拉斯的3号楣梁（公元782年以后，见图6-523），前景台阶上的附属人物和坐在宝座上的主要人物具有同样的尺度。玛雅

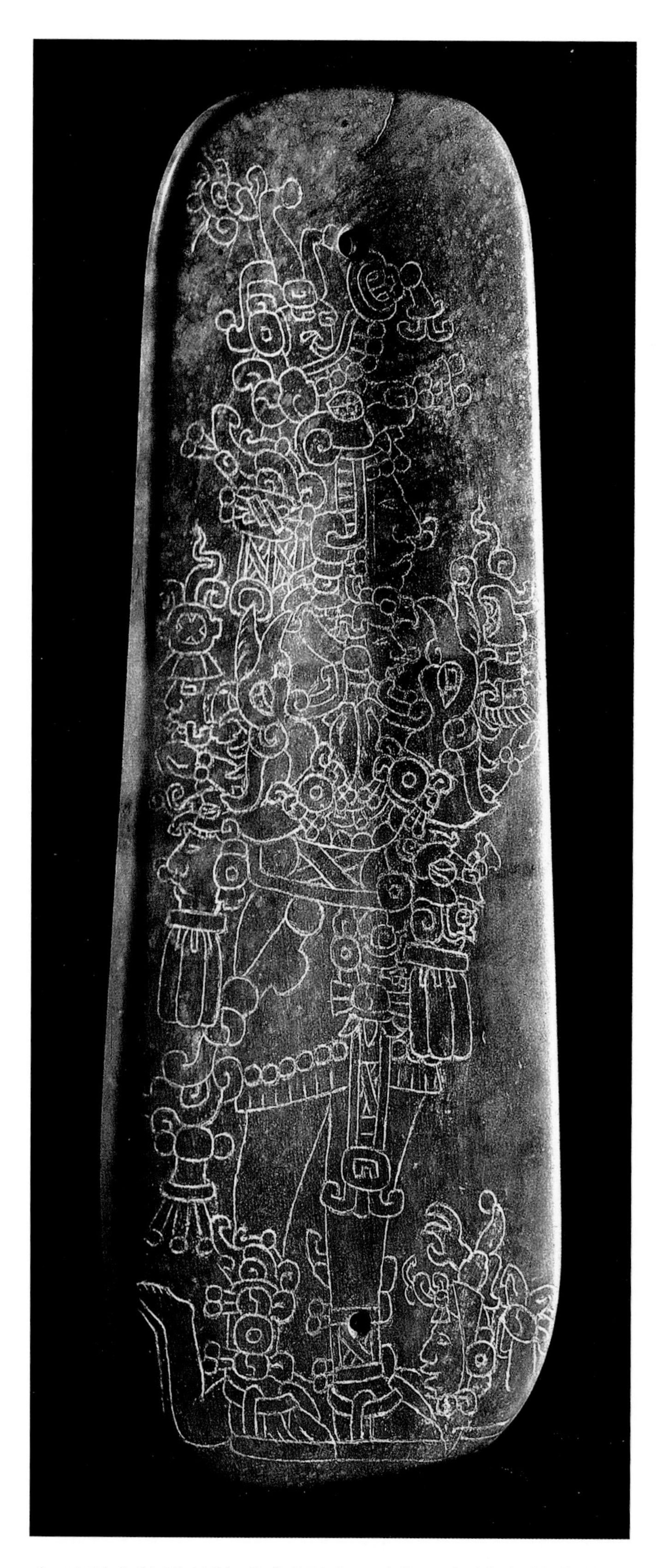

图7-571伊萨布尔“莱顿牌”（玉石，320年，高21.7厘米，表现匍匐在胜利者脚下的战俘，现存莱顿Rijksmuseum voor Volkenkunde）

人对巨大效果的追求亦属同一时期，如博南帕克的几块碑（图7-572~7-574），特别是高5米、宽2.6米的1号碑（770年左右），整个雕单一人像。在基里瓜，以后的菱形砂岩碑也具有巨大的尺寸；最大的是石碑E（和博南帕克石碑属同一时期），总长10.66米，为玛雅境内最大的独石碑（见图6-672、6-673）。

玛雅雕刻同样表现出地区的差异和变化。例如，东部地区（佩腾和莫塔瓜流域）以其独特的笼架式服饰有别于西部河谷地区的城市。佩腾地区的蒂卡尔和洪都拉斯的科潘，相互之间亦有所不同。蒂卡尔雕刻师很少尝试高浮雕的表现方式，其前后面总是非常接近，以垂面分开，用线刻表现细部。其最好的实例也就像主要神庙内殿的木构天棚（见图6-163）那样，在线条表面上通过两度延伸创造必要的节律，很少倚赖深刻的立体效果。而在科潘，人们已尝试让形体从石块中凸现出来。H.J.斯平登曾记述了这一演进过程[其相关论著《玛雅艺术与文明》（Maya Art and Civilization）第一次发表于1913年]，除了少数细节外，他的观察和结论至今仍然有效。但在基里瓜，类似的努力因棱柱形的外廓受到限制，仅人物面部周围凿得较深，脸面的过渡也比较柔和，多少有点圆雕的效果，身体的其他部分则仍然禁锢在程式化的服饰内（见图6-672、6-673）。

基里瓜雕刻匠师的这种做法颇似加工金刚石的技师，即尽可能保留原材料的体形。散布在现场的大型砾石（zoomorph，即“象形石”，字面意义为外形类似动物的物体）和平的石板雕刻，也都表现出这种尽可能保留原材料自然外廓的倾向。编号为P的象形石和它边上的祭坛（795年），可作为这方面的一个杰出例证（见图6-683）。石头上雕有一个双头的天空象征（在石碑和蒂卡尔的木楣梁上都可以看到这类造型）。在这里，以侧面表现的龙头彼此相对，其间是一个坐着手持肖像权杖的人物。两边还雕有其他的蛇头，后面于几何造型的蛇头像周围布置长的碑文。和象形石O和P在一起的“祭坛”同样是一块带浮雕的不规则巨石，表现一个戴面具的舞者和其他各种卷曲的图案。在每个台面的后部，精心布置的文字条带形成台地的形状，使人想起佩腾风格神殿的底层平面。在祭坛O，舞者的一只脚伸到“门道”里，似乎是表现在神殿平台上的演出。

在乌苏马辛塔河谷地带的遗址，亚斯奇兰和博南帕克的叙事浮雕技术和彼德拉斯内格拉斯的颇为类似。但在亚斯奇兰，无论是表现放浪形骸，极具攻击

（左右两幅）图7-572博南帕克 1号碑。现状及细部

性的人物，还是表现放血的忏悔仪式，都显示出一种暴虐的艺术倾向（既对别人，也对自身），和彼德拉斯内格拉斯及帕伦克那种平和安宁的宫廷艺术，迥然异趣。彼德拉斯内格拉斯和亚斯奇兰最早的浮雕均属6世纪早期；博南帕克和帕伦克的约晚一个世纪（7世纪初）。时间最晚后的是塞瓦尔表现墨西哥人入侵的雕刻（9世纪）。

西部河谷地带的一些浮雕类似佩腾地区的石碑。但从大约535年开始，已表现出不同的倾向。在采用佩腾风格的作品里，这种新的叙事和图像风格仅在一些以小尺度表现的附属人物中或以碑文条带和主要区域分开的小型嵌板上出现[如科瓦的1号碑（图7-575）或伊斯昆的1号碑]。

在乌苏马辛塔流域的城市，这种新的图像表达方式可在彼德拉斯内格拉斯的12号墙板上看到（最初可能是镶在立面上）。一块板上表现一个古典早期风格的侧立人物，正在接受另一块板上四个人的跪拜。整个构图按7∶3的比例。无论是凹雕的象形文字图形还是比例形制，均为新的创造。这里所表现出来意向和尺度随意、空间有限的佩腾风格的直立石碑可说相去甚远。其构图使人想起玛雅的瓶画和博南帕克那样的墙面装饰；许多彼德拉斯内格拉斯的雕刻上尚存强化其图像效果的绿色和红色颜料的痕迹。其他一些彼德拉斯内格拉斯的多形象构图则呈现出一种统一的图像空间。3号楣梁（墙板，782年或以后，见图6-523）表现一位坐在宽大台面上的君主，背后为饰有蛇头像的嵌板，颇似在该遗址编号为J6的宫殿处发现的那个宝座。台座两边分别站3个和4个人物，另有7人坐在前景上。上部的曲线似表现卷起的门帘，如11和14号碑的样式。边框内对角线相交处（即视线中心位置）为以圆雕形式表现的主要人物的手臂（手搁在台座边沿）。台座宽度相当板面长1/3，但没有放在正中心，可能是为了和两边不相等的两组人物平衡。前面的人物为浅浮雕，后面主要人物几乎从背景面上凸现出来。这种从浅刻前景向深雕背景的过渡在约20年前的14号碑处已可看到，在那里。主要和次要人物的差别不是靠尺度大小，而是根据浮雕的深度决定。

和3号墙板大约同时的12号碑（图7-576），再次展现了玛雅匠师在处理复杂人物构图上的精湛技巧。画面中占主导地位的是一个优雅的君主形象，他手持华丽的长矛，屈腿俯身，听取一个被俘的集团首领的申诉，后者被挤压在狭小的空间内，边上是两个负责看管的全副武装的军士。在这里，艺术家通过从低浮雕到高浮雕的过渡，强调社会等级，把人们的注意力吸引到画面上部来。呈上升态势的一个个人物形象使人想起博南帕克的战争场景（见图7-602、7-603）。这种表现战争的题材在乌苏马辛塔地区颇为流行（如博南帕克和亚斯奇兰），但在帕伦克已不复再现。

在玛雅古典时期的遗址中，彼德拉斯内格拉斯可说是既典型又独特，像全副戎装的武士形象（7~9、26、31、 35号石碑）、壁龛内的正面神祇、如阿兹特克或米斯特克那样表现人祭的场景（11号石碑），都具有很强的地方特色。在彼德拉斯内格拉斯，还有祭司播种玉米的场景；40号碑（公元746年，图7-577）为这种题材的一个变体形式，上部表现一个跪着的祭司，把谷粒洒落到下方（地下）一个拟人神祇的华丽胸像上。从这里可直观看到古典时期玛雅雕刻师表现自然空间的方式：上和下、内和

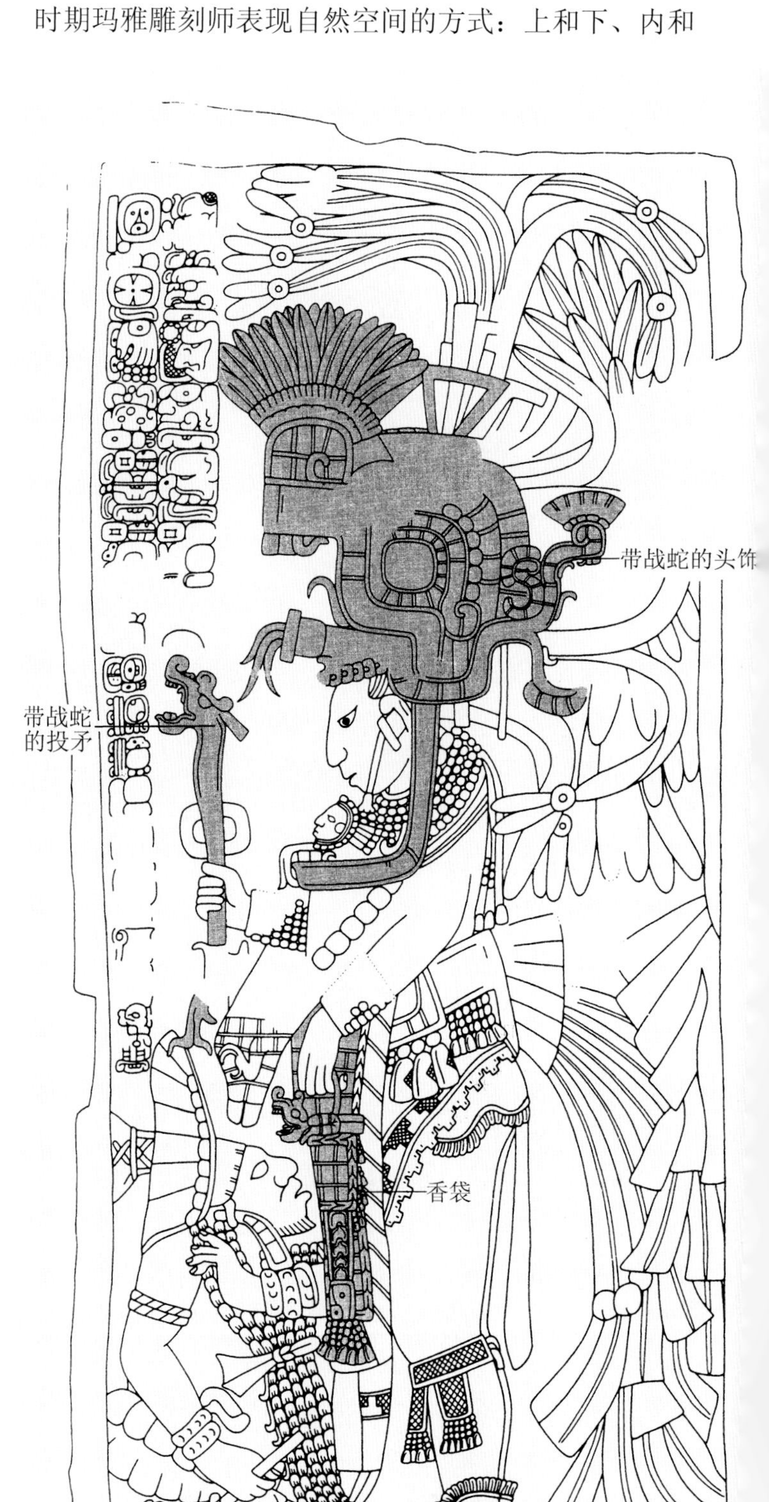

（左上）图7-573博南帕克2号碑。现状

（左下及右）图7-574博南帕克 3号碑（785年）。现状及浮雕立面（表现头戴蛇冠、手持战蛇枪矛的国王和跪在脚下、作投诚手势的战俘）

图7-575科瓦 1号碑。现状（碑身四面均有雕刻，计有313个象形文字符号；建筑群内有8个带雕刻的石碑和大量的独石祭坛，表明该组群在当时的市政和宗教生活上具有很高的地位）

外、前和后，都通过象征手法来表现，而不是靠真正的视觉印象。画面上下两部分通过绳索、垂花饰和玉米穗等线性图形联为一体（绳索自下面人物的口中出来，至上面祭司头后部结束）。

从上面这些例子可以看出，尽管彼德拉斯内格拉斯的雕刻师表现的都是人世间的真实事件，如效忠场面、御座室内的君主和廷臣，但都被改造成概念化的抽象造型。协调的比例、美妙的装饰、形象化的视觉空间和程式化的象征手法，使它成为一种既有力度又矜持得体的艺术，和其他玛雅雕刻相比，既有超越的一面又有相异的表现。

位于彼德拉斯内格拉斯东南上游处的亚斯奇兰，在乌苏马辛塔地区古典风格的最后几个世纪，雕刻经历了重大的变化。在公元760年之前，亚斯奇兰的浮雕多为相对平和的单人或双人构图。祭司尺度均按定规，主要人物最大，次要人物较小。主要人物取正面形象，但头部为侧面，两脚向外张开，如佩腾地区的雕刻；次要人物则完全是侧面像。

在亚斯奇兰，正面形象以后逐渐为动态的侧面像取代。6号和13号石碑（从风格上看分别属710和750年左右）为早期实例（圆雕人物，侧立，姿态僵硬）。760年以后，斜靠的牺牲者、坐着的祈求人和交战的武士，都部分或全部取侧面形象。但无论是早期还是后期亚斯奇兰风格的作品，在构图的和谐及格调的优美上都不如彼德拉斯内格拉斯地区。笨拙的身体比例，唐突的两面交接，粗糙的刻纹，都在不同的程度上对视觉效果和美感造成了损害。

亚斯奇兰的11号碑是两种截然不同的浮雕风格共存的实例。面向神殿的背面（见图6-493左及线条图）表现一个戴着面具挥动权杖的国王，前面是三个跪着的祈求者。在这里，服装及配饰各组成部分都进行了夸张的处理，比实际视觉印象的尺度要大。碑正面则完全不同（见图6-493右），优雅的侧立形象位于仅有象形文字刻纹的空旷底面上，服饰细部保持着正常的视觉尺度，每个物件都和实况吻合而非概念化的抽象图案。按塔季扬娜·普罗斯库里亚科娃的特性图表，石碑的两面应雕于同一时期（约公元770±40年），因此，可能是出自两个学派或两代人之手：背面保持了佩腾风格的传统形象；正面可能属更年轻的一代，采用了扁平的浮雕风格，具有更准确的视觉尺度，人物姿态也更为自律、稳定。

直接表现预言和忏悔仪式是亚斯奇兰地区的一个独特表现。这两种仪式均刻在大门楣梁上。17及24号楣梁表现忏悔仪式的场景，信徒在祭司面前自舌中放血。在13、14、18和25号楣梁（见图6-500），人头自张开的蛇口中浮现。放血忏悔和幽灵幻觉的结合，

仅见于亚斯奇兰；托尔特克和阿兹特克那些表现人祭及羽蛇象征造型的大量作品，可能正是滥觞于此。在和玛雅习俗的关系上，最令人注意的是其现实的表现风格。在其他地方，人们或避免真实地再现暴力场景（如彼德拉斯内格拉斯），或将其转化为深奥的象征图形（如基里瓜）。从亚斯奇兰的浮雕中，人们可清晰真切地感受到古典时期最后几个世纪乌苏马辛塔地区玛雅社会生活中对武力攻击的尊崇、强烈的宗教欲望和自我表现的冲动。彼得·弗斯特曾收集了许多证据表明，人们希望通过放血仪式这样一些极端的身体损伤行为，达到产生幻觉，进入超自然迷醉状态的目的。

然而，在帕伦克的造型艺术中，却完全没有这类表现。像石板浮雕或棱形石碑这样一些传统形式，在这里也无法见到。在帕伦克，唯一一个类似石碑的雕像是个近于圆雕的人物造型，和任何遗址（包括科潘系列在内）相比都更像是一尊雕刻。从铭文可知它成于692年左右。帕伦克的灰泥和石浮雕有时颇似精美的绘画，具有精细的线条、圆润的造型和微妙的阴影。这些浮雕板大都位于诸如立面柱墩、内祠墙面、台地竖面（见图6-327）和小型建筑的双折屋面这样一些构造部位。没有一块浮雕表现暴力行为，只有一些静止的象征题材。除了一般的效忠和欢庆胜利的场景外，还可看到信徒的侧像（往往位于尊崇物或威权的象征图形两侧），以及手持婴儿的男人，周围是象征星相的条带。人物的姿态、面相和表情都是帕伦克特有的，其中包括自公元602至783年以后六个王朝的统治者及其亲属（有圆雕也有侧面像）。在这些重复的人物造型中，变化主要表现在服装及配饰上。所谓“奴隶饰板”（见图6-435）则是表现统治权的连续（由家族成员将王权的标志赠给新的统治者）。

一般来说，浮雕大都以程式化的方式表现等级分明的宫廷生活。还有一些呈圆雕形式的灰泥头像，最初是在某些建筑的立面檐壁上，也有用作墓葬祭品的，如帕伦克的墓（图7-578）。K.黑尔弗里希、莫泽和马尔塔·丰塞拉达·德莫利纳认为某些散置的头像是表现被斩首的牺牲者。乌苏马辛塔地区一个御座于背面（图7-579）表现一个男人和女人（约公元800年，1970年曾在纽约大都会博物馆展出），从头像演变成全身像，由于采用了厚石板，可以制作三度的浮雕像。这种用作建筑装饰的3/4头像同样见于彼德拉斯内格拉斯，在基里瓜的则如象形文字那样，采用了象征性的变形处理。在帕伦克宫殿的院落2，作为平台饰面的石灰岩浮雕表现出一种几乎是漫画般的效果（见图6-327）。每幅板面上带硕大头颅几乎全裸的人像蹲伏在框架内，惊恐地望着通向下面院落的中央台阶。他们可能是臣服的部族成员，和帕伦克祭司和统治者那种高高在上举止优雅的形象截然不同。

在陶艺方面，尽管玛雅人制作的一些最成功的作品可视为古代美洲陶艺制品的杰作。如著名的“舞者”，其优美的体态，独具风格的手脚处理，可说是达到了艺术的顶峰。但总的来看，玛雅人在这一领域显然逊于其他文明的表现。无论是阿兹特克人还是印加人，都烧制出非常出色的彩陶，总体上要优于玛雅的同类作品。

二、建筑装饰

几何形式的宏伟头像造型可在最早的玛雅金字塔处看到，如前古典时期瓦哈克通的金字塔（见图6-84、6-85）或尤卡坦半岛西北阿坎塞的金字塔（见图7-109、7-110）。在古典早期和中期的所有主要中心，无论是佩腾地区还是河谷地带的城市，同样可找到这类早期头像雕饰的变体形式（在不同程度上开始具备了曲线和自然的造型）。这些头像雕刻大都是镶贴到建筑或台地上，但能和建筑本身产生有机联系并融合成一个整体的并不多。

结构和装饰（特别是具有规整几何形式的装饰）的这种相互作用是普克时期建筑的一个主要特色，采用石块马赛克作为饰面的砾石墙体使建造者能够重新设计装饰体系。与这种新的结构方式相联系产生了两

左页：

（左）图7-576彼德拉斯内格拉斯 12号碑（公元795年，为遗址上最后一个有年代记录的石碑，在统治者下方，是一组赤身裸体的战俘）

（右）图7-577彼德拉斯内格拉斯 40号碑（公元746年，结构J-3出土，高485厘米，宽118厘米，厚46厘米，危地马拉城国家考古及人类学博物馆藏品；也有人认为浮雕是表现祭祀先人的牺牲仪式，上方跪着的是彼德拉斯内格拉斯第4任国王，正在将右手上的血滴到或是将香料谷粒撒到下方的拱顶墓室里去）

图7-578帕伦克 帕卡尔大王头像（7世纪中叶，在地下墓室石棺基部发现，现存墨西哥城国家人类学博物馆）

种立面装饰组合。比较复杂的一种是所谓“蛇立面”（serpent-façade，见图7-236），门道形如蛇的咽喉，边上 有毒牙、眼睛和耳朵，以此暗示神殿的天国和“水乡”性质。更普遍的形式是在立面上部布置蛇头组成的檐壁（交替配置模式化的马赛克蛇头图案和小柱，见图7-467）。在立面角上和台阶栏墙处，孤立的头像嵌板则使人想起古代镶砌面层的做法。

已知最早的蛇立面位于前面曾提到的佩腾地区的奥尔穆尔，其第II组群建筑A（见图7-156）为一古典早期的古迹（建于公元535年之前）。平台东面为宽10米高4米的蛇形头像，由凸出和凹进的砌层构筑。但在这个巨大头像的喉管内，并没有设门道。另有两个尺寸减半的头像装饰着南角立面。

科潘22号神殿（见图6-633）的立面纳入了一个形如头像喉道的大门。建于780年之前的这座建筑是科潘最重要的单体建筑（以坐在黏土层上的石块砌

（上）图7-579乌苏马辛塔地区 御座（公元800年前，墨西哥城Josué Sáenz藏品）

（下）图7-580瓦哈克通 结构B XIII。壁画（公元600年前，线条图，现存哈佛大学Peabody Museum）

筑）。主要立面朝南。这个蛇头大门以蛇牙作为门槛衬里，毒牙自侧柱处伸出，整个门位于立面上部几何造型的眼睛和鼻子下。四个角上饰有曲线形式的两层角头像；立面上部在中央门道嵌板两侧饰有更多的头像。门道和角上的头像均为曲线形式。檐口上装饰着后周期9（Late Cycle 9）风格的人体躯干和头部。整个建筑完整统一，和石碑N属同一时期，与以后在尤卡坦半岛切内斯和普克地区兴起的那些蛇门颇为相近。

从时间上看，里奥贝克的建筑可作为科潘古典中期风格和切内斯及普克地区古典后期立面的中间阶段，在这里，两种不同的建筑雕刻模式均可看到。一种为曲线，另一种为矩形。前者据推测可能较早，后者从它与普克地区几何风格的类似来看，估计较晚。埃尔奥尔米格罗、帕扬和斯普伊尔（见图7-60）各地的塔楼为曲线蛇形头像的例证。后者于塔楼顶部立缩小的假神殿，不大的门道由上部的正面和两侧的侧面头像围括。斯普伊尔的构图形制来自科潘，但形式上多了几分刻板少了几分流畅。浮雕采用深刻手法，头像的组成部分往往包括几个分层的饰面块体。这种设计方式显然需要现场雕刻：在里奥贝克，尚有灰泥的填补部分。

采用第二种方式（矩形）的实例见于贝坎（见图7-33）、萨斯维尔和奥科尔维兹。这种头像嵌板同样

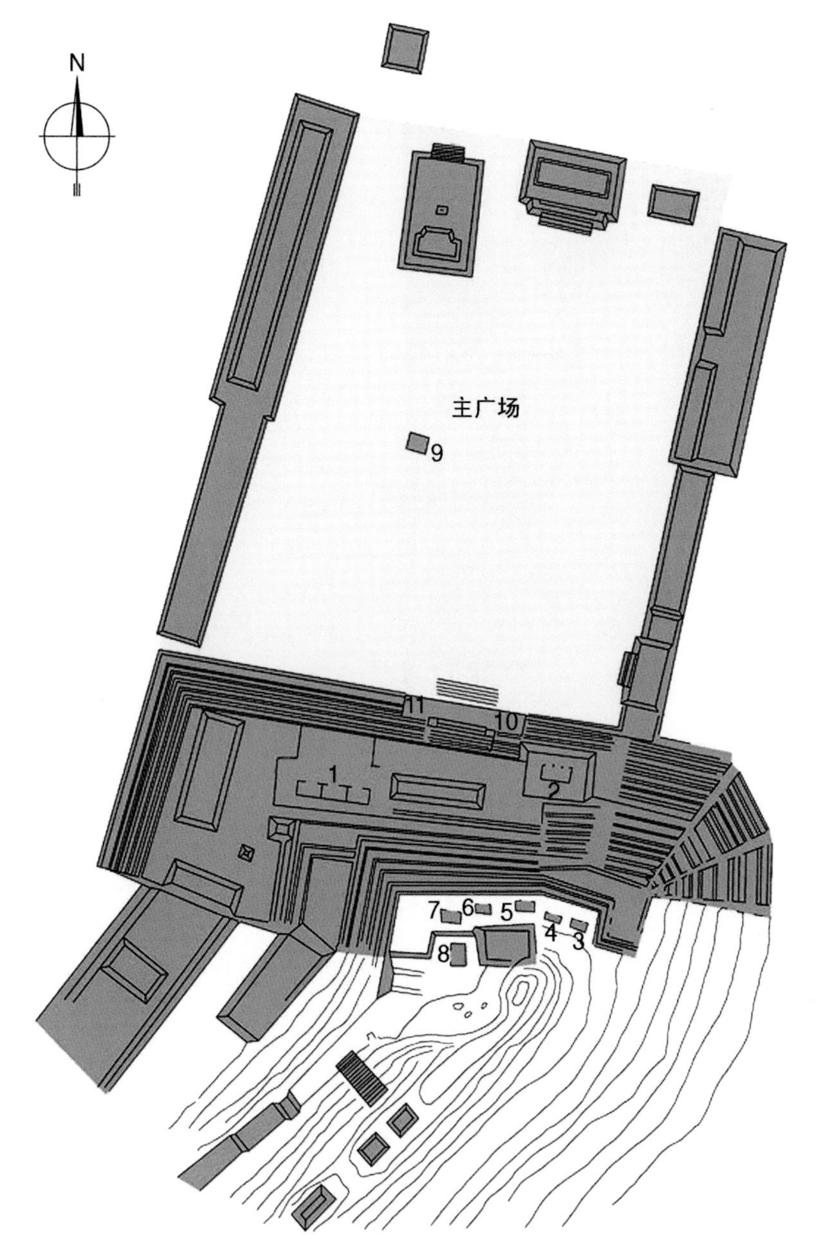

本页：

（上）图7-581博南帕克 卫城。总平面，图中：1、建筑1（壁画殿），2、建筑2，3、神殿3，4、神殿4，5、神殿5，6、神殿6，7、神殿7，8、神殿8，9、1号碑，10、2号碑，11、3号碑

（下）图7-582博南帕克 卫城。复原图[取自Nikolai Grube：《Maya，Divine Kings of the Rain Forest》；从位于台阶上的几个建筑可看到卫城前的主广场，建筑有的采用茅草顶，有的为华丽的石拱顶并有高大的屋顶墙架，右侧体量较大的即建筑1（壁画殿）]

右页：

（左上）图7-583博南帕克 卫城。地域俯视全景（博南帕克长期以来被丛林掩盖，只有少数地方土著知道它的存在；1946年，他们带美国电影制作人Giles Healey来到这片遗址，从此方为学界知晓；照片上仅见在密林中露出的卫城，还有大量的其他建筑仍在厚厚的植被下）

（右上）图7-584博南帕克 卫城。远景（自主广场上望去的景色）

（左下）图7-585博南帕克 卫城。北侧全景（右侧为建筑1，即壁画殿）

（右中）图7-586博南帕克 卫城。北侧近景（前景为建筑2，背景高处为各神殿）

（右下）图7-587博南帕克 卫城。神殿区（自左至右分别为4、5、6、7号神殿，后面露出来的是8号殿）

由几个饰面砌块构成，但在就位前刻制，再在立面上组装。从技术上看，这组雕刻应属曲线头像和普克地区的马赛克头像（如图7-451所示）之间的过渡阶段。

在切内斯和普克地区的风格里，人们再次看到了蛇形头像的曲线和直线构成模式之间的这种差异。切内斯地区的建筑师和雕刻师喜欢在蛇形头像门道里采用紧凑密集和错综复杂的构图（如奥乔布2号建筑，见图7-134），而普克地区的设计师则仅在立面上部采用头像嵌板（见图7-462、7-463）。切内斯地区的头像保留了大的曲线造型，而这种做法在普克地区的马赛克里实际上已不复存在。切内斯地区的设计仍然采用覆盖几个块体的图案，而普克地区的饰面主要由可互换的小部件组成，既容易制作，也容易按新的设计重新组合。也就是说，奥乔布、齐维尔诺卡克和埃尔塔瓦斯基奥的切内斯风格立面和里奥贝克组群的差异更多表现在建筑组合而不是装饰模式上；事实上，切内斯与里奥贝克（如图7-60）这两种体系已相近到可列入同一个时间序列。另一方面，里奥贝克装饰的矩形模式和普克风格则不同。采用直线的里奥贝克装饰和普克风格相比，更具有试验性质，更欠成熟。里奥贝克的曲线风格和切内斯的装饰可视为通往里奥贝克直线风格和普克马赛克装饰这一系列发展进程中的早期阶段。其年代顺序可设想为：1、里奥贝克曲线风格，2、切内斯蛇形头像立面，3、里奥贝克直线风格，4、普克马赛克装饰；时间自7世纪开始，经10世纪，至乌斯马尔"修院组群"和长官宫邸的马赛克立面结束。

在这一进程中出现了若干新的装饰形式（参见图7-451）：密肋立面（位于立面上部，由紧密排列的小柱构成），束带线脚（称atadura，由三部分构成，一般位于拱脚处）和小部件组成的马赛克装饰。小柱可能是模仿玛雅住宅的木结构墙，其垂直密排的小树干以藤条或细枝之类的水平束带紧编在一起（可能置于茅草束垫层上）。由三部分构成的束带线脚可能就是在石结构中效法这种形式。这类束带线脚出现在里奥贝克建筑大门两侧的柱头上及浮雕嵌板处。

连续的束带线脚是普克风格的特色之一，它可能起源于乌苏马辛塔中游地区，如博南帕克（见图7-590）和亚斯奇兰（结构21），最早可上溯到公元800年（博南帕克的建筑1）。在普克地区还用这样的线脚来标示檐壁的上下边界，通过连续的水平部件强调构图的统一，从视觉上将立面联为一体（如图7-451所示）。无论是密排的小柱还是由三部分构成的束带线脚，都在立面上产生了对比鲜明的光影效果。

在普克地区，由于马赛克砌体风格的创造，这样的明暗对比效果得到了进一步的强化。里奥贝克和切

（上）图7-588博南帕克 卫城。7号神殿，近景

（下）图7-589博南帕克 卫城。阶台近景

（上）图7-590博南帕克 卫城。神殿1（建筑1，壁画殿，约公元790年），平面、外景及室内复原图（取自George Kubler:《The Art and Architecture of Ancient America，the Mexican，Maya and Andean Peoples》，1990年）

（下）图7-591博南帕克 卫城。神殿1，剖面及壁画示意（纵剖面，示三个带壁画的房间，室内均有绕行三面的石台座，中央房间的台座要比两侧房间的稍高）

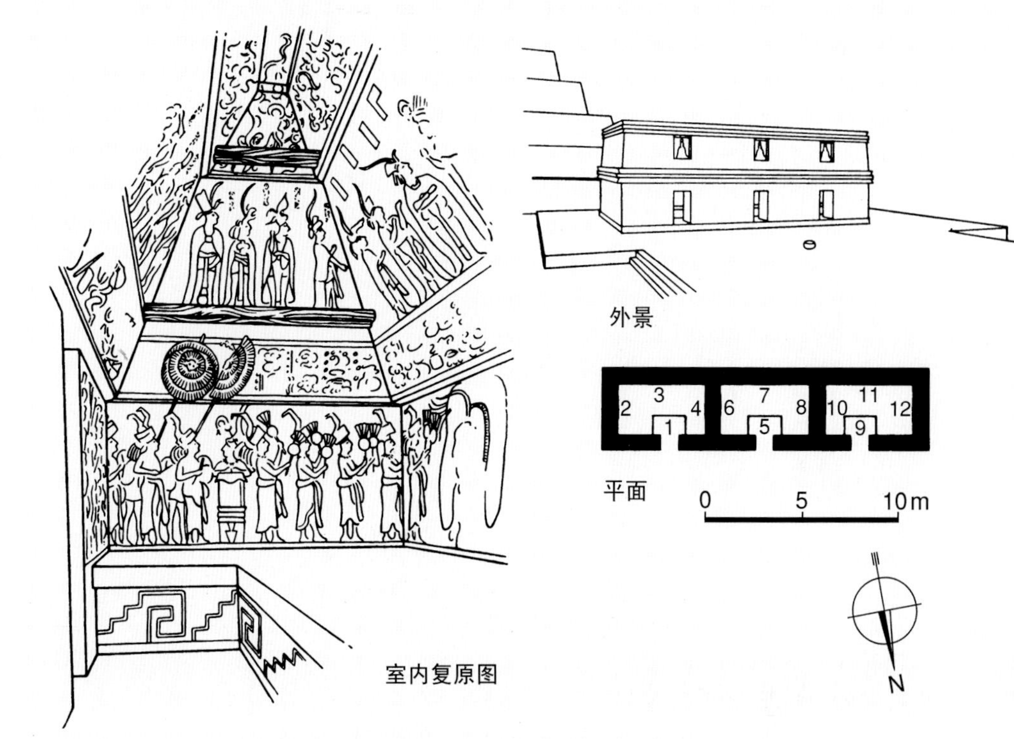

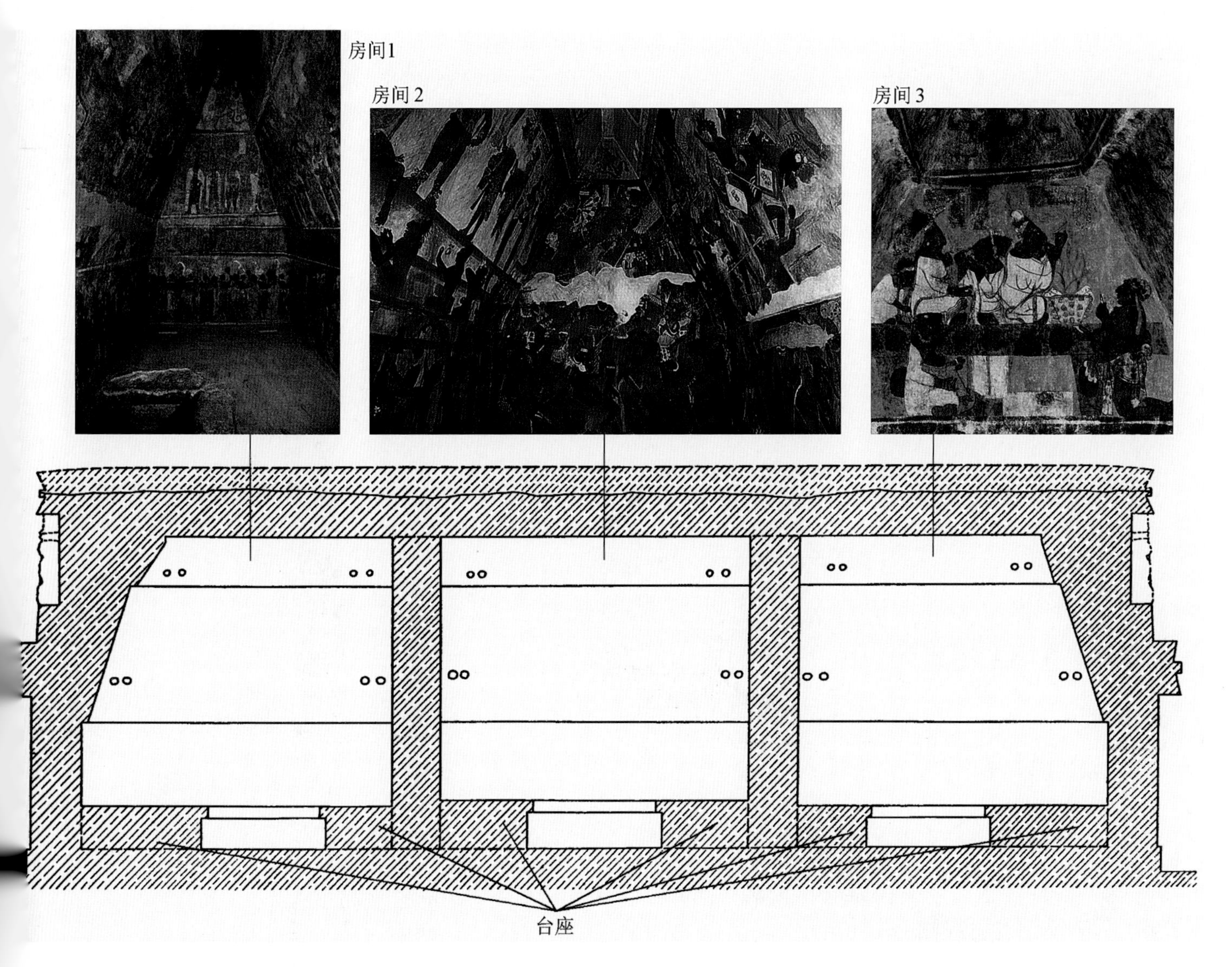

左页：

图7-592博南帕克 卫城。神殿1，房间1，朝东头墙面2望去的景色

本页：

（上）图7-593博南帕克 卫城。神殿1，房间1，东北角仰视内景

（下）图7-595博南帕克 卫城。神殿1，房间1，墙面2下部南区壁画细部

本页及右页：

（上）图7-594博南帕克 卫城。神殿1，房间1，墙面2下部壁画现状

（左下）图7-596博南帕克 卫城。神殿1，房间1，墨西哥城国家人类学博物馆内的复制品（图示朝墙面2望去的情景，原迹在不到50年的时间内因湿气侵袭已严重损毁）

（右下）图7-597博南帕克 卫城。神殿1，房间1，博物馆内的复制品（图示朝墙面4望去的情景，下部条带表现队列行进）

内斯地区的建筑师主要依靠覆盖若干面板的装饰形式。而在普克地区，每个装饰单位都可以重新组合使用。它有些类似印刷排版，由许多小单位（每个均雕几何图案）组成大幅画面（见图7-236）。在里奥贝克和切内斯地区的立面上，蛇形头像仍然是单一的图像体系，而在普克地区的设计中，它们却像打字机的键盘那样，由少量程式化的符号组成，可按需求大量重复使用。

在乌斯马尔，最早的建筑，如南边的大金字塔（神殿）的核心部分，就可以看到按这种单元建造的头像。巫师金字塔的倒数第二个阶台系模仿里奥贝克和切内斯那类蛇形立面，但看来是回收利用了某些早期建筑的部件，重新组装而成（见图7-236）。因此，仅凭这些雕饰很难确定乌斯马尔这些立面的日期。事实上，每个混杂了新老部件的重新组建或扩建的遗址都存在这样的问题。

不过，这种重新利用老部件的方式，同样可显示出各阶段的演变情况，在乌斯马尔的“修院组群”，可清楚地看到这种表现。前面我们已经根据墙和跨度的比值假定其顺序是北、南、东、西各建筑，这一排序同样可从立面上部的装饰安排得到验证。像普克西部早期遗址那样的分层蛇形头像仅在北宫上大量出现。这种分层的头像在南宫中已不再采用，在那里，仅有的蛇形头像是在格构底面上表现模型神殿的门上浮雕。模型神殿类似查克穆尔通的表现，格构底面则

使人想起拉夫纳的拱门。东宫装饰最少，仅在角上和中央大门上部配有分层的头像。檐壁大部分为格构底面，仅在院落立面通过六个梯形构架激活画面（各梯形均由八个程式化的天空条带叠置而成，每条于两端配蛇头侧像）。

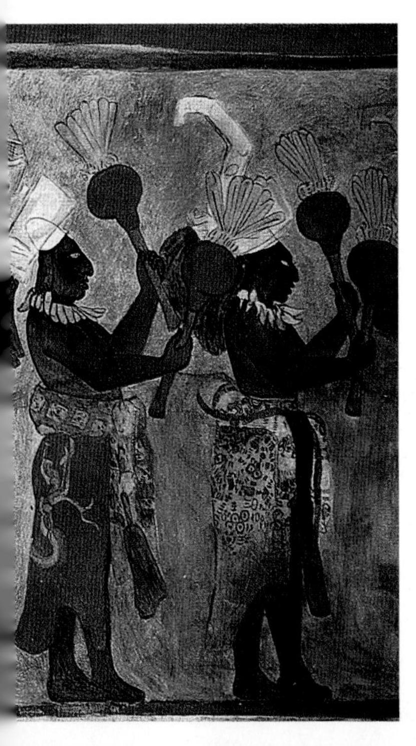

本页及左页：

（左上）图7-598博南帕克 卫城。神殿1，房间1，壁画复原效果（朝墙面2望去的情景）

（中上）图7-599博南帕克 卫城。神殿1，房间1，墙面2壁画复原图（局部）

（下两幅）图7-600博南帕克 卫城。神殿1，房间1，墙面1壁画：正在着装的君主（位于北墙入口上部，君主边上为两个仆人，其中之一正在为主人身上涂色；现状及复原，复原图作者Antonio Tejeda）

（右上）图7-601博南帕克 卫城。神殿1，房间1，西墙壁画复原（乐师和戴面具的舞者，位于行进队列末端）

在“修院组群”大院周围，西宫装饰最为华美（见图7-327），在角上和倒数第二个门上布置分层的蛇形头像。最后一个门上饰神殿模型，按变化的门间距搭配的大型回纹图案构成整个檐壁的宽阔节奏。有的回纹图案上另加圆雕像。相当于中央5个门道的位置由羽蛇造型联在一起，其身体在两个门道之间交织成螺旋柱。整个檐壁浮雕带就这样由三个主要平面组成：格构底面，由直线部件构成的回纹图案，圆雕部分（包括蛇身和雕像）。还可加上第四个面，即靠近建筑端头由分层蛇形头像组成的门上嵌板。不

过，使立面内部节奏多样化的这种努力看来并不是很成功，因为各种形式的综合看上去多少有些杂乱，尺度的远观效果也不是很理想。

在长官宫邸的立面上（见图7-356），这种初步的尝试获得了更明确的表现。其三部分所包含的对位节奏在所有玛雅建筑中可说是最精巧复杂的一个。每个角上都配置了五个层叠的蛇形头像。除了这些垂向布置外，还有一系列对角错列的蛇形头像，通过重复排列形成五个金字塔式的波动廓线，横跨整个檐壁（两端头建筑各一个，中央主体部分三个）。在空挡处布置的回纹图案，如一个个眼睛般形成另一组对角元素。在“修院组群”里仍然表现得颇为僵硬的垂直

和水平格构，在这里已成为由不同平面的交织母题形成的灵活生动的图形。

图7-602博南帕克 卫城。神殿1，房间2，复制品（朝南侧墙面7望去的情景，表现战争场景）

三、绘画

玛雅人的绘画是其文明的又一个亮点，见证于壁画、彩绘陶器、象形文字的经卷抄本和图谱，以及精心绘制的花瓶图案。

不过，留存至今的玛雅古典时期的绘画仅有少量

本页及右页：

（上下两幅）图7-603博南帕克卫城。神殿1，房间2，墙面及壁画展开图（作者Antonio Tejeda，表现战争及献俘场景）

壁画、瓶饰和手稿。尽管在图形题材和表现程式上基本相同，但壁画和手稿实际上属于不同的时期。和古代地中海文明一样，壁画要先于瓶画，且两者都要早于手稿插图。现已发现了古典早期的壁画，瓶画只有古典时期的，而留存下来的三部手稿则均属古典后期。

古典早期壁画技术的发展，标志着玛雅绘画摆脱雕刻装饰的一个重要阶段，它要早于陶画中彩绘人物风格的出现。这两种绘画体系均靠线条勾勒，局部平涂色彩，既无光影的渐变，也没有通过色彩的过渡表

现对象的立体造型。已知最早的玛雅壁画是1937年在瓦哈克通发现的结构B XIII（图7-580）；壁画位于一个古典早期（公元600年前）没有采用拱顶的小房间内，画面3.2×0.9米，由上下两列组成，至少表现了26个人物形象（位于由72个历法日期符号组成的台座上）。人物由五种色彩绘制，位于略呈褐色的粉红底面上，姿态手势充满动态和活力，与同时期雕刻的表现迥异。如上部条带侏儒的舞姿，在雕刻中直到公元700年后才出现。壁画中包括三个场面：左面正在进行讨论的站立的人；室内坐着的三个人；右面4个（也可能是8个）跳舞的人，正按一个坐着的鼓手奏出的节拍前行，相伴的还有12个或更多的观众。所有人都穿戴着华美的头饰和服装，但只有左面站立的两个人穿着鞋。左面的人物手持墨西哥兵器，穿着非玛雅的服装，可能是代表和特奥蒂瓦坎相关的团体；右面一个身体涂成黑色，右臂放在胸前，作出尊敬的姿势。头饰和配器可能是祭司地位的标志。至少可看到大、中、小三种不同的尺度，可能是对应人物的等级。通常用两种方式表现深度。在这里，是以重叠的人物表现真实的空间层次；其他还有按传统模式以两个条带表现舞者形象的。建筑则如墨西哥手稿画，以剖面表示；画面上为一个深两开间采用梁柱结构并施抹灰的房屋，入口台阶位于右侧。

约两个世纪之后（公元790年左右），在博南帕克建筑1的墙面上，再次出现了类似的绘画题材。博南帕克是和亚斯奇兰位于同一地区的祭祀中心（卫城总平面及复原图：图7-581、7-582；外景：图7-583~7-589）。虽然城市规模较小，但因其壁画的价值在玛雅艺术中占有独特的地位。这批壁画是目前所知整个玛雅古典地区（事实上，也是中美洲）最优美的作品。由于它们表现了直到8世纪末玛雅生活的各个方面，因而同时具有巨大的文献价值（神殿1平面、剖面、复原及壁画示意：图7-590、7-591；房间1：图7-592~7-601；房间2：图7-602~7-606；房间3：图7-607~7-609）。

画面包括室内场景（一些坐着的要人，在乐师和其他显贵的陪同下，正在讨论着什么），同时还进一步扩展到包括战争和舞蹈题材。构造序列亦大有改进。在瓦哈克通，人物檐壁是独立的图像条带；而在博南帕克，不同的条带对应建筑的各个构造区段（承重墙、拱顶的内斜表面和拱顶石部位）。表现方法依然不变，流畅的廓线内平涂颜色。但人体尺度更为统一，不同的尺寸看来主要是根据实际高矮而不是按人物的主次和地位等级。人物体态如石碑那样，有正面及侧面两种程式，仅战斗场景（见图7-603）表现出更多的变化（正在激烈搏斗和倒下的形象）。空间深

本页：

（上）图7-604博南帕克 卫城。神殿1，房间2，南墙（墙面7）壁画，局部（中间穿豹皮无袖衫抓住对手头发的为得胜的国王Yajaw Chan Muwaan）

（下）图7-605博南帕克 卫城。神殿1，房间2，北墙（墙面5）壁画，局部（处置战俘，中间站在最高阶台上的为国王Yajaw Chan Muwaan，墨西哥城国家人类学博物馆复制品）

右页：

图7-606博南帕克 卫城。神殿1，房间2，北墙（墙面5）壁画，细部（玛雅贵族，墨西哥城国家人类学博物馆复制品）

度的表现尤为引人注意，特别在具有几个空间层面时（如3号房间位于御座台上及其前后的人物，见图7-608）。

作画时先在纯石灰抹面上以红色勾草稿，以后再用确定的黑线加深。是在湿抹灰上绘制还是干后再画目前还无法最后确定。全部使用无机颜料（含碳的黑色可能除外）。每个房间都有一个约1.5米宽、0.7米高的台座。在1号房间，台座竖面绘有阶梯状的回纹图案（见图7-590左）。每个台座在门口处形成一个小的下沉区，壁画就这样得到了很好的保护（位于比人所在地面更高的位置并和观察者保持一定距离）。

三个相邻房间的墙面可能是表现同一个脚本的场景。在两头两个房间的内端墙上（4号和10号墙）表现一个统治者的家族成员（夫妇，孩子和仆人），中间房间表现战争场面。虽说家族画面（如图7-608）没有出现在任何一个房间的构图中心，但从三个房间的总体构图来看，却是一个特殊的对称位置。其他重复出现的重要人物是1 号和3号墙上表现的3 个着长袍的人；作为武士，他们接着在表现战斗的中央房间的5号和7号墙上出现（见图7-603），并再次在11号墙顶部条带上，作为舞蹈的主角现身。3号墙上所有穿白袍戴华美头巾的人物都在9号墙上再次出现；许多看上去似为廷臣、员外或祭司。

在1号房间，墙面上的4个条带组成两个叙事场景。底部条带背景蓝色，可能意味着在室外，但同样也可表示在夜晚。这幅条带自大门处开始（见图7-590），排成一列的乐师和随员由此出发走向位于对面墙中央的3个主要人物。在窄端墙面上，4个长柄羽毛扇突破了条带的边界，进入位于拱顶起拱处的铭文檐壁内（在门道上部，铭文檐壁延续为坐着的仆人，手中拿着虎皮和玉器装饰）。4号墙如前所述表现家族成员（见图7-597上部）。这一场景一直延续到后墙上（表现侍者、一个孩子和着白袍的诸廷臣）。赭石色的底面据信是象征室内空间；但也可能是表示白昼行为。在所有这三个房间里，观众首先看到的是后墙，然后才是门所在的墙。因而后墙画面所表现的行为均应在开门的墙之前（如在1号房间，穿长袍在仪式前，在2号房间，传讯在战斗前，在3号房间，家族献祭在舞蹈前）。

在所有这些叙事场景中，空间都是连续的，队列连续不断地绕过房间各角。上部条带表现在参加下部

条带的公共活动前进行更衣等准备活动的情况。也就是说，离观众最近的场景可能也是时间上最晚近的。在拱顶顶部，正面及侧面的蛇形头像彼此相对，象征天空。人物尺寸的差异看来主要是视觉印象并无象征意义；画面上也看不到透视缩减的任何表现。

在早期佩腾地区的艺术中，很难看到1号房间那种亲切的叙事风格。在其他两个房间里，条带式构图则不是那么明显。只在西房间（3号）北入口墙（9号墙）处有此表现（着白袍站立的廷臣，坐着的贵族、行进的乐师和运动员分别占据上、中、下各条带；其间以红色的地面线分开）。三个条带之上为顶盖层，由星球的象征图案、鸟类和蛇的头像组成。位于拱顶斜面的两个条带均为蓝色背景，但它们在时间和空间上的联系尚不清楚。

有关这三个房间的年代序列是个学术上尚有争

本页及右页：

（上）图7-607博南帕克卫城。神殿1，房间3，墙面及壁画展开图[作者Antonio Tejeda，南墙（墙11）及东西墙（墙10、12）壁画表现金字塔上的舞蹈，舞者着奇异的戏装，塔顶三人为房间1南墙壁画上出现过的贵族]

（下）图7-608博南帕克卫城。神殿1，房间3，东墙（墙面10）上部壁画（贵族和家人一起举行血祭仪式，以棘刺穿舌取血，滴在下面的容器里）

议的问题。塔季扬娜·普罗斯库里亚科娃和约翰·埃里克·悉尼·汤普森认为，1、2 、3号房间的序号正好是他们的时间排序；但A.M.托泽倾向于2号房间在先，接下来才是1号和3号。这个问题或许一时难以定论，但乔治·库布勒认为条带式构图出自一位艺术家之手或是一个阶段的作品看来还是有可能的，而整幅墙面的构图应更为晚后。按这种设想，1号和3号房间应早于2号房间。2号房间的人物变化无疑是最大的，3号

房间次之，1号房间显然最为安定。

如果演进是朝着统一整个墙面构图的方向发展，那么3号房间在时间上就应处于居中的位置。在它的北墙上，仍然保留了类似1号房间的老式条带构图和相对静止的人物形象。但其三联式构图又有所扩展。其金字塔式平台扩展到三个墙面，包括8个阶台。在东墙（10号墙），君主倚靠在台座上，在家人及仆从的陪伴下观看舞蹈。金字塔的阶台上还有10个带飞翼和绿色羽毛头饰的人物形象（东墙部分损毁严重，带飞翼的人物大部剥落）。有人认为这场景是表现人祭（站在地面上的两个人好似抓着牺牲者的四肢），尽管从画面上很难确认这种说法。

中央房间（2号）的壁画人物动作最为猛烈，和程式化的表现相去甚远。尽管1号和3号房间的许多组群可在浮雕中找到类似的表现（特别是在亚斯奇兰和彼德拉斯内格拉斯），但在玛雅艺术中，像2号房间这样的，仅此一例（或许只有一些表现球场院比赛的浮雕，可认为接近6~8号墙的战斗场面）。其三个墙面形成了一幅三联画，和入口墙（5号墙）之间，通过角上宽阔的褐色线条分开。三联画表现玛雅军队袭击一个土著部落的情景。从6号墙左下角绿色底面上的红圈线可知（见图7-603左下角），这些梳着长长的细辫、皮肤黝黑的种族是生活在长着茂密植被的地区。入口墙上有一个金字塔式的台地，战俘们绝望地坐在上面几个阶台上。在战斗中，得胜的玛雅军队在人数上占有绝对优势（约为10：1，在100个人物中，被玛雅人打翻在地或踏在脚下的敌对部落的人只有10个左右）。只有10个战俘出现在对面墙上。这两个场面显然是表现前后相关的同一事件。三联画充满了混乱和动荡，审俘图则归于平静（见图7-605）。两幅画面之上，拱顶顶部绘7个椭圆形花饰。南墙3个带蓝色边框，由坐着的战俘分开；北墙4个内绘人物和动物形象，可能是表现星座。

战斗场面的主角是南墙（7号墙）中心偏右穿豹皮的几个首领人物。左侧端墙上，旗手和号兵正在召集进攻部队；右侧端墙表现武器的供应。下部条带全是面对面的搏斗，6个或更多全副武装的玛雅战士，分别制服了裸体无助的敌人。给人的总体印象不像是战斗，倒像是一次惩罚行动。梳着细辫的裸体敌人看上去既软弱又无防卫能力。如果3号房间的场景是像约翰·埃里克·悉尼·汤普森所推测的那样表现人祭，那么这次抓俘虏的战斗可能就是为此作准备。

这批绘画线条自由、准确，构图效果强烈。被称为《献俘》的这部分，表现一个垂死的战俘，瘫倒在一个阶梯状基台的台阶上，胜利者的脚下。这位艺术家用俭省但确切的线条，表现其临终的状态：身体斜

图7-609博南帕克 卫城。神殿1，房间3，北墙（墙面9）门上壁画（玛雅贵族）

置，头向后仰，呼吸紧迫，右手卷缩，左手无力地垂下；他的一个不幸的同伴同情地望着他，另一个带着恐怖的表情，力图止住从他自己受伤的手上淌下的血……这些细节似乎可作为这种惩罚说的有力佐证。

传讯战俘的这类题材在彼德拉斯内格拉斯的浮雕中已可见到（12号碑，见图7-576），在楣梁3（见图6-523）上还出现了审判的母题。但没有一个地方能像博南帕克壁画这样，为人们提供如此完整的背景信息。显然，对古典时期玛雅艺术的文化意义还需要有一个全新的认识和理解。

许多年来，人们普遍认为，古典时期玛雅文明的特色是由爱好和平的祭司进行统治（在古典早期，其最早的表现是佩腾地区的石碑，见图6-566、6-672）。在历史上，和这种神权政治相对的是后古典时期奇琴伊察的托尔特克玛雅军事政权（见图8-318，在那里，玛雅和墨西哥文化的表现形成了明显的反差，其地理分界位于乌斯马尔以北，时间上以公元1000年左右为线）。然而，博南帕克的壁画和放射性碳年代测定如今已向人们清楚表明，这种“墨西哥”表现模式曾在公元800年前的河谷地区城市中流行。几个世纪以前，军事首领已在乌苏马辛塔中游地区的城市里取代了祭司的统治，认为玛雅民族具有和平秉性的传统看法实际上只适用于前古典和古典早期佩腾地区的城市。因而，古典时期的玛雅艺术实际上包含了两种完全不同的表现模式：爱好和平的神权政治和黩武的军事政权。其历史划分可能要早于乌苏马辛塔地区绘画和雕刻风格中期。

在普克地区，查克穆尔通的一幅玛雅壁画装饰着一座带石饰面和束带线脚的建筑。其中人物并没有重叠配置，而是分成两个条带，成行排列。人体动作也显得颇为僵硬，显然属古典后期发展迟缓的地方学派的作品。

第七章注释：

[1]按B.Fletcher的说法，Structure I建于公元600年左右。

[2]见H.E.D.Pollock：《Architecture of the Maya Lowlands》，1965年。

[3]见Jack D.Eaton：《Chicanná，an Elite Center in the Río Bec Region》，1971年。

[4]见 David E.Potter：《Architectural Style at Becán during the Maya Late Classic Period》，1972年。

[5]见Marta Foncerrada de Molina：《La Escultura Arquitectónica de Uxmal》，1965年。

[6]见Marta Foncerrada de Molina：《La Escultura Arquitectónica de Uxmal》，1965年。

[7]见E.Seler：《Die Ruinen von Uxmal》，1917年。

[8] George Kubker提供的数据，另据B.Flecher为基底53 米见方，高32米。

[9]在西尔韦纳斯·格里斯沃尔德·莫利的巨著中，如1937~1938年出版的《The Inscriptions of Peten》(5 卷本）和1920年发表的《Inscriptions at Copán》，这些证据往往相互矛盾。